AF625059

Kontinuumsmechanik

Springer
Berlin
Heidelberg
New York
Hongkong
London
Mailand
Paris
Tokio

Physics and Astronomy ONLINE LIBRARY

http://www.springer.de/phys-de/

Ralf Greve

Kontinuums-mechanik

Ein Grundkurs für Ingenieure und Physiker

Mit 66 Abbildungen
und 48 Aufgaben mit Lösungen

Springer

Dr. Ralf Greve
TU Darmstadt
Institut für Mechanik
Hochschulstraße 1
64289 Darmstadt
Deutschland

ISBN 3-540-00760-1 Springer-Verlag Berlin Heidelberg New York

Bibliografische Information der Deutschen Bibliothek:
Die Deutsche Bibliothek verzeichnet diese Publikation in der Deutschen Nationalbibliografie; detaillierte bibliografische Daten sind im Internet über <http://dnb.ddb.de> abrufbar.

Dieses Werk ist urheberrechtlich geschützt. Die dadurch begründeten Rechte, insbesondere die der Übersetzung, des Nachdrucks, des Vortrags, der Entnahme von Abbildungen und Tabellen, der Funksendung, der Mikroverfilmung oder der Vervielfältigung auf anderen Wegen und der Speicherung in Datenverarbeitungsanlagen, bleiben, auch bei nur auszugsweiser Verwertung, vorbehalten. Eine Vervielfältigung dieses Werkes oder von Teilen dieses Werkes ist auch im Einzelfall nur in den Grenzen der gesetzlichen Bestimmungen des Urheberrechtsgesetzes der Bundesrepublik Deutschland vom 9. September 1965 in der jeweils geltenden Fassung zulässig. Sie ist grundsätzlich vergütungspflichtig. Zuwiderhandlungen unterliegen den Strafbestimmungen des Urheberrechtsgesetzes.

Springer-Verlag Berlin Heidelberg New York
ein Unternehmen der BertelsmannSpringer Science+Business Media GmbH

http://www.springer.de

© Springer-Verlag Berlin Heidelberg 2003
Printed in Germany

Die Wiedergabe von Gebrauchsnamen, Handelsnamen, Warenbezeichnungen usw. in diesem Werk berechtigt auch ohne besondere Kennzeichnung nicht zu der Annahme, daß solche Namen im Sinne der Warenzeichen- und Markenschutz-Gesetzgebung als frei zu betrachten wären und daher von jedermann benutzt werden dürften.

Satz durch den Autor
Datenkonvertierung durch Le-TeX, Leipzig
Einbandgestaltung: Erich Kirchner, Heidelberg

Gedruckt auf säurefreiem Papier SPIN 10905173 55/3141/ba - 5 4 3 2 1 0

Vorwort

Das vorliegende Buch ist aus dem Skript zu einer zweisemestrigen Vorlesung über Kontinuumsmechanik entstanden, die ich seit 1995 an der Technischen Universität Darmstadt halte. Es richtet sich an Studenten und Studentinnen der Physik, Mechanik, Ingenieur- und Geowissenschaften aller Richtungen sowie der angewandten Mathematik im Hauptstudium. Für Mechaniker und Ingenieure stellt die Kontinuumsmechanik eine sinnvolle Ergänzung zu dem Kurs über technische Mechanik im Grundstudium dar, welche es ermöglicht, die vielen unterschiedlichen Aspekte der technischen Mechanik in einem größeren, übergeordneten Zusammenhang zu sehen. Jedoch ist die Kenntnis der technischen Mechanik keine Voraussetzung zum Verständnis des Stoffes, was auch Physikern, Geowissenschaftlern und Mathematikern den Zugang dazu ermöglicht. Speziell für Physiker, deren übliche Ausbildung in klassischer Mechanik sich nach meiner Erfahrung (ich zähle mich selbst zu dieser Spezies) in der Regel auf die Mechanik von Punkten, Punktsystemen und starren Körpern beschränkt, ist die Kontinuumsmechanik als klassische Feldtheorie der deformierbaren Körper eine interessante Ergänzung zu den Feldtheorien der Elektrodynamik und Quantenmechanik, auch im Hinblick auf mögliche ingenieurnahe Betätigungsgebiete.

Der einführende Charakter des Buches bringt es mit sich, dass kein Anspruch auf eine umfassende Behandlung aller Aspekte der Kontinuumsmechanik erhoben wird. Statt dessen ist die Zielsetzung, die wesentlichen Ideen und Konzepte der modernen Kontinuumsmechanik klar, verständlich und ohne allzu fortgeschrittene Mathematik darzustellen. Weiterhin wird in den zwei eher anwendungsorientierten Kapiteln über lineare Elastizität und Hydrodynamik die direkte Verbindung zum Stoff der technischen Mechanik hergestellt. Für weiter führende Abhandlungen über die Kontinuumsmechanik möchte ich auf die umfangreiche Literatur verweisen. Um die häufig englischsprachigen Werke dem Leser und der Leserin leichter zugänglich zu machen, habe ich diesem Buch eine Liste der wichtigsten englischen Fachausdrücke beigefügt.

Notwendige Voraussetzungen zum Verständnis des Stoffes beschränken sich auf grundlegende Kenntnisse der ein- und mehrdimensionalen Analysis, linearen Algebra und elementaren Newtonschen Mechanik. Darüber hinaus gehende mathematische Konzepte, speziell Tensorrechnung und Tensoranalysis, werden auf das Notwendige beschränkt und im Text erklärt. Aus Gründen der Übersichtlichkeit der Darstellung habe ich bei Rechnungen in Indexnotation davon abgesehen, diese in allgemeinen krummlinigen Koordinaten durchzuführen. Dies stellt keinen Verlust an Allgemeinheit dar, denn die kartesische Indexnotation kann jederzeit in die symbolische Notation übersetzt und dann auf krummlinige Koordinatensysteme angewendet werden.

Die gestellten Probleme sind ein integraler Bestandteil des Stoffes und daher im Unterschied zur gängigen Praxis bewusst in den laufenden Text eingefügt. Sie stellen ein Angebot an den Leser und die Leserin dar, sich selbst aktiv mit Papier und Bleistift mit der Materie auseinanderzusetzen, um so ein fundierteres Verständnis zu erlangen, als es durch reine Lektüre möglich ist. Einige Probleme sind kurz und unkompliziert gehalten, einige jedoch auch länger und aufwändiger. Dies ist als Anreiz und nicht etwa als Abschreckung gemeint, gelegentliches „Spicken“ in den Lösungsweg ist dabei durchaus legitim und im Sinne des Erfinders.

Herzlich danken möchte ich an dieser Stelle Herrn Dr. Yongqi Wang und Herrn Dr. Dimitri Ktitarev, die mich beim Durchführen der vorlesungsbegleitenden Übungen mit großem Einsatz unterstützt und dadurch zu den im Text gestellten und durchgerechneten Problemen beigetragen haben. Desweiteren gilt mein Dank den zahlreichen Studenten und Studentinnen, die sich für die Kontinuumsmechanik interessieren konnten, und deren Fragen und Bemerkungen Eingang in die Gestaltung dieses Buches gefunden haben. Einen speziellen Dank möchte ich schließlich meinem Lehrer und Doktorvater, Herrn Prof. Kolumban Hutter, aussprechen. Von ihm bin ich in die Ideen und Methoden der modernen Kontinuumsmechanik und Thermodynamik eingeführt worden, und er hat mich über Jahre hinweg mit großem Einsatz auf meinem akademischen Werdegang begleitet. Es ist mir ein Anliegen und eine große Freude, ihm dieses Buch zu widmen.

Darmstadt, im Januar 2003 *Ralf Greve*

Inhaltsverzeichnis

1. Kinematik

Unter *Kinematik*, um welche es in diesem ersten Kapitel gehen soll, versteht man die rein geometrische *Beschreibung* von Bewegungen, d. h., ohne Berücksichtigung von Kräften als deren Ursache. Im Gegensatz dazu steht die später zu behandelnde *Dynamik*, welche Kräfte als Bewegungsursachen mit einbezieht und es daher ermöglicht, Bewegungen im Sinne von Anfangsrandwertproblemen zu *berechnen*.

1.1 Grundlagen

1.1.1 Körper, Konfigurationen

Die Kontinuumsmechanik befasst sich mit der Deformation bzw. Bewegung kontinuierlicher Körper . Unter einem *Körper* $\mathcal{B}$ verstehen wir dabei eine zusammenhängende, kompakte Menge von Elementen $\mathcal{X}$ in einem abstrakten Raum (über dessen genaue Struktur hier nichts weiter ausgesagt werden soll). Diese Elemente $\mathcal{X}$ von $\mathcal{B}$ heißen *Teilchen* oder *Partikel* (im allgemeinen wird $\mathcal{B}$ aus überabzählbar unendlich vielen Teilchen bestehen).

Unter einer *Konfiguration* κ von $\mathcal{B}$ versteht man eine stetige, eineindeutige Zuordnung der Teilchen von $\mathcal{B}$ zu Punkten im physikalischen Raum R^3 unserer Anschauung. Dabei ist die *Referenzkonfiguration* κ_r eine ausgezeichnete Konfiguration, z. B. zur Zeit $t = 0$ oder für einen unbelasteten Zustand; sie wird beschrieben durch die Abbildung

$$\begin{aligned} \gamma_r : \mathcal{B} &\to \mathsf{R}^3 \\ \mathcal{X} &\to \boldsymbol{X} = \boldsymbol{X}(\mathcal{X}). \end{aligned} \tag{1.1}$$

Die *Momentankonfiguration* κ_t bedeutet hingegen die Konfiguration von $\mathcal{B}$ zur Zeit t, entsprechend der Abbildung

$$\begin{aligned} \gamma_t : \mathcal{B} &\to \mathsf{R}^3 \\ \mathcal{X} &\to \boldsymbol{x} = \boldsymbol{x}(\mathcal{X}, t). \end{aligned} \tag{1.2}$$

Zuweilen verwendet man die Momentankonfiguration zur Zeit $t = \tau$ als Referenzkonfiguration κ_τ; die Ortsvektoren sollen für diese Darstellung mit griechischen Buchstaben ($\boldsymbol{\xi}$, ...) gekennzeichnet werden.

Jedoch betrachtet man in der Regel nicht die Funktionen γ_r und γ_t, die den Körper $\mathcal{B}$ als Teilmenge eines abstrakten Raumes zum Urbild haben, sondern arbeitet mit der Funktion χ, welche zwischen der Referenz- und der Momentankonfiguration vermittelt,

$$\begin{aligned} \chi : \mathsf{R}^3 &\to \mathsf{R}^3 \\ \boldsymbol{X} &\to \boldsymbol{x} = \boldsymbol{x}(\boldsymbol{X}, t). \end{aligned} \tag{1.3}$$

Diese mit der Zeit t parameterisierte Abbildung heißt *Bewegung* . Wird κ_τ als Referenzkonfiguration zugrundegelegt, so erhält man die *relative Bewegung* χ_τ

$$\begin{aligned} \chi_\tau : \mathsf{R}^3 &\to \mathsf{R}^3 \\ \boldsymbol{\xi} &\to \boldsymbol{x} = \boldsymbol{x}(\boldsymbol{\xi}, t; \tau). \end{aligned} \tag{1.4}$$

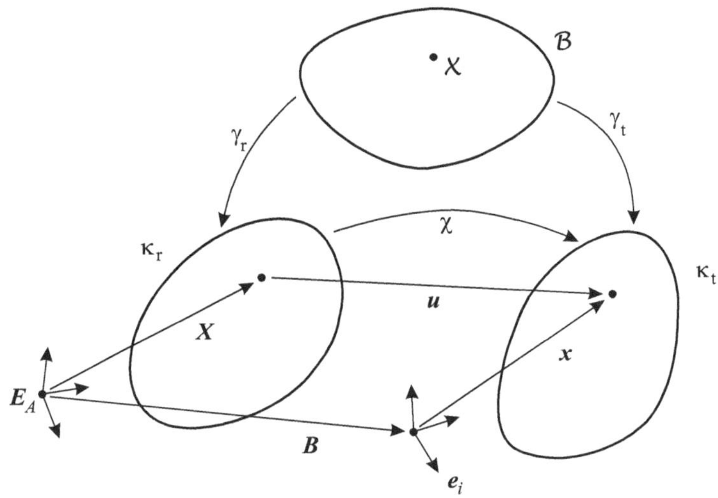

Abb. 1.1. Körper, Referenz- und Momentankonfiguration.

Die oben eingeführten Funktionen γ_r, γ_t, χ und χ_τ sollen alle eineindeutig (invertierbar) und hinreichend oft differenzierbar sein. Dies beinhaltet insbesondere die Forderung nach Stetigkeit, sodass benachbarte Teilchen im Körper stets benachbart bleiben. Die Ausbildung von Brüchen oder Rissen ist somit in dieser Formulierung a priori ausgeschlossen.

Problem 1.1 *Starrkörperbewegung.*

Wie lautet die allgemeine Bewegungsfunktion für einen starren Körper, bei welchem sich die Abstände zwischen allen Paaren von Teilchen im Körper im Lauf der Zeit nicht ändern?

Lösung. Aus der linearen Algebra ist bekannt, dass die orthogonalen Transformationen genau die gewünschte Eigenschaft der Invarianz von Abständen haben. Des weiteren ist eine räumlich konstante Translation möglich. Somit gilt für die Bewegung

$$\boldsymbol{x} = \boldsymbol{Q}(t) \cdot \boldsymbol{X} + \boldsymbol{c}(t), \tag{1.5}$$

wobei zu allen Zeiten $\boldsymbol{Q}$ eine eigentlich orthogonale Matrix [d. h., $\boldsymbol{Q} \in \mathrm{SO}(3)$ (spezielle orthogonale Gruppe im R^3); $\det \boldsymbol{Q} = 1$] und $\boldsymbol{c}$ ein beliebiger Vektor sind. Spiegelungen ($\det \boldsymbol{Q} = -1$) sind bei realen Bewegungen physikalisch nicht möglich. Die Bewegung besteht also aus einer Überlagerung von Drehung und Verschiebung.

■

Meist wird man für die Referenz- und Momentankonfiguration das gleiche kartesische Koordinatensystem verwenden, jedoch ist das nicht notwendig der Fall. Die Basisvektoren des kartesischen Koordinatensystems für die Referenzkonfiguration sollen mit $\boldsymbol{E}_A$ $(A = 1, 2, 3)$, die für die Momentankonfiguration mit $\boldsymbol{e}_i$ $(i = 1, 2, 3)$ bezeichnet werden, und wir setzen voraus, dass es sich in beiden Fällen um Rechtssysteme handelt. Der die beiden Koordinatenursprünge verbindende Vektor sei $\boldsymbol{B}$. Im folgenden beziehen sich generell große Indices A, B, ... auf die Referenzkonfiguration und kleine Indices i, j, ... auf die Momentankonfiguration.

Die *Verschiebung* $\boldsymbol{u}$ ist definiert als der Verbindungsvektor zwischen dem Teilchen $\mathcal{X}$ in der Referenzkonfiguration und in der Momentankonfiguration. Es gilt daher

$$\boldsymbol{u} = \boldsymbol{x} - \boldsymbol{X} + \boldsymbol{B}. \tag{1.6}$$

Diese Zusammenhänge sind in Abb. 1.1 dargestellt.

Es gibt nun drei verschiedene Möglichkeiten, irgendwelche interessierenden Feldgrößen ψ für den Körper $\mathcal{B}$ [z. B. (Massen-) Dichte ρ, Temperatur θ] darzustellen. Bei der *materiellen* oder *Lagrangeschen Darstellung* wird die Referenzkonfiguration κ_r zugrundegelegt ($\psi = \psi(\boldsymbol{X}, t)$), bei der *relativen Darstellung* die Referenzkonfiguration κ_τ ($\psi = \psi(\boldsymbol{\xi}, t; \tau)$) und bei der *räumlichen* oder *Eulerschen Darstellung* die Momentankonfiguration κ_t ($\psi = \psi(\boldsymbol{x}, t)$). In der Regel verwendet man bei der Behandlung von Festkörpern die materielle Darstellung, bei der Behandlung von Fluiden dagegen die räumliche Darstellung (wobei die Begriffe „Festkörper“ und „Fluid“ erst später genau definiert werden; für's erste soll die intuitive Vorstellung davon ausreichen).

1.1.2 Zeitableitungen, Geschwindigkeit, Beschleunigung

Je nachdem, welche Darstellung für eine beliebige Feldgröße ψ verwendet wird, ergeben sich unterschiedliche Zeitableitungen. Unter der *materiellen Zeitableitung*, geschrieben als $\dot{\psi}$ oder $\mathrm{d}\psi/\mathrm{d}t$, versteht man die partielle Zeitableitung in materieller Darstellung,

$$\dot{\psi} = \frac{\mathrm{d}\psi}{\mathrm{d}t} = \frac{\partial \psi(\boldsymbol{X}, t)}{\partial t}, \tag{1.7}$$

unter der *lokalen* bzw. *räumlichen Zeitableitung* $\partial\psi/\partial t$ entsprechend die partielle Zeitableitung in räumlicher Darstellung,

$$\frac{\partial \psi}{\partial t} = \frac{\partial \psi(\boldsymbol{x}, t)}{\partial t}. \tag{1.8}$$

Anschaulich bedeutet die materielle Zeitableitung die Änderung von ψ für einen mit dem Teilchen $\boldsymbol{X}$ mitwandernden Beobachter, die räumliche Zeitableitung die Änderung von ψ für einen am Ort $\boldsymbol{x}$ raumfesten Beobachter.

Die *Geschwindigkeit* $\boldsymbol{v}$ ist nun definiert als die materielle Zeitableitung der Bewegung χ (bzw. χ_τ),

$$\boldsymbol{v} = \frac{\mathrm{d}\boldsymbol{x}}{\mathrm{d}t} = \frac{\partial \boldsymbol{x}(\boldsymbol{X}, t)}{\partial t} \quad \left(= \frac{\partial \boldsymbol{x}(\boldsymbol{\xi}, t; \tau)}{\partial t} \right), \tag{1.9}$$

die *Beschleunigung* $\boldsymbol{a}$ als materielle Zeitableitung der Geschwindigkeit,

$$\boldsymbol{a} = \frac{\mathrm{d}\boldsymbol{v}}{\mathrm{d}t} = \frac{\partial \boldsymbol{v}(\boldsymbol{X}, t)}{\partial t} \quad \left(= \frac{\partial \boldsymbol{v}(\boldsymbol{\xi}, t; \tau)}{\partial t} \right). \tag{1.10}$$

Es ist klar, dass aus diesen Definitionen sofort $\boldsymbol{a} = \ddot{\boldsymbol{x}}$ resultiert.

Mit Hilfe der Kettenregel ergibt sich der Zusammenhang zwischen materieller und lokaler Zeitableitung,

$$\begin{aligned}
\frac{\mathrm{d}\psi}{\mathrm{d}t} &= \frac{\mathrm{d}}{\mathrm{d}t}\psi(\boldsymbol{x}(\boldsymbol{X}, t), t) \\
&= \frac{\partial \psi(\boldsymbol{x}, t)}{\partial t} + \operatorname{grad}\psi(\boldsymbol{x}, t) \cdot \frac{\mathrm{d}\boldsymbol{x}(\boldsymbol{X}, t)}{\mathrm{d}t} \\
&= \frac{\partial \psi}{\partial t} + (\operatorname{grad}\psi) \cdot \boldsymbol{v}.
\end{aligned} \tag{1.11}$$

Man sagt, die materielle Zeitableitung setzt sich zusammen aus dem lokalen und dem *konvektiven* oder *advektiven* Anteil. Obige Beziehung behält im übrigen ihre Gültigkeit auch für den Fall, dass ψ eine vektor- oder tensorwertige Größe ist.

Anwendung auf das Geschwindigkeitsfeld ergibt für die Beschleunigung den Ausdruck

$$\boldsymbol{a} = \frac{\partial \boldsymbol{v}}{\partial t} + (\operatorname{grad}\boldsymbol{v}) \cdot \boldsymbol{v}. \tag{1.12}$$

In dieser Beziehung tritt der Gradient eines Vektors auf. Hierunter verstehen wir einen Tensor zweiter Stufe, der bezüglich einer festen Orthonormalbasis $\boldsymbol{e}_i$ die Darstellung

$$\operatorname{grad}\boldsymbol{v} = \frac{\partial v_i}{\partial x_j}\, \boldsymbol{e}_i\, \boldsymbol{e}_j = v_{i,j}\, \boldsymbol{e}_i\, \boldsymbol{e}_j \tag{1.13}$$

hat. Der Ausdruck $\boldsymbol{e}_i\,\boldsymbol{e}_j$ bezeichnet dabei das *dyadische Produkt* (in der Literatur häufig auch als $\boldsymbol{e}_i \otimes \boldsymbol{e}_j$ geschrieben), die Notation $(\cdot)_{,j}$ bedeutet die partielle Ableitung $\partial(\cdot)/\partial x_j$, und nach der *Einsteinschen Summenkonvention* wird über doppelt auftretende Indices (hier i und j) automatisch summiert.

Problem 1.2 *Kronecker-Symbol und Epsilon-Tensor.*

Das Kronecker-Symbol δ_{ij} ist definiert als

$$\delta_{ij} = \begin{cases} 1, & \text{für } i = j, \\ 0, & \text{für } i \neq j, \end{cases} \tag{1.14}$$

und kann als Darstellung des Einheitstensors $\mathbf{1}$ bezüglich einer festen Orthonormalbasis $\boldsymbol{e}_i$ aufgefasst werden:

$$\mathbf{1} = \delta_{ij}\,\boldsymbol{e}_i\,\boldsymbol{e}_j \tag{1.15}$$

(Summation über i und j). Unter dem Epsilon-Tensor verstehen wir den Tensor 3. Stufe

$$\boldsymbol{\varepsilon} = \varepsilon_{ijk}\,\boldsymbol{e}_i\,\boldsymbol{e}_j\,\boldsymbol{e}_k \tag{1.16}$$

(Summation über i, j und k) mit

$$\varepsilon_{ijk} = \begin{cases} 1, & \text{für } (i,j,k) \in \{(1,2,3),\ (2,3,1),\ (3,1,2)\}, \\ -1, & \text{für } (i,j,k) \in \{(1,3,2),\ (3,2,1),\ (2,1,3)\}, \\ 0, & \text{sonst (zwei oder drei gleiche Indices);} \end{cases} \tag{1.17}$$

er wird auch als vollständig antisymmetrischer Tensor 3. Stufe bezeichnet. Zwischen dem Epsilon-Tensor und dem Kronecker-Symbol besteht der Zusammenhang

$$\varepsilon_{ijk}\,\varepsilon_{lmn} = \det \begin{pmatrix} \delta_{il} & \delta_{jl} & \delta_{kl} \\ \delta_{im} & \delta_{jm} & \delta_{km} \\ \delta_{in} & \delta_{jn} & \delta_{kn} \end{pmatrix}, \tag{1.18}$$

welcher sich durch Einsetzen aller Kombinationen $i, j, k, l, m, n \in \{1, 2, 3\}$ mit Hilfe eines Computers leicht verifizieren lässt. Man zeige, dass sich daraus die Beziehungen

$$\begin{aligned} \varepsilon_{ijk}\,\varepsilon_{klm} &= \delta_{il}\delta_{jm} - \delta_{im}\delta_{jl}, \\ \varepsilon_{ijk}\,\varepsilon_{jkl} &= 2\delta_{il}, \\ \varepsilon_{ijk}\,\varepsilon_{ijk} &= 6 \end{aligned} \tag{1.19}$$

ableiten.

Lösung. Wir rechnen mit Hilfe von (1.18)

$$\begin{aligned}\varepsilon_{ijk}\,\varepsilon_{klm} &= \det\begin{pmatrix}\delta_{ik} & \delta_{jk} & \delta_{kk}\\ \delta_{il} & \delta_{jl} & \delta_{kl}\\ \delta_{im} & \delta_{jm} & \delta_{km}\end{pmatrix}\\ &= \delta_{ik}\delta_{jl}\delta_{km} + \delta_{im}\delta_{jk}\delta_{kl} + \delta_{il}\delta_{jm}\delta_{kk}\\ &\quad -\delta_{im}\delta_{jl}\delta_{kk} - \delta_{ik}\delta_{jm}\delta_{kl} - \delta_{il}\delta_{jk}\delta_{km}\\ &= \delta_{im}\delta_{jl} + \delta_{im}\delta_{jl} + 3\delta_{il}\delta_{jm} - 3\delta_{im}\delta_{jl} - \delta_{il}\delta_{jm} - \delta_{il}\delta_{jm}\\ &= \delta_{il}\delta_{jm} - \delta_{im}\delta_{jl}\end{aligned} \tag{1.20}$$

(man beachte hierbei $\delta_{kk} = 3$ aufgrund der Summation über k). Daraus folgt mit $m = j$, implizierter Summation über j und der zyklischen Vertauschbarkeit der Indices des Epsilon-Tensors

$$\begin{aligned}\varepsilon_{ijk}\,\varepsilon_{jkl} &= \varepsilon_{ijk}\,\varepsilon_{klj}\\ &= \delta_{il}\delta_{jj} - \delta_{ij}\delta_{jl} = 3\delta_{il} - \delta_{il} = 2\delta_{il},\end{aligned} \tag{1.21}$$

und weiter mit $i = l$ und implizierter Summation über i

$$\varepsilon_{ijk}\,\varepsilon_{ijk} = \varepsilon_{ijk}\,\varepsilon_{jki} = 2\delta_{ii} = 6. \tag{1.22}$$

Somit sind die drei Beziehungen (1.19) gezeigt. ■

Problem 1.3 *Indexschreibweise, alternative Darstellungen der Beschleunigung.*

Zur Umformung von komplizierteren Termen mit Vektoren und Tensoren ist die symbolische Schreibweise, in welcher Vektoren und Tensoren darstellungsfrei notiert werden, häufig unpraktisch. Einfacher geht es mit der (kartesischen) Indexschreibweise, bei welcher solche Größen durch ihre kartesischen Komponenten in einer festen Orthonormalbasis $\boldsymbol{e}_i$ dargestellt werden (vgl. Problem 1.2). So kann man den Geschwindigkeitsvektor $\boldsymbol{v}$ als

$$\boldsymbol{v} = v_i\,\boldsymbol{e}_i \tag{1.23}$$

(Summation über i) schreiben. Entsprechend gilt für den Geschwindigkeitsgradienten $\boldsymbol{L} = \operatorname{grad}\boldsymbol{v}$ als Tensor 2. Stufe

$$\boldsymbol{L} = L_{ij}\,\boldsymbol{e}_i\,\boldsymbol{e}_j \tag{1.24}$$

(Summation über i und j). Für das Skalarprodukt zweier Vektoren $\boldsymbol{v}$ und $\boldsymbol{w}$ folgt dann

$$\boldsymbol{v}\cdot\boldsymbol{w} = (v_i\,\boldsymbol{e}_i)\cdot(w_j\,\boldsymbol{e}_j) = v_i\,w_j\,\boldsymbol{e}_i\cdot\boldsymbol{e}_j = v_i\,w_j\,\delta_{ij} = v_i\,w_i, \tag{1.25}$$

ein Tensor-Vektor-Produkt wird

$$\begin{aligned}
\boldsymbol{L}\cdot\boldsymbol{v} &= (L_{ij}\,\boldsymbol{e}_i\,\boldsymbol{e}_j)\cdot(v_k\,\boldsymbol{e}_k)\\
&= L_{ij}\,v_k\,\boldsymbol{e}_i\,\boldsymbol{e}_j\cdot\boldsymbol{e}_k = L_{ij}\,v_k\,\boldsymbol{e}_i\,\delta_{jk} = L_{ij}\,v_j\,\boldsymbol{e}_i\\
\Rightarrow\ (\boldsymbol{L}\cdot\boldsymbol{v})_i &= L_{ij}\,v_j, \qquad (1.26)
\end{aligned}$$

und das Kreuzprodukt zweier Vektoren lässt sich schreiben als

$$\begin{aligned}
\boldsymbol{v}\times\boldsymbol{w} &= (v_j\,\boldsymbol{e}_j)\times(w_k\,\boldsymbol{e}_k)\\
&= v_j\,w_k\,\boldsymbol{e}_j\times\boldsymbol{e}_k = \varepsilon_{ijk}\,v_j\,w_k\,\boldsymbol{e}_i\\
\Rightarrow\ (\boldsymbol{v}\times\boldsymbol{w})_i &= \varepsilon_{ijk}\,v_j\,w_k. \qquad (1.27)
\end{aligned}$$

Durch Ausrechnen in kartesischen Koordinaten mit Hilfe der Indexschreibweise zeige man nun die zu (1.12) äquivalenten Darstellungen der Beschleunigung

$$\boldsymbol{a} = \frac{\partial\boldsymbol{v}}{\partial t} + (\boldsymbol{v}\cdot\boldsymbol{\nabla})\,\boldsymbol{v}, \qquad (1.28)$$

$$\boldsymbol{a} = \frac{\partial\boldsymbol{v}}{\partial t} + \operatorname{grad}\frac{v^2}{2} - \boldsymbol{v}\times\operatorname{rot}\boldsymbol{v}, \qquad (1.29)$$

wobei der Nabla-Operator

$$\boldsymbol{\nabla} = \boldsymbol{e}_i\frac{\partial}{\partial x_i} = \begin{pmatrix}\partial/\partial x_1\\ \partial/\partial x_2\\ \partial/\partial x_3\end{pmatrix} \qquad (1.30)$$

ist.

Lösung. Für (1.28) rechnen wir in Indexschreibweise

$$\begin{aligned}
a_i &= \frac{\partial v_i}{\partial t} + (v_j\nabla_j)\,v_i = \frac{\partial v_i}{\partial t} + v_j\,v_{i,j}\\
&= \frac{\partial v_i}{\partial t} + v_{i,j}\,v_j = \frac{\partial v_i}{\partial t} + (\operatorname{grad}\boldsymbol{v})_{ij}\,v_j\\
\Leftrightarrow\ \boldsymbol{a} &= \frac{\partial\boldsymbol{v}}{\partial t} + (\operatorname{grad}\boldsymbol{v})\cdot\boldsymbol{v}; \qquad (1.31)
\end{aligned}$$

die Äquivalenz von (1.28) und (1.12) ist damit gezeigt. Für (1.29) ergibt sich mit $\operatorname{rot}\boldsymbol{v} = \boldsymbol{\nabla}\times\boldsymbol{v}$

$$\begin{aligned}
a_i &= \frac{\partial v_i}{\partial t} + \tfrac{1}{2}(v_j\, v_j)_{,i} - \varepsilon_{ijk}\, v_j\, (\boldsymbol{\nabla} \times \boldsymbol{v})_k \\
&= \frac{\partial v_i}{\partial t} + v_j\, v_{j,i} - \varepsilon_{ijk}\, v_j\, \varepsilon_{klm}\, \nabla_l\, v_m \\
&= \frac{\partial v_i}{\partial t} + v_j\, v_{j,i} - \varepsilon_{ijk}\, \varepsilon_{klm}\, v_j\, v_{m,l} \\
&\overset{(1.19)_1}{=} \frac{\partial v_i}{\partial t} + v_j\, v_{j,i} - (\delta_{il}\delta_{jm} - \delta_{im}\delta_{jl})\, v_j\, v_{m,l} \\
&= \frac{\partial v_i}{\partial t} + v_j\, v_{j,i} - (v_j\, v_{j,i} - v_j\, v_{i,j}) \\
&= \frac{\partial v_i}{\partial t} + v_{i,j}\, v_j = \frac{\partial v_i}{\partial t} + (\operatorname{grad} \boldsymbol{v})_{ij}\, v_j
\end{aligned}$$

$$\Leftrightarrow \quad \boldsymbol{a} = \frac{\partial \boldsymbol{v}}{\partial t} + (\operatorname{grad} \boldsymbol{v}) \cdot \boldsymbol{v}; \tag{1.32}$$

somit sind auch (1.29) und (1.12) äquivalent.

■

1.1.3 Stromlinien, Bahnlinien, Streichlinien

Bei der Behandlung von Problemen der Fluiddynamik wird die Bewegung häufig durch Stromlinien, Bahnlinien oder Streichlinien charakterisiert. Unter den *Bahnlinien* versteht man diejenigen Kurven im Raum, die von den einzelnen Partikeln während ihrer Bewegung durchlaufen werden. Bei gegebenem Geschwindigkeitsfeld in räumlicher Darstellung $\boldsymbol{v}(\boldsymbol{x}, t)$ erhält man ihre mit der Zeit t parameterisierte Darstellung $\boldsymbol{x}(t)$ durch das Differentialgleichungssystem (drei Gleichungen)

$$\frac{\mathrm{d}\boldsymbol{x}}{\mathrm{d}t} = \boldsymbol{v}(\boldsymbol{x}, t). \tag{1.33}$$

Als Anfangsbedingung kann z. B. die Position der Teilchen $\boldsymbol{x} = \boldsymbol{\xi}$ zum festen Zeitpunkt $t = \tau$ (Referenzkonfiguration κ_τ) verwendet werden. Die Bahnlinien ergeben sich dann in der Form $\boldsymbol{x}(t; \boldsymbol{\xi}, \tau)$, mit t als Kurvenparameter, $\boldsymbol{\xi}$ als Scharparameter und τ als konstantem Bezugszeitpunkt. Man erkennt, dass sie mit der relativen Darstellung der Bewegung (1.4) identisch sind.

Stromlinien sind die Integralkurven des Geschwindigkeitsfeldes $\boldsymbol{v}(\boldsymbol{x}, t)$ zu einem festen Zeitpunkt t_0, d. h., sie tangieren die Momentaufnahme der Strömung in jedem Punkt. Diese Parallelität kommt zum Ausdruck in dem Differentialgleichungssystem

$$\frac{\mathrm{d}\boldsymbol{x}}{\mathrm{d}\sigma} = \boldsymbol{v}(\boldsymbol{x}, t_0), \tag{1.34}$$

σ ist hier der sich ergebende Kurvenparameter. Will man die Stromlinien statt dessen mit ihrer Bogenlänge s parameterisiert erhalten, so muss das Geschwindigkeitsfeld normiert werden,

$$\frac{\mathrm{d}\boldsymbol{x}}{\mathrm{d}s} = \frac{\boldsymbol{v}(\boldsymbol{x}, t_0)}{\|\boldsymbol{v}(\boldsymbol{x}, t_0)\|}, \tag{1.35}$$

diese Form ist jedoch für praktische Rechnungen oft zu kompliziert. Als Anfangsbedingung eignet sich etwa die Position $\boldsymbol{x}_0$ der Stromlinie für $\sigma = 0$; es folgen die Stromlinien in der Form $\boldsymbol{x}(\sigma; \boldsymbol{x}_0, t_0)$, mit σ als Kurvenparameter, $\boldsymbol{x}_0$ als Scharparameter und t_0 als festem Zeitpunkt, für den die Stromlinien berechnet werden.

Eine alternative Möglichkeit zur Berechnung von Stromlinien ergibt sich durch Ausnutzen der Tatsache, dass die Linienelemente der Stromlinien $\mathrm{d}\boldsymbol{x}$ nach Definition parallel zum Geschwindigkeitsfeld $\boldsymbol{v}(\boldsymbol{x}, t_0)$ laufen, sodass deren Kreuzprodukt verschwindet,

$$\boldsymbol{v}(\boldsymbol{x}, t_0) \times \mathrm{d}\boldsymbol{x} = \boldsymbol{0}. \tag{1.36}$$

Division durch eines der Inkremente $\mathrm{d}x$, $\mathrm{d}y$, $\mathrm{d}z$ oder durch das Inkrement $\mathrm{d}\sigma$ eines zusätzlich eingeführten Bahnparameters σ ergibt ebenfalls ein System aus drei Differentialgleichungen für die gesuchten Stromlinien.

Die *Streichlinie* zu einem festen Zeitpunkt t_0 durch einen fest vorgegebenen Ort $\boldsymbol{x}_0$ bedeutet die Verbindungslinie aller Teilchen, die zu einer früheren Zeit $\tau < t_0$ diesen Ort $\boldsymbol{x}_0$ passierten oder ihn zu einem späteren Zeitpunkt $\tau > t_0$ noch passieren werden. Man kann sie berechnen aus der relativen Darstellung der Bewegung (1.4), mit anderen Worten also den Bahnlinien, wobei $\boldsymbol{\xi} = \boldsymbol{x}_0$ und $t = t_0$ festgehalten werden,

$$\boldsymbol{x}(\tau; \boldsymbol{x}_0, t_0) = \boldsymbol{x}(t; \boldsymbol{\xi}, \tau)\big|_{t=t_0,\, \boldsymbol{\xi}=\boldsymbol{x}_0}, \tag{1.37}$$

der Bahnparameter ist hier die Referenzzeit τ.

Während die anschauliche Bedeutung von Bahnlinien und Stromlinien relativ klar ist, bereiten die Streichlinien im allgemeinen einige Schwierigkeiten. Man erhält eine Vorstellung davon, wenn man annimmt, dass in eine Strömung am festen Ort $\boldsymbol{x}_0$ kontinuierlich etwas Farbstoff injiziert wird. Dieser Farbstoff wird von der Strömung mitgenommen und bildet in ihr im Laufe der Zeit eine Linie. Zu einem bestimmten Zeitpunkt t_0 markiert diese Linie die Teilchen, die zu einem früheren Zeitpunkt den Ort $\boldsymbol{x} = \boldsymbol{x}_0$ passiert haben, bildet also die Streichlinie für den Ort $\boldsymbol{x}_0$ zur Zeit t_0 (genau genommen nur den Teil der Streichlinie mit $\tau < t_0$). Interessiert man sich also für die Streichlinien der Luftströmung in einer Kneipe, so muss man lediglich den Rauch einer in die Luft gehaltenen Zigarette betrachten. Die Zigarette darf dabei allerdings nicht bewegt werden; das könnte auf Dauer recht anstrengend sein. Fazit: Besser diese Qualmerei ganz bleiben lassen!

Ein wichtiger Spezialfall ist der der stationären Bedingungen. Das bedeutet, dass die Zeit nicht explizit im Geschwindigkeitsfeld auftritt ($\partial \boldsymbol{v}/\partial t = 0$), die Geschwindigkeit also an jedem Ort $\boldsymbol{x}$ zeitlich unveränderlich ist. In diesem Fall fallen die Bahnlinien, Stromlinien und Streichlinien zusammen. Stationarität bedeutet im übrigen nicht notwendig, dass die Partikel keiner Beschleunigung unterworfen sind, vgl. (1.12).

Problem 1.4 *Berechnung von Stromlinien.*

Gegeben sei das ebene, stationäre Geschwindigkeitsfeld

$$v_x = -\omega y, \quad v_y = \omega x, \quad v_z = 0 \tag{1.38}$$

mit $\omega = \text{const}$. Wie lauten die zugehörigen Stromlinien?

Lösung, Methode 1. Die zugehörige Differentialgleichung lautet

$$\frac{\mathrm{d}\boldsymbol{x}}{\mathrm{d}\sigma} = \begin{pmatrix} -\omega y \\ \omega x \end{pmatrix} = \boldsymbol{A} \cdot \boldsymbol{x}, \quad \text{mit} \quad \boldsymbol{A} = \begin{pmatrix} 0 & -\omega \\ \omega & 0 \end{pmatrix}. \tag{1.39}$$

Der Ansatz $\boldsymbol{x} = \boldsymbol{C}\mathrm{e}^{\lambda\sigma}$ führt auf das Eigenwertproblem $\boldsymbol{A} \cdot \boldsymbol{C} = \lambda \boldsymbol{C}$. Lösen des charakteristischen Polynoms ergibt die beiden komplex konjugierten Eigenwerte $\lambda_{1,2} = \pm \mathrm{i}\omega$; die zugehörigen Eigenvektoren sind $\boldsymbol{C}_1 = (1, -\mathrm{i})$ und $\boldsymbol{C}_2 = (1, \mathrm{i})$.

Nach der Theorie der Lösung von Dgl.-Systemen mit konstanten Koeffizienten besteht ein Fundamentalsystem von Lösungen aus den beiden Funktionen

$$\boldsymbol{x}_1 = \mathrm{Re}\left\{\boldsymbol{C}_1 \mathrm{e}^{\lambda_1 \sigma}\right\}, \quad \boldsymbol{x}_2 = \mathrm{Im}\left\{\boldsymbol{C}_1 \mathrm{e}^{\lambda_1 \sigma}\right\}, \tag{1.40}$$

sodass die allgemeine Lösung des Systems

$$\boldsymbol{x} = a \begin{pmatrix} \cos\omega\sigma \\ \sin\omega\sigma \end{pmatrix} + b \begin{pmatrix} \sin\omega\sigma \\ -\cos\omega\sigma \end{pmatrix} \tag{1.41}$$

lautet. Man rechnet sofort $x^2 + y^2 = a^2 + b^2$, es handelt sich also um Kreise mit dem Radius $R^2 = a^2 + b^2$. Legt man den Nullpunkt der Parameterisierung so, dass gilt $\sigma = 0 : x = R$, $y = 0$, so erhält man

$$x = R\cos\omega\sigma, \quad y = R\sin\omega\sigma, \tag{1.42}$$

also die vertraute Form der Parameterdarstellung eines Kreises mit Radius R.

Im übrigen haben wir ein stationäres Problem betrachtet. Man kann daher im eben abgeleiteten Ergebnis den Bahnparameter σ durch die Zeit t ersetzen und gewinnt so die Darstellung der Bahnlinien. Das zeigt, dass es sich bei dem vorgegebenen Geschwindigkeitsfeld um eine Starrkörperrotation um die z-Achse mit der Winkelgeschwindigkeit ω handelt.

Lösung, Methode 2. Aus

$$\begin{pmatrix} -\omega y \\ \omega x \\ 0 \end{pmatrix} \times \begin{pmatrix} \mathrm{d}x \\ \mathrm{d}y \\ 0 \end{pmatrix} = \begin{pmatrix} 0 \\ 0 \\ -\omega y\,\mathrm{d}y - \omega x\,\mathrm{d}x \end{pmatrix} \stackrel{!}{=} \boldsymbol{0} \tag{1.43}$$

erhält man die exakte Differentialgleichung

$$x\,\mathrm{d}x + y\,\mathrm{d}y = 0 \tag{1.44}$$

(eine Dgl. $P(x,y)\,\mathrm{d}x + Q(x,y)\,\mathrm{d}y = 0$ heißt exakt, wenn $\partial P/\partial y = \partial Q/\partial x$ erfüllt ist, der Ausdruck $P(x,y)\,\mathrm{d}x + Q(x,y)\,\mathrm{d}y$ also das totale Differential dF einer Funktion $F(x,y)$ darstellt). Integration ergibt

$$\begin{aligned} & F(x,y) = \int P(x,y)\,\mathrm{d}x = \frac{x^2}{2} + \phi(y) \\ \Rightarrow\ & \frac{\partial F}{\partial y} = \phi'(y) \stackrel{!}{=} Q(x,y) = y \quad \Rightarrow \phi(y) = \frac{y^2}{2} \\ \Rightarrow\ & F(x,y) = \frac{x^2}{2} + \frac{y^2}{2}. \end{aligned} \tag{1.45}$$

Aus $F(x,y) = C$ und Umbenennung der Integrationskonstanten C in $R^2/2$ erhält man also die Lösung der Dgl. zu

$$x^2 + y^2 = R^2. \tag{1.46}$$

Diese Gleichung stellt Kreise um den Koordinatenursprung mit Radius R dar, wie bereits bei Methode 1 gesehen.

■

1.2 Deformation

1.2.1 Der Deformationsgradient

Der *Deformationsgradient* $\boldsymbol{F}$ ist definiert als der materielle Gradient der Bewegung,

$$\boldsymbol{F} = \operatorname{Grad} \boldsymbol{x}(\boldsymbol{X},t), \quad \text{bzw.} \quad F_{iA} = \frac{\partial x_i(\boldsymbol{X},t)}{\partial X_A} = x_{i,A}, \tag{1.47}$$

wobei die Notation $(\cdot)_{,A}$ die partielle Ableitung $\partial(\cdot)/\partial X_A$ bedeutet. Man kann $\boldsymbol{F}$ daher auch als Funktionalmatrix der vektoriellen Bewegungsfunktion $\boldsymbol{x}(\boldsymbol{X},t)$ auffassen. Gemäß der Definition transformiert $\boldsymbol{F}$ Linienelemente aus der Referenzkonfiguration κ_r in die Momentankonfiguration κ_t,

$$\mathrm{d}\boldsymbol{x} = \boldsymbol{F} \cdot \mathrm{d}\boldsymbol{X}, \quad \text{bzw.} \quad \mathrm{d}x_i = F_{iA}\mathrm{d}X_A. \tag{1.48}$$

Die Determinante des Deformationsgradienten, die *Jacobi-Determinante* J, ergibt sich als

$$J = \det \boldsymbol{F}, \quad \text{bzw.} \quad J = \frac{1}{6}\varepsilon_{ABC}\varepsilon_{ijk}F_{iA}F_{jB}F_{kC}, \tag{1.49}$$

wobei ε_{ijk} der in (1.17) eingeführte Epsilon-Tensor ist. Da wir von den Bewegungen Invertierbarkeit verlangt haben, muss J von Null verschieden sein;

der Deformationsgradient $\boldsymbol{F}$ besitzt folglich eine Inverse $\boldsymbol{F}^{-1}$. Darüber hinaus können reale Bewegungen keine Umkehr der Orientierung produzieren, sodass stets

$$J > 0 \tag{1.50}$$

gilt. Eine weitere nützliche Relation ist die Beziehung

$$\varepsilon_{ABC} J = \varepsilon_{ijk} F_{iA} F_{jB} F_{kC} \quad (A, B, C \in \{1, 2, 3\}); \tag{1.51}$$

bzw. analog für die Inverse $\boldsymbol{F}^{-1}$

$$\varepsilon_{ijk} J^{-1} = \varepsilon_{ABC} F^{-1}_{Ai} F^{-1}_{Bj} F^{-1}_{Ck} \quad (i, j, k \in \{1, 2, 3\}). \tag{1.52}$$

1.2.2 Einige kinematische Relationen

Für die materielle Zeitableitung des Deformationsgradienten rechnet man

$$\dot{F}_{iA} = \frac{\partial^2 x_i(\boldsymbol{X}, t)}{\partial t\, \partial X_A} = \frac{\partial v_i(\boldsymbol{X}, t)}{\partial X_A} = \frac{\partial v_i(\boldsymbol{x}, t)}{\partial x_j} \frac{\partial x_j(\boldsymbol{X}, t)}{\partial X_A} = \frac{\partial v_i(\boldsymbol{x}, t)}{\partial x_j} F_{jA}$$

$$\Rightarrow \ \dot{\boldsymbol{F}} = \boldsymbol{L} \cdot \boldsymbol{F}, \quad \text{bzw.} \quad \boldsymbol{L} = \dot{\boldsymbol{F}} \cdot \boldsymbol{F}^{-1}, \tag{1.53}$$

wobei $\boldsymbol{L}$ den räumlichen *Geschwindigkeitsgradienten* bedeutet, welcher durch

$$\boldsymbol{L} = \operatorname{grad} \boldsymbol{v}, \quad \text{bzw.} \quad L_{ij} = \frac{\partial v_i(\boldsymbol{x}, t)}{\partial x_j} = v_{i,j} \tag{1.54}$$

definiert ist.

Die Berechnung der materiellen Zeitableitung für J erfordert einigen Aufwand. Es ergibt sich zunächst aus (1.49) unter Verwendung von (1.53)

$$\begin{aligned} \dot{J} &= \frac{1}{6} \varepsilon_{ABC} \varepsilon_{ijk} \dot{F}_{iA} F_{jB} F_{kC} + \frac{1}{6} \varepsilon_{ABC} \varepsilon_{ijk} F_{iA} \dot{F}_{jB} F_{kC} \\ &\quad + \frac{1}{6} \varepsilon_{ABC} \varepsilon_{ijk} F_{iA} F_{jB} \dot{F}_{kC} \\ &= \frac{1}{6} \varepsilon_{ABC} \varepsilon_{ijk} L_{il} F_{lA} F_{jB} F_{kC} + \frac{1}{6} \varepsilon_{ABC} \varepsilon_{ijk} L_{jl} F_{lB} F_{kC} F_{iA} \\ &\quad + \frac{1}{6} \varepsilon_{ABC} \varepsilon_{ijk} L_{kl} F_{lC} F_{iA} F_{jB} \\ &= \frac{1}{2} \varepsilon_{ABC} \varepsilon_{ijk} L_{il} F_{lA} F_{jB} F_{kC}. \end{aligned} \tag{1.55}$$

Ersetzen von ε_{ijk} mit (1.52) gibt weiter

$$\begin{aligned} \dot{J} &= \frac{1}{2} \varepsilon_{ABC} J \varepsilon_{DEF} F^{-1}_{Di} F^{-1}_{Ej} F^{-1}_{Fk} L_{il} F_{lA} F_{jB} F_{kC} \\ &= \frac{1}{2} J \varepsilon_{ABC} \varepsilon_{DEF} L_{il} F_{lA} F^{-1}_{Di} \delta_{BE} \delta_{CF} \\ &= \frac{1}{2} J \varepsilon_{ABC} \varepsilon_{BCD} L_{il} F_{lA} F^{-1}_{Di} \\ &= J \delta_{AD} L_{il} F_{lA} F^{-1}_{Di} \\ &= J L_{il} \delta_{il} = J L_{ii}; \end{aligned} \tag{1.56}$$

hier wurde das bereits in (1.14) definierte Kronecker-Symbol verwendet und die Relation $\varepsilon_{ABC}\varepsilon_{BCD} = 2\delta_{AD}$ [vgl. $(1.19)_2$] benutzt. Das Ergebnis lautet also

$$\dot{J} = J \operatorname{tr} \boldsymbol{L} = J \operatorname{div} \boldsymbol{v}. \tag{1.57}$$

Wir betrachten nun den Zusammenhang zwischen einem Volumenelement in der Referenzkonfiguration $\mathrm{d}V$ und dem zugehörigen Volumenelement in der Momentankonfiguration $\mathrm{d}v$. Diese Volumenelemente seien durch die drei Linienelemente $\mathrm{d}\boldsymbol{X}^{(1)}$, $\mathrm{d}\boldsymbol{X}^{(2)}$, $\mathrm{d}\boldsymbol{X}^{(3)}$, bzw. $\mathrm{d}\boldsymbol{x}^{(1)}$, $\mathrm{d}\boldsymbol{x}^{(2)}$, $\mathrm{d}\boldsymbol{x}^{(3)}$ aufgespannt (siehe Abb. 1.2); sie lassen sich durch die jeweiligen Spatprodukte berechnen.

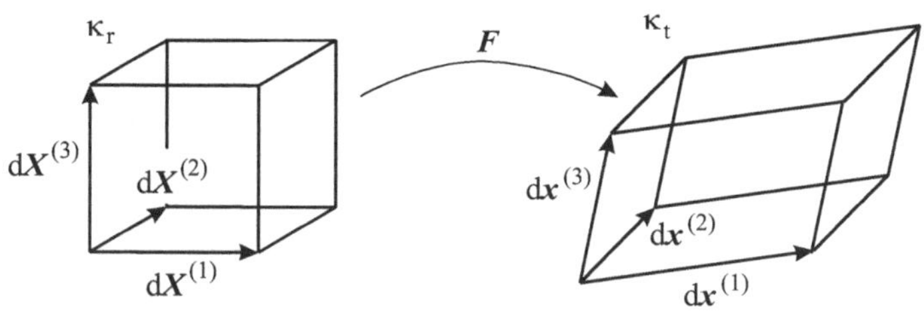

Abb. 1.2. Volumenelemente in der Referenz- und Momentankonfiguration.

Es folgt mit (1.48), (1.51)

$$\begin{aligned} \mathrm{d}v &= \varepsilon_{ijk}\mathrm{d}x_i^{(1)}\mathrm{d}x_j^{(2)}\mathrm{d}x_k^{(3)} = \varepsilon_{ijk}F_{iA}F_{jB}F_{kC}\mathrm{d}X_A^{(1)}\mathrm{d}X_B^{(2)}\mathrm{d}X_C^{(3)} \\ &= \varepsilon_{ABC}J\,\mathrm{d}X_A^{(1)}\mathrm{d}X_B^{(2)}\mathrm{d}X_C^{(3)} \\ \Rightarrow\ \mathrm{d}v &= J\,\mathrm{d}V. \end{aligned} \tag{1.58}$$

J gibt also die Volumenänderung während der Bewegung an. Für die zeitliche Änderung des Volumenelementes $\mathrm{d}v$ erhalten wir hiermit

$$(\mathrm{d}v)^{\cdot} = \dot{J}\,\mathrm{d}V = J \operatorname{div} \boldsymbol{v}\,\mathrm{d}V = \operatorname{div} \boldsymbol{v}\,\mathrm{d}v \tag{1.59}$$

(die materielle Zeitableitung von $\mathrm{d}V$ ist Null, denn das Volumenelement in der Referenzkonfiguration ist natürlich zeitlich unveränderlich). Dieses Ergebnis bedeutet anschaulich, dass die Divergenz des Geschwindigkeitsfeldes ein Maß für die lokale Kompressions- bzw. Dilatationsgeschwindigkeit, m.a.W. die Änderung der Dichte, ist.

Ähnliche Beziehungen lassen sich für aus jeweils zwei Linienelementen $\mathrm{d}\boldsymbol{X}^{(1)}$, $\mathrm{d}\boldsymbol{X}^{(2)}$ bzw. $\mathrm{d}\boldsymbol{x}^{(1)}$, $\mathrm{d}\boldsymbol{x}^{(2)}$ aufgespannte Flächenelemente $\mathrm{d}\boldsymbol{A}$, $\mathrm{d}\boldsymbol{a}$ herleiten:

$$\mathrm{d}a_i = \varepsilon_{ijk}\mathrm{d}x_j^{(1)}\mathrm{d}x_k^{(2)} = \varepsilon_{ijk}F_{jB}F_{kC}\mathrm{d}X_B^{(1)}\mathrm{d}X_C^{(2)}. \tag{1.60}$$

Aus der Determinantenformel (1.51) erhält man

$$\varepsilon_{ABC}JF_{Al}^{-1} = \varepsilon_{ljk}F_{jB}F_{kC}, \tag{1.61}$$

das ergibt

$$\begin{aligned} \mathrm{d}a_i &= \varepsilon_{ABC} J F^{-1}_{Ai} \mathrm{d}X^{(1)}_B \mathrm{d}X^{(2)}_C = J F^{-\mathrm{T}}_{iA}\, dA_A \\ \Rightarrow\ \mathrm{d}\boldsymbol{a} &= J \boldsymbol{F}^{-\mathrm{T}} \cdot \mathrm{d}\boldsymbol{A}. \end{aligned} \tag{1.62}$$

Die zeitliche Änderung von d$\boldsymbol{a}$ folgt durch Differenzieren,

$$(\mathrm{d}\boldsymbol{a})^{\cdot} = \dot{J}\boldsymbol{F}^{-\mathrm{T}} \cdot \mathrm{d}\boldsymbol{A} + J\dot{\boldsymbol{F}}^{-\mathrm{T}} \cdot \mathrm{d}\boldsymbol{A} = (J \operatorname{tr} \boldsymbol{L})\, \boldsymbol{F}^{-\mathrm{T}} \cdot \mathrm{d}\boldsymbol{A} + J\dot{\boldsymbol{F}}^{-\mathrm{T}} \cdot \mathrm{d}\boldsymbol{A}. \tag{1.63}$$

$\dot{\boldsymbol{F}}^{-\mathrm{T}}$ lässt sich ersetzen durch

$$\begin{aligned} &(\boldsymbol{F}^{-\mathrm{T}} \cdot \boldsymbol{F}^{T})^{\cdot} = 0 \quad \Rightarrow\ \dot{\boldsymbol{F}}^{-\mathrm{T}} \cdot \boldsymbol{F}^{T} + \boldsymbol{F}^{-\mathrm{T}} \cdot \dot{\boldsymbol{F}}^{T} = 0 \\ &\Rightarrow\ \dot{\boldsymbol{F}}^{-\mathrm{T}} = -\boldsymbol{F}^{-\mathrm{T}} \cdot \dot{\boldsymbol{F}}^{T} \cdot \boldsymbol{F}^{-\mathrm{T}} = -\boldsymbol{F}^{-\mathrm{T}} \cdot (\boldsymbol{L} \cdot \boldsymbol{F})^{\mathrm{T}} \cdot \boldsymbol{F}^{-\mathrm{T}} \\ &\qquad = -\boldsymbol{L}^{\mathrm{T}} \cdot \boldsymbol{F}^{-\mathrm{T}}. \end{aligned} \tag{1.64}$$

Das ergibt

$$(\mathrm{d}\boldsymbol{a})^{\cdot} = (J \operatorname{tr} \boldsymbol{L})\, \boldsymbol{F}^{-\mathrm{T}} \cdot \mathrm{d}\boldsymbol{A} - J\boldsymbol{L}^{\mathrm{T}} \cdot \boldsymbol{F}^{-\mathrm{T}} \cdot \mathrm{d}\boldsymbol{A}; \tag{1.65}$$

Anwendung von (1.62) führt schließlich auf das Resultat

$$(\mathrm{d}\boldsymbol{a})^{\cdot} = [(\operatorname{tr} \boldsymbol{L})\, \mathbf{1} - \boldsymbol{L}^{\mathrm{T}}] \cdot \mathrm{d}\boldsymbol{a}. \tag{1.66}$$

1.2.3 Polare Zerlegung

Satz 1.1 *Polare Zerlegung.*

Für einen beliebigen Tensor $\boldsymbol{F}$ mit $\det \boldsymbol{F} > 0$ (z. B. den Deformationsgradienten) existiert eine eindeutige Zerlegung der Form

$$\boldsymbol{F} = \boldsymbol{R} \cdot \boldsymbol{U} = \boldsymbol{V} \cdot \boldsymbol{R}. \tag{1.67}$$

Dabei ist $\boldsymbol{R}$ eigentlich orthogonal, $\boldsymbol{U}$ und $\boldsymbol{V}$ sind symmetrisch und positiv definit. Diese Zerlegung heißt polare Zerlegung des Tensors $\boldsymbol{F}$.

Beweis. Wir nehmen zunächst an, dass die Zerlegung $\boldsymbol{F} = \boldsymbol{R} \cdot \boldsymbol{U}$ existiert. Berechnen von $\boldsymbol{F}^{\mathrm{T}} \cdot \boldsymbol{F}$ gibt dann

$$\boldsymbol{F}^{\mathrm{T}} \cdot \boldsymbol{F} = \boldsymbol{U}^{\mathrm{T}} \cdot \boldsymbol{R}^{\mathrm{T}} \cdot \boldsymbol{R} \cdot \boldsymbol{U} = \boldsymbol{U}^2. \tag{1.68}$$

Mit der Wahl

$$\boldsymbol{U} = (\boldsymbol{F}^{\mathrm{T}} \cdot \boldsymbol{F})^{1/2}, \quad \boldsymbol{R} = \boldsymbol{F} \cdot \boldsymbol{U}^{-1} \tag{1.69}$$

ist also eine Zerlegung $\boldsymbol{F} = \boldsymbol{R} \cdot \boldsymbol{U}$ tatsächlich gefunden. Die Symmetrie und positive Definitheit des so gewählten $\boldsymbol{U}$ ist klar; es bleibt noch die eigentliche Orthogonalität von $\boldsymbol{R} = \boldsymbol{F} \cdot \boldsymbol{U}^{-1}$ zu zeigen. Aufgrund der Symmetrie von $\boldsymbol{U}$ ist auch $\boldsymbol{U}^{-1}$ symmetrisch; man rechnet

$$\begin{aligned}\boldsymbol{R}\cdot\boldsymbol{R}^{\mathrm{T}} &= \boldsymbol{F}\cdot\boldsymbol{U}^{-1}\cdot(\boldsymbol{F}\cdot\boldsymbol{U}^{-1})^{\mathrm{T}} = \boldsymbol{F}\cdot(\boldsymbol{U}^2)^{-1}\cdot\boldsymbol{F}^{\mathrm{T}} = \boldsymbol{F}\cdot(\boldsymbol{F}^{\mathrm{T}}\cdot\boldsymbol{F})^{-1}\cdot\boldsymbol{F}^{\mathrm{T}}\\ &= \boldsymbol{F}\cdot\boldsymbol{F}^{-1}\cdot\boldsymbol{F}^{-\mathrm{T}}\cdot\boldsymbol{F}^{\mathrm{T}} = \mathbf{1},\end{aligned} \tag{1.70}$$

$\boldsymbol{R}$ ist also orthogonal. Wegen $\det\boldsymbol{F} > 0$ (Voraussetzung) und $\det\boldsymbol{U} > 0$ (wegen positiver Definitheit), somit auch $\det\boldsymbol{U}^{-1} > 0$, ist

$$\det\boldsymbol{R} = \det\boldsymbol{F}\det\boldsymbol{U}^{-1} > 0 \quad \Rightarrow \det\boldsymbol{R} = 1, \tag{1.71}$$

$\boldsymbol{R}$ ist also eigentlich orthogonal. Setzt man

$$\boldsymbol{V} = \boldsymbol{R}\cdot\boldsymbol{U}\cdot\boldsymbol{R}^{\mathrm{T}}, \tag{1.72}$$

so ist mit $\boldsymbol{U}$ auch $\boldsymbol{V}$ symmetrisch und positiv definit, und es gilt $\boldsymbol{F} = \boldsymbol{R}\cdot\boldsymbol{U} = \boldsymbol{V}\cdot\boldsymbol{R}$, sodass die Existenz der Zerlegung $\boldsymbol{F} = \boldsymbol{V}\cdot\boldsymbol{R}$ ebenfalls gezeigt ist. Für $\boldsymbol{V}$ gilt

$$\begin{aligned}&\boldsymbol{V}^2 = \boldsymbol{V}\cdot\boldsymbol{V}^{\mathrm{T}} = \boldsymbol{F}\cdot\boldsymbol{R}^{\mathrm{T}}\cdot\boldsymbol{R}\cdot\boldsymbol{F}^{\mathrm{T}} = \boldsymbol{F}\cdot\boldsymbol{F}^{\mathrm{T}}\\ &\Rightarrow \boldsymbol{V} = (\boldsymbol{F}\cdot\boldsymbol{F}^{\mathrm{T}})^{1/2}.\end{aligned} \tag{1.73}$$

Es bleibt noch die Eindeutigkeit dieser Zerlegungen zu zeigen. Angenommen, es existiert eine weitere Zerlegung $\boldsymbol{F} = \boldsymbol{R}_1\cdot\boldsymbol{U}_1$ neben $\boldsymbol{F} = \boldsymbol{R}\cdot\boldsymbol{U}$. Dann gilt

$$\begin{aligned}\boldsymbol{F}^{\mathrm{T}}\cdot\boldsymbol{F} &= \boldsymbol{U}\cdot\boldsymbol{R}^{\mathrm{T}}\cdot\boldsymbol{R}\cdot\boldsymbol{U} = \boldsymbol{U}^2\\ &= \boldsymbol{U}_1\cdot\boldsymbol{R}_1^{\mathrm{T}}\cdot\boldsymbol{R}_1\cdot\boldsymbol{U}_1 = \boldsymbol{U}_1^2\end{aligned} \quad \Rightarrow \boldsymbol{U} = \boldsymbol{U}_1, \tag{1.74}$$

und somit auch

$$\boldsymbol{R} = \boldsymbol{F}\cdot\boldsymbol{U}^{-1} = \boldsymbol{F}\cdot\boldsymbol{U}_1^{-1} = \boldsymbol{R}_1. \tag{1.75}$$

Die Eindeutigkeit von $\boldsymbol{F} = \boldsymbol{V}\cdot\boldsymbol{R}$ folgt analog durch Ausrechnen von $\boldsymbol{F}\cdot\boldsymbol{F}^{\mathrm{T}}$. ∎

Ist $\boldsymbol{F}$ speziell der Deformationsgradient, so heißen

$$\begin{aligned}\boldsymbol{U} &= (\boldsymbol{F}^{\mathrm{T}}\cdot\boldsymbol{F})^{1/2} && \text{Rechts-Streck-Tensor,}\\ \boldsymbol{V} &= (\boldsymbol{F}\cdot\boldsymbol{F}^{\mathrm{T}})^{1/2} && \text{Links-Streck-Tensor,}\\ \boldsymbol{R} &= \boldsymbol{F}\cdot\boldsymbol{U}^{-1} && \text{Drehtensor.}\end{aligned} \tag{1.76}$$

Die polare Zerlegung des Deformationsgradienten $\boldsymbol{F}$ ermöglicht die anschauliche Deutung einer beliebigen Deformation als Hintereinanderausführung von Drehung und Streckung. Wir erinnern uns, dass $\boldsymbol{F}$ Linienelemente von der Referenz- in die Momentankonfiguration transformiert (1.48). Somit gilt

$$\mathrm{d}\boldsymbol{x} = \boldsymbol{R}\cdot\boldsymbol{U}\cdot\mathrm{d}\boldsymbol{X} = \boldsymbol{V}\cdot\boldsymbol{R}\cdot\mathrm{d}\boldsymbol{X}. \tag{1.77}$$

Wir betrachten nun in der Referenzkonfiguration einen infinitesimalen würfelförmigen Körper, dessen Kanten $\mathrm{d}s$ in Richtung der orthogonalen Hauptachsen von $\boldsymbol{U}$ orientiert sind (Abb. 1.3). Die Hintereinanderausführung $\mathrm{d}\boldsymbol{x} = \boldsymbol{R}\cdot\boldsymbol{U}\cdot\mathrm{d}\boldsymbol{X}$ bewirkt nun im ersten Schritt, dass die Kanten des Würfels

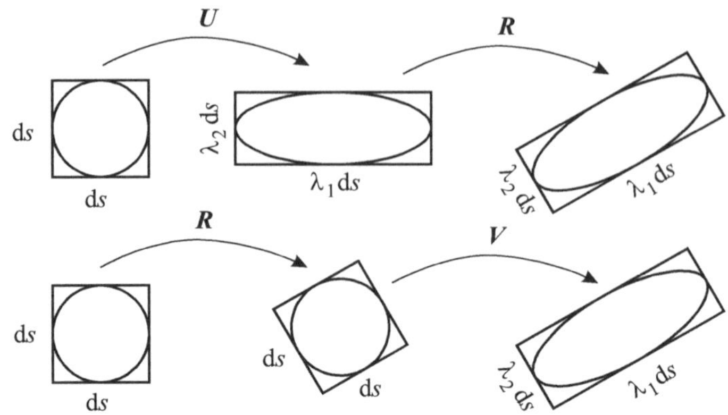

Abb. 1.3. Wirkung des Deformationsgradienten.

um die Faktoren λ_i, $i = 1, 2, 3$ gestreckt werden, wobei die λ_i die drei positiven Eigenwerte von $\boldsymbol{U}$ darstellen. Dadurch wird der Würfel in ein quaderförmiges Element deformiert. Dieses wird im zweiten Schritt durch die eigentlich orthogonale Transformation $\boldsymbol{R}$ starr gedreht.

Die Wirkung der Zerlegung $\mathrm{d}\boldsymbol{x} = \boldsymbol{V} \cdot \boldsymbol{R} \cdot \mathrm{d}\boldsymbol{X}$ ist analog, jedoch wird hier zuerst die Drehung durchgeführt, und danach die Streckung der Kanten vorgenommen. Aufgrund des Zusammenhangs zwischen $\boldsymbol{U}$ und $\boldsymbol{V}$ gemäß der Ähnlichkeitstransformation $\boldsymbol{V} = \boldsymbol{R} \cdot \boldsymbol{U} \cdot \boldsymbol{R}^{\mathrm{T}}$ sind die Kanten des gedrehten Würfels parallel zu den Hauptachsen von $\boldsymbol{V}$ und ferner die Eigenwerte von $\boldsymbol{U}$ und $\boldsymbol{V}$ gleich, sodass der gedrehte Würfel wie vorher der ungedrehte Würfel eine Streckung seiner Kanten um die Faktoren λ_i erfährt; beide Wege führen zum gleichen Ergebnis.

Statt des Würfels kann man auch die einbeschriebene Kugel mit Radius $\mathrm{d}r = \mathrm{d}s/2$ (Abb. 1.3) untersuchen. Sei $\mathrm{d}\boldsymbol{X}$ der Vektor vom Kugelmittelpunkt zu den Punkten auf der Kugel, so gilt dafür die Beziehung

$$\mathrm{d}\boldsymbol{X}^2 = \mathrm{d}r^2. \tag{1.78}$$

Wegen $\mathrm{d}\boldsymbol{X} = \boldsymbol{F}^{-1} \cdot \mathrm{d}\boldsymbol{x} = (\boldsymbol{V} \cdot \boldsymbol{R})^{-1} \cdot \mathrm{d}\boldsymbol{x} = \boldsymbol{R}^{\mathrm{T}} \cdot \boldsymbol{V}^{-1} \cdot \mathrm{d}\boldsymbol{x}$, der Symmetrie von $\boldsymbol{V}$ und der Orthogonalität von $\boldsymbol{R}$ erhalten wir hieraus

$$\begin{aligned} \mathrm{d}r^2 &= (\boldsymbol{R}^{\mathrm{T}} \cdot \boldsymbol{V}^{-1} \cdot \mathrm{d}\boldsymbol{x}) \cdot (\boldsymbol{R}^{\mathrm{T}} \cdot \boldsymbol{V}^{-1} \cdot \mathrm{d}\boldsymbol{x}) \\ &= \mathrm{d}\boldsymbol{x} \cdot \boldsymbol{V}^{-1} \cdot \boldsymbol{R} \cdot \boldsymbol{R}^{\mathrm{T}} \cdot \boldsymbol{V}^{-1} \cdot \mathrm{d}\boldsymbol{x} \\ &= \mathrm{d}\boldsymbol{x} \cdot \boldsymbol{V}^{-2} \cdot \mathrm{d}\boldsymbol{x}. \end{aligned} \tag{1.79}$$

Legt man das Koordinatensystem in die Hauptachsen von $\boldsymbol{V}$, so ist auch $\boldsymbol{V}^{-2}$ auf Hauptachsen mit den Eigenwerten λ_i^{-2}. Die Gleichung für die aus der Kugel resultierende Fläche in der Momentankonfiguration lautet dann

$$\frac{\mathrm{d}x_1^2}{(\lambda_1\,\mathrm{d}r)^2}+\frac{\mathrm{d}x_2^2}{(\lambda_2\,\mathrm{d}r)^2}+\frac{\mathrm{d}x_3^2}{(\lambda_3\,\mathrm{d}r)^2}=1, \tag{1.80}$$

was ein Ellipsoid mit den drei Hauptachsen $\lambda_i\,\mathrm{d}r$ darstellt.

Problem 1.5 *Einfache Scherung.*

Gegeben sei die ebene Bewegung in der x-y-Ebene

$$\boldsymbol{x}(\boldsymbol{X})=\boldsymbol{S}\cdot\boldsymbol{X},\quad \text{mit } \boldsymbol{S}=\begin{pmatrix}1 & \tan\gamma\\ 0 & 1\end{pmatrix},\quad \gamma\in[0,\pi/2). \tag{1.81}$$

Man gebe eine geometrische Interpretation dieser Bewegung und berechne den zugehörigen Deformationsgradienten. Weiterhin berechne man die polare Zerlegung des Deformationsgradienten für kleine Winkel $\gamma \ll 1$ durch Linearisierung in γ.

Lösung. Wir verwenden eine gemeinsame Orthonormalbasis für die Referenz- und Momentankonfiguration, $\boldsymbol{e}_x=\boldsymbol{E}_X$ und $\boldsymbol{e}_y=\boldsymbol{E}_Y$, und berechnen die Bilder der Basisvektoren unter (1.81):

$$\boldsymbol{x}(\boldsymbol{E}_X)=\begin{pmatrix}1 & \tan\gamma\\ 0 & 1\end{pmatrix}\cdot\begin{pmatrix}1\\0\end{pmatrix}=\begin{pmatrix}1\\0\end{pmatrix}, \tag{1.82}$$

$$\boldsymbol{x}(\boldsymbol{E}_Y)=\begin{pmatrix}1 & \tan\gamma\\ 0 & 1\end{pmatrix}\cdot\begin{pmatrix}0\\1\end{pmatrix}=\begin{pmatrix}\tan\gamma\\1\end{pmatrix}. \tag{1.83}$$

Ein von $\boldsymbol{E}_X$ und $\boldsymbol{E}_Y$ aufgespanntes Quadrat wird also geschert, wobei $\boldsymbol{E}_X$ unverändert bleibt und $\boldsymbol{E}_Y$ um den Winkel γ in Richtung x-Achse geklappt wird (Abb. 1.4). Diese Bewegung heißt *einfache Scherung.* Für den Deformationsgradienten ergibt sich

$$\begin{aligned} F_{iA}&=\frac{\partial x_i}{\partial X_A}=\frac{\partial(S_{iB}X_B)}{\partial X_A}=S_{iB}\delta_{AB}=S_{iA}\\ \Rightarrow\ \boldsymbol{F}&=\boldsymbol{S}=\begin{pmatrix}1 & \tan\gamma\\ 0 & 1\end{pmatrix}. \end{aligned} \tag{1.84}$$

Um dessen polare Zerlegung für kleine Winkel γ zu bestimmen, rechnen wir zunächst mit der Abkürzung $\boldsymbol{C}=\boldsymbol{F}^{\mathrm{T}}\cdot\boldsymbol{F}$

$$\boldsymbol{C}=\begin{pmatrix}1 & 0\\ \tan\gamma & 1\end{pmatrix}\cdot\begin{pmatrix}1 & \tan\gamma\\ 0 & 1\end{pmatrix}=\begin{pmatrix}1 & \tan\gamma\\ \tan\gamma & 1+\tan^2\gamma\end{pmatrix}\approx\begin{pmatrix}1 & \gamma\\ \gamma & 1\end{pmatrix}. \tag{1.85}$$

Zur Berechnung von $\boldsymbol{C}^{1/2}$ müssen wir für $\boldsymbol{C}$ die Hauptachsentransformation ausführen. Dazu bestimmen wir die Eigenwerte $\lambda_{1,2}$ als Lösungen des charakteristischen Polynoms,

$$\begin{aligned} 0&=\det(\boldsymbol{C}-\lambda\boldsymbol{1})\\ &=\det\begin{pmatrix}1-\lambda & \gamma\\ \gamma & 1-\lambda\end{pmatrix}=(1-\lambda)^2-\gamma^2=\lambda^2-2\lambda+1-\gamma^2\\ \Rightarrow\ \lambda_{1,2}&=1\pm\sqrt{1-(1-\gamma^2)}=1\pm\gamma. \end{aligned} \tag{1.86}$$

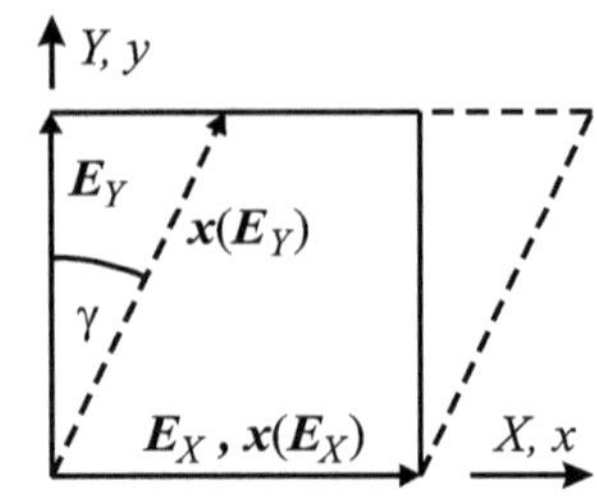

Abb. 1.4. Einfache Scherung.

Die zugehörigen normierten Eigenvektoren $\boldsymbol{X}_{1,2}$ (Hauptachsen) folgen als nichttriviale Lösungen des jeweiligen homogenen Gleichungssystems $(\boldsymbol{C} - \lambda_{1,2}\mathbf{1}) \cdot \boldsymbol{X} = \mathbf{0}$. Für λ_1 ergibt das

$$
\left(\begin{array}{cc|c} 1-(1+\gamma) & \gamma & 0 \\ \gamma & 1-(1+\gamma) & 0 \end{array}\right)
$$

$$
\Rightarrow \left(\begin{array}{cc|c} 1 & -1 & 0 \\ -1 & 1 & 0 \end{array}\right) \quad \Rightarrow \quad X_1 = Y_1 \quad \Rightarrow \quad \boldsymbol{X}_1 = \frac{1}{\sqrt{2}}\begin{pmatrix} 1 \\ 1 \end{pmatrix}, \tag{1.87}
$$

und für λ_2 erhält man

$$
\left(\begin{array}{cc|c} 1-(1-\gamma) & \gamma & 0 \\ \gamma & 1-(1-\gamma) & 0 \end{array}\right)
$$

$$
\Rightarrow \left(\begin{array}{cc|c} 1 & 1 & 0 \\ 1 & 1 & 0 \end{array}\right) \quad \Rightarrow \quad X_2 = -Y_2 \quad \Rightarrow \quad \boldsymbol{X}_2 = \frac{1}{\sqrt{2}}\begin{pmatrix} -1 \\ 1 \end{pmatrix}. \tag{1.88}
$$

Das Hauptachsensystem ist also gegenüber der Standardbasis um 45° gedreht. Die aus den Eigenvektoren gebildete Orthogonalmatrix

$$
\boldsymbol{Q} = (\boldsymbol{X}_1,\ \boldsymbol{X}_2) = \frac{1}{\sqrt{2}}\begin{pmatrix} 1 & -1 \\ 1 & 1 \end{pmatrix} \tag{1.89}
$$

ist diejenige, welche $\boldsymbol{C}$ via Hauptachsentransformation diagonalisiert:

$$
\begin{aligned}
\boldsymbol{C}' = \boldsymbol{Q}^{\mathrm{T}} \cdot \boldsymbol{C} \cdot \boldsymbol{Q} &= \frac{1}{2}\begin{pmatrix} 1 & 1 \\ -1 & 1 \end{pmatrix} \cdot \begin{pmatrix} 1 & \gamma \\ \gamma & 1 \end{pmatrix} \cdot \begin{pmatrix} 1 & -1 \\ 1 & 1 \end{pmatrix} \\
&= \begin{pmatrix} 1+\gamma & 0 \\ 0 & 1-\gamma \end{pmatrix}.
\end{aligned} \tag{1.90}
$$

Wir können nun zur Berechnung des Rechts-Streck-Tensors $\boldsymbol{U}'$ im Hauptachsensystem die Wurzel ziehen,

$$
\boldsymbol{U}' = (\boldsymbol{C}')^{1/2} = \begin{pmatrix} \sqrt{1+\gamma} & 0 \\ 0 & \sqrt{1-\gamma} \end{pmatrix} \approx \begin{pmatrix} 1+\frac{1}{2}\gamma & 0 \\ 0 & 1-\frac{1}{2}\gamma \end{pmatrix}, \tag{1.91}
$$

was eine Dehnung um den Faktor $1+\frac{1}{2}\gamma$ in $\boldsymbol{X}_1$-Richtung und eine Stauchung um den Faktor $1-\frac{1}{2}\gamma$ in $\boldsymbol{X}_2$-Richtung beschreibt. Den Rechts-Streck-Tensor $\boldsymbol{U}$ in der Standardbasis erhalten wir durch die Rücktransformation

$$\begin{aligned}\boldsymbol{U}=\boldsymbol{Q}\cdot\boldsymbol{U}'\cdot\boldsymbol{Q}^{\mathrm{T}}&=\frac{1}{2}\begin{pmatrix}1&-1\\1&1\end{pmatrix}\cdot\begin{pmatrix}1+\frac{1}{2}\gamma&0\\0&1-\frac{1}{2}\gamma\end{pmatrix}\cdot\begin{pmatrix}1&1\\-1&1\end{pmatrix}\\&=\begin{pmatrix}1&\frac{1}{2}\gamma\\\frac{1}{2}\gamma&1\end{pmatrix}.\end{aligned}\tag{1.92}$$

Für den Drehtensor ergibt sich

$$\begin{aligned}\boldsymbol{R}=\boldsymbol{F}\cdot\boldsymbol{U}^{-1}&\approx\begin{pmatrix}1&\gamma\\0&1\end{pmatrix}\cdot\frac{1}{\det\boldsymbol{U}}\begin{pmatrix}1&-\frac{1}{2}\gamma\\-\frac{1}{2}\gamma&1\end{pmatrix}\\&=\frac{1}{1-\gamma^2/4}\begin{pmatrix}1-\frac{1}{2}\gamma^2&\frac{1}{2}\gamma\\-\frac{1}{2}\gamma&1\end{pmatrix}\approx\begin{pmatrix}1&\frac{1}{2}\gamma\\-\frac{1}{2}\gamma&1\end{pmatrix}.\end{aligned}\tag{1.93}$$

Hierbei handelt es sich um eine Drehung um den kleinen Winkel $\gamma/2$ im Uhrzeigersinn (mathematisch negative Richtung). Schließlich folgt für den Links-Streck-Tensor $\boldsymbol{V}$

$$\begin{aligned}\boldsymbol{V}=\boldsymbol{R}\cdot\boldsymbol{U}\cdot\boldsymbol{R}^{\mathrm{T}}&=\begin{pmatrix}1&\frac{1}{2}\gamma\\-\frac{1}{2}\gamma&1\end{pmatrix}\cdot\begin{pmatrix}1&\frac{1}{2}\gamma\\\frac{1}{2}\gamma&1\end{pmatrix}\cdot\begin{pmatrix}1&-\frac{1}{2}\gamma\\\frac{1}{2}\gamma&1\end{pmatrix}\\&\approx\begin{pmatrix}1&\frac{1}{2}\gamma\\\frac{1}{2}\gamma&1\end{pmatrix}=\boldsymbol{U}.\end{aligned}\tag{1.94}$$

Dieser ist offenbar mit $\boldsymbol{U}$ identisch, was daran liegt, dass die Drehung $\boldsymbol{R}$ nur um einen kleinen Winkel erfolgt.

■

1.2.4 Verzerrung

Wir haben gesehen, dass die polare Zerlegung des Deformationsgradienten dessen lokale Wirkung auf ein Volumenelement der Referenzkonfiguration aufteilt in eine Starrkörperrotation, beschrieben durch den Drehtensor $\boldsymbol{R}$, und eine Verzerrung, beschrieben durch den Rechts-Streck-Tensor $\boldsymbol{U}$ bzw. den Links-Streck-Tensor $\boldsymbol{V}$. Die Bewegung der Umgebung eines Teilchens $\boldsymbol{X}$ geht lokal verzerrungsfrei vonstatten dann und nur dann, wenn hierfür $\boldsymbol{U}=\boldsymbol{V}=\boldsymbol{1}$ erfüllt ist.

Die Quadrate der beiden Strecktensoren werden auch als Maß für die Verzerrung verwendet, sie sind ebenfalls symmetrisch und positiv definit:

$$\begin{aligned}\boldsymbol{C}&=\boldsymbol{U}^2=\boldsymbol{F}^{\mathrm{T}}\cdot\boldsymbol{F}&&\text{(Rechts-Cauchy-Green-Tensor)},\\\boldsymbol{B}&=\boldsymbol{V}^2=\boldsymbol{F}\cdot\boldsymbol{F}^{\mathrm{T}}&&\text{(Links-Cauchy-Green-Tensor)}.\end{aligned}\tag{1.95}$$

Wie $\boldsymbol{U}$ und $\boldsymbol{V}$ sind auch $\boldsymbol{C}$ und $\boldsymbol{B}$ über eine Ähnlichkeitstransformation mit dem Drehtensor $\boldsymbol{R}$ verknüpft,

$$\boldsymbol{B} = \boldsymbol{V}^2 = \boldsymbol{R} \cdot \boldsymbol{U} \cdot \boldsymbol{R}^{\mathrm{T}} \cdot \boldsymbol{R} \cdot \boldsymbol{U} \cdot \boldsymbol{R}^{\mathrm{T}} = \boldsymbol{R} \cdot \boldsymbol{U}^2 \cdot \boldsymbol{R}^{\mathrm{T}} = \boldsymbol{R} \cdot \boldsymbol{C} \cdot \boldsymbol{R}^{\mathrm{T}}. \tag{1.96}$$

Der Rechts-Cauchy-Green-Tensor $\boldsymbol{C}$ hat die Eigenschaft, das Quadrat eines Linienelementes in der Momentankonfiguration durch eine quadratische Form des entsprechenden Linienelementes in der Referenzkonfiguration auszudrücken,

$$\begin{aligned} &\mathrm{d}x_i \mathrm{d}x_i = F_{iA} \mathrm{d}X_A \, F_{iB} \mathrm{d}X_B = F^{\mathrm{T}}_{Ai} F_{iB} \, \mathrm{d}X_A \mathrm{d}X_B = C_{AB} \, \mathrm{d}X_A \mathrm{d}X_B \\ &\Rightarrow \; \mathrm{d}\boldsymbol{x}^2 = \mathrm{d}\boldsymbol{X} \cdot \boldsymbol{C} \cdot \mathrm{d}\boldsymbol{X}, \end{aligned} \tag{1.97}$$

während die Inverse des Links-Cauchy-Green-Tensors $\boldsymbol{B}$ einen ähnlichen Zusammenhang für $\mathrm{d}\boldsymbol{X}^2$ herstellt,

$$\begin{aligned} &\mathrm{d}X_A \mathrm{d}X_A = F^{-1}_{Ai} \mathrm{d}x_i \, F^{-1}_{Aj} \mathrm{d}x_j = F^{-\mathrm{T}}_{iA} F^{-1}_{Aj} \, \mathrm{d}x_i \mathrm{d}x_j = B^{-1}_{ij} \, \mathrm{d}x_i \mathrm{d}x_j \\ &\Rightarrow \; \mathrm{d}\boldsymbol{X}^2 = \mathrm{d}\boldsymbol{x} \cdot \boldsymbol{B}^{-1} \cdot \mathrm{d}\boldsymbol{x}. \end{aligned} \tag{1.98}$$

Interessiert man sich statt dessen für die Abstands*änderungen* von infinitesimal benachbarten Punkten, so muss die Differenz $\mathrm{d}\boldsymbol{x}^2 - \mathrm{d}\boldsymbol{X}^2$ betrachtet werden. Hierfür ergibt sich mit obigen Resultaten

$$\begin{aligned} \mathrm{d}\boldsymbol{x}^2 - \mathrm{d}\boldsymbol{X}^2 &= \mathrm{d}\boldsymbol{X} \cdot \boldsymbol{C} \cdot \mathrm{d}\boldsymbol{X} - \mathrm{d}\boldsymbol{X} \cdot \mathbf{1} \cdot \mathrm{d}\boldsymbol{X} \\ &= \mathrm{d}\boldsymbol{X} \cdot (\boldsymbol{C} - \mathbf{1}) \cdot \mathrm{d}\boldsymbol{X} && (1.99) \\ &= \mathrm{d}\boldsymbol{x} \cdot \mathbf{1} \cdot \mathrm{d}\boldsymbol{x} - \mathrm{d}\boldsymbol{x} \cdot \boldsymbol{B}^{-1} \cdot \mathrm{d}\boldsymbol{x} \\ &= \mathrm{d}\boldsymbol{x} \cdot (\mathbf{1} - \boldsymbol{B}^{-1}) \cdot \mathrm{d}\boldsymbol{x}. && (1.100) \end{aligned}$$

Mit den Definitionen

$$\begin{aligned} \boldsymbol{G} &= \tfrac{1}{2}(\boldsymbol{C} - \mathbf{1}) \qquad &&\text{(Greenscher Verzerrungstensor)}, \\ \boldsymbol{A} &= \tfrac{1}{2}(\mathbf{1} - \boldsymbol{B}^{-1}) \qquad &&\text{(Almansischer Verzerrungstensor)} \end{aligned} \tag{1.101}$$

folgt

$$\begin{aligned} \mathrm{d}\boldsymbol{x}^2 - \mathrm{d}\boldsymbol{X}^2 &= 2\,\mathrm{d}\boldsymbol{X} \cdot \boldsymbol{G} \cdot \mathrm{d}\boldsymbol{X} && (1.102) \\ &= 2\,\mathrm{d}\boldsymbol{x} \cdot \boldsymbol{A} \cdot \mathrm{d}\boldsymbol{x}. && (1.103) \end{aligned}$$

Diese Beziehungen können noch verallgemeinert werden. Betrachtet man drei Teilchen $\boldsymbol{P}$, $\boldsymbol{X}^{(1)}$, $\boldsymbol{X}^{(2)}$ mit den infinitesimalen Abständen $\mathrm{d}\boldsymbol{X}^{(1)}$, $\mathrm{d}\boldsymbol{X}^{(2)}$ und deren Pendants in der Momentankonfiguration (Abb. 1.5), so folgt ganz analog

$$\begin{aligned} \mathrm{d}\boldsymbol{x}^{(1)} \cdot \mathrm{d}\boldsymbol{x}^{(2)} - \mathrm{d}\boldsymbol{X}^{(1)} \cdot \mathrm{d}\boldsymbol{X}^{(2)} &= 2\,\mathrm{d}\boldsymbol{X}^{(1)} \cdot \boldsymbol{G} \cdot \mathrm{d}\boldsymbol{X}^{(2)} \\ &= 2\,\mathrm{d}\boldsymbol{x}^{(1)} \cdot \boldsymbol{A} \cdot \mathrm{d}\boldsymbol{x}^{(2)}. \end{aligned} \tag{1.104}$$

Wir fragen nun nach der anschaulichen Bedeutung der Elemente von $\boldsymbol{G}$. Dazu setzen wir in (1.104)

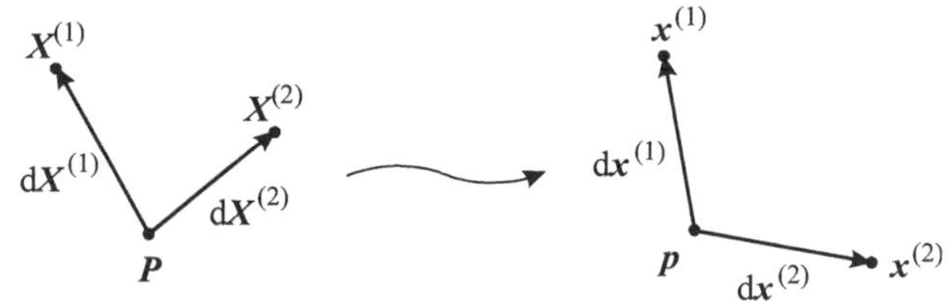

Abb. 1.5. Bewegung zweier Linienelemente.

$$\begin{aligned} \mathrm{d}\boldsymbol{X}^{(1)} &= \boldsymbol{N}^{(1)}\mathrm{d}S^{(1)}, \quad & \mathrm{d}\boldsymbol{x}^{(1)} &= \boldsymbol{n}^{(1)}\mathrm{d}s^{(1)}, \\ \mathrm{d}\boldsymbol{X}^{(2)} &= \boldsymbol{N}^{(2)}\mathrm{d}S^{(2)}, \quad & \mathrm{d}\boldsymbol{x}^{(2)} &= \boldsymbol{n}^{(2)}\mathrm{d}s^{(2)}, \end{aligned} \tag{1.105}$$

wobei $\boldsymbol{N}^{(1)}$, $\boldsymbol{N}^{(2)}$, $\boldsymbol{n}^{(1)}$, $\boldsymbol{n}^{(2)}$ Einheitsvektoren sein sollen. Wir erhalten

$$(\boldsymbol{n}^{(1)} \cdot \boldsymbol{n}^{(2)}) \frac{\mathrm{d}s^{(1)}}{\mathrm{d}S^{(1)}} \frac{\mathrm{d}s^{(2)}}{\mathrm{d}S^{(2)}} - \boldsymbol{N}^{(1)} \cdot \boldsymbol{N}^{(2)} = 2\boldsymbol{N}^{(1)} \cdot \boldsymbol{G} \cdot \boldsymbol{N}^{(2)}. \tag{1.106}$$

i) Wir setzen $\boldsymbol{N}^{(1)} = \boldsymbol{N}^{(2)} = \boldsymbol{E}_X$ und $\mathrm{d}S = \mathrm{d}S^{(1)} = \mathrm{d}S^{(2)}$; somit ist auch $\boldsymbol{n}^{(1)} = \boldsymbol{n}^{(2)}$ und $\mathrm{d}s = \mathrm{d}s^{(1)} = \mathrm{d}s^{(2)}$ (Abb. 1.6):

$$\left(\frac{\mathrm{d}s}{\mathrm{d}S}\right)^2 - 1 = \left(\frac{\mathrm{d}s - \mathrm{d}S}{\mathrm{d}S}\right)\left(2 + \frac{\mathrm{d}s - \mathrm{d}S}{\mathrm{d}S}\right) = 2G_{XX}. \tag{1.107}$$

Analoge Beziehungen gelten auch für G_{YY} und G_{ZZ}. Die Hauptdiagonalelemente von $\boldsymbol{G}$ hängen also mit den relativen Längenänderungen (Dehnungen) $(\mathrm{d}s - \mathrm{d}S)/\mathrm{d}S$ von Linienelementen, die längs der entsprechenden Koordinatenrichtungen der Referenzkonfiguration orientiert sind, zusammen.

ii) Wir setzen $\boldsymbol{N}^{(1)} = \boldsymbol{E}_X$, $\boldsymbol{N}^{(2)} = \boldsymbol{E}_Y$, $\sin(\gamma_{xy}) = \cos((\pi/2) - \gamma_{xy}) = \boldsymbol{n}^{(1)} \cdot \boldsymbol{n}^{(2)}$ (Abb. 1.6):

$$\sin\gamma_{xy} \frac{\mathrm{d}s^{(1)}}{\mathrm{d}S^{(1)}} \frac{\mathrm{d}s^{(2)}}{\mathrm{d}S^{(2)}} = 2G_{XY}. \tag{1.108}$$

Mit (1.107) folgt

$$\sin\gamma_{xy} \Big((1 + 2G_{XX})(1 + 2G_{YY})\Big)^{1/2} = 2G_{XY}; \tag{1.109}$$

entsprechendes gilt für G_{XZ} und G_{YZ}. Es besteht also ein Zusammenhang zwischen den Nebendiagonalelementen von $\boldsymbol{G}$ und den zugehörigen Winkeln, um welche zwei ursprünglich rechtwinklige Linienelemente, die in der Referenzkonfiguration längs der Koordinatenachsen liegen, geschert werden (Scherungen).

Es ist häufig nützlich, den Greenschen Verzerrungstensor $\boldsymbol{G}$ durch die Verschiebungen auszudrücken. Dazu definieren wir den *Verschiebungsgradienten* $\boldsymbol{H}$ durch

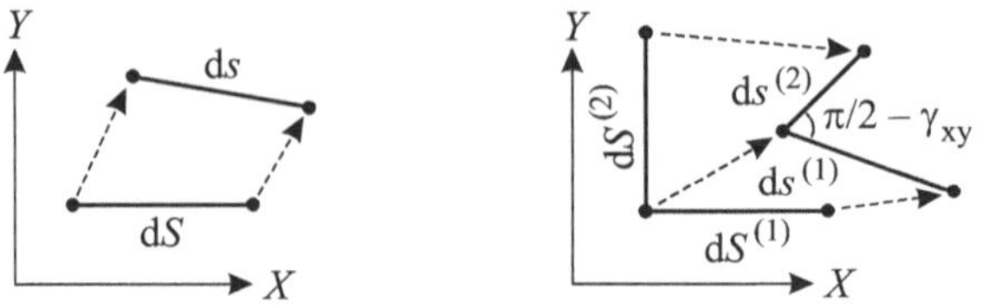

Abb. 1.6. Längen- und Winkeländerungen.

$$\boldsymbol{H} = \operatorname{Grad} \boldsymbol{u}. \tag{1.110}$$

Aus (1.6) folgt mit dieser Definition

$$\boldsymbol{F} = \boldsymbol{1} + \boldsymbol{H}; \tag{1.111}$$

das ergibt

$$\begin{aligned} \boldsymbol{G} &= \tfrac{1}{2}(\boldsymbol{F}^{\mathrm{T}} \cdot \boldsymbol{F} - \boldsymbol{1}) = \tfrac{1}{2}\left((\boldsymbol{1} + \boldsymbol{H}^{\mathrm{T}}) \cdot (\boldsymbol{1} + \boldsymbol{H}) - \boldsymbol{1}\right) \\ &= \tfrac{1}{2}(\boldsymbol{H} + \boldsymbol{H}^{\mathrm{T}} + \boldsymbol{H}^{\mathrm{T}} \cdot \boldsymbol{H}). \end{aligned} \tag{1.112}$$

Der Greensche Verzerrungstensor $\boldsymbol{G}$ ist also nichtlinear im Verschiebungsgradienten $\boldsymbol{H}$.

1.2.5 Geometrische Linearisierung

In vielen Anwendungen der Festkörpermechanik, z. B. der klassischen Elastizitätstheorie, sind die Komponenten des Verschiebungsgradienten kleine Größen, d. h., es gilt

$$\|\boldsymbol{H}\| \ll 1. \tag{1.113}$$

Aus (1.112) ergibt sich dann mit dem Symmetrisierungsoperator „sym“

$$\boldsymbol{G} = \tfrac{1}{2}(\boldsymbol{H} + \boldsymbol{H}^{\mathrm{T}}) = \operatorname{sym} \boldsymbol{H} = \boldsymbol{\varepsilon}; \tag{1.114}$$

der Greensche Verzerrungstensor reduziert sich auf den symmetrischen Teil des Verschiebungsgradienten, und mithin ist auch $\|\boldsymbol{G}\| \ll 1$. Der so vereinfachte Tensor $\boldsymbol{\varepsilon}$ heißt daher auch *infinitesimaler Verzerrungstensor*. Diese Näherung wird als *geometrische* oder *kinematische Linearisierung* bezeichnet.

Gleichungen (1.107) und (1.109) werden im Rahmen der geometrischen Linearisierung besonders einfach:

$$\varepsilon_{XX} = \frac{\mathrm{d}s - \mathrm{d}S}{\mathrm{d}S}, \quad \varepsilon_{XY} = \frac{\gamma_{XY}}{2}. \tag{1.115}$$

Die Hauptdiagonalelemente von $\boldsymbol{\varepsilon}$ sind also mit den Dehnungen, die Nebendiagonalelemente bis auf einen Faktor 2 mit den Scherungen identisch.

Eine weitere Konsequenz ist die Tatsache, dass Ableitungen nach den materiellen Koordinaten durch Ableitungen nach den räumlichen Koordinaten ersetzt werden können, falls in der Referenz- und Momentankonfiguration das gleiche Koordinatensystem verwendet wird ($\boldsymbol{e}_i = \delta_{iA}\boldsymbol{E}_A$). Für ein beliebiges Feld ψ gilt dann nämlich

$$\frac{\partial\psi}{\partial X_i} = \frac{\partial\psi}{\partial x_j}\frac{\partial x_j}{\partial X_i} = \frac{\partial\psi}{\partial x_j}\frac{\partial(X_j + u_j)}{\partial X_i} = \frac{\partial\psi}{\partial x_j}\delta_{ij} = \frac{\partial\psi}{\partial x_i} \tag{1.116}$$

(aufgrund der Voraussetzung zusammenfallender Koordinatensysteme wurde bei dieser Rechnung die unterschiedliche Indizierung materieller und räumlicher Koordinaten mit Groß- bzw. Kleinbuchstaben aufgegeben). Nimmt man zusätzlich an, dass auch die Absolutwerte der Verschiebungen klein sind (das ist z. B. dann erfüllt, wenn wenigstens ein Punkt des Körpers bei der Bewegung fixiert bleibt), so braucht man überhaupt nicht mehr zwischen Referenz- und Momentankonfiguration zu unterscheiden; die beiden Konfigurationen fallen dann näherungsweise zusammen.

Problem 1.6 *Beziehungen in der geometrischen Linearisierung.*

Man zeige, dass in der Näherung der geometrischen Linearisierung für die Tensoren $\boldsymbol{U}$, $\boldsymbol{V}$, $\boldsymbol{R}$, $\boldsymbol{F}$, $\boldsymbol{C}$, $\boldsymbol{B}$, $\boldsymbol{G}$ und $\boldsymbol{A}$ die Beziehungen

$$\begin{aligned}
\boldsymbol{F} \quad &= \mathbf{1} + \boldsymbol{\varepsilon} + \operatorname{skw}\boldsymbol{H},\\
\boldsymbol{U} = \boldsymbol{V} &= \mathbf{1} + \boldsymbol{\varepsilon},\\
\boldsymbol{R} \quad &= \mathbf{1} + \operatorname{skw}\boldsymbol{H},\\
\boldsymbol{C} = \boldsymbol{B} &= \mathbf{1} + 2\boldsymbol{\varepsilon},\\
\boldsymbol{G} = \boldsymbol{A} &= \boldsymbol{\varepsilon}
\end{aligned} \tag{1.117}$$

gelten. Dabei bedeutet der Operator „skw" die Antisymmetrisierung, also $\operatorname{skw}\boldsymbol{H} = \frac{1}{2}(\boldsymbol{H} - \boldsymbol{H}^{\mathrm{T}})$.

Lösung. Wir verwenden die Vernachlässigbarkeit von quadratischen Gliedern in $\boldsymbol{H}$ sowie die Taylor-Approximation $(\mathbf{1} + \boldsymbol{X})^p = \mathbf{1} + p\boldsymbol{X}$ für Tensoren $\boldsymbol{X}$ mit $\|\boldsymbol{X}\| \ll 1$ und $p \in \mathsf{R}$:

$$\begin{aligned}
\boldsymbol{F} &= \mathbf{1} + \boldsymbol{H} = \mathbf{1} + \tfrac{1}{2}(\boldsymbol{H} + \boldsymbol{H}^{\mathrm{T}}) + \tfrac{1}{2}(\boldsymbol{H} - \boldsymbol{H}^{\mathrm{T}})\\
&= \mathbf{1} + \boldsymbol{\varepsilon} + \operatorname{skw}\boldsymbol{H},\\
\boldsymbol{U} &= (\boldsymbol{F}^{\mathrm{T}}\cdot\boldsymbol{F})^{1/2} = \Big((\mathbf{1} + \boldsymbol{H}^{\mathrm{T}})\cdot(\mathbf{1} + \boldsymbol{H})\Big)^{1/2} = (\mathbf{1} + \boldsymbol{H} + \boldsymbol{H}^{\mathrm{T}})^{1/2}\\
&= \mathbf{1} + \tfrac{1}{2}(\boldsymbol{H} + \boldsymbol{H}^{\mathrm{T}}) = \mathbf{1} + \boldsymbol{\varepsilon},\\
\boldsymbol{V} &= (\boldsymbol{F}\cdot\boldsymbol{F}^{\mathrm{T}})^{1/2} = \Big((\mathbf{1} + \boldsymbol{H})\cdot(\mathbf{1} + \boldsymbol{H}^{\mathrm{T}})\Big)^{1/2} = (\mathbf{1} + \boldsymbol{H} + \boldsymbol{H}^{\mathrm{T}})^{1/2}\\
&= \mathbf{1} + \tfrac{1}{2}(\boldsymbol{H} + \boldsymbol{H}^{\mathrm{T}}) = \mathbf{1} + \boldsymbol{\varepsilon}, \qquad (1.118)\\
\boldsymbol{R} &= \boldsymbol{F}\cdot\boldsymbol{U}^{-1} = (\mathbf{1} + \boldsymbol{H})\cdot\big(\mathbf{1} - \tfrac{1}{2}(\boldsymbol{H} + \boldsymbol{H}^{\mathrm{T}})\big)
\end{aligned}$$

$$
\begin{aligned}
&= \mathbf{1} + \tfrac{1}{2}(\boldsymbol{H} - \boldsymbol{H}^{\mathrm{T}}) = \mathbf{1} + \operatorname{skw} \boldsymbol{H}, \\
\boldsymbol{C} &= \boldsymbol{U}^2 = (\mathbf{1} + \boldsymbol{\varepsilon})^2 = \mathbf{1} + 2\boldsymbol{\varepsilon}, \\
\boldsymbol{B} &= \boldsymbol{V}^2 = (\mathbf{1} + \boldsymbol{\varepsilon})^2 = \mathbf{1} + 2\boldsymbol{\varepsilon}, \\
\boldsymbol{G} &= \boldsymbol{\varepsilon} \qquad \text{[schon bekannt, siehe (1.114)]}, \\
\boldsymbol{A} &= \tfrac{1}{2}(\mathbf{1} - \boldsymbol{B}^{-1}) = \tfrac{1}{2}[\mathbf{1} - (\mathbf{1} - 2\boldsymbol{\varepsilon})] = \boldsymbol{\varepsilon},
\end{aligned}
$$

was zu zeigen war. ■

1.2.6 Deformationsgeschwindigkeit

Wir haben in (1.53), (1.54) bereits den Geschwindigkeitsgradienten $\boldsymbol{L}$ sowie seinen Zusammenhang mit dem Deformationsgradienten $\boldsymbol{F}$ kennengelernt. Wie jeden Tensor kann man $\boldsymbol{L}$ additiv in eine symmetrische Komponente $\boldsymbol{D}$ und eine antisymmetrische Komponente $\boldsymbol{W}$ aufspalten,

$$\boldsymbol{L} = \boldsymbol{D} + \boldsymbol{W}; \tag{1.119}$$

mit

$$
\begin{aligned}
\boldsymbol{D} &= \tfrac{1}{2}(\boldsymbol{L} + \boldsymbol{L}^{\mathrm{T}}) \quad \text{(Verzerrungsgeschwindigkeitstensor)}\,, \\
\boldsymbol{W} &= \tfrac{1}{2}(\boldsymbol{L} - \boldsymbol{L}^{\mathrm{T}}) \quad \text{(Spintensor)}\,.
\end{aligned} \tag{1.120}
$$

Zur anschaulichen Interpretation der Elemente von $\boldsymbol{D}$ berechnen wir zunächst die materielle Zeitableitung von Linienelementen:

$$(\mathrm{d}\boldsymbol{x})^{\cdot} = \dot{\boldsymbol{F}} \cdot \mathrm{d}\boldsymbol{X} = \boldsymbol{L} \cdot \boldsymbol{F} \cdot \mathrm{d}\boldsymbol{X} = \boldsymbol{L} \cdot \mathrm{d}\boldsymbol{x}. \tag{1.121}$$

Ähnlich wie bei der Interpretation der Elemente des Greenschen Verzerrungstensors $\boldsymbol{G}$ betrachten wir nun die zeitliche Änderung des Skalarproduktes zweier materieller Linienelemente $\mathrm{d}\boldsymbol{x}^{(1)}$ und $\mathrm{d}\boldsymbol{x}^{(2)}$,

$$
\begin{aligned}
(\mathrm{d}\boldsymbol{x}^{(1)} \cdot \mathrm{d}\boldsymbol{x}^{(2)})^{\cdot} &= (\mathrm{d}\boldsymbol{x}^{(1)})^{\cdot} \cdot \mathrm{d}\boldsymbol{x}^{(2)} + \mathrm{d}\boldsymbol{x}^{(1)} \cdot (\mathrm{d}\boldsymbol{x}^{(2)})^{\cdot} \\
&= (\boldsymbol{L} \cdot \mathrm{d}\boldsymbol{x}^{(1)}) \cdot \mathrm{d}\boldsymbol{x}^{(2)} + \mathrm{d}\boldsymbol{x}^{(1)} \cdot (\boldsymbol{L} \cdot \mathrm{d}\boldsymbol{x}^{(2)}) \\
&= \mathrm{d}\boldsymbol{x}^{(1)} \cdot \boldsymbol{L}^{\mathrm{T}} \cdot \mathrm{d}\boldsymbol{x}^{(2)} + \mathrm{d}\boldsymbol{x}^{(1)} \cdot \boldsymbol{L} \cdot \mathrm{d}\boldsymbol{x}^{(2)} \\
&= 2\,\mathrm{d}\boldsymbol{x}^{(1)} \cdot \boldsymbol{D} \cdot \mathrm{d}\boldsymbol{x}^{(2)}.
\end{aligned} \tag{1.122}
$$

Wir setzen

$$
\begin{aligned}
&\mathrm{d}\boldsymbol{x}^{(1)} = \boldsymbol{n}^{(1)}\mathrm{d}s^{(1)}, \qquad \boldsymbol{n}^{(1)} \cdot \boldsymbol{n}^{(2)} = \cos((\pi/2) - \gamma) = \sin\gamma, \\
&\mathrm{d}\boldsymbol{x}^{(2)} = \boldsymbol{n}^{(2)}\mathrm{d}s^{(2)},
\end{aligned} \tag{1.123}
$$

wobei $\boldsymbol{n}^{(1)}$, $\boldsymbol{n}^{(2)}$ Einheitsvektoren sind und γ die Abweichung des von $\boldsymbol{n}^{(1)}$ und $\boldsymbol{n}^{(2)}$ aufgespannten Winkels von einem rechten Winkel bedeutet. Das ergibt

$$(\sin\gamma\, \mathrm{d}s^{(1)}\mathrm{d}s^{(2)})^{\cdot} = 2\mathrm{d}s^{(1)}\mathrm{d}s^{(2)}\, \boldsymbol{n}^{(1)} \cdot \boldsymbol{D} \cdot \boldsymbol{n}^{(2)}$$

$$\Rightarrow\ \dot{\gamma}\cos\gamma + \sin\gamma \left(\frac{(\mathrm{d}s^{(1)})^{\cdot}}{\mathrm{d}s^{(1)}} + \frac{(\mathrm{d}s^{(2)})^{\cdot}}{\mathrm{d}s^{(2)}} \right) = 2\boldsymbol{n}^{(1)} \cdot \boldsymbol{D} \cdot \boldsymbol{n}^{(2)}. \quad (1.124)$$

i) Wir wählen speziell $\boldsymbol{n}^{(1)} = \boldsymbol{n}^{(2)} = \boldsymbol{e}_x$ und $\mathrm{d}s = \mathrm{d}s^{(1)} = \mathrm{d}s^{(2)}$:

$$D_{xx} = \frac{(\mathrm{d}s)^{\cdot}}{\mathrm{d}s}. \quad (1.125)$$

Die Hauptdiagonalelemente von $\boldsymbol{D}$ entsprechen also den Dehngeschwindigkeiten $(\mathrm{d}s)^{\cdot}/\mathrm{d}s$ von längs der Koordinatenrichtungen der Momentankonfiguration orientierten Linienelementen.

ii) Wir wählen speziell $\boldsymbol{n}^{(1)} = \boldsymbol{e}_x$, $\boldsymbol{n}^{(2)} = \boldsymbol{e}_y$ (somit ist $\gamma = 0$):

$$D_{xy} = \frac{\dot{\gamma}}{2}. \quad (1.126)$$

Die Nebendiagonalelemente von $\boldsymbol{D}$ sind somit bis auf einen Faktor 2 gleich den Schergeschwindigkeiten $\dot{\gamma}$, d. h., den Änderungsgeschwindigkeiten von momentan rechten Winkeln, die von Linienelementen längs der Koordinatenrichtungen in der Momentankonfiguration gebildet werden.

Es besteht eine große Ähnlichkeit zwischen diesen Beziehungen und (1.115), welche die Interpretation der Elemente des infinitesimalen Verzerrungstensors angibt.

Für $\mathrm{d}\boldsymbol{x}^{(1)} = \mathrm{d}\boldsymbol{x}^{(2)} = \mathrm{d}\boldsymbol{x}$ vereinfacht sich (1.122) zu

$$(\mathrm{d}\boldsymbol{x}^2)^{\cdot} = (\mathrm{d}\boldsymbol{x} \cdot \mathrm{d}\boldsymbol{x})^{\cdot} = 2\,\mathrm{d}\boldsymbol{x} \cdot \boldsymbol{D} \cdot \mathrm{d}\boldsymbol{x}, \quad (1.127)$$

und weil das Quadrat des Linienelementes in der Referenzkonfiguration ($\mathrm{d}\boldsymbol{X}^2$) nicht zeitabhängig ist, ist dies gleichbedeutend mit

$$(\mathrm{d}\boldsymbol{x}^2 - \mathrm{d}\boldsymbol{X}^2)^{\cdot} = 2\,\mathrm{d}\boldsymbol{x} \cdot \boldsymbol{D} \cdot \mathrm{d}\boldsymbol{x}. \quad (1.128)$$

Dieses Ergebnis ist ähnlich zu der Beziehung (1.103) für den Almansischen Verzerrungstensor $\boldsymbol{A}$.

Zur Veranschaulichung der Bedeutung des Spintensors $\boldsymbol{W}$, der wie jede antisymmetrische Matrix nur drei unabhängige Elemente hat, stellen wir diesen ohne Beschränkung der Allgemeinheit in der Form

$$\boldsymbol{W} = \begin{pmatrix} 0 & -w_3 & w_2 \\ w_3 & 0 & -w_1 \\ -w_2 & w_1 & 0 \end{pmatrix} \quad (1.129)$$

dar. Der aus den so arrangierten w_i gebildete *duale Vektor*

$$\boldsymbol{w} = \mathrm{dual}\,\boldsymbol{W} = \begin{pmatrix} w_1 \\ w_2 \\ w_3 \end{pmatrix}, \quad (1.130)$$

welcher sich kompakt als

$$w_i = (\operatorname{dual} \boldsymbol{W})_i = \tfrac{1}{2}\varepsilon_{ijk}\, W_{kj} \tag{1.131}$$

schreiben lässt, hat auf einen beliebigen Vektor $\boldsymbol{a}$ die Wirkung

$$\boldsymbol{W} \cdot \boldsymbol{a} = \boldsymbol{w} \times \boldsymbol{a}. \tag{1.132}$$

Gleichung (1.121) kann also in der Form

$$(\mathrm{d}\boldsymbol{x})^{\cdot} = \boldsymbol{D} \cdot \mathrm{d}\boldsymbol{x} + \boldsymbol{w} \times \mathrm{d}\boldsymbol{x} \tag{1.133}$$

geschrieben werden. Nun erinnere man sich daran, dass das Geschwindigkeitsfeld einer Starrkörper-Rotation um den Ursprung mit Winkelgeschwindigkeit $\boldsymbol{w}$ durch $\dot{\boldsymbol{x}} = \boldsymbol{w} \times \boldsymbol{x}$ gegeben ist. Daher beschreibt der Spintensor $\boldsymbol{W}$ die momentane lokale Starrkörper-Rotation der Umgebung des Punktes $\boldsymbol{x}$; die zugehörige lokale Winkelgeschwindigkeit entspricht dem zum Spintensor dualen Vektor $\boldsymbol{w}$.

Wir haben gesehen, dass $\boldsymbol{D}$ und $\boldsymbol{W}$ die Verzerrungs- und Rotationskomponente der *momentanen* Bewegung beschreiben, in ähnlicher Weise, wie der Strecktensor $\boldsymbol{U}$ (bzw. $\boldsymbol{V}$) und der Drehtensor $\boldsymbol{R}$ die Verzerrungs- und Rotationskomponente der Bewegung *zwischen der Referenzkonfiguration κ_r und der Momentankonfiguration κ_t* darstellen. Es liegt daher nahe, einen Zusammenhang zwischen diesen Tensoren zu vermuten. Ein solcher wird im nächsten Abschnitt aufgezeigt werden.

1.3 Relative Bewegungsgrößen

1.3.1 Definition der relativen Bewegungsgrößen

In den vorangegangenen Überlegungen haben wir stets die absolute Referenzkonfiguration κ_r zugrunde gelegt. Es ist natürlich auch möglich, die eingeführten Bewegungsgrößen auf die Referenzkonfiguration κ_τ zu beziehen. Der *relative Deformationsgradient* $\boldsymbol{F}_\tau$ ist somit definiert als der Gradient der relativen Bewegung,

$$\boldsymbol{F}_\tau = \operatorname{grad} \boldsymbol{x}(\boldsymbol{\xi}, t; \tau), \quad \text{bzw.} \quad (F_\tau)_{ij} = \frac{\partial x_i(\boldsymbol{\xi}, t; \tau)}{\partial \xi_j}. \tag{1.134}$$

Da die Referenzkonfiguration κ_τ lediglich eine spezielle Momentankonfiguration ist (nämlich diejenige zur Zeit $t = \tau$), und somit für diese auch die Basis $\boldsymbol{e}_i$ der Momentankonfigurationen verwendet wird, erfolgt die Indizierung der Komponenten von $\boldsymbol{F}_\tau$ nur mit Kleinbuchstaben; die Großbuchstaben sind der absoluten Referenzkonfiguration κ_r vorbehalten.

Zwischen dem absoluten und dem relativen Deformationsgradienten besteht ein Zusammenhang. Für die Bewegungsfunktionen lässt sich schreiben

$$\boldsymbol{x}(\boldsymbol{X},t) = \boldsymbol{x}(\boldsymbol{\xi}(\boldsymbol{X},\tau),t;\tau). \tag{1.135}$$

Differenzieren dieser Identität nach X_A ergibt unter Verwendung der Kettenregel

$$\begin{aligned}
&\frac{\partial x_i(\boldsymbol{X},t)}{\partial X_A} = \frac{\partial x_i(\boldsymbol{\xi},t;\tau)}{\partial \xi_j}\frac{\partial \xi_j(\boldsymbol{X},\tau)}{\partial X_A} \\
&\Rightarrow\ F_{iA}(\boldsymbol{X},t) = (F_\tau)_{ij}(\boldsymbol{\xi},t;\tau)\,F_{jA}(\boldsymbol{X},\tau) \\
&\Rightarrow\ (F_\tau)_{ik}(\boldsymbol{\xi},t;\tau) = F_{iA}(\boldsymbol{X},t)\,F^{-1}_{Ak}(\boldsymbol{\xi},\tau);
\end{aligned} \tag{1.136}$$

in symbolischer Notation also

$$\boldsymbol{F}_\tau(\boldsymbol{\xi},t;\tau) = \boldsymbol{F}(\boldsymbol{X},t)\cdot\boldsymbol{F}^{-1}(\boldsymbol{\xi},\tau). \tag{1.137}$$

Auch für den relativen Deformationsgradienten existiert eine polare Zerlegung,

$$\boldsymbol{F}_\tau = \boldsymbol{R}_\tau\cdot\boldsymbol{U}_\tau = \boldsymbol{V}_\tau\cdot\boldsymbol{R}_\tau; \tag{1.138}$$

mit

$$\boldsymbol{U}_\tau = (\boldsymbol{F}_\tau^{\mathrm{T}}\cdot\boldsymbol{F}_\tau)^{1/2},\quad \boldsymbol{V}_\tau = (\boldsymbol{F}_\tau\cdot\boldsymbol{F}_\tau^{\mathrm{T}})^{1/2},\quad \boldsymbol{R}_\tau = \boldsymbol{F}_\tau\cdot\boldsymbol{U}_\tau^{-1} \tag{1.139}$$

($\boldsymbol{U}_\tau$, $\boldsymbol{V}_\tau$ relativer Rechts- bzw. Links-Streck-Tensor, symmetrisch und positiv definit; $\boldsymbol{R}_\tau$ relativer Drehtensor, eigentlich orthogonal).

Ebenfalls sind analog zu oben definiert

$$\begin{aligned}
\boldsymbol{C}_\tau &= \boldsymbol{U}_\tau^2 = \boldsymbol{F}_\tau^{\mathrm{T}}\cdot\boldsymbol{F}_\tau && \text{(relativer Rechts-Cauchy-Green-Tensor)}\ ,\\
\boldsymbol{B}_\tau &= \boldsymbol{V}_\tau^2 = \boldsymbol{F}_\tau\cdot\boldsymbol{F}_\tau^{\mathrm{T}} && \text{(relativer Links-Cauchy-Green-Tensor)}\ ,\\
\boldsymbol{G}_\tau &= \tfrac{1}{2}(\boldsymbol{C}_\tau - \mathbf{1}) && \text{(relativer Greenscher Verzerrungstensor)}\ ,\\
\boldsymbol{A}_\tau &= \tfrac{1}{2}(\mathbf{1} - \boldsymbol{B}_\tau^{-1}) && \text{(relativer Almansischer Verzerrungstensor)}\ ,
\end{aligned} \tag{1.140}$$

und die bereits abgeleiteten Eigenschaften für die entsprechenden, auf die absolute Referenzkonfiguration κ_r bezogenen Tensoren gelten in gleicher Weise auch für diese relativen Verzerrungstensoren.

1.3.2 Wahl der aktuellen Konfiguration als Referenzkonfiguration

Die Idee bei der Verwendung relativer Bewegungsgrößen war, die Momentankonfiguration κ_τ zum speziellen Zeitpunkt $t = \tau$ als Referenzkonfiguration zu verwenden. Nun ist es ebenso möglich, hierfür die aktuelle Momentankonfiguration zur Zeit t selbst zu verwenden. In diesem Fall reduziert sich die Bewegungsfunktion auf die Identität,

$$\boldsymbol{x}(\boldsymbol{\xi},t;\tau)|_{\tau=t} = \boldsymbol{\xi}, \tag{1.141}$$

und folglich gilt für die relativen Bewegungsgrößen

$$\begin{aligned} &\boldsymbol{F}_{\tau=t} = \boldsymbol{U}_{\tau=t} = \boldsymbol{V}_{\tau=t} = \boldsymbol{R}_{\tau=t} = \mathbf{1}, \\ &\boldsymbol{C}_{\tau=t} = \boldsymbol{B}_{\tau=t} = \mathbf{1}, \\ &\boldsymbol{G}_{\tau=t} = \boldsymbol{A}_{\tau=t} = \mathbf{0}. \end{aligned} \tag{1.142}$$

Das erscheint auf den ersten Blick trivial und wenig interessant, hat aber dennoch aussagekräftige Konsequenzen. Betrachtet man das Pendant zu (1.53) in relativer Darstellung,

$$\dot{\boldsymbol{F}}_{\tau} = \boldsymbol{L} \cdot \boldsymbol{F}_{\tau} \tag{1.143}$$

(der Geschwindigkeitsgradient $\boldsymbol{L}$ ist ausschließlich in der Momentankonfiguration definiert und daher unabhängig von der Wahl der speziellen Referenzkonfiguration), so erhält man für $\tau = t$

$$\dot{\boldsymbol{F}}_{\tau=t} = \boldsymbol{L}. \tag{1.144}$$

Differenziert man die Polarzerlegungen nach der Zeit, so ergibt sich für $\tau = t$

$$\begin{aligned} \dot{\boldsymbol{F}}_{\tau=t} &= \dot{\boldsymbol{R}}_{\tau=t} \cdot \boldsymbol{U}_{\tau=t} + \boldsymbol{R}_{\tau=t} \cdot \dot{\boldsymbol{U}}_{\tau=t} \\ &= \dot{\boldsymbol{V}}_{\tau=t} \cdot \boldsymbol{R}_{\tau=t} + \boldsymbol{V}_{\tau=t} \cdot \dot{\boldsymbol{R}}_{\tau=t}, \end{aligned} \tag{1.145}$$

also

$$\dot{\boldsymbol{F}}_{\tau=t} = \dot{\boldsymbol{U}}_{\tau=t} + \dot{\boldsymbol{R}}_{\tau=t} = \dot{\boldsymbol{V}}_{\tau=t} + \dot{\boldsymbol{R}}_{\tau=t}. \tag{1.146}$$

Vergleich der beiden zuletzt abgeleiteten Identitäten liefert für den Geschwindigkeitsgradienten

$$\boldsymbol{L} = \dot{\boldsymbol{U}}_{\tau=t} + \dot{\boldsymbol{R}}_{\tau=t} = \dot{\boldsymbol{V}}_{\tau=t} + \dot{\boldsymbol{R}}_{\tau=t}. \tag{1.147}$$

Man kann sich leicht durch elementweises Differenzieren überlegen, dass ganz allgemein, also auch speziell für $\boldsymbol{U}_{\tau}$ und $\boldsymbol{V}_{\tau}$, die Zeitableitung eines symmetrischen Tensors wieder symmetrisch ist. Weiterhin ist die Zeitableitung des orthogonalen Tensors $\boldsymbol{R}_{\tau}$ für $\tau = t$ antisymmetrisch:

$$\begin{aligned} &\boldsymbol{R}_{\tau} \cdot \boldsymbol{R}_{\tau}^{\mathrm{T}} = \mathbf{1} \\ \Rightarrow\ &\dot{\boldsymbol{R}}_{\tau} \cdot \boldsymbol{R}_{\tau}^{\mathrm{T}} + \boldsymbol{R}_{\tau} \cdot \dot{\boldsymbol{R}}_{\tau}^{\mathrm{T}} = \mathbf{0} \\ \Rightarrow\ &\dot{\boldsymbol{R}}_{\tau=t} + \dot{\boldsymbol{R}}_{\tau=t}^{\mathrm{T}} = \mathbf{0}. \end{aligned} \tag{1.148}$$

Vergegenwärtigt man sich die Definitionen von $\boldsymbol{D}$ und $\boldsymbol{W}$ als symmetrischer bzw. antisymmetrischer Teil des Geschwindigkeitsgradienten $\boldsymbol{L}$ (1.120), so folgt aus (1.147) durch Symmetrisierung bzw. Antisymmetrisierung

$$\boldsymbol{D} = \dot{\boldsymbol{U}}_{\tau=t} = \dot{\boldsymbol{V}}_{\tau=t}, \quad \boldsymbol{W} = \dot{\boldsymbol{R}}_{\tau=t}. \tag{1.149}$$

Das ist der Zusammenhang, dessen Existenz wir bereits am Schluß von Abschn. 1.2.6 vermutet haben.

1.3.3 Rivlin-Ericksen-Tensoren

Bei der Beschreibung der Dynamik komplexer Fluide spielen spezielle Tensoren $\boldsymbol{A}_n$ eine Rolle, die wie folgt definiert sind:

$$\boldsymbol{A}_n(\boldsymbol{x},t) = \left.\frac{\mathrm{d}^n \boldsymbol{C}_\tau}{\mathrm{d}t^n}\right|_{\tau=t} = \left.\frac{\partial^n \boldsymbol{C}_\tau(\boldsymbol{\xi},t;\tau)}{\partial t^n}\right|_{\tau=t}. \tag{1.150}$$

Diese Tensoren heißen *Rivlin-Ericksen-Tensoren.*

Man rechnet leicht

$$\boldsymbol{A}_0 = \boldsymbol{C}_{\tau=t} = \mathbf{1}, \tag{1.151}$$

$$\boldsymbol{A}_1 = \left.\frac{\mathrm{d}\boldsymbol{C}_\tau}{\mathrm{d}t}\right|_{\tau=t} = \left.\frac{\mathrm{d}\boldsymbol{U}_\tau^2}{\mathrm{d}t}\right|_{\tau=t} = 2\boldsymbol{U}_{\tau=t}\cdot\dot{\boldsymbol{U}}_{\tau=t} = 2\dot{\boldsymbol{U}}_{\tau=t} = 2\boldsymbol{D}. \tag{1.152}$$

Die Rivlin-Ericksen-Tensoren bestimmen die Zeitableitungen der Quadrate von Linienelementen $\mathrm{d}\boldsymbol{x}^2$ in der Momentankonfiguration:

$$\begin{aligned}
&\mathrm{d}\boldsymbol{x}^2 = (\boldsymbol{F}_\tau\cdot\mathrm{d}\boldsymbol{\xi})\cdot(\boldsymbol{F}_\tau\cdot\mathrm{d}\boldsymbol{\xi}) = \mathrm{d}\boldsymbol{\xi}\cdot\boldsymbol{F}_\tau^{\mathrm{T}}\cdot\boldsymbol{F}_\tau\cdot\mathrm{d}\boldsymbol{\xi} = \mathrm{d}\boldsymbol{\xi}\cdot\boldsymbol{C}_\tau\cdot\mathrm{d}\boldsymbol{\xi}\\
&\Rightarrow\ \frac{\mathrm{d}^n}{\mathrm{d}t^n}\left(\mathrm{d}\boldsymbol{x}^2\right) = \mathrm{d}\boldsymbol{\xi}\cdot\frac{\mathrm{d}^n\boldsymbol{C}_\tau}{\mathrm{d}t^n}\cdot\mathrm{d}\boldsymbol{\xi}.\\
&\text{Setze } \tau=t \quad \Rightarrow\ \frac{\mathrm{d}^n}{\mathrm{d}t^n}\left(\mathrm{d}\boldsymbol{x}^2\right) = \mathrm{d}\boldsymbol{x}\cdot\boldsymbol{A}_n\cdot\mathrm{d}\boldsymbol{x}.
\end{aligned} \tag{1.153}$$

Des weiteren findet man die Rivlin-Ericksen-Tensoren bei der Untersuchung der *Geschichte* des relativen Rechts-Cauchy-Green-Tensors $\boldsymbol{C}_\tau(\boldsymbol{\xi},t-s;\tau)$ (hierbei ist $s\geq 0$; $\boldsymbol{C}_\tau$ wird also zu einer Zeit vor der aktuellen Zeit t betrachtet). Bezieht man diesen auf die aktuelle Konfiguration ($\tau=t$), so ergibt eine Taylor-Entwicklung um die aktuelle Zeit $s=0$

$$\begin{aligned}
\boldsymbol{C}_{\tau=t}(\boldsymbol{\xi},t-s;\tau) = \boldsymbol{C}_{\tau=t}(\boldsymbol{\xi},t;\tau) - s\left.\frac{\partial\boldsymbol{C}_\tau(\boldsymbol{\xi},t;\tau)}{\partial t}\right|_{\tau=t}\\
+\frac{s^2}{2}\left.\frac{\partial^2\boldsymbol{C}_\tau(\boldsymbol{\xi},t;\tau)}{\partial t^2}\right|_{\tau=t}\ldots
\end{aligned} \tag{1.154}$$

Wie man sieht, treten als Entwicklungskoeffizienten genau die Rivlin-Ericksen-Tensoren auf,

$$\boldsymbol{C}_{\tau=t}(\boldsymbol{\xi},t-s;\tau) = \boldsymbol{A}_0 - \boldsymbol{A}_1 s + \boldsymbol{A}_2\frac{s^2}{2}\ldots \tag{1.155}$$

1.4 Transformationseigenschaften unter Euklidischen Transformationen

1.4.1 Koordinaten- und Bezugssysteme

Befindet sich ein Partikel an einer bestimmten Stelle im Ortsraum, so stellen zwei verschiedene Betrachter, die sich auf einen gemeinsamen Ursprung einigen konnten, fest, dass sie beide denselben Ortsvektor $\boldsymbol{x}$ des Massenpunktes beobachten. Eine andere Frage ist jedoch, wie sie die drei *Komponenten* dieses Vektors beschreiben. Letztere sind jeweils auf ein entsprechendes *Koordinatensystem* bezogen, das dafür sorgt, dass jedem Punkt im physikalischen Raum R^3 auch tatsächlich ein eineindeutiges Tripel reeller Zahlen entspricht.

Zu jedem Koordinatensystem gehören *Koordinatenlinien*, welche dadurch entstehen, dass alle Koordinaten bis auf eine konstant gehalten werden. Die freie Koordinate parameterisiert dann eine eindimensionale Mannigfaltigkeit innerhalb des R^3, die zu dieser Koordinate gehörende Koordinatenlinie. Sind alle Koordinatenlinien Geraden, spricht man von *geradlinigen Koordinaten*, ansonsten von *krummlinigen Koordinaten.*

Ein wichtiger Spezialfall geradliniger Koordinatensysteme sind die *kartesischen Koordinatensysteme.* Sie zeichnen sich dadurch aus, dass sie von einem Satz orthonormaler Basisvektoren $\boldsymbol{e}_1$, $\boldsymbol{e}_2$, $\boldsymbol{e}_3$ aufgespannt werden, sodass die Koordinatenlinien Geraden sind und sich in rechten Winkeln schneiden. Die Orthonormalität lässt sich schreiben als

$$\boldsymbol{e}_i \cdot \boldsymbol{e}_j = \delta_{ij}. \tag{1.156}$$

Ein beliebiger Vektor $\boldsymbol{x}$ kann eindeutig als Linearkombination der orthonormalen Basisvektoren dargestellt werden,

$$\boldsymbol{x} = x_1\boldsymbol{e}_1 + x_2\boldsymbol{e}_2 + x_3\boldsymbol{e}_3. \tag{1.157}$$

Die hierbei auftretenden Koeffizienten (x_1, x_2, x_3) sind die kartesischen Koordinaten des Vektors $\boldsymbol{x}$ bezüglich der Basis $\boldsymbol{e}_1$, $\boldsymbol{e}_2$, $\boldsymbol{e}_3$. Zwei verschiedene kartesische Koordinatensysteme können sich maximal durch eine Translation des Ursprungs, eine Rotation der Basisvektoren und eine Inversion der Orientierung (Rechtssystem $\leftrightarrow$ Linkssystem) voneinander unterscheiden.

Ein Koordinatensystem ist also eine Vorschrift, wie ein Vektor durch Angabe von drei Komponenten (im Falle des R^3) beschrieben werden kann, und somit ein rein mathematischer Begriff. Im Gegensatz dazu ist ein *Bezugssystem* der Standpunkt eines bestimmten Beobachters, von dem aus er/sie physikalische Größen misst. Beispielsweise wird die Bestimmung des Geschwindigkeitsvektors eines Partikels in einem strömenden Fluss unterschiedliche Werte ergeben, je nachdem, ob die Messung von einem ruhenden Beobachter oder aus einem fahrenden Zug vorgenommen wird. Hierbei handelt es sich um ein physikalisches Phänomen, welches nichts mit der unterschiedlichen Beschreibung ein und desselben Vektors in verschiedenen Koordinatensystemen zu tun hat, sondern tatsächlich zwei verschiedene Vektoren liefert.

Es ist also wichtig, zwischen den beiden Begriffen „Koordinatensystem" und „Bezugssystem" klar zu unterscheiden. Allerdings wird man in aller Regel zur Beschreibung von Vektoren in einem bestimmten Bezugssystem ein Koordinatensystem verwenden, das mit dem Bezugssystem verhaftet ist, in anderen Worten also der Bewegung des Bezugssystems folgt. Ein auf der

Erdoberfläche ruhender Beobachter wird natürlicherweise eine mit der Erdoberfläche verbundene Basis für ein kartesisches Koordinatensystem wählen, ein Beobachter im fahrenden Zug dagegen eine mit dem fahrenden Zug verbundene Basis. Diese Verknüpfung ist aus rein praktischen Gründen sinnvoll, jedoch mathematisch keineswegs notwendig.

1.4.2 Euklidische Transformationen

Wir betrachten nun eine spezielle Klasse von Koordinatentransformationen *in der Momentankonfiguration* κ_t, die jeweils mit einem Wechsel des physikalischen Beobachters (Bezugssystems) assoziiert sein sollen, und überlegen uns die Auswirkung dieser Transformationen auf die diversen Bewegungsgrößen. Dabei wird die alte orthonormale Basis $\boldsymbol{e}_i$ durch Hintereinanderausführung einer eigentlich orthogonalen Abbildung (Drehung) und einer Translation orientierungserhaltend in die neue orthonormale Basis $\boldsymbol{e}_i^\star$ überführt; vgl. Abb. 1.7.

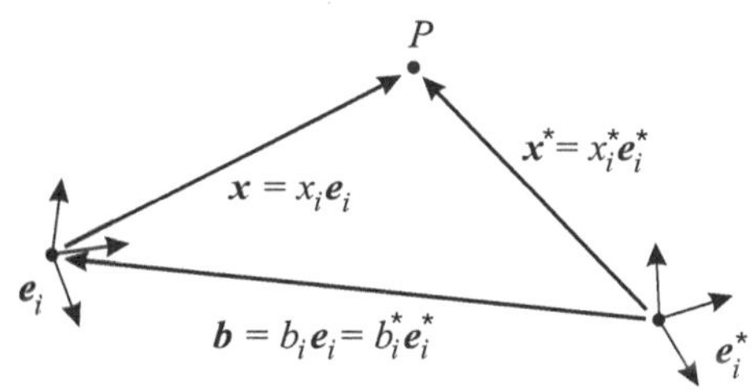

Abb. 1.7. Euklidische Transformation.

$\boldsymbol{O}(t)$ sei die eigentlich orthogonale Transformation, die die neuen Basisvektoren auf die alten Basisvektoren abbildet,

$$\boldsymbol{e}_i = \boldsymbol{O}(t) \cdot \boldsymbol{e}_i^\star, \quad \text{bzw.} \quad \boldsymbol{e}_i^\star = \boldsymbol{O}^{\mathrm{T}}(t) \cdot \boldsymbol{e}_i, \tag{1.158}$$

und $\boldsymbol{b}(t)$ der Vektor vom Ursprung der neuen Basis zum Ursprung der alten Basis (Abb. 1.7). Wie man sieht, lassen wir Zeitabhängigkeit der Transformation zu, d. h., die Bezugssysteme können sich relativ zueinander beliebig bewegen. Für die Transformation der Komponenten des Ortsvektors eines beliebigen Punktes P gilt

$$\begin{aligned} \boldsymbol{x}^\star = \boldsymbol{x} + \boldsymbol{b} \quad &\Rightarrow \; x_j^\star \boldsymbol{e}_j^\star = x_j \boldsymbol{e}_j + b_j^\star \boldsymbol{e}_j^\star \\ &\Rightarrow \; (x_j^\star - b_j^\star)\boldsymbol{e}_j^\star = x_j\,(\boldsymbol{O} \cdot \boldsymbol{e}_j^\star) \quad | \cdot \boldsymbol{e}_i^\star \\ &\Rightarrow \; (x_j^\star - b_j^\star)\boldsymbol{e}_i^\star \cdot \boldsymbol{e}_j^\star = x_j\, \boldsymbol{e}_i^\star \cdot \boldsymbol{O} \cdot \boldsymbol{e}_j^\star \\ &\Rightarrow \; (x_j^\star - b_j^\star)\,\delta_{ij} = x_j O_{ij}^\star \\ &\Rightarrow \; x_i^\star = O_{ij}^\star x_j + b_i^\star. \end{aligned} \tag{1.159}$$

Diese Transformationen werden *Euklidische Transformationen* genannt.

Einige Bemerkungen zur Interpretation sind an dieser Stelle angebracht. Nach Konstruktion betrachten wir eine *passive Transformation*, d. h., die Transformation wirkt nicht auf den Raum selbst, sondern es wird lediglich von einer auf eine andere Basis übergegangen (Wechsel des Koordinaten- und Bezugssystems). Es ist dabei äußerst wichtig, zwischen Vektoren einerseits und deren Komponenten in den verschiedenen Basissystemen andererseits zu unterscheiden (analoges gilt natürlich auch für Tensoren). Betrachtet man z. B. die Ortsvektoren $\boldsymbol{x}$ und $\boldsymbol{x}^\star$ des Punktes P in Abb. 1.7, so gilt für die Vektoren selbst die geometrisch evidente Beziehung

$$\boldsymbol{x}^\star = \boldsymbol{x} + \boldsymbol{b}, \tag{1.160}$$

die rein aus dem Wechsel des physikalischen Beobachters, mit anderen Worten des Bezugssystems, resultiert. Für die Komponenten $x_i^\star$ von $\boldsymbol{x}^\star$ bezüglich der Basis $\boldsymbol{e}_i^\star$ und x_i von $\boldsymbol{x}$ bezüglich der Basis $\boldsymbol{e}_i$ gilt dagegen die Transformationsvorschrift (1.159), symbolisch geschrieben

$$\boldsymbol{x}^\star = \boldsymbol{O}^\star \cdot \boldsymbol{x} + \boldsymbol{b}^\star, \tag{1.161}$$

welche in scheinbarem Widerspruch zu (1.160) steht, da sie zusätzlich die orthogonale Matrix $\boldsymbol{O}^\star$ enthält. Der Widerspruch löst sich eben dadurch auf, dass sich die beiden Gleichungen auf verschiedene Dinge beziehen, nämlich zum einen auf die Vektoren selbst als geometrische Objekte, zum anderen aber auf deren Darstellung in verschiedenen Koordinatensystemen in Form von Zahlentripeln.

Es wäre daher eigentlich konsequent, die symbolische Notation ausschließlich für Beziehungen wie (1.160) zu verwenden, die darstellungsfrei für Vektoren und Tensoren als solche gelten, und nicht für Beziehungen wie (1.161) zwischen deren Komponenten in verschiedenen Koordinatensystemen, wie sie bei der Untersuchung der Auswirkung der Euklidischen Transformationen auf die verschiedenen Bewegungsgrößen auftreten. Für letzteren Fall ist die Indexschreibweise die sinnvollere Notation, da sich diese eben nur auf die Komponenten bezieht. Dennoch werden wir aus rein rechentechnischen Gründen auch solche Rechnungen häufig in symbolischer Notation durchführen, wobei es wichtig ist, im Hinterkopf zu behalten, dass eigentlich nur die Komponenten in Form von Zahlentripeln oder Matrizen gemeint sind.

Satz 1.2 *Gruppeneigenschaft der Euklidischen Transformationen.*

Die Euklidischen Transformationen et mit der Verknüpfung $\circ$ (Hintereinanderausführung) bilden eine Gruppe.

Beweis. Es sind die vier Gruppenaxiome (innere Verknüpfung, Assoziativität, Existenz des neutralen Elementes, Existenz des inversen Elements) zu überprüfen:

(Inn) Es seien $\mathsf{et1}$ und $\mathsf{et2}$ zwei Euklidische Transformationen mit

$$\begin{aligned} \mathsf{et1}: &\quad \boldsymbol{e}_i \to \boldsymbol{e}_i^\star, &\quad \boldsymbol{x}^\star &= \boldsymbol{O}^\star \cdot \boldsymbol{x} + \boldsymbol{b}^\star, \\ \mathsf{et2}: &\quad \boldsymbol{e}_i^\star \to \boldsymbol{e}_i^{\star\star}, &\quad \boldsymbol{x}^{\star\star} &= \boldsymbol{O}^{\star\star} \cdot \boldsymbol{x}^\star + \boldsymbol{b}^{\star\star}, \end{aligned} \tag{1.162}$$

dann ist

$$\mathsf{et2} \circ \mathsf{et1}: \quad \boldsymbol{e}_i \to \boldsymbol{e}_i^{\star\star}, \quad \boldsymbol{x}^{\star\star} = \boldsymbol{O}^{\star\star} \cdot \boldsymbol{O}^\star \cdot \boldsymbol{x} + \boldsymbol{O}^{\star\star} \cdot \boldsymbol{b}^\star + \boldsymbol{b}^{\star\star} \tag{1.163}$$

ebenfalls eine Euklidische Transformation, denn $\boldsymbol{O}^{\star\star} \cdot \boldsymbol{O}^\star$ ist eine orthogonale Matrix, und $\boldsymbol{O}^{\star\star} \cdot \boldsymbol{b}^\star + \boldsymbol{b}^{\star\star}$ ist ein Vektor.

(Ass) Sei zusätzlich et3 eine Euklidische Transformation mit

$$\mathsf{et3}: \quad \boldsymbol{e}_i^{\star\star} \to \boldsymbol{e}_i^{\star\star\star}, \quad \boldsymbol{x}^{\star\star\star} = \boldsymbol{O}^{\star\star\star} \cdot \boldsymbol{x}^{\star\star} + \boldsymbol{b}^{\star\star\star}. \tag{1.164}$$

Aufgrund der Assoziativität der Matrizenmultiplikation können beim Ausrechnen von $\mathsf{et3} \circ (\mathsf{et2} \circ \mathsf{et1})$ und $(\mathsf{et3} \circ \mathsf{et2}) \circ \mathsf{et1}$ alle Klammern weggelassen werden; beide Ausdrücke ergeben dasselbe Resultat.

(Neu) Die Euklidische Transformation mit $\boldsymbol{O}^\star = \boldsymbol{1}$ und $\boldsymbol{b}^\star = \boldsymbol{0}$ ergibt $\boldsymbol{x}^\star = \boldsymbol{x}$, ist also das neutrale Element der Gruppe.

(Inv) Auflösen von $\boldsymbol{x}^\star = \boldsymbol{O}^\star \cdot \boldsymbol{x} + \boldsymbol{b}^\star$ nach $\boldsymbol{x}$ ergibt

$$\boldsymbol{x} = (\boldsymbol{O}^\star)^{\mathrm{T}} \cdot (\boldsymbol{x}^\star - \boldsymbol{b}^\star) = (\boldsymbol{O}^\star)^{\mathrm{T}} \cdot \boldsymbol{x}^\star - (\boldsymbol{O}^\star)^{\mathrm{T}} \cdot \boldsymbol{b}^\star. \tag{1.165}$$

Dies ist die zu et1 inverse Euklidische Transformation, denn $(\boldsymbol{O}^\star)^{\mathrm{T}}$ ist mit $\boldsymbol{O}^\star$ orthogonal, und $-(\boldsymbol{O}^\star)^{\mathrm{T}} \cdot \boldsymbol{b}^\star$ ist ein Vektor.

■

1.4.3 Objektivität der Bewegungsgrößen

Wir überlegen uns nun, wie sich diese Klasse von Transformationen auf die diversen Bewegungsgrößen auswirkt. Eine besondere Rolle spielen dabei die *objektiven Größen*, welche im folgenden definiert werden.

Eine skalar-, vektor- oder tensorwertige Größe ψ heißt *objektiv* bezüglich der Klasse der Euklidischen Transformationen, wenn sie invariant unter diesen Transformationen ist, also in allen Euklidischen Systemen die gleiche Form hat. Man spricht dann von *objektiven Skalaren*, *objektiven Vektoren* und *objektiven Tensoren*.

Satz 1.3 *Transformation der Komponenten objektiver Tensoren.*

Sei $\boldsymbol{\psi}$ ein objektiver Tensor n-ter Stufe. Dann transformieren sich die Komponenten von $\boldsymbol{\psi}$ gemäß

$$\psi^\star_{i_1 i_2 \ldots i_n} = O^\star_{i_1 j_1} O^\star_{i_2 j_2} \ldots O^\star_{i_n j_n} \psi_{j_1 j_2 \ldots j_n}. \tag{1.166}$$

Beweis. Wir benötigen zuerst eine Regel für die Transformation der Basisvektoren. Mit $\boldsymbol{e}_i = \boldsymbol{O} \cdot \boldsymbol{e}_i^\star$ (Definition von $\boldsymbol{O}$) und $\boldsymbol{e}_i = (\boldsymbol{e}_i \cdot \boldsymbol{e}_j^\star)\boldsymbol{e}_j^\star$ erhält man

$$\begin{aligned} & \boldsymbol{e}_i = \boldsymbol{O} \cdot \boldsymbol{e}_i^\star \quad | \cdot \boldsymbol{e}_k^\star \\ \Rightarrow\ & \boldsymbol{e}_i \cdot \boldsymbol{e}_k^\star = \boldsymbol{e}_k^\star \cdot \boldsymbol{O} \cdot \boldsymbol{e}_i^\star = O_{ki}^\star \\ \Rightarrow\ & \boldsymbol{e}_i = (\boldsymbol{e}_i \cdot \boldsymbol{e}_j^\star)\boldsymbol{e}_j^\star = O_{ji}^\star \boldsymbol{e}_j^\star \quad | \cdot O_{ki}^\star \\ \Rightarrow\ & O_{ki}^\star \boldsymbol{e}_i = O_{ji}^\star O_{ki}^\star \boldsymbol{e}_j^\star = \delta_{jk} \boldsymbol{e}_j^\star = \boldsymbol{e}_k^\star. \end{aligned} \tag{1.167}$$

Aufgrund der letzten beiden Zeilen gilt also

$$\boldsymbol{e}_i = O_{ji}^\star \boldsymbol{e}_j^\star, \qquad \boldsymbol{e}_i^\star = O_{ij}^\star \boldsymbol{e}_j. \tag{1.168}$$

Für den Tensor $\boldsymbol{\psi}$ gilt somit

$$\begin{aligned} \boldsymbol{\psi} &= \psi_{j_1 j_2 \ldots j_n}\, \boldsymbol{e}_{j_1}\, \boldsymbol{e}_{j_2} \ldots \boldsymbol{e}_{j_n} \\ &= \psi_{j_1 j_2 \ldots j_n}\, O_{i_1 j_1}^\star O_{i_2 j_2}^\star \ldots O_{i_n j_n}^\star\, \boldsymbol{e}_{i_1}^\star\, \boldsymbol{e}_{i_2}^\star \ldots \boldsymbol{e}_{i_n}^\star \\ &\overset{!}{=} \psi_{i_1 i_2 \ldots i_n}^\star\, \boldsymbol{e}_{i_1}^\star\, \boldsymbol{e}_{i_2}^\star \ldots \boldsymbol{e}_{i_n}^\star \\ \Rightarrow\quad \psi_{i_1 i_2 \ldots i_n}^\star &= O_{i_1 j_1}^\star O_{i_2 j_2}^\star \ldots O_{i_n j_n}^\star\, \psi_{j_1 j_2 \ldots j_n}, \end{aligned} \tag{1.169}$$

was zu zeigen war. ∎

Insbesondere gelten also für objektive Skalare λ, objektive Vektoren $\boldsymbol{c}$ bzw. objektive Tensoren zweiter Stufe $\boldsymbol{T}$ die Transformationsregeln

$$\begin{aligned} \lambda^\star &= \lambda, \\ c_i^\star &= O_{ij}^\star c_j \qquad (\boldsymbol{c}^\star = \boldsymbol{O}^\star \cdot \boldsymbol{c}), \\ T_{ij}^\star &= O_{ik}^\star O_{jl}^\star T_{kl} \qquad (\boldsymbol{T}^\star = \boldsymbol{O}^\star \cdot \boldsymbol{T} \cdot \boldsymbol{O}^{\star\mathrm{T}}). \end{aligned} \tag{1.170}$$

Größen, die sich statt (1.166) wie

$$\psi_{i_1 i_2 \ldots i_n}^\star = O_{i_1 j_1}^\star O_{i_2 j_2}^\star \ldots O_{i_n j_n}^\star\, \psi_{j_1 j_2 \ldots j_n} \det \boldsymbol{O} \tag{1.171}$$

transformieren, also bei Spiegelungen des Koordinatensystems (Orientierungsumkehr, $\det \boldsymbol{O} = -1$) ihr Vorzeichen umkehren würden, heißen *axiale objektive Größen* (Skalare, Vektoren, Tensoren). Beispielsweise ist das Vektorprodukt aus zwei objektiven Vektoren ein axialer objektiver Vektor. Es sei jedoch daran erinnert, dass wir uns auf orientierungserhaltende Transformationen (Drehungen, $\det \boldsymbol{O} = 1$) beschränkt haben, sodass der Unterschied zwischen „echten“ und axialen objektiven Größen hier nicht ins Gewicht fällt.

Differenziert man die Transformationsregel (1.159) zweimal materiell nach der Zeit, so ergibt sich

$$v_i^\star = O_{ij}^\star v_j + \dot{O}_{ij}^\star x_j + \dot{b}_i^\star, \tag{1.172}$$

$$a_i^\star = O_{ij}^\star a_j + 2\dot{O}_{ij}^\star v_j + \ddot{O}_{ij}^\star x_j + \ddot{b}_i^\star. \tag{1.173}$$

Man erkennt, dass die Geschwindigkeit $\boldsymbol{v}$ und die Beschleunigung $\boldsymbol{a}$ keine objektiven Vektoren sind, denn ihr Transformationsverhalten weist zusätzliche Terme auf. Bei Beschränkung auf zeitunabhängige Transformationen ($\dot{\boldsymbol{O}} = \boldsymbol{0}$, $\dot{\boldsymbol{b}} = \boldsymbol{0}$) verschwinden diese Zusatzterme wieder; bezüglich dieser eingeschränkten Klasse von Transformationen liegt also Objektivität vor.

Diese beiden Beziehungen können noch etwas umgeformt werden. Führt man in (1.172) die durch Auflösen von (1.159) nach x_j gewonnene Ersetzung

$$x_j = O^\star_{kj}(x^\star_k - b^\star_k) \tag{1.174}$$

durch, so ergibt sich

$$\begin{aligned} v^\star_i &= O^\star_{ij} v_j + \dot{O}^\star_{ij} O^\star_{kj}(x^\star_k - b^\star_k) + \dot{b}^\star_i \\ &= O^\star_{ij} v_j + (\dot{\boldsymbol{O}}^\star \cdot \boldsymbol{O}^{\star\mathrm{T}})_{ik}(x^\star_k - b^\star_k) + \dot{b}^\star_i \\ &= O^\star_{ij} v_j + \Omega^\star_{ij}(x^\star_j - b^\star_j) + \dot{b}^\star_i . \end{aligned} \tag{1.175}$$

Hierbei wurde die *Winkelgeschwindigkeitsmatrix*

$$\boldsymbol{\Omega}^\star = \dot{\boldsymbol{O}}^\star \cdot \boldsymbol{O}^{\star\mathrm{T}} \tag{1.176}$$

eingeführt. Diese Matrix ist antisymmetrisch, denn

$$\begin{aligned} \boldsymbol{0} &= (\boldsymbol{O}^\star \cdot \boldsymbol{O}^{\star\mathrm{T}})^{\cdot} \\ &= \dot{\boldsymbol{O}}^\star \cdot \boldsymbol{O}^{\star\mathrm{T}} + \boldsymbol{O}^\star \cdot \dot{\boldsymbol{O}}^{\star\mathrm{T}} = \dot{\boldsymbol{O}}^\star \cdot \boldsymbol{O}^{\star\mathrm{T}} + (\dot{\boldsymbol{O}}^\star \cdot \boldsymbol{O}^{\star\mathrm{T}})^{\mathrm{T}} \\ &= \boldsymbol{\Omega}^\star + \boldsymbol{\Omega}^{\star\mathrm{T}} , \end{aligned} \tag{1.177}$$

und kann daher analog zu (1.129) in der Form

$$\boldsymbol{\Omega}^\star = \begin{pmatrix} 0 & -\omega^\star_3 & \omega^\star_2 \\ \omega^\star_3 & 0 & -\omega^\star_1 \\ -\omega^\star_2 & \omega^\star_1 & 0 \end{pmatrix} \tag{1.178}$$

dargestellt werden. Der aus den $\omega^\star_i$ gebildete duale Vektor

$$\boldsymbol{\omega}^\star = \operatorname{dual} \boldsymbol{\Omega}^\star = \begin{pmatrix} \omega^\star_1 \\ \omega^\star_2 \\ \omega^\star_3 \end{pmatrix} \tag{1.179}$$

stellt die Winkelgeschwindigkeit der alten Basis $\boldsymbol{e}_i$ bezüglich der neuen Basis $\boldsymbol{e}^\star_i$ dar.

Durch Multiplikation von (1.175) mit $O^\star_{ik}$ erhält man die inverse Beziehung

$$v_k = O^\star_{ik}(v^\star_i - \Omega^\star_{ij}(x^\star_j - b^\star_j) - \dot{b}^\star_i). \tag{1.180}$$

Einsetzen von (1.174) und (1.180) in (1.173) ergibt zunächst

$$\begin{aligned}a_i^\star &= O_{ij}^\star a_j + 2\dot{O}_{ij}^\star O_{kj}^\star (v_k^\star - \Omega_{kl}^\star (x_l^\star - b_l^\star) - \dot{b}_k^\star) \\ &\quad + \ddot{O}_{ij}^\star O_{kj}^\star (x_k^\star - b_k^\star) + \ddot{b}_i^\star \\ &= O_{ij}^\star a_j + 2\Omega_{ik}^\star (v_k^\star - \dot{b}_k^\star) - 2\Omega_{ik}^\star \Omega_{kl}^\star (x_l^\star - b_l^\star) \\ &\quad + \ddot{O}_{ij}^\star O_{kj}^\star (x_k^\star - b_k^\star) + \ddot{b}_i^\star . \end{aligned} \tag{1.181}$$

Mit der Nebenrechnung

$$\begin{aligned}\dot{\Omega}_{ik}^\star &= (\dot{O}_{ij}^\star O_{kj}^\star)^{\cdot} = \ddot{O}_{ij}^\star O_{kj}^\star + \dot{O}_{ij}^\star \dot{O}_{kj}^\star \\ &= \ddot{O}_{ij}^\star O_{kj}^\star + \dot{O}_{il}^\star \delta_{lj} \dot{O}_{kj}^\star = \ddot{O}_{ij}^\star O_{kj}^\star + \dot{O}_{il}^\star O_{ml}^\star O_{mj}^\star \dot{O}_{kj}^\star \\ &= \ddot{O}_{ij}^\star O_{kj}^\star + \Omega_{im}^\star {\Omega_{mk}^\star}^{\mathrm{T}} = \ddot{O}_{ij}^\star O_{kj}^\star - \Omega_{im}^\star \Omega_{mk}^\star \\ &= \ddot{O}_{ij}^\star O_{kj}^\star - \Omega_{ik}^{\star 2} \end{aligned} \tag{1.182}$$

folgt hieraus

$$a_i^\star = O_{ij}^\star a_j + 2\Omega_{ik}^\star (v_k^\star - \dot{b}_k^\star) - \Omega_{il}^{\star 2} (x_l^\star - b_l^\star) + \dot{\Omega}_{ik}^\star (x_k^\star - b_k^\star) + \ddot{b}_i^\star . \tag{1.183}$$

Die hier auftretenden Zusatzterme haben folgende Bezeichnungen:

$2\Omega_{ik}^\star (v_k^\star - \dot{b}_k^\star)$	–	Coriolisbeschleunigung,
$-\Omega_{il}^{\star 2} (x_l^\star - b_l^\star)$	–	Zentrifugalbeschleunigung,
$\dot{\Omega}_{ik}^\star (x_k^\star - b_k^\star)$	–	Eulerbeschleunigung,
$\ddot{b}_i^\star$	–	Führungsbeschleunigung.

Wir haben gesehen, dass die Geschwindigkeit und die Beschleunigung keine objektiven Größen sind. Im folgenden wird das Transformationsverhalten von weiteren Bewegungsgrößen untersucht. Es sei dabei daran erinnert, dass die Euklidischen Transformationen nur auf die Momentankonfiguration wirken, die Referenzkonfiguration also unter diesen Transformationen unbeeinflusst bleibt.

Deformationsgradient:

$$\begin{aligned} F_{iA}^\star &= \frac{\partial x_i^\star}{\partial X_A} = \frac{\partial}{\partial X_A}(O_{ij}^\star x_j + b_i^\star) = O_{ij}^\star \frac{\partial x_j}{\partial X_A} \\ \Rightarrow \; F_{iA}^\star &= O_{ij}^\star F_{jA} . \end{aligned} \tag{1.184}$$

$\boldsymbol{F}$ stellt also keinen objektiven Tensor dar, jedoch sind die drei Spalten von $\boldsymbol{F}$ (für $A = 1, 2, 3$) objektive Vektoren. Der Grund für dieses scheinbar merkwürdige Verhalten liegt darin, dass die Referenzkonfiguration nicht mit transformiert wird.

Strecktensoren, Drehtensor:

$$\begin{aligned} F_{iA}^\star = O_{ij}^\star F_{jA} &= O_{ij}^\star R_{jB} U_{BA} \\ &\overset{!}{=} R_{iB}^\star U_{BA}^\star . \end{aligned} \tag{1.185}$$

Da die Polarzerlegung auch im gesternten System eindeutig sein muss, und $O^\star_{ij}R_{jB}$ orthogonal sowie U_{BA} symmetrisch und positiv definit ist, folgt

$$R^\star_{iB} = O^\star_{ij}R_{jB}, \quad U^\star_{BA} = U_{BA}. \tag{1.186}$$

Weiter rechnet man mit $\boldsymbol{V} = \boldsymbol{R} \cdot \boldsymbol{U} \cdot \boldsymbol{R}^{\mathrm{T}}$

$$\begin{aligned} V^\star_{ij} &= R^\star_{iA}U^\star_{AB}R^\star_{jB} = O^\star_{ik}R_{kA}U_{AB}O^\star_{jl}R_{lB} = O^\star_{ik}O^\star_{jl}R_{kA}U_{AB}R_{lB} \\ \Rightarrow\ V^\star_{ij} &= O^\star_{ik}O^\star_{jl}V_{kl}. \end{aligned} \tag{1.187}$$

Der Rechts-Streck-Tensor $\boldsymbol{U}$ besteht also aus neun objektiven Skalaren, der Links-Streck-Tensor $\boldsymbol{V}$ ist ein objektiver Tensor, und die Spalten des Drehtensors $\boldsymbol{R}$ sind objektive Vektoren.

Rechter und linker Cauchy-Green-Tensor:

$$C^\star_{AB} = F^\star_{iA}F^\star_{iB} = O^\star_{ij}O^\star_{il}F_{jA}F_{lB} = F_{lA}F_{lB} = C_{AB}, \tag{1.188}$$

$$B^\star_{ij} = F^\star_{iA}F^\star_{jA} = O^\star_{il}O^\star_{jm}F_{lA}F_{mA} = O^\star_{il}O^\star_{jm}B_{lm}. \tag{1.189}$$

$\boldsymbol{C}$ besteht aus neun objektiven Skalaren, $\boldsymbol{B}$ ist ein objektiver Tensor.

Greenscher Verzerrungstensor:

$$G^\star_{AB} = \tfrac{1}{2}(C^\star_{AB} - \delta_{AB}) = \tfrac{1}{2}(C_{AB} - \delta_{AB}) = G_{AB} \tag{1.190}$$

(neun objektive Skalare).

Almansischer Verzerrungstensor:

$$\begin{aligned} A^\star_{ij} &= \tfrac{1}{2}(\delta_{ij} - B^{\star-1}_{ij}) = \tfrac{1}{2}(O^\star_{il}O^\star_{jl} - O^\star_{il}O^\star_{jm}B^{-1}_{lm}) \\ &= \tfrac{1}{2}(O^\star_{il}O^\star_{jm}\delta_{lm} - O^\star_{il}O^\star_{jm}B^{-1}_{lm}) \\ \Rightarrow\ A^\star_{ij} &= O^\star_{il}O^\star_{jm}A_{lm} \end{aligned} \tag{1.191}$$

(objektiver Tensor). Hier wurde ausgenutzt, dass aus der Objektivität von $\boldsymbol{B}$ auch die Objektivität von $\boldsymbol{B}^{-1}$ folgt.

Geschwindigkeitsgradient:

$$\begin{aligned} L^\star_{ij} &= \frac{\partial v^\star_i}{\partial x^\star_j} = \frac{\partial}{\partial x^\star_j}(O^\star_{ik}v_k + \Omega^\star_{ik}(x^\star_k - b^\star_k) + \dot{b}^\star_i) \\ &= O^\star_{ik}\frac{\partial v_k}{\partial x^\star_j} + \Omega^\star_{ij} = O^\star_{ik}\frac{\partial v_k}{\partial x_l}\frac{\partial x_l}{\partial x^\star_j} + \Omega^\star_{ij} \\ \Rightarrow\ L^\star_{ij} &= O^\star_{ik}O^\star_{jl}L_{kl} + \Omega^\star_{ij}. \end{aligned} \tag{1.192}$$

Der Geschwindigkeitsgradient ist also nicht objektiv, denn in seinem Transformationsverhalten tritt zusätzlich die Winkelgeschwindigkeitsmatrix $\boldsymbol{\Omega}^\star$ auf.

Verzerrungsgeschwindigkeitstensor, Spintensor: Mit Hilfe der Antisymmetrie von $\boldsymbol{\Omega}^\star$ findet man

$$D^\star_{ij} = \tfrac{1}{2}(L^\star_{ij} + L^\star_{ji}) = \tfrac{1}{2}O^\star_{il}O^\star_{jm}(L_{lm} + L_{ml}) + \tfrac{1}{2}(\Omega^\star_{ij} + \Omega^\star_{ji})$$
$$\Rightarrow\ D^\star_{ij} = O^\star_{il}O^\star_{jm}D_{lm} \tag{1.193}$$

und

$$W^\star_{ij} = \tfrac{1}{2}(L^\star_{ij} - L^\star_{ji}) = \tfrac{1}{2}O^\star_{il}O^\star_{jm}(L_{lm} - L_{ml}) + \tfrac{1}{2}(\Omega^\star_{ij} - \Omega^\star_{ji})$$
$$\Rightarrow\ W^\star_{ij} = O^\star_{il}O^\star_{jm}W_{lm} + \Omega^\star_{ij}. \tag{1.194}$$

$\boldsymbol{D}$ ist ein objektiver Tensor, $\boldsymbol{W}$ ist nicht objektiv.

Wir kommen nun zum *Transformationsverhalten der relativen Bewegungsgrößen.* Hierbei ist zu berücksichtigen, dass die Transformation (1.159) auch die Referenzkonfiguration κ_τ betrifft, denn diese ist ja lediglich eine bestimmte Momentankonfiguration. Es gilt also

$$x^\star_i = O^\star_{ij}(t)x_j + b^\star_i(t), \tag{1.195}$$
$$\xi^\star_i = O^\star_{ij}(\tau)\xi_j + b^\star_i(\tau). \tag{1.196}$$

Relativer Deformationsgradient:

$$(F^\star_\tau)_{ij} = \frac{\partial x^\star_i}{\partial \xi^\star_j} = \frac{\partial}{\partial \xi^\star_j}(O^\star_{ik}(t)x_k + b^\star_i(t)) = O^\star_{ik}(t)\frac{\partial x_k}{\partial \xi^\star_j}$$
$$= O^\star_{ik}(t)\frac{\partial x_k}{\partial \xi_l}\frac{\partial \xi_l}{\partial \xi^\star_j} = O^\star_{ik}(t)(F_\tau)_{kl}O^\star_{jl}(\tau)$$
$$\Rightarrow\ (F^\star_\tau)_{ij} = O^\star_{ik}(t)O^\star_{jl}(\tau)(F_\tau)_{kl}, \tag{1.197}$$

bzw. symbolisch

$$\boldsymbol{F}^\star_\tau = \boldsymbol{O}^\star(t)\cdot\boldsymbol{F}_\tau\cdot\boldsymbol{O}^{\star\mathrm{T}}(\tau). \tag{1.198}$$

$\boldsymbol{F}_\tau$ ist also keine objektive Größe, denn solche müssen sich ausschließlich mit der Transformationsmatrix $\boldsymbol{O}^\star$ *zur aktuellen Zeit* t transformieren; in (1.198) tritt aber neben $\boldsymbol{O}^\star(t)$ auch $\boldsymbol{O}^{\star\mathrm{T}}(\tau)$ auf.

Relative Strecktensoren, relativer Drehtensor: Man rechnet zunächst

$$\boldsymbol{F}^\star_\tau = \boldsymbol{O}^\star(t)\cdot\boldsymbol{R}_\tau\cdot\boldsymbol{U}_\tau\cdot\boldsymbol{O}^{\star\mathrm{T}}(\tau)$$
$$= \boldsymbol{O}^\star(t)\cdot\boldsymbol{R}_\tau\cdot\boldsymbol{O}^{\star\mathrm{T}}(\tau)\cdot\boldsymbol{O}^\star(\tau)\cdot\boldsymbol{U}_\tau\cdot\boldsymbol{O}^{\star\mathrm{T}}(\tau). \tag{1.199}$$

Nun ist $\boldsymbol{O}^\star(t)\cdot\boldsymbol{R}_\tau\cdot\boldsymbol{O}^{\star\mathrm{T}}(\tau)$ als Produkt dreier orthogonaler Transformationen orthogonal, $\boldsymbol{O}^\star(\tau)\cdot\boldsymbol{U}_\tau\cdot\boldsymbol{O}^{\star\mathrm{T}}(\tau)$ als Ähnlichkeitstransformation des symmetrischen und positiv definiten Strecktensors $\boldsymbol{U}_\tau$ symmetrisch und positiv definit. Wegen der Eindeutigkeit der Polarzerlegung gilt also

$$\boldsymbol{R}_\tau^\star = \boldsymbol{O}^\star(t) \cdot \boldsymbol{R}_\tau \cdot \boldsymbol{O}^{\star\mathrm{T}}(\tau), \qquad \boldsymbol{U}_\tau^\star = \boldsymbol{O}^\star(\tau) \cdot \boldsymbol{U}_\tau \cdot \boldsymbol{O}^{\star\mathrm{T}}(\tau). \tag{1.200}$$

Weiter ist

$$\begin{aligned} \boldsymbol{V}_\tau^\star &= \boldsymbol{R}_\tau^\star \cdot \boldsymbol{U}_\tau^\star \cdot \boldsymbol{R}_\tau^{\star\mathrm{T}} \\ &= \boldsymbol{O}^\star(t) \cdot \boldsymbol{R}_\tau \cdot \boldsymbol{O}^{\star\mathrm{T}}(\tau) \cdot \boldsymbol{O}^\star(\tau) \cdot \boldsymbol{U}_\tau \cdot \boldsymbol{O}^{\star\mathrm{T}}(\tau) \cdot \boldsymbol{O}^\star(\tau) \cdot \boldsymbol{R}_\tau^{\mathrm{T}} \cdot \boldsymbol{O}^{\star\mathrm{T}}(t) \\ &= \boldsymbol{O}^\star(t) \cdot \boldsymbol{R}_\tau \cdot \boldsymbol{U}_\tau \cdot \boldsymbol{R}_\tau^{\mathrm{T}} \cdot \boldsymbol{O}^{\star\mathrm{T}}(t) \end{aligned}$$

$$\Rightarrow \; \boldsymbol{V}_\tau^\star = \boldsymbol{O}^\star(t) \cdot \boldsymbol{V}_\tau \cdot \boldsymbol{O}^{\star\mathrm{T}}(t). \tag{1.201}$$

Somit sind $\boldsymbol{R}_\tau$ und $\boldsymbol{U}_\tau$ keine objektiven Größen, und $\boldsymbol{V}_\tau$ ist ein objektiver Tensor.

Relativer Rechts- und Links-Cauchy-Green-Tensor:

$$\begin{aligned} \boldsymbol{C}_\tau^\star = \boldsymbol{U}_\tau^{\star 2} &= \boldsymbol{O}^\star(\tau) \cdot \boldsymbol{U}_\tau \cdot \boldsymbol{O}^{\star\mathrm{T}}(\tau) \cdot \boldsymbol{O}^\star(\tau) \cdot \boldsymbol{U}_\tau \cdot \boldsymbol{O}^{\star\mathrm{T}}(\tau) \\ &= \boldsymbol{O}^\star(\tau) \cdot \boldsymbol{U}_\tau^2 \cdot \boldsymbol{O}^{\star\mathrm{T}}(\tau) \end{aligned}$$

$$\Rightarrow \; \boldsymbol{C}_\tau^\star = \boldsymbol{O}^\star(\tau) \cdot \boldsymbol{C}_\tau \cdot \boldsymbol{O}^{\star\mathrm{T}}(\tau), \tag{1.202}$$

und durch analoge Rechnung

$$\boldsymbol{B}_\tau^\star = \boldsymbol{O}^\star(t) \cdot \boldsymbol{B}_\tau \cdot \boldsymbol{O}^{\star\mathrm{T}}(t). \tag{1.203}$$

$\boldsymbol{C}_\tau$ ist also nicht objektiv, $\boldsymbol{B}_\tau$ ein objektiver Tensor.

Relativer Greenscher und Almansischer Verzerrungstensor: Wegen $\boldsymbol{G}_\tau = \frac{1}{2}(\boldsymbol{C}_\tau - \boldsymbol{1})$, $\boldsymbol{A}_\tau = \frac{1}{2}(\boldsymbol{1} - \boldsymbol{B}_\tau^{-1})$, sowie den eben hergeleiteten Transformationsregeln für $\boldsymbol{C}_\tau$ und $\boldsymbol{B}_\tau$ erhält man

$$\boldsymbol{G}_\tau^\star = \boldsymbol{O}^\star(\tau) \cdot \boldsymbol{G}_\tau \cdot \boldsymbol{O}^{\star\mathrm{T}}(\tau), \tag{1.204}$$

$$\boldsymbol{A}_\tau^\star = \boldsymbol{O}^\star(t) \cdot \boldsymbol{A}_\tau \cdot \boldsymbol{O}^{\star\mathrm{T}}(t), \tag{1.205}$$

d. h., $\boldsymbol{G}_\tau$ ist nicht objektiv, $\boldsymbol{A}_\tau$ ein objektiver Tensor.

Rivlin-Ericksen-Tensoren: Gemäß Definition (1.150) ergibt sich

$$\begin{aligned} \boldsymbol{A}_n^\star = \left.\frac{\mathrm{d}^n \boldsymbol{C}_\tau^\star}{\mathrm{d}t^n}\right|_{\tau=t} &= \left.\frac{\mathrm{d}^n}{\mathrm{d}t^n}\Big(\boldsymbol{O}^\star(\tau) \cdot \boldsymbol{C}_\tau \cdot \boldsymbol{O}^{\star\mathrm{T}}(\tau)\Big)\right|_{\tau=t} \\ &= \left.\boldsymbol{O}^\star(\tau) \cdot \frac{\mathrm{d}^n \boldsymbol{C}_\tau}{\mathrm{d}t^n} \cdot \boldsymbol{O}^{\star\mathrm{T}}(\tau)\right|_{\tau=t} \end{aligned}$$

$$\Rightarrow \; \boldsymbol{A}_n^\star = \boldsymbol{O}^\star(t) \cdot \boldsymbol{A}_n \cdot \boldsymbol{O}^{\star\mathrm{T}}(t). \tag{1.206}$$

Die Rivlin-Ericksen-Tensoren sind somit objektiv.

Nun untersuchen wir das Kronecker-Symbol δ_{ij} (mit anderen Worten den Einheitstensor $\boldsymbol{1}$), den Epsilon-Tensor ε_{ijk}, die Jacobi-Determinante J, das Volumenelement $\mathrm{d}v$ und das Flächenelement $\mathrm{d}\boldsymbol{a}$.

Kronecker-Symbol:

$$O^\star_{ik}O^\star_{jl}\delta_{kl} = O^\star_{ik}O^\star_{jk} = \delta_{ij}; \tag{1.207}$$

δ_{ij} stellt also einen invarianten objektiven Tensor zweiter Stufe dar (invariant bedeutet in diesem Zusammenhang, dass *die Komponentendarstellung* des Tensors in jedem Euklidischen System die gleiche Form annimmt).

Epsilon-Tensor: Die Determinantenformel (1.51) lautet für die Transformationsmatrix $\boldsymbol{O}^\star$

$$\varepsilon_{lmn} \det \boldsymbol{O}^\star = \varepsilon_{pqr}O^\star_{pl}O^\star_{qm}O^\star_{rn}. \tag{1.208}$$

Hiermit rechnet man

$$O^\star_{il}O^\star_{jm}O^\star_{kn}\varepsilon_{lmn} \det \boldsymbol{O}^\star = \varepsilon_{pqr}O^\star_{pl}O^\star_{qm}O^\star_{rn}O^\star_{il}O^\star_{jm}O^\star_{kn} = \varepsilon_{pqr}\delta_{ip}\delta_{jq}\delta_{kr}$$

$$\Rightarrow \; O^\star_{il}O^\star_{jm}O^\star_{kn}\varepsilon_{lmn} \det \boldsymbol{O}^\star = \varepsilon_{ijk}, \tag{1.209}$$

also ist ε_{ijk} ein invarianter axialer objektiver Tensor dritter Stufe.

Jacobi-Determinante:

$$J^\star = \det \boldsymbol{F}^\star = \det(\boldsymbol{O}^\star \cdot \boldsymbol{F}) = \det \boldsymbol{O}^\star \det \boldsymbol{F} = J \det \boldsymbol{O}^\star. \tag{1.210}$$

J ist ein axialer objektiver Skalar.

Volumenelement:

$$\mathrm{d}v^\star = J^\star \mathrm{d}V = J\,\mathrm{d}V \det \boldsymbol{O}^\star = \mathrm{d}v \det \boldsymbol{O}^\star. \tag{1.211}$$

$\mathrm{d}v$ ist ebenfalls ein axialer objektiver Skalar. Hätten wir das Volumenelement als Betrag des Spatproduktes und nicht als Spatprodukt selbst definiert (das wird in der Literatur zuweilen getan), wäre es statt dessen ein „richtiger" objektiver Skalar.

Flächenelement:

$$\begin{aligned} \mathrm{d}\boldsymbol{a}^\star &= J^\star \boldsymbol{F}^{\star-T} \cdot \mathrm{d}\boldsymbol{A} = (J \det \boldsymbol{O}^\star)\,(\boldsymbol{O}^\star \cdot \boldsymbol{F})^{-\mathrm{T}} \cdot \mathrm{d}\boldsymbol{A} \\ &= \boldsymbol{O}^\star \cdot J\boldsymbol{F}^{-\mathrm{T}} \cdot \mathrm{d}\boldsymbol{A} \det \boldsymbol{O}^\star \end{aligned}$$

$$\Rightarrow \; \mathrm{d}\boldsymbol{a}^\star = \boldsymbol{O}^\star \cdot \mathrm{d}\boldsymbol{a} \det \boldsymbol{O}^\star. \tag{1.212}$$

$\mathrm{d}\boldsymbol{a}$ ist ein axialer objektiver Vektor.

Problem 1.7 *Gleichförmig beschleunigte Rotation.*

Wir betrachten zwei orthonormale Basen $\boldsymbol{e}_i$ und $\boldsymbol{e}^\star_i$, wobei $\boldsymbol{e}^\star_i$ gegenüber $\boldsymbol{e}_i$ um die z-Achse rotiert (Abb. 1.8). Die Rotation sei gleichförmig beschleunigt mit der Winkelbeschleunigung α, sodass für die Winkelgeschwindigkeit $\omega(t)$ und den Azimutwinkel $\phi(t)$

$$\omega(t) = \alpha t, \qquad \phi(t) = \frac{\alpha}{2} t^2 \tag{1.213}$$

resultieren. Dabei ist vorausgesetzt, dass beide Systeme zur Zeit $t = 0$ zusammen fallen. Weiterhin haben beide Systeme zu allen Zeiten einen gemeinsamen Ursprung.

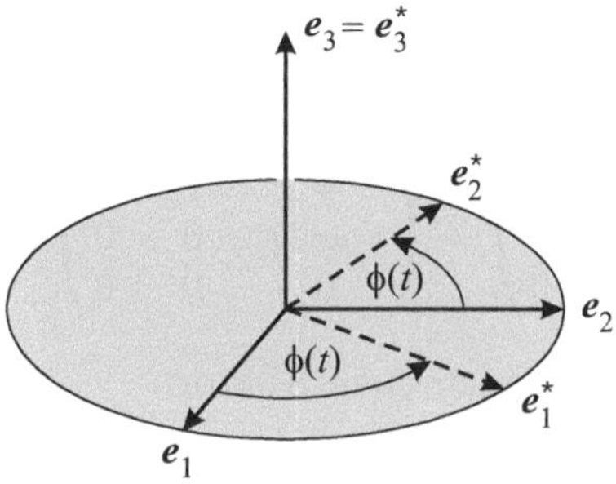

Abb. 1.8. Gleichförmig beschleunigte Rotation zweier Bezugssysteme zueinander.

Man gebe die Transformationsmatrix $\boldsymbol{O}^\star$, die Winkelgeschwindigkeitsmatrix $\boldsymbol{\Omega}^\star$ und den Verschiebungsvektor $\boldsymbol{b}^\star$ dieser speziellen Euklidischen Transformation an.

Lösung. Nach Abb. 1.8 können die Basisvektoren wie folgt ineinander umgerechnet werden:

$$\begin{aligned} \boldsymbol{e}_1^\star &= \cos\phi(t)\,\boldsymbol{e}_1 + \sin\phi(t)\,\boldsymbol{e}_2, \\ \boldsymbol{e}_2^\star &= -\sin\phi(t)\,\boldsymbol{e}_1 + \cos\phi(t)\,\boldsymbol{e}_2, \\ \boldsymbol{e}_3^\star &= \boldsymbol{e}_3. \end{aligned} \tag{1.214}$$

Mit der Definition (1.158) folgt

$$O_{ij}^\star = \boldsymbol{e}_i^\star \cdot \boldsymbol{O} \cdot \boldsymbol{e}_j^\star = \boldsymbol{e}_i^\star \cdot \boldsymbol{e}_j, \tag{1.215}$$

und daher

$$\begin{aligned} O_{11}^\star &= \boldsymbol{e}_1^\star \cdot \boldsymbol{e}_1 = \cos\phi(t), \\ O_{12}^\star &= \boldsymbol{e}_1^\star \cdot \boldsymbol{e}_2 = \sin\phi(t), \\ O_{21}^\star &= \boldsymbol{e}_2^\star \cdot \boldsymbol{e}_1 = -\sin\phi(t), \\ O_{22}^\star &= \boldsymbol{e}_2^\star \cdot \boldsymbol{e}_2 = \cos\phi(t), \\ O_{33}^\star &= \boldsymbol{e}_3^\star \cdot \boldsymbol{e}_3 = 1; \end{aligned} \tag{1.216}$$

die übrigen Komponenten sind Null. Die Transformationsmatrix $\boldsymbol{O}^\star$ lautet also

$$\boldsymbol{O}^\star = \begin{pmatrix} \cos\phi(t) & \sin\phi(t) & 0 \\ -\sin\phi(t) & \cos\phi(t) & 0 \\ 0 & 0 & 1 \end{pmatrix}. \tag{1.217}$$

Mit $\dot{\phi}(t) = \omega(t)$ rechnet man für die Winkelgeschwindigkeitsmatrix

$$\begin{aligned} \boldsymbol{\Omega}^\star &= \dot{\boldsymbol{O}}^\star \cdot \boldsymbol{O}^{\star\mathrm{T}} \\ &= \omega(t) \begin{pmatrix} -\sin\phi(t) & \cos\phi(t) & 0 \\ -\cos\phi(t) & -\sin\phi(t) & 0 \\ 0 & 0 & 0 \end{pmatrix} \cdot \begin{pmatrix} \cos\phi(t) & -\sin\phi(t) & 0 \\ \sin\phi(t) & \cos\phi(t) & 0 \\ 0 & 0 & 1 \end{pmatrix} \\ &= \omega(t) \begin{pmatrix} 0 & 1 & 0 \\ -1 & 0 & 0 \\ 0 & 0 & 0 \end{pmatrix} = \begin{pmatrix} 0 & \omega(t) & 0 \\ -\omega(t) & 0 & 0 \\ 0 & 0 & 0 \end{pmatrix}. \end{aligned} \tag{1.218}$$

Nach (1.179) ist der zugehörige duale Vektor

$$\boldsymbol{\omega}^\star = \begin{pmatrix} 0 \\ 0 \\ -\omega(t) \end{pmatrix}; \tag{1.219}$$

dieser beschreibt aufgrund des Minuszeichens in der Tat die Winkelgeschwindigkeit der $\boldsymbol{e}_i$-Basis relativ zur $\boldsymbol{e}_i^\star$-Basis.

Da die beiden Ursprünge zu allen Zeiten zusammen fallen, gilt für den Verschiebungsvektor trivialerweise

$$\boldsymbol{b}^\star(t) = \boldsymbol{0}, \tag{1.220}$$

er verschwindet also identisch.

■

1.4.4 Objektive Zeitableitungen

Wir betrachten nun die materiellen Zeitableitungen von objektiven Skalaren λ, objektiven Vektoren $\boldsymbol{v}$ (nicht zu verwechseln mit der Geschwindigkeit) und objektiven Tensoren zweiter Stufe $\boldsymbol{T}$. Für *objektive Skalare* erhält man trivialerweise

$$\lambda^\star = \lambda \quad \Rightarrow \dot{\lambda}^\star = \dot{\lambda}; \tag{1.221}$$

die materielle Zeitableitung eines objektiven Skalars ist also auch wieder ein objektiver Skalar.

Die *materielle Zeitableitung eines objektiven Vektors* ergibt dagegen

$$\boldsymbol{v}^\star = \boldsymbol{O}^\star \cdot \boldsymbol{v} \quad \Rightarrow \dot{\boldsymbol{v}}^\star = \boldsymbol{O}^\star \cdot \dot{\boldsymbol{v}} + \dot{\boldsymbol{O}}^\star \cdot \boldsymbol{v}, \tag{1.222}$$

bzw. mit $\boldsymbol{\Omega}^\star = \dot{\boldsymbol{O}}^\star \cdot \boldsymbol{O}^{\star\mathrm{T}}$

$$\dot{\boldsymbol{v}}^\star = \boldsymbol{O}^\star \cdot \dot{\boldsymbol{v}} + \boldsymbol{\Omega}^\star \cdot \boldsymbol{v}^\star, \tag{1.223}$$

d. h., die materielle Zeitableitung eines objektiven Vektors ergibt keinen objektiven Vektor. Es stellt sich daher die Frage, ob es möglich ist, eine Größe zu definieren, die physikalisch den Charakter der Zeitableitung enthält, aber dennoch wieder auf einen objektiven Vektor führt („objektive Zeitableitung"). Das lässt sich in der Tat machen; es gibt hierfür sogar mehrere Alternativen.

Die *mitrotierende* oder *Jaumann-Ableitung* stellt die zeitliche Änderung eines Vektors relativ zur lokalen Starrkörper-Rotation, beschrieben durch den Spintensor $\boldsymbol{W}$, dar:

$$\overset{\circ}{\boldsymbol{v}} = \dot{\boldsymbol{v}} - \boldsymbol{W} \cdot \boldsymbol{v}. \tag{1.224}$$

Sei $\boldsymbol{v}$ ein objektiver Vektor, dann ist

$$\begin{aligned}
\overset{\circ}{\boldsymbol{v}}{}^{\star} &= \dot{\boldsymbol{v}}^{\star} - \boldsymbol{W}^{\star} \cdot \boldsymbol{v}^{\star} \\
&= \boldsymbol{O}^{\star} \cdot \dot{\boldsymbol{v}} + \dot{\boldsymbol{O}}^{\star} \cdot \boldsymbol{v} - (\boldsymbol{O}^{\star} \cdot \boldsymbol{W} \cdot \boldsymbol{O}^{\star\mathrm{T}} + \boldsymbol{\Omega}^{\star}) \cdot (\boldsymbol{O}^{\star} \cdot \boldsymbol{v}) \\
&= \boldsymbol{O}^{\star} \cdot \dot{\boldsymbol{v}} + \dot{\boldsymbol{O}}^{\star} \cdot \boldsymbol{v} - \boldsymbol{O}^{\star} \cdot \boldsymbol{W} \cdot \boldsymbol{O}^{\star\mathrm{T}} \cdot \boldsymbol{O}^{\star} \cdot \boldsymbol{v} - \dot{\boldsymbol{O}}^{\star} \cdot \boldsymbol{O}^{\star\mathrm{T}} \cdot \boldsymbol{O}^{\star} \cdot \boldsymbol{v} \\
&= \boldsymbol{O}^{\star} \cdot \dot{\boldsymbol{v}} - \boldsymbol{O}^{\star} \cdot \boldsymbol{W} \cdot \boldsymbol{v}
\end{aligned}$$

$$\Rightarrow \overset{\circ}{\boldsymbol{v}}{}^{\star} = \boldsymbol{O}^{\star} \cdot \overset{\circ}{\boldsymbol{v}}; \tag{1.225}$$

die Jaumann-Ableitung eines objektiven Vektors ergibt also wieder einen objektiven Vektor.

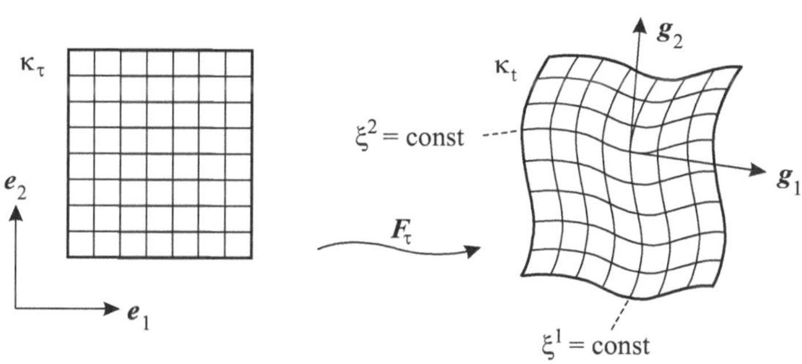

Abb. 1.9. Zur Oldroyd-Ableitung.

Zur Definition der *konvektiven* oder *Oldroyd-Ableitungen* betrachten wir den Raum R^3 mit der orthonormalen Basis $\boldsymbol{e}_i$ sowie der relativen Referenzkonfiguration κ_τ und der Momentankonfiguration κ_t. Zur Beschreibung der Position eines beliebigen Raumpunktes $\boldsymbol{x}$ können dann entweder dessen räumliche Koordinaten (x^1, x^2, x^3) oder dessen materielle Koordinaten (ξ^1, ξ^2, ξ^3) verwendet werden. Letzteres definiert gemäß Abb. 1.9 ein krummliniges Koordinatensystem mit den Basisvektoren $\boldsymbol{g}_i$ (aus diesem Grund wird hier ausnahmsweise zwischen ko- und kontravarianten Koordinaten unterschieden und daher mit hoch- und tiefgestellten Indices gearbeitet), welche berechnet werden können durch

$$\boldsymbol{g}_i = \frac{\partial \boldsymbol{x}}{\partial \xi^i} = \frac{\partial (x^k \boldsymbol{e}_k)}{\partial \xi^i} = \frac{\partial x^k}{\partial \xi^i} \boldsymbol{e}_k = (F_\tau)^k{}_i \boldsymbol{e}_k. \tag{1.226}$$

Multiplikation mit $(F_\tau^{-1})^i{}_j$ ergibt hieraus

$$\boldsymbol{e}_j = (F_\tau^{-1})^i{}_j \boldsymbol{g}_i. \tag{1.227}$$

Ein beliebiger Vektor $\boldsymbol{v}$ kann dargestellt werden als

$$\boldsymbol{v} = v^i \boldsymbol{e}_i = \nu^k \boldsymbol{g}_k. \tag{1.228}$$

Einsetzen des Zusammenhanges zwischen den $\boldsymbol{e}_i$ und den $\boldsymbol{g}_i$ führt auf

$$v^i (F_\tau^{-1})^k{}_i \boldsymbol{g}_k = \nu^k \boldsymbol{g}_k \quad \Rightarrow \nu^k = (F_\tau^{-1})^k{}_i v^i. \tag{1.229}$$

Die obere Oldroyd-Ableitung von $\boldsymbol{v}$ ist nun definiert als

$$\overset{\triangle}{\boldsymbol{v}} = \dot{\nu}^i \boldsymbol{g}_i, \tag{1.230}$$

d. h., es werden nur die kontravarianten Komponenten ν^i von $\boldsymbol{v}$, nicht aber die ebenfalls zeitabhängigen kovarianten Basisvektoren $\boldsymbol{g}_i$ nach der Zeit differenziert. Mit Hilfe der Beziehungen (1.226)–(1.229) rechnet man

$$\begin{aligned}
\overset{\triangle}{\boldsymbol{v}} &= \left((\dot{F}_\tau^{-1})^i{}_k v^k + (F_\tau^{-1})^i{}_k \dot{v}^k \right) (F_\tau)^l{}_i \boldsymbol{e}_l \\
&= (F_\tau)^l{}_i (\dot{F}_\tau^{-1})^i{}_k v^k \boldsymbol{e}_l + (F_\tau)^l{}_i (F_\tau^{-1})^i{}_k \dot{v}^k \boldsymbol{e}_l \\
&= (F_\tau \dot{F}_\tau^{-1})^l{}_k v^k \boldsymbol{e}_l + \dot{v}^k \boldsymbol{e}_k.
\end{aligned} \tag{1.231}$$

Aus

$$\begin{aligned}
\boldsymbol{0} &= (\boldsymbol{F}_\tau \cdot \boldsymbol{F}_\tau^{-1})^{\cdot} = \dot{\boldsymbol{F}}_\tau \cdot \boldsymbol{F}_\tau^{-1} + \boldsymbol{F}_\tau \cdot \dot{\boldsymbol{F}}_\tau^{-1} \\
\Rightarrow \boldsymbol{L} &= \dot{\boldsymbol{F}}_\tau \cdot \boldsymbol{F}_\tau^{-1} = -\boldsymbol{F}_\tau \cdot \dot{\boldsymbol{F}}_\tau^{-1}
\end{aligned} \tag{1.232}$$

folgt somit

$$\overset{\triangle}{\boldsymbol{v}} = \dot{v}^k \boldsymbol{e}_k - L^l{}_k v^k \boldsymbol{e}_l = \dot{\boldsymbol{v}} - \boldsymbol{L} \cdot \boldsymbol{v}. \tag{1.233}$$

Wir zeigen nun, dass die obere Oldroyd-Ableitung eines objektiven Vektors wieder einen objektiven Vektor ergibt:

$$\begin{aligned}
\overset{\triangle}{\boldsymbol{v}}{}^\star &= \dot{\boldsymbol{v}}^\star - \boldsymbol{L}^\star \cdot \boldsymbol{v}^\star \\
&= \boldsymbol{O}^\star \cdot \dot{\boldsymbol{v}} + \dot{\boldsymbol{O}}^\star \cdot \boldsymbol{v} - (\boldsymbol{O}^\star \cdot \boldsymbol{L} \cdot \boldsymbol{O}^{\star\mathrm{T}} + \boldsymbol{\Omega}^\star) \cdot (\boldsymbol{O}^\star \cdot \boldsymbol{v}) \\
&= \boldsymbol{O}^\star \cdot \dot{\boldsymbol{v}} + \dot{\boldsymbol{O}}^\star \cdot \boldsymbol{v} - \boldsymbol{O}^\star \cdot \boldsymbol{L} \cdot \boldsymbol{O}^{\star\mathrm{T}} \cdot \boldsymbol{O}^\star \cdot \boldsymbol{v} - \dot{\boldsymbol{O}}^\star \cdot \boldsymbol{O}^{\star\mathrm{T}} \cdot \boldsymbol{O}^\star \cdot \boldsymbol{v} \\
&= \boldsymbol{O}^\star \cdot \dot{\boldsymbol{v}} - \boldsymbol{O}^\star \cdot \boldsymbol{L} \cdot \boldsymbol{v} \\
\Rightarrow \overset{\triangle}{\boldsymbol{v}}{}^\star &= \boldsymbol{O}^\star \cdot \overset{\triangle}{\boldsymbol{v}}\ .
\end{aligned} \tag{1.234}$$

Alternativ zu (1.233) ist die untere Oldroyd-Ableitung eines Vektors definiert als

$$\overset{\triangledown}{\boldsymbol{v}} = \dot{\boldsymbol{v}} + \boldsymbol{L}^{\mathrm{T}} \cdot \boldsymbol{v}. \tag{1.235}$$

Dies führt für ein objektives $\boldsymbol{v}$ ebenfalls auf einen objektiven Vektor.

Für die *materielle Zeitableitung eines objektiven Tensors* erhält man

$$\begin{aligned} &\boldsymbol{T}^\star = \boldsymbol{O}^\star \cdot \boldsymbol{T} \cdot \boldsymbol{O}^{\star\mathrm{T}} \\ &\Rightarrow \dot{\boldsymbol{T}}^\star = \boldsymbol{O}^\star \cdot \dot{\boldsymbol{T}} \cdot \boldsymbol{O}^{\star\mathrm{T}} + \dot{\boldsymbol{O}}^\star \cdot \boldsymbol{T} \cdot \boldsymbol{O}^{\star\mathrm{T}} + \boldsymbol{O}^\star \cdot \boldsymbol{T} \cdot \dot{\boldsymbol{O}}^{\star\mathrm{T}}, \end{aligned} \tag{1.236}$$

oder

$$\begin{aligned} \dot{\boldsymbol{T}}^\star &= \boldsymbol{O}^\star \cdot \dot{\boldsymbol{T}} \cdot \boldsymbol{O}^{\star\mathrm{T}} + \dot{\boldsymbol{O}}^\star \cdot \boldsymbol{O}^{\star\mathrm{T}} \cdot \boldsymbol{T}^\star \cdot \boldsymbol{O}^\star \cdot \boldsymbol{O}^{\star\mathrm{T}} + \boldsymbol{O}^\star \cdot \boldsymbol{O}^{\star\mathrm{T}} \cdot \boldsymbol{T}^\star \cdot \boldsymbol{O}^\star \cdot \dot{\boldsymbol{O}}^{\star\mathrm{T}} \\ &= \boldsymbol{O}^\star \cdot \dot{\boldsymbol{T}} \cdot \boldsymbol{O}^{\star\mathrm{T}} + \boldsymbol{\Omega}^\star \cdot \boldsymbol{T}^\star + \boldsymbol{T}^\star \cdot \boldsymbol{\Omega}^{\star\mathrm{T}} \\ &= \boldsymbol{O}^\star \cdot \dot{\boldsymbol{T}} \cdot \boldsymbol{O}^{\star\mathrm{T}} + \boldsymbol{\Omega}^\star \cdot \boldsymbol{T}^\star - \boldsymbol{T}^\star \cdot \boldsymbol{\Omega}^\star. \end{aligned} \tag{1.237}$$

Auch die materielle Zeitableitung eines Tensors ist offenbar nicht objektiv. Analog zu den Vektoren [Gl. (1.224)] ist daher die Jaumann-Ableitung für Tensoren definiert als

$$\overset{\circ}{\boldsymbol{T}} = \dot{\boldsymbol{T}} - \boldsymbol{W} \cdot \boldsymbol{T} + \boldsymbol{T} \cdot \boldsymbol{W}. \tag{1.238}$$

Mit objektivem Tensor $\boldsymbol{T}$ findet man

$$\begin{aligned} \overset{\circ}{\boldsymbol{T}}{}^\star &= \dot{\boldsymbol{T}}^\star - \boldsymbol{W}^\star \cdot \boldsymbol{T}^\star + \boldsymbol{T}^\star \cdot \boldsymbol{W}^\star \\ &= \boldsymbol{O}^\star \cdot \dot{\boldsymbol{T}} \cdot \boldsymbol{O}^{\star\mathrm{T}} + \dot{\boldsymbol{O}}^\star \cdot \boldsymbol{T} \cdot \boldsymbol{O}^{\star\mathrm{T}} + \boldsymbol{O}^\star \cdot \boldsymbol{T} \cdot \dot{\boldsymbol{O}}^{\star\mathrm{T}} \\ &\quad -(\boldsymbol{O}^\star \cdot \boldsymbol{W} \cdot \boldsymbol{O}^{\star\mathrm{T}} + \boldsymbol{\Omega}^\star) \cdot (\boldsymbol{O}^\star \cdot \boldsymbol{T} \cdot \boldsymbol{O}^{\star\mathrm{T}}) \\ &\quad +(\boldsymbol{O}^\star \cdot \boldsymbol{T} \cdot \boldsymbol{O}^{\star\mathrm{T}}) \cdot (\boldsymbol{O}^\star \cdot \boldsymbol{W} \cdot \boldsymbol{O}^{\star\mathrm{T}} - \boldsymbol{\Omega}^{\star\mathrm{T}}) \\ &= \boldsymbol{O}^\star \cdot \dot{\boldsymbol{T}} \cdot \boldsymbol{O}^{\star\mathrm{T}} + \dot{\boldsymbol{O}}^\star \cdot \boldsymbol{T} \cdot \boldsymbol{O}^{\star\mathrm{T}} + \boldsymbol{O}^\star \cdot \boldsymbol{T} \cdot \dot{\boldsymbol{O}}^{\star\mathrm{T}} \\ &\quad -\boldsymbol{O}^\star \cdot \boldsymbol{W} \cdot \boldsymbol{O}^{\star\mathrm{T}} \cdot \boldsymbol{O}^\star \cdot \boldsymbol{T} \cdot \boldsymbol{O}^{\star\mathrm{T}} - \dot{\boldsymbol{O}}^\star \cdot \boldsymbol{O}^{\star\mathrm{T}} \cdot \boldsymbol{O}^\star \cdot \boldsymbol{T} \cdot \boldsymbol{O}^{\star\mathrm{T}} \\ &\quad +\boldsymbol{O}^\star \cdot \boldsymbol{T} \cdot \boldsymbol{O}^{\star\mathrm{T}} \cdot \boldsymbol{O}^\star \cdot \boldsymbol{W} \cdot \boldsymbol{O}^{\star\mathrm{T}} - \boldsymbol{O}^\star \cdot \boldsymbol{T} \cdot \boldsymbol{O}^{\star\mathrm{T}} \cdot \boldsymbol{O}^\star \cdot \dot{\boldsymbol{O}}^{\star\mathrm{T}} \\ &= \boldsymbol{O}^\star \cdot (\dot{\boldsymbol{T}} - \boldsymbol{W} \cdot \boldsymbol{T} + \boldsymbol{T} \cdot \boldsymbol{W}) \cdot \boldsymbol{O}^{\star\mathrm{T}} \\ \Rightarrow \overset{\circ}{\boldsymbol{T}}{}^\star &= \boldsymbol{O}^\star \cdot \overset{\circ}{\boldsymbol{T}} \cdot \boldsymbol{O}^{\star\mathrm{T}}. \end{aligned} \tag{1.239}$$

Die Jaumann-Ableitung eines objektiven Tensors ist somit wieder ein objektiver Tensor.

Die obere Oldroyd-Ableitung für Tensoren ergibt sich entsprechend derjenigen für Vektoren [Gl. (1.230)] zu

$$\begin{aligned} &\boldsymbol{T} = T^{ij} \boldsymbol{e}_i \boldsymbol{e}_j = \Theta^{ij} \boldsymbol{g}_i \boldsymbol{g}_j \\ &\Rightarrow \overset{\triangle}{\boldsymbol{T}} = \dot{\Theta}^{ij} \boldsymbol{g}_i \boldsymbol{g}_j. \end{aligned} \tag{1.240}$$

Durch eine Rechnung analog zu (1.231)–(1.233), die jedoch hier nicht explizit durchgeführt werden soll, erhält man

$$\overset{\triangle}{\boldsymbol{T}} = \dot{\boldsymbol{T}} - \boldsymbol{L} \cdot \boldsymbol{T} - \boldsymbol{T} \cdot \boldsymbol{L}^{\mathrm{T}}. \tag{1.241}$$

Die Objektivität der oberen Oldroyd-Ableitung für objektive Tensoren folgt aus

$$\begin{aligned}
\overset{\triangle}{\boldsymbol{T}}{}^{\star} &= \dot{\boldsymbol{T}}^{\star} - \boldsymbol{L}^{\star} \cdot \boldsymbol{T}^{\star} - \boldsymbol{T}^{\star} \cdot \boldsymbol{L}^{\star\mathrm{T}} \\
&= \boldsymbol{O}^{\star} \cdot \dot{\boldsymbol{T}} \cdot \boldsymbol{O}^{\star\mathrm{T}} + \dot{\boldsymbol{O}}^{\star} \cdot \boldsymbol{T} \cdot \boldsymbol{O}^{\star\mathrm{T}} + \boldsymbol{O}^{\star} \cdot \boldsymbol{T} \cdot \dot{\boldsymbol{O}}^{\star\mathrm{T}} \\
&\quad -(\boldsymbol{O}^{\star} \cdot \boldsymbol{L} \cdot \boldsymbol{O}^{\star\mathrm{T}} + \boldsymbol{\Omega}^{\star}) \cdot (\boldsymbol{O}^{\star} \cdot \boldsymbol{T} \cdot \boldsymbol{O}^{\star\mathrm{T}}) \\
&\quad -(\boldsymbol{O}^{\star} \cdot \boldsymbol{T} \cdot \boldsymbol{O}^{\star\mathrm{T}}) \cdot (\boldsymbol{O}^{\star} \cdot \boldsymbol{L}^{\mathrm{T}} \cdot \boldsymbol{O}^{\star\mathrm{T}} + \boldsymbol{\Omega}^{\star\mathrm{T}}) \\
&= \boldsymbol{O}^{\star} \cdot \dot{\boldsymbol{T}} \cdot \boldsymbol{O}^{\star\mathrm{T}} + \dot{\boldsymbol{O}}^{\star} \cdot \boldsymbol{T} \cdot \boldsymbol{O}^{\star\mathrm{T}} + \boldsymbol{O}^{\star} \cdot \boldsymbol{T} \cdot \dot{\boldsymbol{O}}^{\star\mathrm{T}} \\
&\quad -\boldsymbol{O}^{\star} \cdot \boldsymbol{L} \cdot \boldsymbol{O}^{\star\mathrm{T}} \cdot \boldsymbol{O}^{\star} \cdot \boldsymbol{T} \cdot \boldsymbol{O}^{\star\mathrm{T}} - \dot{\boldsymbol{O}}^{\star} \cdot \boldsymbol{O}^{\star\mathrm{T}} \cdot \boldsymbol{O}^{\star} \cdot \boldsymbol{T} \cdot \boldsymbol{O}^{\star\mathrm{T}} \\
&\quad -\boldsymbol{O}^{\star} \cdot \boldsymbol{T} \cdot \boldsymbol{O}^{\star\mathrm{T}} \cdot \boldsymbol{O}^{\star} \cdot \boldsymbol{L}^{\mathrm{T}} \cdot \boldsymbol{O}^{\star\mathrm{T}} - \boldsymbol{O}^{\star} \cdot \boldsymbol{T} \cdot \boldsymbol{O}^{\star\mathrm{T}} \cdot \boldsymbol{O}^{\star} \cdot \dot{\boldsymbol{O}}^{\star\mathrm{T}} \\
&= \boldsymbol{O}^{\star} \cdot (\dot{\boldsymbol{T}} - \boldsymbol{L} \cdot \boldsymbol{T} - \boldsymbol{T} \cdot \boldsymbol{L}^{\mathrm{T}}) \cdot \boldsymbol{O}^{\star\mathrm{T}}
\end{aligned}$$

$$\Rightarrow \overset{\triangle}{\boldsymbol{T}}{}^{\star} = \boldsymbol{O}^{\star} \cdot \overset{\triangle}{\boldsymbol{T}} \cdot \boldsymbol{O}^{\star\mathrm{T}}. \tag{1.242}$$

Analog zu (1.235) ist die untere Oldroyd-Ableitung für Tensoren

$$\overset{\triangledown}{\boldsymbol{T}} = \dot{\boldsymbol{T}} + \boldsymbol{L}^{\mathrm{T}} \cdot \boldsymbol{T} + \boldsymbol{T} \cdot \boldsymbol{L}, \tag{1.243}$$

und ergibt für einen objektiven Tensor $\boldsymbol{T}$ ebenfalls einen objektiven Tensor.

Problem 1.8 *Objektivität der unteren Oldroyd-Ableitung für objektive Vektoren und Tensoren.*

Mit Hilfe der Objektivität der Jaumann-Ableitung für objektive Vektoren und Tensoren zeige man, dass die untere Oldroyd-Ableitung für objektive Vektoren (1.235) und Tensoren (1.243) auf einen objektiven Vektor bzw. Tensor führt.

Lösung. Die untere Oldroyd-Ableitung eines objektives Vektors lässt sich mit der entsprechenden Jaumann-Ableitung darstellen als

$$\begin{aligned}
\overset{\triangledown}{\boldsymbol{v}} &= \dot{\boldsymbol{v}} + \boldsymbol{L}^{\mathrm{T}} \cdot \boldsymbol{v} \\
&= \overset{\circ}{\boldsymbol{v}} + \boldsymbol{W} \cdot \boldsymbol{v} + \boldsymbol{L}^{\mathrm{T}} \cdot \boldsymbol{v} \\
&= \overset{\circ}{\boldsymbol{v}} + \boldsymbol{W} \cdot \boldsymbol{v} + (\boldsymbol{D}^{\mathrm{T}} + \boldsymbol{W}^{\mathrm{T}}) \cdot \boldsymbol{v} \\
&= \overset{\circ}{\boldsymbol{v}} + \boldsymbol{W} \cdot \boldsymbol{v} + (\boldsymbol{D} - \boldsymbol{W}) \cdot \boldsymbol{v} \\
&= \overset{\circ}{\boldsymbol{v}} + \boldsymbol{D} \cdot \boldsymbol{v}.
\end{aligned} \tag{1.244}$$

Da $\overset{\circ}{\boldsymbol{v}}$ und $\boldsymbol{D} \cdot \boldsymbol{v}$ (Produkt eines objektiven Tensors und eines objektiven Vektors) objektive Vektoren sind, ist folglich auch $\overset{\triangledown}{\boldsymbol{v}}$ ein objektiver Vektor. Entsprechend findet man

$$\begin{aligned}\overset{\triangledown}{\boldsymbol{T}} &= \dot{\boldsymbol{T}} + \boldsymbol{L}^{\mathrm{T}} \cdot \boldsymbol{T} + \boldsymbol{T} \cdot \boldsymbol{L} \\ &= \overset{\circ}{\boldsymbol{T}} + \boldsymbol{W} \cdot \boldsymbol{T} - \boldsymbol{T} \cdot \boldsymbol{W} + \boldsymbol{L}^{\mathrm{T}} \cdot \boldsymbol{T} + \boldsymbol{T} \cdot \boldsymbol{L} \\ &= \overset{\circ}{\boldsymbol{T}} + (\boldsymbol{W} + \boldsymbol{L}^{\mathrm{T}}) \cdot \boldsymbol{T} - \boldsymbol{T} \cdot (\boldsymbol{W} - \boldsymbol{L}) \\ &= \overset{\circ}{\boldsymbol{T}} + (\boldsymbol{W} + \boldsymbol{D}^{\mathrm{T}} + \boldsymbol{W}^{\mathrm{T}}) \cdot \boldsymbol{T} - \boldsymbol{T} \cdot (\boldsymbol{W} - \boldsymbol{D} - \boldsymbol{W}) \\ &= \overset{\circ}{\boldsymbol{T}} + \boldsymbol{D} \cdot \boldsymbol{T} + \boldsymbol{T} \cdot \boldsymbol{D}. \end{aligned} \tag{1.245}$$

Alle Größen auf der rechten Seite sind objektive Tensoren, sodass auch $\overset{\triangledown}{\boldsymbol{T}}$ ein objektiver Tensor ist.

■

Problem 1.9 *Almansischer Verzerrungstensor und Verzerrungsgeschwindigkeitstensor.*

Man zeige, dass zwischen dem Almansischen Verzerrungstensor $\boldsymbol{A}$ und dem Verzerrungsgeschwindigkeitstensor $\boldsymbol{D}$ der Zusammenhang

$$\boldsymbol{D} = \overset{\triangledown}{\boldsymbol{A}} \tag{1.246}$$

besteht. Was folgt daraus in der Näherung der geometrischen Linearisierung?

Lösung. Wir haben auf der einen Seite die Beziehung (1.128),

$$(\mathrm{d}\boldsymbol{x}^2 - \mathrm{d}\boldsymbol{X}^2)^{\cdot} = 2\,\mathrm{d}\boldsymbol{x} \cdot \boldsymbol{D} \cdot \mathrm{d}\boldsymbol{x}, \tag{1.247}$$

und auf der anderen Seite folgt aus (1.103) und (1.121)

$$\begin{aligned}(\mathrm{d}\boldsymbol{x}^2 - \mathrm{d}\boldsymbol{X}^2)^{\cdot} &= (2\,\mathrm{d}\boldsymbol{x} \cdot \boldsymbol{A} \cdot \mathrm{d}\boldsymbol{x})^{\cdot} \\ &= 2\,\mathrm{d}\boldsymbol{x} \cdot \dot{\boldsymbol{A}} \cdot \mathrm{d}\boldsymbol{x} + 2\,(\mathrm{d}\boldsymbol{x})^{\cdot} \cdot \boldsymbol{A} \cdot \mathrm{d}\boldsymbol{x} + 2\,\mathrm{d}\boldsymbol{x} \cdot \boldsymbol{A} \cdot (\mathrm{d}\boldsymbol{x})^{\cdot} \\ &= 2\,\mathrm{d}\boldsymbol{x} \cdot \dot{\boldsymbol{A}} \cdot \mathrm{d}\boldsymbol{x} + 2\,(\boldsymbol{L} \cdot \mathrm{d}\boldsymbol{x}) \cdot \boldsymbol{A} \cdot \mathrm{d}\boldsymbol{x} + 2\,\mathrm{d}\boldsymbol{x} \cdot \boldsymbol{A} \cdot (\boldsymbol{L} \cdot \mathrm{d}\boldsymbol{x}) \\ &= 2\,\mathrm{d}\boldsymbol{x} \cdot \dot{\boldsymbol{A}} \cdot \mathrm{d}\boldsymbol{x} + 2\,\mathrm{d}\boldsymbol{x} \cdot \boldsymbol{L}^{\mathrm{T}} \cdot \boldsymbol{A} \cdot \mathrm{d}\boldsymbol{x} + 2\,\mathrm{d}\boldsymbol{x} \cdot \boldsymbol{A} \cdot \boldsymbol{L} \cdot \mathrm{d}\boldsymbol{x} \\ &= 2\,\mathrm{d}\boldsymbol{x} \cdot (\dot{\boldsymbol{A}} + \boldsymbol{L}^{\mathrm{T}} \cdot \boldsymbol{A} + \boldsymbol{A} \cdot \boldsymbol{L}) \cdot \mathrm{d}\boldsymbol{x} \\ &= 2\,\mathrm{d}\boldsymbol{x} \cdot \overset{\triangledown}{\boldsymbol{A}} \cdot \mathrm{d}\boldsymbol{x}. \end{aligned} \tag{1.248}$$

Gleichsetzen von (1.247) und (1.248) ergibt

$$\mathrm{d}\boldsymbol{x} \cdot \boldsymbol{D} \cdot \mathrm{d}\boldsymbol{x} = \mathrm{d}\boldsymbol{x} \cdot \overset{\triangledown}{\boldsymbol{A}} \cdot \mathrm{d}\boldsymbol{x} \quad \Rightarrow \quad \mathrm{d}\boldsymbol{x} \cdot (\boldsymbol{D} - \overset{\triangledown}{\boldsymbol{A}}) \cdot \mathrm{d}\boldsymbol{x} = 0. \tag{1.249}$$

Für beliebige Linienelemente $\mathrm{d}\boldsymbol{x}$ ist das nur erfüllbar, wenn die Klammer für sich verschwindet, also

$$\boldsymbol{D} - \overset{\triangledown}{\boldsymbol{A}} = \boldsymbol{0} \quad \Rightarrow \quad \boldsymbol{D} = \overset{\triangledown}{\boldsymbol{A}}\,. \tag{1.250}$$

In der geometrischen Linearisierung geht $\boldsymbol{A}$ wegen $(1.117)_5$ in den infinitesimalen Verzerrungstensor $\boldsymbol{\varepsilon}$ über. Weiterhin können aufgrund der Kleinheit des Verschiebungsgradienten in den Oldroyd-Ableitungen generell die Beiträge des Geschwindigkeitsgradienten vernachlässigt werden, sodass sie in die gewöhnliche materielle Zeitableitung übergehen (das gilt ebenso für die Jaumann-Ableitung). Daher vereinfacht sich (1.250) zu

$$\boldsymbol{D} = \dot{\boldsymbol{\varepsilon}}, \tag{1.251}$$

der Verzerrungsgeschwindigkeitstensor ist also einfach gleich der materiellen Zeitableitung des infinitesimalen Verzerrungstensors.

■

1.5 Singuläre Flächen

1.5.1 Definition und Eigenschaften

Wir hatten bis jetzt für die kontinuumsmechanischen Feldgrößen ψ stets Stetigkeit und hinreichend oftmalige Differenzierbarkeit vorausgesetzt. Diese Forderung wird nun dahingehend abgeschwächt, dass wir annehmen, in ω existiere eine *singuläre Fläche* σ, auf der die Feldgrößen ψ unstetig sein dürfen.

Eine solche singuläre Fläche teilt das materielle Volumen ω, welches den Körper $\mathcal{B}$ in der Momentankonfiguration κ_t repräsentiert, in zwei Bereiche ω^- und ω^+; die Flächennormale $\boldsymbol{n}$ zeigt per Konvention in den positiven Bereich ω^+. Desweiteren ist die singuläre Fläche nicht notwendigerweise materiell, bewegt sich also mit einer ihr eigenen Geschwindigkeit $\boldsymbol{w}$, welche im Allgemeinen von der Teilchengeschwindigkeit $\boldsymbol{v}$ auf σ verschieden ist (Abb. 1.10).

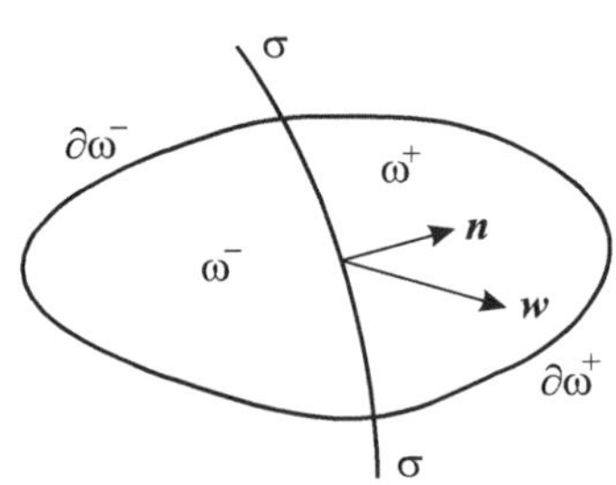

Abb. 1.10. Materielles Volumen mit singulärer Fläche.

Ein Beispiel für eine solche Situation ist ein von oben zugefrierender See, in dem die Phasengrenzfläche zwischen Eis und Wasser die singuläre Fläche σ darstellt, auf welcher die Dichte unstetig ist (denn die Dichten von Eis und Wasser unterscheiden sich). Man sieht an diesem Beispiel auch, dass die Geschwindigkeit von σ von der Teilchengeschwindigkeit verschieden sein kann, denn bei anhaltendem Frost an der Oberfläche wandert σ im Laufe der Zeit in die Tiefe, auch wenn das Wasser bzw. Eis im See selbst bewegungslos ist.

Eine konkrete Darstellung von σ ist auf zwei verschiedene Arten möglich. Explizit in parametrischer Form lässt sich σ gemäß

$$\boldsymbol{x} = \boldsymbol{x}(\boldsymbol{q}, t), \quad \boldsymbol{q} = (q^1, q^2) \tag{1.252}$$

angeben. Die Geschwindigkeit des Flächenpunktes $\boldsymbol{q} = (q^1, q^2)$ (kontravariante Koordinaten) ist dann einfach

$$\boldsymbol{w} = \frac{\partial \boldsymbol{x}(\boldsymbol{q}, t)}{\partial t}. \tag{1.253}$$

Alternativ ist auch die implizite Darstellung von σ durch eine Funktion

$$\sigma(\boldsymbol{x}, t) = 0 \tag{1.254}$$

möglich, woraus die Flächennormale zu

$$\boldsymbol{n} = \frac{\operatorname{grad} \sigma}{\|\operatorname{grad} \sigma\|} \tag{1.255}$$

folgt. Differentiation von (1.254) nach der Zeit ergibt weiter

$$\frac{\partial \sigma}{\partial t} + (\operatorname{grad} \sigma) \cdot \boldsymbol{w} = \frac{\partial \sigma}{\partial t} + \|\operatorname{grad} \sigma\| \, \boldsymbol{w} \cdot \boldsymbol{n} = 0, \tag{1.256}$$

woraus für die *Verschiebungsschnelligkeit* w_n, definiert als die Normalkomponente von $\boldsymbol{w}$ in der Momentankonfiguration, folgt:

$$w_n = \boldsymbol{w} \cdot \boldsymbol{n} = -\frac{\partial \sigma / \partial t}{\|\operatorname{grad} \sigma\|}. \tag{1.257}$$

Offensichtlich ist die Verschiebungsschnelligkeit von der speziellen Parametrisierung der Fläche unabhängig und somit physikalisch von Bedeutung. Für die verbleibende Tangentialkomponente von $\boldsymbol{w}$ ist das nicht der Fall.

Weiterhin definiert man die *lokale Fortpflanzungsschnelligkeit* W als Verschiebungsschnelligkeit relativ zur Teilchenbewegung $\boldsymbol{v} \cdot \boldsymbol{n}$ auf der singulären Fläche:

$$W = w_n - \boldsymbol{v} \cdot \boldsymbol{n}. \tag{1.258}$$

Ist allerdings $[\![\boldsymbol{v} \cdot \boldsymbol{n}]\!] \neq 0$, so muss zwischen W^+ und W^- unterschieden werden.

Entsprechendes gilt für die Referenzkonfiguration κ_r. Die singuläre Fläche wird hierfür mit Σ bezeichnet, teilt das materielle Volumen Ω in Ω^- und Ω^+, hat die Flächennormale $\boldsymbol{N}$ und die Eigengeschwindigkeit $\boldsymbol{W}$. Da die

Teilchengeschwindigkeit $\boldsymbol{V}$ in κ_r Null ist ($\mathrm{d}\boldsymbol{X}/\mathrm{d}t = 0$), entspricht eine nichtverschwindende Flächengeschwindigkeit $\boldsymbol{W}$ einer nichtmateriellen singulären Fläche. Die Beziehungen (1.252) bis (1.257) gelten entsprechend mit großen Symbolen für die Referenzkonfiguration, wobei die Normalkomponente von $\boldsymbol{W}$,

$$W_N = \boldsymbol{W} \cdot \boldsymbol{N} = -\frac{\partial \Sigma(\boldsymbol{X}, t)/\partial t}{\|\mathrm{Grad}\,\Sigma\|} = -\frac{\mathrm{d}\Sigma/dt}{\|\mathrm{Grad}\,\Sigma\|}, \tag{1.259}$$

als (materielle) *Fortpflanzungsschnelligkeit* bezeichnet wird.

Zwischen den Normalenvektoren $\boldsymbol{n}$, $\boldsymbol{N}$ und den Geschwindigkeiten w_n, W_N besteht ein Zusammenhang. Wir rechnen zunächst für die Normalenvektoren [siehe (1.255)]

$$\begin{aligned}
&\frac{\partial \sigma(\boldsymbol{x}, t)}{\partial x_i} = \frac{\partial \sigma(\boldsymbol{x}(\boldsymbol{X}, t), t)}{\partial X_A}\frac{\partial X_A}{\partial x_i} = \frac{\partial \Sigma(\boldsymbol{X}, t)}{\partial X_A}\frac{\partial X_A}{\partial x_i} = F^{-1}_{Ai}\frac{\partial \Sigma(\boldsymbol{X}, t)}{\partial X_A} \\
&\Rightarrow\ \mathrm{grad}\,\sigma = \boldsymbol{F}^{-\mathrm{T}} \cdot \mathrm{Grad}\,\Sigma \\
&\Rightarrow\ \boldsymbol{n}\,\|\mathrm{grad}\,\sigma\| = (\boldsymbol{F}^{-\mathrm{T}} \cdot \boldsymbol{N})\,\|\mathrm{Grad}\,\Sigma\| \\
&\Rightarrow\ \boldsymbol{n} = (\boldsymbol{F}^{-\mathrm{T}} \cdot \boldsymbol{N})\frac{\|\mathrm{Grad}\,\Sigma\|}{\|\mathrm{grad}\,\sigma\|} = \frac{\boldsymbol{F}^{-\mathrm{T}} \cdot \boldsymbol{N}}{\|\boldsymbol{F}^{-\mathrm{T}} \cdot \boldsymbol{N}\|}.
\end{aligned} \tag{1.260}$$

Für die Geschwindigkeiten erhält man mit (1.257), (1.258), (1.259), (1.260)

$$\begin{aligned}
&\frac{\mathrm{d}\Sigma}{\mathrm{d}t} = \frac{\mathrm{d}\sigma(\boldsymbol{x}(\boldsymbol{X}, t), t)}{\mathrm{d}t} = \frac{\partial \sigma}{\partial x_i}\frac{\mathrm{d}x_i}{\mathrm{d}t} + \frac{\partial \sigma}{\partial t} = \boldsymbol{v} \cdot \mathrm{grad}\,\sigma + \frac{\partial \sigma}{\partial t} \\
&\Rightarrow\ W_N = -\frac{1}{\|\mathrm{Grad}\,\Sigma\|}\left(\frac{\partial \sigma}{\partial t} + \boldsymbol{v} \cdot \mathrm{grad}\,\sigma\right) = \frac{\|\mathrm{grad}\,\sigma\|}{\|\mathrm{Grad}\,\Sigma\|}(w_n - \boldsymbol{v} \cdot \boldsymbol{n}) \\
&\Rightarrow\ W_N = \|\boldsymbol{F}^{-\mathrm{T}} \cdot \boldsymbol{N}\|\,(w_n - \boldsymbol{v} \cdot \boldsymbol{n}) = \|\boldsymbol{F}^{-\mathrm{T}} \cdot \boldsymbol{N}\|\,W.
\end{aligned} \tag{1.261}$$

Im Fall einer unstetigen Normalgeschwindigkeit, $[\![\boldsymbol{v} \cdot \boldsymbol{n}]\!] \neq 0$, ist wie oben gesehen W nicht eindeutig ($W^+ \neq W^-$). Für W_N tritt dieses Problem jedoch nicht auf, da W_N als Normalkomponente der Flächengeschwindigkeit in der Referenzkonfiguration eindeutig definiert ist. Damit (1.261) damit nicht in Widerspruch gerät, muss folglich in diesem Fall der Deformationsgradient $\boldsymbol{F}$ unstetig sein.

Problem 1.10 *Singuläre Fläche mit unendlicher Dichte.*

Sei eine Bewegung mit den Konstanten $c > 0$ und $k > 0$ durch

$$x = X - ct, \quad y = (Y^{1/3} - kt)^3, \quad z = Z \tag{1.262}$$

gegeben. Im Anfangszustand zur Zeit $t = 0$, der als Referenzkonfiguration verwendet wird, herrsche eine räumlich konstante, endliche Dichte ρ_0 vor.

(a) Man bestimme die singuläre Fläche, auf welcher zur Zeit $t > 0$ eine unendliche Dichte $\rho = \infty$ vorliegt, bezüglich der Referenz- und Momentankonfiguration.

(b) Wie groß sind die Verschiebungsschnelligkeit, lokale und materielle Fortpflanzungsschnelligkeit der Fläche?

Lösung. (a) Der Deformationsgradient dieser Bewegung ist

$$\boldsymbol{F} = \operatorname{Grad} \boldsymbol{x} = \begin{pmatrix} 1 & 0 & 0 \\ 0 & (Y^{1/3} - kt)^2 \, Y^{-2/3} & 0 \\ 0 & 0 & 1 \end{pmatrix}$$

$$= \begin{pmatrix} 1 & 0 & 0 \\ 0 & (y/Y)^{2/3} & 0 \\ 0 & 0 & 1 \end{pmatrix}, \tag{1.263}$$

und daher

$$J = \det \boldsymbol{F} = \left(\frac{y}{Y}\right)^{2/3}. \tag{1.264}$$

Der Zusammenhang zwischen ρ_0 und ρ ergibt sich mit (1.58) allgemein zu

$$\frac{\rho_0}{\rho} = \left(\frac{\mathrm{d}m}{\mathrm{d}V}\right)\left(\frac{\mathrm{d}m}{\mathrm{d}v}\right)^{-1} = \frac{\mathrm{d}v}{\mathrm{d}V} = J, \tag{1.265}$$

sodass

$$\frac{\rho_0}{\rho} = \left(\frac{y}{Y}\right)^{2/3}. \tag{1.266}$$

Für $\rho = \infty$ muss $\rho_0/\rho = 0$ sein, was für $t > 0$ offenbar auf der Fläche

$$y = 0 \quad \text{bzw.} \quad Y = (kt)^3 \tag{1.267}$$

gegeben ist. Es folgen die impliziten Darstellungen

$$\sigma(\boldsymbol{x}, t) = y = 0 \quad \text{bzw.} \quad \Sigma(\boldsymbol{X}, t) = Y - (kt)^3 = 0. \tag{1.268}$$

(b) Für die Verschiebungsschnelligkeit ergibt sich aus (1.257)

$$w_n = -\frac{\partial\sigma/\partial t}{\|\operatorname{grad}\sigma\|} = 0. \tag{1.269}$$

Die singuläre Fläche ist also im Raum stationär, was man natürlich auch direkt an $(1.268)_1$ sieht. Die lokale Fortpflanzungsschnelligkeit erhält man aus (1.258) zu

$$W = w_n - \boldsymbol{v} \cdot \boldsymbol{n} = -\frac{\mathrm{d}\boldsymbol{x}}{\mathrm{d}t} \cdot \frac{\operatorname{grad}\sigma}{\|\operatorname{grad}\sigma\|} = \begin{pmatrix} c \\ 3k(Y^{1/3} - kt)^2 \\ 0 \end{pmatrix} \cdot \begin{pmatrix} 0 \\ 1 \\ 0 \end{pmatrix}$$

$$= 3k(Y^{1/3} - kt)^2 = 3ky^{2/3} = 0, \tag{1.270}$$

und aus (1.259) resultiert die materielle Fortpflanzungsschnelligkeit

$$W_N = -\frac{\mathrm{d}\Sigma/dt}{\|\operatorname{Grad}\Sigma\|} = 3k^3t^2 = 3kY^{2/3} \quad (\neq 0). \tag{1.271}$$

Die singuläre Fläche bewegt sich also relativ zu den Teilchen des Kontinuums und stellt somit eine nichtmaterielle Fläche dar.

Natürlich ist eine Bewegung, in deren Verlauf sich eine unendliche Dichte einstellt, physikalisch nicht möglich. Gleichung (1.262) kann daher allenfalls als Näherung einer realen Bewegung angesehen werden, die auf der Fläche $y = 0$ eine sehr hohe, aber immer noch endliche Dichte aufweist. ∎

1.5.2 Sprünge kontinuumsmechanischer Feldgrößen

Die Werte, die eine beliebige Feldgröße $\psi(\boldsymbol{x}, t)$ in der Momentankonfiguration annimmt, wenn man sich dem Punkt $\boldsymbol{x} \in \sigma$ auf der singulären Fläche auf einem beliebigen Pfad nähert, der ganz in ω^- bzw. ω^+ liegt, sollen mit ψ^- und ψ^+ bezeichnet werden:

$$\begin{aligned} \forall \boldsymbol{x} \in \sigma: \quad & \psi^-(\boldsymbol{x}, t) = \lim\nolimits_{\boldsymbol{y} \to \boldsymbol{x},\, \boldsymbol{y} \in \omega^-} \psi(\boldsymbol{y}, t), \\ & \psi^+(\boldsymbol{x}, t) = \lim\nolimits_{\boldsymbol{y} \to \boldsymbol{x},\, \boldsymbol{y} \in \omega^+} \psi(\boldsymbol{y}, t). \end{aligned} \tag{1.272}$$

Dabei setzen wir voraus, dass diese Grenzwerte existieren, endlich sind und stetig differenzierbare Funktionen auf σ darstellen. Damit definieren wir den *Sprung* $[\![\psi]\!]$ von ψ auf σ als

$$\forall \boldsymbol{x} \in \sigma: \quad [\![\psi]\!]\,(\boldsymbol{x}, t) = \psi^+(\boldsymbol{x}, t) - \psi^-(\boldsymbol{x}, t); \tag{1.273}$$

$[\![\psi]\!]$ ist somit ebenfalls stetig differenzierbar auf σ.

Entsprechend gilt in der Referenzkonfiguration für eine Feldgröße $\Psi(\boldsymbol{X}, t)$ auf der singulären Fläche Σ

$$\begin{aligned} \forall \boldsymbol{X} \in \Sigma: \quad & \Psi^-(\boldsymbol{X}, t) = \lim\nolimits_{\boldsymbol{Y} \to \boldsymbol{X},\, \boldsymbol{Y} \in \Omega^-} \Psi(\boldsymbol{Y}, t), \\ & \Psi^+(\boldsymbol{X}, t) = \lim\nolimits_{\boldsymbol{Y} \to \boldsymbol{X},\, \boldsymbol{Y} \in \Omega^+} \Psi(\boldsymbol{Y}, t). \end{aligned} \tag{1.274}$$

sowie

$$\forall \boldsymbol{X} \in \Sigma: \quad [\![\Psi]\!]\,(\boldsymbol{X}, t) = \Psi^+(\boldsymbol{X}, t) - \Psi^-(\boldsymbol{X}, t). \tag{1.275}$$

1.5.3 Kompatibilitätsbedingungen

Wir wenden uns nun einigen Beziehungen zu, die allein aus geometrischen Betrachtungen für die singuläre Fläche gewonnen werden können und als *Kompatibilitätsbedingungen* bezeichnet werden. Dazu sei $\psi(\boldsymbol{x}, t)$ eine beliebige Feldgröße, welche selbst oder ihre Ableitungen einen Sprung auf σ erleiden.

Entlang einer beliebigen, mit l parameterisierten glatten Kurve $\boldsymbol{x}(l)$ auf σ gilt beiderseits nach der Kettenregel

$$\frac{\mathrm{d}\psi^\pm}{\mathrm{d}l} = (\operatorname{grad}\psi^\pm) \cdot \frac{\mathrm{d}\boldsymbol{x}}{\mathrm{d}l}, \tag{1.276}$$

und somit durch Subtraktion dieser beiden Aussagen

$$\frac{\mathrm{d}[\![\psi]\!]}{\mathrm{d}l} = [\![\operatorname{grad}\psi]\!] \cdot \frac{\mathrm{d}\boldsymbol{x}}{\mathrm{d}l} = [\![\operatorname{grad}\psi \cdot \frac{\mathrm{d}\boldsymbol{x}}{\mathrm{d}l}]\!]. \tag{1.277}$$

Denkt man sich $\boldsymbol{x}$ und ψ auf σ durch die Flächenparameter q^γ ($\gamma = 1, 2$) ausgedrückt, gilt speziell

$$\frac{\partial[\![\psi]\!]}{\partial q^\gamma} = [\![\operatorname{grad}\psi \cdot \frac{\partial \boldsymbol{x}}{\partial q^\gamma}]\!] = [\![\operatorname{grad}\psi \cdot \boldsymbol{g}_\gamma]\!]; \tag{1.278}$$

dabei sind die $\boldsymbol{g}_\gamma = \partial\boldsymbol{x}/\partial q^\gamma$ die kovarianten Basisvektoren des durch q^γ definierten Koordinatensystems in der Fläche σ. Gleichung (1.278) besagt in Worten, dass die tangentiale Ableitung des Sprunges von ψ (linke Seite) gleich dem Sprung der tangentialen Ableitung (rechte Seite) ist („Oberflächenkompatibilitätsbedingung"). Für den Sprung der Normalableitung, $[\![\partial\psi/\partial\boldsymbol{n}]\!]$, gilt dagegen keine Einschränkung.

Für den Fall $[\![\psi]\!] = 0$, also einer stetigen Feldgröße ψ, folgt daraus

$$[\![\operatorname{grad}\psi \cdot \boldsymbol{g}_\gamma]\!] = [\![\operatorname{grad}\psi]\!] \cdot \boldsymbol{g}_\gamma = 0, \tag{1.279}$$

also das Verschwinden der tangentialen Komponenten von $[\![\operatorname{grad}\psi]\!]$, so dass $[\![\operatorname{grad}\psi]\!]$ in diesem Fall nur eine Normalkomponente haben kann:

$$[\![\operatorname{grad}\psi]\!] = b\boldsymbol{n}, \quad \text{wobei } b = [\![\operatorname{grad}\psi \cdot \boldsymbol{n}]\!]. \tag{1.280}$$

Wir hatten bereits gesehen, dass nur die Normalkomponente w_n der Flächengeschwindigkeit $\boldsymbol{w}$ eine physikalische Bedeutung besitzt. Man definiert daher die *Verschiebungsableitung* $\delta_D/\delta t$ als die zeitliche Änderung für einen mit der Geschwindigkeit $w_n\boldsymbol{n}$ auf der Fläche mitbewegten Beobachter. Für eine beliebige Feldgröße φ, die auf der Fläche definiert ist, gilt somit in Analogie zur Beziehung (1.11) zwischen materieller und lokaler Ableitung

$$\frac{\delta_D\varphi}{\delta t} = \frac{\partial\varphi}{\partial t} + (\operatorname{grad}\varphi) \cdot w_n\boldsymbol{n}. \tag{1.281}$$

Identifiziert man φ mit den Feldern ψ^+ bzw. ψ^- einer evtl. auf σ unstetigen Größe, folgt sofort

$$\frac{\delta_D\psi^\pm}{\delta t} = \frac{\partial\psi^\pm}{\partial t} + (\operatorname{grad}\psi^\pm) \cdot w_n\boldsymbol{n}, \tag{1.282}$$

und durch Subtraktion beider Gleichungen und Umordnung

$$\begin{aligned} \left[\!\!\left[\frac{\partial\psi}{\partial t}\right]\!\!\right] &= -[\![\operatorname{grad}\psi]\!] \cdot w_n\boldsymbol{n} + \left[\!\!\left[\frac{\delta_D\psi}{\delta t}\right]\!\!\right] \\ &= -[\![\operatorname{grad}\psi \cdot \boldsymbol{n}]\!]\, w_n + \frac{\delta_D}{\delta t}[\![\psi]\!] \\ &= -bw_n + \frac{\delta_D}{\delta t}[\![\psi]\!]\,. \end{aligned} \tag{1.283}$$

Das ist die *kinematische Kompatibilitätsbedingung.* Die Vertauschung der Operatoren $\delta_D/\delta t$ und $[\![\ ]\!]$, welche im Schritt von der ersten zur zweiten Zeile vorgenommen wurde, ist deshalb möglich, weil sich beide Operatoren auf die singuläre Fläche beziehen, sich also mit der Fläche mitbewegen. Dagegen vertauschen $\partial/\partial t$ und $[\![\ ]\!]$ nicht, denn $\partial/\partial t$ bezieht sich auf einen festen Ort $\boldsymbol{x}$ im Raum, und folgt somit nicht der Bewegung der singulären Fläche.

Auch für (1.283) ist der Fall $[\![\psi]\!] = 0$ interessant. Dann folgt nämlich sofort

$$\left[\!\left[\frac{\partial\psi}{\partial t}\right]\!\right] = -bw_n, \tag{1.284}$$

sodass der Sprung der lokalen Zeitableitung mit dem Sprung der räumlichen Ableitung entlang der Flächennormalen $\boldsymbol{n}$ verknüpft ist.

Diese Betrachtungen sind analog für die Fläche Σ in der Referenzkonfiguration möglich. Die Entsprechung zur Oberflächenkompatibilitätsbedingung (1.278) ist

$$\frac{\partial[\![\Psi]\!]}{\partial Q^\Gamma} = [\![\operatorname{Grad}\Psi \cdot \boldsymbol{G}_\Gamma]\!], \quad \text{mit } \boldsymbol{G}_\Gamma = \frac{\partial \boldsymbol{X}}{\partial Q^\Gamma}, \tag{1.285}$$

für die Verschiebungsableitung gilt nach (1.282)

$$\frac{\delta_D\Psi^\pm}{\delta t} = \frac{\mathrm{d}\Psi^\pm}{\mathrm{d}t} + (\operatorname{Grad}\Psi^\pm)\cdot W_N\boldsymbol{N} \tag{1.286}$$

[man beachte dabei $\partial\Phi(\boldsymbol{X},t)/\partial t = \mathrm{d}\Phi/\mathrm{d}t$], und die kinematische Kompatibilitätsbedingung (1.283) wird zu

$$\left[\!\left[\frac{\mathrm{d}\Psi}{\mathrm{d}t}\right]\!\right] = -BW_N + \frac{\delta_D}{\delta t}[\![\Psi]\!], \quad \text{mit } B = [\![\operatorname{Grad}\Psi\cdot\boldsymbol{N}]\!]. \tag{1.287}$$

Falls $[\![\Psi]\!] = 0$, folgt aus (1.285)

$$[\![\operatorname{Grad}\Psi]\!] = B\boldsymbol{N}, \tag{1.288}$$

und aus (1.287)

$$\left[\!\left[\frac{\mathrm{d}\Psi}{\mathrm{d}t}\right]\!\right] = -BW_N. \tag{1.289}$$

2. Bilanzgleichungen

Im vorigen Kapitel haben wir uns mit den rein kinematischen Aspekten der Bewegung von Körpern befasst, d. h., wir haben uns die Bewegungsfunktion $\boldsymbol{x}(\boldsymbol{X}, t)$ als *gegeben* vorgestellt und untersucht, welche Eigenschaften die so beschriebene Bewegung hat. Die eigentliche Aufgabe der Kontinuumsmechanik ist jedoch, die Bewegung kontinuierlicher Körper (sowie die Felder von Dichte und Temperatur) unter Vorgabe bestimmter Anfangs- und Randbedingungen dynamisch zu *berechnen*. Die dazu erforderlichen Feldgleichungen lassen sich gewinnen durch Kombination der allgemeingültigen *Bilanzgleichungen* für Masse, Impuls, Drehimpuls (Drall) und Energie und der materialspezifischen *Konstitutivgleichungen* (auch als *Materialgleichungen* bezeichnet). In diesem Kapitel wird es daher darum gehen, diese Bilanzgleichungen aufzustellen und ihre Eigenschaften zu untersuchen.

2.1 Allgemeine Volumenbilanz

Die Bilanzgleichungen für Masse, Impuls, Drall, Energie und auch Entropie können in eleganter Weise als Spezialfälle einer *allgemeinen Volumenbilanz* für eine beliebige physikalische Größe j gewonnen werden. Daher leiten wir zunächst diese allgemeine Volumenbilanz her.

2.1.1 Reynoldssches Transporttheorem

Wir betrachten ein materielles Volumen $\omega \subset \kappa_t$ (materiell bedeutet, dass das Volumen für alle Zeiten aus denselben Teilchen besteht, also mit dem sich bewegenden Körper fest verhaftet ist) und untersuchen für eine beliebige skalar-, vektor- oder tensorwertige Feldgröße $\psi(\boldsymbol{x}, t)$ den Ausdruck $(\mathrm{d}/\mathrm{d}t) \int_\omega \psi \, \mathrm{d}v$, also die zeitliche Änderung des über das Volumen ω integrierten ψ.

Satz 2.1 *Reynoldssches Transporttheorem.*

Es gilt

$$\frac{\mathrm{d}}{\mathrm{d}t} \int_\omega \psi \, \mathrm{d}v = \int_\omega \frac{\partial \psi}{\partial t} \, \mathrm{d}v + \oint_{\partial\omega} \psi \boldsymbol{v} \cdot \boldsymbol{n} \, \mathrm{d}a. \tag{2.1}$$

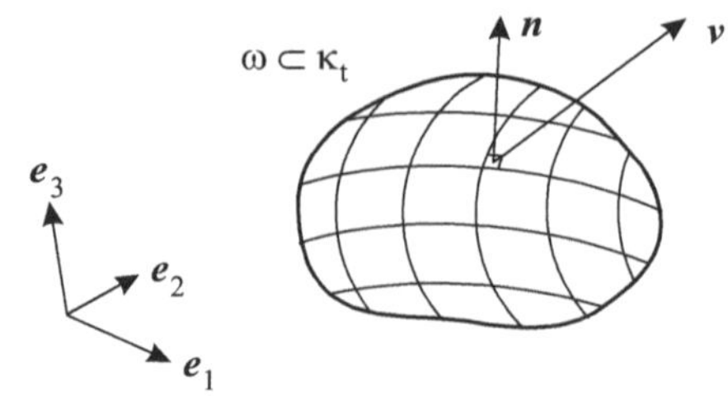

Abb. 2.1. Zum Reynoldsschen Transporttheorem.

Dabei bedeuten $\partial\omega$ den Rand des materiellen Volumens ω, $\boldsymbol{v}$ ist wie gehabt das Geschwindigkeitsfeld und $\boldsymbol{n}$ der äußere Normaleneinheitsvektor auf $\partial\omega$, vgl. Abb. 2.1.

Beweis. Wir transformieren die Integrationsvariable auf materielle Koordinaten $\boldsymbol{X}$, sodass der Integrationsbereich das entsprechende Volumen $\Omega \subset \kappa_r$ in der Referenzkonfiguration wird:

$$\frac{\mathrm{d}}{\mathrm{d}t}\int_\omega \psi(\boldsymbol{x},t)\,\mathrm{d}v = \frac{\mathrm{d}}{\mathrm{d}t}\int_\Omega \psi(\boldsymbol{x}(\boldsymbol{X},t),t)\,J(\boldsymbol{X},t)\mathrm{d}V. \tag{2.2}$$

Hierfür kann Differentiation und Integration vertauscht werden, da Ω als Teilmenge der Referenzkonfiguration natürlich nicht von der Zeit abhängt:

$$\begin{aligned}\frac{\mathrm{d}}{\mathrm{d}t}\int_\omega \psi(\boldsymbol{x},t)\,\mathrm{d}v &= \int_\Omega (\dot{\psi}J + \psi\dot{J})\,\mathrm{d}V \\ &= \int_\Omega (\dot{\psi} + \psi\,\mathrm{div}\,\boldsymbol{v})\,J\mathrm{d}V \\ &= \int_\omega (\dot{\psi} + \psi\,\mathrm{div}\,\boldsymbol{v})\,\mathrm{d}v. \end{aligned} \tag{2.3}$$

Im letzten Schritt wurde wieder auf räumliche Koordinaten zurücktransformiert. Das Ergebnis lässt sich weiter umformen:

$$\begin{aligned}\frac{\mathrm{d}}{\mathrm{d}t}\int_\omega \psi(\boldsymbol{x},t)\,\mathrm{d}v &= \int_\omega \left(\frac{\partial\psi}{\partial t} + (\mathrm{grad}\,\psi)\cdot\boldsymbol{v} + \psi\,\mathrm{div}\,\boldsymbol{v}\right)\mathrm{d}v \\ &= \int_\omega \left(\frac{\partial\psi}{\partial t} + \mathrm{div}\,(\psi\boldsymbol{v})\right)\mathrm{d}v \\ &= \int_\omega \frac{\partial\psi}{\partial t}\,\mathrm{d}v + \oint_{\partial\omega} \psi\boldsymbol{v}\cdot\boldsymbol{n}\,\mathrm{d}a \end{aligned} \tag{2.4}$$

(im letzten Schritt wurde der Gauss'sche Integralsatz verwendet). ■

Das Reynoldssche Transporttheorem kann auch auf nicht-materielle Volumina erweitert werden. Dazu betrachte man ein nicht-materielles Volumen

$\nu \subset \kappa_t$, dessen Rand $\partial\nu$ sich mit der Geschwindigkeit $\boldsymbol{w}$ bewege (diese Geschwindigkeit ist im allgemeinen nicht mehr mit der Teilchengeschwindigkeit $\boldsymbol{v}$ identisch). Wendet man die gleiche Argumentation, die zum Beweis von (2.1) durchgeführt wurde, auf einen Körper aus *fiktiven Teilchen*, die sich mit der Geschwindigkeit $\boldsymbol{w}$ bewegen, an, so sieht man sofort ein, dass die (2.1) entsprechende Beziehung

$$\frac{\mathrm{d}}{\mathrm{d}t}\int_\nu \psi \,\mathrm{d}v = \int_\nu \frac{\partial \psi}{\partial t}\,\mathrm{d}v + \oint_{\partial\nu} \psi \boldsymbol{w}\cdot\boldsymbol{n}\,\mathrm{d}a \tag{2.5}$$

gilt.

2.1.2 Ableitung der allgemeinen Volumenbilanz

Wir betrachten nun eine beliebige physikalische Größe $j(\omega, t)$ im materiellen Volumen ω. Dessen zeitliche Änderung setzt sich ganz allgemein zusammen aus drei Anteilen, nämlich

- dem Fluss $\mathcal{F}(\partial\omega, t)$ von j durch den Rand $\partial\omega$,
- der Produktion $\mathcal{P}(\omega, t)$ von j im Volumen ω,
- der Zufuhr $\mathcal{Z}(\omega, t)$ von j im Volumen ω.

Es gilt also die allgemeine Bilanzgleichung für j in ω

$$\frac{\mathrm{d}}{\mathrm{d}t} j(\omega, t) = -\mathcal{F}(\partial\omega, t) + \mathcal{P}(\omega, t) + \mathcal{Z}(\omega, t), \tag{2.6}$$

wobei der Fluss als Ausfluss aus dem Volumen positiv gezählt wird, woraus dessen negatives Vorzeichen resultiert. *Erhaltungsgrößen* sind im übrigen dadurch ausgezeichnet, dass deren Produktion verschwindet.

In dieser Form lässt sich mit der allgemeinen Bilanzgleichung jedoch noch nicht viel anfangen. Es ist daher erforderlich, sie mit Hilfe einiger Annahmen etwas spezieller zu fassen. Wir nehmen daher zunächst an, dass j, $\mathcal{P}$ und $\mathcal{Z}$ als Volumenintegrale über zugehörige *Dichten* g, p und z dargestellt werden können (Additivität),

$$\begin{aligned} j(\omega, t) &= \textstyle\int_\omega g(\boldsymbol{x}, t)\,\mathrm{d}v, &\quad g&: \text{ Dichte der Größe } j,\\ \mathcal{P}(\omega, t) &= \textstyle\int_\omega p(\boldsymbol{x}, t)\,\mathrm{d}v, &\quad p&: \text{ Produktionsdichte von } j,\\ \mathcal{Z}(\omega, t) &= \textstyle\int_\omega z(\boldsymbol{x}, t)\,\mathrm{d}v, &\quad z&: \text{ Zufuhrdichte von } j, \end{aligned} \tag{2.7}$$

und dass $\mathcal{F}$ in ähnlicher Weise als Oberflächenintegral über eine Flussdichte f erhalten werden kann,

$$\mathcal{F}(\partial\omega, t) = \oint_{\partial\omega} f(\boldsymbol{x}, \boldsymbol{n}, t)\,\mathrm{d}a, \qquad f: \text{ Flussdichte von } j. \tag{2.8}$$

Die hier zusätzlich eingebaute Forderung, dass die Flussdichte f auf der Fläche $\partial\omega$ nur von deren äußeren Normaleneinheitsvektor $\boldsymbol{n}$, nicht aber von anderen differentialgeometrischen Eigenschaften (z. B. Krümmung) abhängt, wird als *Cauchys Postulat* bezeichnet. Die allgemeine Bilanzgleichung folgt somit zu

$$\frac{\mathrm{d}}{\mathrm{d}t}\int_\omega g(\boldsymbol{x},t)\,\mathrm{d}v = -\oint_{\partial\omega} f(\boldsymbol{x},\boldsymbol{n},t)\,\mathrm{d}a + \int_\omega p(\boldsymbol{x},t)\,\mathrm{d}v + \int_\omega z(\boldsymbol{x},t)\,\mathrm{d}v. \tag{2.9}$$

Satz 2.2 *Cauchys Fundamentaltheorem.*

Unter der Annahme, dass Cauchys Postulat gewährleistet ist, die Flussdichte f also nur von $\boldsymbol{x}$, $\boldsymbol{n}$ und t abhängt, kann f nur eine *lineare* Funktion von $\boldsymbol{n}$ sein, d. h., es gilt

$$f(\boldsymbol{x},\boldsymbol{n},t) = \boldsymbol{\phi}(\boldsymbol{x},t)\cdot\boldsymbol{n}, \tag{2.10}$$

wobei die neue Größe $\boldsymbol{\phi}$ ebenfalls als Flussdichte bezeichnet wird. Hierbei können j und somit f Tensoren beliebiger Stufe sein. Allgemein ist $\boldsymbol{\phi}$ ein Tensor $(n+1)$-ter Stufe, wenn j und f Tensoren n-ter Stufe sind.

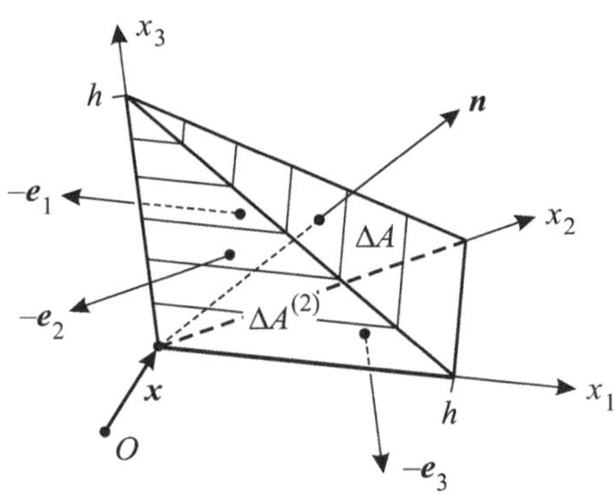

Abb. 2.2. Zum Beweis des Cauchyschen Fundamentaltheorems.

Beweis. Wir wenden (2.9) auf den Tetraeder der Abb. 2.2 mit Volumen $\Delta V = O(h^3)$ und Seitenflächen $\Delta A^{(1)}$, $\Delta A^{(2)}$, $\Delta A^{(3)}$, $\Delta A = O(h^2)$ an; der Ortsvektor des Ursprungs des lokalen Koordinatensystems sei $\boldsymbol{x}$. Nach dem Mittelwertsatz der Integralrechnung existieren Punkte $\boldsymbol{x}^{(a)}$, $\boldsymbol{x}^{(b)}$, $\boldsymbol{x}^{(c)}$, $\boldsymbol{x}^{(1)}$, $\boldsymbol{x}^{(2)}$, $\boldsymbol{x}^{(3)}$, $\boldsymbol{x}^{(4)}$ im Tetraedervolumen bzw. auf dessen Seitenflächen, sodass gilt

$$\begin{aligned}\frac{\mathrm{d}}{\mathrm{d}t}\Big(g(\boldsymbol{x}^{(a)},t)\,\Delta V\Big) &= -\sum_{k=1}^{3} f(\boldsymbol{x}^{(k)},-\boldsymbol{e}_k,t)\,\Delta A^{(k)} - f(\boldsymbol{x}^{(4)},\boldsymbol{n},t)\,\Delta A \\ &\quad + p(\boldsymbol{x}^{(b)},t)\,\Delta V + z(\boldsymbol{x}^{(c)},t)\,\Delta V. \end{aligned}\tag{2.11}$$

Division durch ΔA ergibt

$$\sum_{k=1}^{3} f(\boldsymbol{x}^{(k)}, -\boldsymbol{e}_k, t)\, \frac{\Delta A^{(k)}}{\Delta A} + f(\boldsymbol{x}^{(4)}, \boldsymbol{n}, t) = O(h). \tag{2.12}$$

Da die Seitenflächen $\Delta A^{(k)}$ den Projektionen von ΔA längs der Koordinatenachsen entsprechen (Abb. 2.2), gilt

$$\Delta A^{(k)} = (\boldsymbol{e}_k \cdot \boldsymbol{n})\, \Delta A, \tag{2.13}$$

sodass weiter folgt

$$f(\boldsymbol{x}^{(4)}, \boldsymbol{n}, t) = -\sum_{k=1}^{3} f(\boldsymbol{x}^{(k)}, -\boldsymbol{e}_k, t)\, (\boldsymbol{e}_k \cdot \boldsymbol{n}) + O(h), \tag{2.14}$$

bzw. im Limes $h \to 0$

$$f(\boldsymbol{x}, \boldsymbol{n}, t) = -\sum_{k=1}^{3} f(\boldsymbol{x}, -\boldsymbol{e}_k, t)\, (\boldsymbol{e}_k \cdot \boldsymbol{n}). \tag{2.15}$$

Setzt man

$$\boldsymbol{\phi}(\boldsymbol{x}, t) = -\sum_{k=1}^{3} f(\boldsymbol{x}, -\boldsymbol{e}_k, t)\, \boldsymbol{e}_k, \tag{2.16}$$

so erhält man daraus

$$f(\boldsymbol{x}, \boldsymbol{n}, t) = \boldsymbol{\phi}(\boldsymbol{x}, t) \cdot \boldsymbol{n}, \tag{2.17}$$

was zu zeigen war.

■

Mit Hilfe des Cauchyschen Fundamentaltheorems nimmt die *allgemeine Volumenbilanzgleichung in globaler Form* jetzt die Gestalt

$$\frac{\mathrm{d}}{\mathrm{d}t} \int_\omega g(\boldsymbol{x}, t)\, \mathrm{d}v = -\oint_{\partial\omega} \boldsymbol{\phi}(\boldsymbol{x}, t) \cdot \boldsymbol{n}\, \mathrm{d}a + \int_\omega p(\boldsymbol{x}, t)\, \mathrm{d}v + \int_\omega z(\boldsymbol{x}, t)\, \mathrm{d}v. \tag{2.18}$$

an. Unter der Annahme der stetigen Differenzierbarkeit der auftretenden Felder kann diese Gleichung wie folgt *lokalisiert* werden: Wir wenden das Reynoldssche Transporttheorem (2.1) auf die linke Seite an und formen die auftretenden Oberflächenintegrale mit Hilfe des Gauss'schen Integralsatzes in Volumenintegrale um,

$$\int_\omega \left(\frac{\partial g}{\partial t} + \operatorname{div}(g\boldsymbol{v}) + \operatorname{div} \boldsymbol{\phi} - p - z \right) \mathrm{d}v = 0, \tag{2.19}$$

und machen uns klar, dass diese Beziehung für jedes beliebige materielle Volumen ω gelten muss. Das ist aber nur möglich, wenn der Integrand selbst verschwindet, sodass wir schließlich die *allgemeine Volumenbilanzgleichung in lokaler Form* erhalten:

$$\frac{\partial g}{\partial t} = -\mathrm{div}\,(\boldsymbol{\phi} + g\boldsymbol{v}) + p + z. \tag{2.20}$$

Genau genommen ist diese Darstellung nur für skalare Größen j richtig. Ist j statt dessen ein Vektor, gilt

$$\frac{\partial \boldsymbol{g}}{\partial t} = -\mathrm{div}\,(\boldsymbol{\phi} + \boldsymbol{g}\,\boldsymbol{v}) + \boldsymbol{p} + \boldsymbol{z}. \tag{2.21}$$

Die Flussdichte $\boldsymbol{\phi}$ ist hier ein Tensor zweiter Stufe. Für die in der Gleichung auftretende Divergenz eines Tensors gilt allgemein für einen beliebigen Tensor $\boldsymbol{T}$ bezüglich einer festen Orthonormalbasis $\boldsymbol{e}_i$

$$\mathrm{div}\,\boldsymbol{T} = \frac{\partial T_{ij}}{\partial x_j}\,\boldsymbol{e}_i = T_{ij,j}\,\boldsymbol{e}_i, \tag{2.22}$$

d. h., die Differentiation wird über den letzten Index vorgenommen (man findet in der Literatur jedoch zuweilen auch die Differentiation nach dem ersten Index als Definition der Tensordivergenz!). Die Verallgemeinerung auf tensorielle Größen von höherer Ordnung ist analog.

2.1.3 Allgemeine Volumenbilanz in der Referenzkonfiguration

Die oben abgeleiteten allgemeinen Volumenbilanzen beziehen sich auf die Momentankonfiguration κ_t. Es ist jedoch ebenso möglich, diese für die Referenzkonfigzration κ_r aufzustellen. Wir gehen hierzu aus von (2.18) und transformieren die Integrationen auf materielle Koordinaten $\boldsymbol{X}$ unter Verwendung der in Kapitel 1 bewiesenen Beziehungen $\mathrm{d}v = J\,\mathrm{d}V$ und $\mathrm{d}\boldsymbol{a} = J\boldsymbol{F}^{-\mathrm{T}} \cdot \mathrm{d}\boldsymbol{A}$:

$$\frac{\mathrm{d}}{\mathrm{d}t}\int_{\Omega} gJ\,\mathrm{d}V = -\oint_{\partial\Omega} \boldsymbol{\phi}\cdot(J\boldsymbol{F}^{-\mathrm{T}}\cdot\boldsymbol{N})\,\mathrm{d}A + \int_{\Omega} pJ\,\mathrm{d}V + \int_{\Omega} zJ\,\mathrm{d}V. \tag{2.23}$$

Setzt man also

$$\begin{aligned}
G &= J\cdot g && \text{materielle Dichte von } j,\\
P &= J\cdot p && \text{materielle Produktionsdichte,}\\
Z &= J\cdot z && \text{materielle Zufuhrdichte,}\\
\boldsymbol{\Phi} &= J\boldsymbol{\phi}\cdot\boldsymbol{F}^{-\mathrm{T}} && \text{materielle Flussdichte,}
\end{aligned} \tag{2.24}$$

so resultiert die *allgemeine Volumenbilanzgleichung in globaler Form bezüglich der Referenzkonfiguration*

$$\begin{aligned}
&\frac{\mathrm{d}}{\mathrm{d}t}\int_{\Omega} G(\boldsymbol{X},t)\,\mathrm{d}V\\
&= -\oint_{\partial\Omega} \boldsymbol{\Phi}(\boldsymbol{X},t)\cdot\boldsymbol{N}\,\mathrm{d}A + \int_{\Omega} P(\boldsymbol{X},t)\,\mathrm{d}V + \int_{\Omega} Z(\boldsymbol{X},t)\,\mathrm{d}V.
\end{aligned} \tag{2.25}$$

Bei der Lokalisierung dieser Gleichung ist zu beachten, dass für den Term auf der linken Seite Differentiation und Integration ohne weiteres vertauscht werden können, da das Volumen Ω als Teil der Referenzkonfiguration nicht von der Zeit abhängt:

$$\int_{\Omega} \left(\frac{\mathrm{d}G}{\mathrm{d}t} + \mathrm{Div}\,\boldsymbol{\Phi} - P - Z \right) \mathrm{d}V = 0$$

$$\Rightarrow \quad \frac{\mathrm{d}G}{\mathrm{d}t} = -\mathrm{Div}\,\boldsymbol{\Phi} + P + Z. \tag{2.26}$$

Das ist die *allgemeine Volumenbilanzgleichung in lokaler Form bezüglich der Referenzkonfiguration.*

2.2 Allgemeine Sprungbedingung auf singulären Flächen

2.2.1 Reynoldssches Transporttheorem für ein Volumen mit singulärer Fläche

Bei der Herleitung des Reynoldsschen Transporttheorems (2.1) bzw. (2.5) haben wir implizit Stetigkeit der Feldgröße ψ im gesamten materiellen Volumen ω vorausgesetzt. Wir nehmen nun an, dass in ω eine *singuläre Fläche* σ existiert, auf der ψ unstetig sein darf (vgl. Abschn. 1.5), und berechnen $(\mathrm{d}/\mathrm{d}t)\int_{\omega}\psi\,\mathrm{d}v$ durch Aufteilung des Integrationsbereiches auf die beiden Teilvolumina ω^- und ω^+ und Anwendung des Transporttheorems (2.5) für nichtmaterielle Volumina:

$$\begin{aligned}
\frac{\mathrm{d}}{\mathrm{d}t}\int_{\omega}\psi\,\mathrm{d}v &= \frac{\mathrm{d}}{\mathrm{d}t}\int_{\omega^-}\psi\,\mathrm{d}v + \frac{\mathrm{d}}{\mathrm{d}t}\int_{\omega^+}\psi\,\mathrm{d}v \\
&= \int_{\omega^-}\frac{\partial\psi}{\partial t}\,\mathrm{d}v + \int_{\partial\omega^-}\psi\,(\boldsymbol{v}\cdot\boldsymbol{n})\,\mathrm{d}a + \int_{\sigma}\psi^-\,(\boldsymbol{w}\cdot\boldsymbol{n})\,\mathrm{d}a \\
&\quad + \int_{\omega^+}\frac{\partial\psi}{\partial t}\,\mathrm{d}v + \int_{\partial\omega^+}\psi\,(\boldsymbol{v}\cdot\boldsymbol{n})\,\mathrm{d}a + \int_{\sigma}\psi^+\,(\boldsymbol{w}\cdot(-\boldsymbol{n}))\,\mathrm{d}a
\end{aligned}$$

$$\Rightarrow \quad \frac{\mathrm{d}}{\mathrm{d}t}\int_{\omega}\psi\,\mathrm{d}v = \int_{\omega}\frac{\partial\psi}{\partial t}\,\mathrm{d}v + \oint_{\partial\omega}\psi\,(\boldsymbol{v}\cdot\boldsymbol{n})\,\mathrm{d}a - \int_{\sigma}[\![\psi]\!]\,(\boldsymbol{w}\cdot\boldsymbol{n})\,\mathrm{d}a. \tag{2.27}$$

Das ist das Reynoldssche Transporttheorem für ein materielles Volumen mit singulärer Fläche.

2.2.2 Ableitung der allgemeinen Sprungbedingung

Auch für unser Volumen mit singulärer Fläche gilt die allgemeine globale Volumenbilanz (2.18). Wir erlauben jedoch zusätzlich, dass auf der singulären Fläche σ eine *flächenmäßige* Produktionsdichte p_σ und Zufuhrdichte z_σ auftritt. Mit dieser Erweiterung lautet die allgemeine globale Volumenbilanz

$$\frac{\mathrm{d}}{\mathrm{d}t}\int_\omega g\,\mathrm{d}v = -\oint_{\partial\omega}\boldsymbol{\phi}\cdot\boldsymbol{n}\,\mathrm{d}a + \int_\omega (p+z)\,\mathrm{d}v + \int_\sigma (p_\sigma + z_\sigma)\,\mathrm{d}a, \tag{2.28}$$

woraus durch Anwendung von (2.27) auf die linke Seite

$$\begin{aligned}&\int_\omega \frac{\partial g}{\partial t}\,\mathrm{d}v + \oint_{\partial\omega} g\,(\boldsymbol{v}\cdot\boldsymbol{n})\,\mathrm{d}a - \int_\sigma [\![g]\!]\;(\boldsymbol{w}\cdot\boldsymbol{n})\,\mathrm{d}a\\ &= -\oint_{\partial\omega}\boldsymbol{\phi}\cdot\boldsymbol{n}\,\mathrm{d}a + \int_\omega (p+z)\,\mathrm{d}v + \int_\sigma (p_\sigma + z_\sigma)\,\mathrm{d}a\end{aligned} \tag{2.29}$$

resultiert.

Ein Beispiel für flächenmäßige Zufuhr ist etwa die Energiezufuhr in einer Rohrströmung durch ein in der Strömung stehendes dünnes Heizgitter. Flächenmäßige Produktion spielt bei der Entropiebilanz an Phasengrenzflächen (von oben zugefrierender See, siehe oben) eine Rolle.

Wir betrachten nun ein spezielles Volumen ω, nämlich eine „Pillendose“ mit Grundfläche S_G und Mantelfläche S_M um die singuläre Fläche σ herum (Abb. 2.3). S_G und S_M seien hinreichend klein, sodass Variationen der auftretenden Integranden und die Krümmung von σ im resultierenden Volumen ω vernachlässigt werden können.

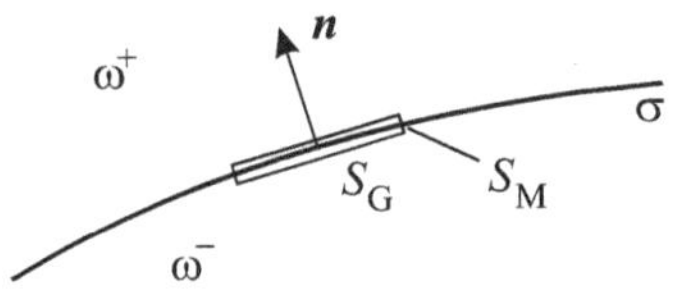

Abb. 2.3. Geometrie des Pillendosenvolumens.

Unter der Annahme, dass alle Integranden beschränkt sind, verschwinden im Limes $S_M \to 0$ alle Volumenintegrale. Es verbleibt

$$\begin{aligned}&g^+\,(\boldsymbol{v}^+\cdot\boldsymbol{n})\cdot S_G + g^-\,(\boldsymbol{v}^-\cdot(-\boldsymbol{n}))\cdot S_G - [\![g]\!]\;(\boldsymbol{w}\cdot\boldsymbol{n})\cdot S_G\\ &= -(\boldsymbol{\phi}^+\cdot\boldsymbol{n})\cdot S_G - (\boldsymbol{\phi}^-\cdot(-\boldsymbol{n}))\cdot S_G + (p_\sigma + z_\sigma)\cdot S_G\\ &\Rightarrow\; [\![g\,(\boldsymbol{v}\cdot\boldsymbol{n})]\!] - [\![g]\!]\;(\boldsymbol{w}\cdot\boldsymbol{n}) = -\,[\![\boldsymbol{\phi}\cdot\boldsymbol{n}]\!] + p_\sigma + z_\sigma\\ &\Rightarrow\; [\![\boldsymbol{\phi}\cdot\boldsymbol{n}]\!] + [\![g\,((\boldsymbol{v}-\boldsymbol{w})\cdot\boldsymbol{n})]\!] = p_\sigma + z_\sigma.\end{aligned} \tag{2.30}$$

Das ist die *allgemeine Sprungbedingung auf singulären Flächen.*

2.2.3 Allgemeine Sprungbedingung in der Referenzkonfiguration

Analog zu Abschnitt 2.1.3 transformieren wir (2.28) auf materielle Koordinaten:

$$\frac{\mathrm{d}}{\mathrm{d}t}\int_{\Omega} gJ\,\mathrm{d}V = -\oint_{\partial\Omega} \boldsymbol{\phi}\cdot(J\boldsymbol{F}^{-\mathrm{T}}\cdot\boldsymbol{N})\,\mathrm{d}A + \int_{\Omega}(p+z)J\,\mathrm{d}V + \int_{\Sigma}(p_\sigma + z_\sigma)\,J\|\boldsymbol{F}^{-\mathrm{T}}\cdot\boldsymbol{N}\|\,\mathrm{d}A. \tag{2.31}$$

Verwendet man die Zusammenhänge (2.24) und setzt zusätzlich

$$\begin{aligned} P_\Sigma &= J\|\boldsymbol{F}^{-\mathrm{T}}\cdot\boldsymbol{N}\|\cdot p_\sigma \quad &&\text{(materielle flächenmäßige Prod.-dichte)},\\ Z_\Sigma &= J\|\boldsymbol{F}^{-\mathrm{T}}\cdot\boldsymbol{N}\|\cdot z_\sigma \quad &&\text{(materielle flächenmäßige Zufuhrdichte)}, \end{aligned} \tag{2.32}$$

so folgt

$$\frac{\mathrm{d}}{\mathrm{d}t}\int_{\Omega} G\,\mathrm{d}V = -\oint_{\partial\Omega} \boldsymbol{\Phi}\cdot\boldsymbol{N}\,\mathrm{d}A + \int_{\Omega}(P+Z)\,\mathrm{d}V + \int_{\Sigma}(P_\Sigma + Z_\Sigma)\,\mathrm{d}A. \tag{2.33}$$

Die linke Seite lässt sich mit dem Pendant des Reynoldsschen Transporttheorems (2.27) für die Referenzkonfiguration umwandeln. Hierbei ist zu beachten, dass zwar in der Referenzkonfiguration keine Teilchengeschwindigkeit auftritt, die singuläre Fläche Σ sich aber auch relativ zur Referenzkonfiguration mit der Normalgeschwindigkeit $\boldsymbol{W}\cdot\boldsymbol{N}$ bewegen kann. $\boldsymbol{W}\cdot\boldsymbol{N}$ ist nur dann gleich Null, wenn Σ materiell, also mit den Teilchen verhaftet ist. Man erhält daher

$$\begin{aligned} &\int_{\Omega}\frac{\mathrm{d}G}{\mathrm{d}t}\,\mathrm{d}V - \int_{\Sigma}[\![G\,(\boldsymbol{W}\cdot\boldsymbol{N})]\!]\,\mathrm{d}A\\ &= -\oint_{\partial\Omega}\boldsymbol{\Phi}\cdot\boldsymbol{N}\,\mathrm{d}A + \int_{\Omega}(P+Z)\,\mathrm{d}V + \int_{\Sigma}(P_\Sigma + Z_\Sigma)\,\mathrm{d}A. \end{aligned} \tag{2.34}$$

Anwendung auf das oben definierte Pillendosenvolumen ergibt weiter

$$\begin{aligned} &-[\![G\,(\boldsymbol{W}\cdot\boldsymbol{N})]\!]\,S_G = -(\boldsymbol{\Phi}^+\cdot\boldsymbol{N})\,S_G - (\boldsymbol{\Phi}^-\cdot(-\boldsymbol{N}))\,S_G + (P_\Sigma + Z_\Sigma)\,S_G\\ &\Rightarrow\ [\![\boldsymbol{\Phi}\cdot\boldsymbol{N}]\!] - [\![G\,(\boldsymbol{W}\cdot\boldsymbol{N})]\!] = P_\Sigma + Z_\Sigma. \end{aligned} \tag{2.35}$$

Diese Gleichung stellt die *allgemeine Sprungbedingung auf singulären Flächen bezüglich der Referenzkonfiguration* dar.

Wir kommen nun zur Spezialisierung der oben abgeleiteten allgemeinen Bilanzgleichungen und Sprungbedingungen auf die konkreten physikalischen Größen Masse, Impuls, Drehimpuls, Energie und Entropie.

2.3 Massenbilanz

2.3.1 Massenbilanz in der Momentankonfiguration

Für den Fall, dass $j(\omega, t)$ die Masse darstellt, ist zunächst anzumerken, dass diese eine Erhaltungsgröße ist, sodass alle Produktionsdichten verschwinden.

Weiterhin bleibt die Masse eines materiellen Volumens ω zeitlich konstant, denn ein materielles Volumen setzt sich per definitionem zu allen Zeiten aus denselben Teilchen zusammen; das lässt sich mit der *(Massen-) Dichte* ρ ausdrücken als

$$\frac{\mathrm{d}}{\mathrm{d}t}\int_{\omega}\rho\,\mathrm{d}v = 0. \tag{2.36}$$

Durch Vergleich mit der allgemeinen globalen Volumenbilanz (2.18) erkennt man sofort

$$g = \rho, \quad \boldsymbol{\phi} = \mathbf{0}, \quad p = 0, \quad z = 0. \tag{2.37}$$

Hiermit erhält man aus der allgemeinen lokalen Volumenbilanz (2.20) die Massenbilanz

$$\frac{\partial\rho}{\partial t} + \operatorname{div}(\rho\boldsymbol{v}) = 0; \tag{2.38}$$

diese Gleichung ist auch als *Kontinuitätsgleichung* bekannt. Eine äquivalente Darstellung ergibt sich durch Ausdifferenzieren des Produktes zu

$$\begin{aligned} &\frac{\partial\rho}{\partial t} + (\operatorname{grad}\rho)\cdot\boldsymbol{v} + \rho\operatorname{div}\boldsymbol{v} = 0 \\ \Rightarrow\; &\frac{\mathrm{d}\rho}{\mathrm{d}t} + \rho\operatorname{div}\boldsymbol{v} = 0. \end{aligned} \tag{2.39}$$

Ein wichtiger und häufiger Spezialfall ist der eines *dichtebeständigen* Materials, welches sich dadurch auszeichnet, dass dessen Dichte konstant ist (ρ = const, bzw. $\dot{\rho} = 0$; häufig auch als *inkompressibel* bezeichnet). Dann erhält man aus (2.39) sofort die einfache Beziehung

$$\operatorname{div}\boldsymbol{v} = 0 \tag{2.40}$$

als Kontinuitätsgleichung für dichtebeständige Materialien.

Zur Aufstellung der Massensprungbedingung auf einer singulären Fläche ist zu berücksichtigen, dass auch keine flächenmäßige Produktions- und Zufuhrdichte auftritt;

$$p_\sigma = 0, \quad z_\sigma = 0. \tag{2.41}$$

Somit folgt aus der allgemeinen Sprungbedingung (2.30)

$$[\![\rho\,((\boldsymbol{v}-\boldsymbol{w})\cdot\boldsymbol{n})]\!] = 0. \tag{2.42}$$

Für den Spezialfall einer *materiellen singulären Fläche*, d. h.,

$$\boldsymbol{v}^+\cdot\boldsymbol{n} = \boldsymbol{v}^-\cdot\boldsymbol{n} = \boldsymbol{w}\cdot\boldsymbol{n}, \tag{2.43}$$

bzw. in der Referenzkonfiguration

$$\boldsymbol{W}\cdot\boldsymbol{N} = 0, \tag{2.44}$$

ist das identisch erfüllt.

Wir betrachten nun das Verhalten der Massenbilanz unter Euklidischen Transformationen $x_i^\star = O_{ij}^\star(t)x_j + b_i^\star(t)$ (siehe (1.159)). Da diese Transformationen volumenerhaltend sind (die Transformationen $\boldsymbol{O}$ sind ja als orthogonal vorausgesetzt), und auch die Masse eines materiellen Volumenelementes eine Invariante ist (die relativistische Massenzunahme, die auftritt, wenn sich die beiden Systeme mit einer mit der Lichtgeschwindigkeit vergleichbaren Geschwindigkeit zueinander bewegen, wird nicht berücksichtigt; wir betreiben keine relativistische Kontinuumsmechanik), folgt, dass die Dichte objektiv ist, und somit auch deren materielle Zeitableitung:

$$\rho^\star = \rho, \quad \dot{\rho}^\star = \dot{\rho}. \tag{2.45}$$

Für die Divergenz der Geschwindigkeit rechnet man mit Hilfe der Transformationsregel für den Geschwindigkeitsgradienten $\boldsymbol{L}$ und der Antisymmetrie der Winkelgeschwindigkeitsmatrix $\boldsymbol{\Omega}^\star$

$$\begin{aligned} \operatorname{div} \boldsymbol{v}^\star &= v_{i,i}^\star = L_{ii}^\star = O_{ik}^\star O_{il}^\star L_{kl} + \Omega_{ii}^\star = \delta_{kl} L_{kl} \\ &= L_{kk} = v_{k,k} = \operatorname{div} \boldsymbol{v}; \end{aligned} \tag{2.46}$$

der Ausdruck $\operatorname{div} \boldsymbol{v}$ stellt also einen objektiven Skalar dar.

Mit diesen Ergebnissen lässt sich die Massenbilanz in der Form (2.39) auf das gesternte System transformieren,

$$\frac{\mathrm{d}\rho^\star}{\mathrm{d}t} + \rho^\star \operatorname{div} \boldsymbol{v}^\star = 0. \tag{2.47}$$

Man erkennt, dass das genau die gleiche Form hat wie die ursprüngliche Gleichung (2.39) im ungesternten System. Die Massenbilanz ist folglich invariant gegen Euklidische Transformationen.

Wir kehren noch einmal zurück zur allgemeinen lokalen Volumenbilanzgleichung (2.20). Ersetzt man die dort verwendeten Größen g, p und z, welche Dichten darstellen und somit pro Volumeneinheit genommen werden, durch analoge *spezifische Größen* (pro Masseneinheit genommen)

$$\begin{aligned} g_s &= g/\rho \quad &&\text{(spezifische Größe } j\text{)}, \\ p_s &= p/\rho \quad &&\text{(spezifische Produktion von } j\text{)}\ , \\ z_s &= z/\rho \quad &&\text{(spezifische Zufuhr von } j\text{)}\ , \end{aligned} \tag{2.48}$$

so ergibt sich

$$\begin{aligned} &\frac{\partial(\rho g_s)}{\partial t} + \operatorname{div}(\boldsymbol{\phi} + \rho g_s \boldsymbol{v}) = \rho(p_s + z_s) \\ \Rightarrow\ &\rho \frac{\partial g_s}{\partial t} + g_s \frac{\partial \rho}{\partial t} + \operatorname{div} \boldsymbol{\phi} + g_s \operatorname{div}(\rho \boldsymbol{v}) + (\operatorname{grad} g_s) \cdot \rho \boldsymbol{v} = \rho(p_s + z_s) \\ \Rightarrow\ &\rho \left\{ \frac{\partial g_s}{\partial t} + (\operatorname{grad} g_s) \cdot \boldsymbol{v} \right\} + g_s \left\{ \frac{\partial \rho}{\partial t} + \operatorname{div}(\rho \boldsymbol{v}) \right\} \\ &\qquad = -\operatorname{div} \boldsymbol{\phi} + \rho(p_s + z_s). \end{aligned} \tag{2.49}$$

Der erste Term in geschweiften Klammern stellt gerade die materielle Zeitableitung von g_s dar; der zweite verschwindet wegen der Massenbilanz (2.38). Es verbleibt

$$\rho \frac{\mathrm{d}g_s}{\mathrm{d}t} = -\operatorname{div} \boldsymbol{\phi} + \rho(p_s + z_s) \tag{2.50}$$

als alternative Darstellung der allgemeinen lokalen Volumenbilanzgleichung. Diese macht allerdings nur Sinn, wenn die zugehörige physikalische Größe j nicht die Masse selbst ist.

2.3.2 Massenbilanz in der Referenzkonfiguration

In der Referenzkonfiguration gilt wegen (2.24) und (2.37)

$$G = \rho_0 = \rho J, \quad \boldsymbol{\Phi} = \boldsymbol{0}, \quad P = 0, \quad Z = 0 \tag{2.51}$$

(ρ_0: (Massen-) Dichte bezüglich der Referenzkonfiguration); somit folgt aus der allgemeinen lokalen Bilanz (2.26)

$$\frac{\mathrm{d}\rho_0}{\mathrm{d}t} = 0 \tag{2.52}$$

als Massenbilanz bzw. Kontinuitätsgleichung in der Referenzkonfiguration. Eine vereinfachte Version dieser Beziehung für dichtebeständige Materialien existiert nicht.

Weiterhin folgt aus (2.32) und (2.41)

$$P_\Sigma = 0, \quad Z_\Sigma = 0; \tag{2.53}$$

die zugehörige Sprungbedingung (2.35) lautet also

$$[\![\rho_0 \, (\boldsymbol{W} \cdot \boldsymbol{N})]\!] = 0. \tag{2.54}$$

Auch diese Darstellung verschwindet auf materiellen singulären Flächen ($\boldsymbol{W} \cdot \boldsymbol{N} = \boldsymbol{0}$, siehe oben) identisch.

Problem 2.1 *Stoßwellen und Beschleunigungswellen*

Unter einer *Stoßwelle* (auch: Schockwelle) verstehen wir eine sich mit nicht verschwindender Fortpflanzungsschnelligkeit W_N bzw. W ausbreitende singuläre Fläche mit stetiger Bewegungsfunktion $\boldsymbol{x} = \boldsymbol{x}(\boldsymbol{X}, t)$, aber einer Unstetigkeit zumindest in der Normalkomponente der Geschwindigkeit:

$$\begin{aligned} [\![\boldsymbol{x}(\boldsymbol{X}, t)]\!] &= \boldsymbol{0}, \\ [\![\boldsymbol{v}]\!] &= \boldsymbol{d}, \quad \text{mit } \boldsymbol{d} \cdot \boldsymbol{n} \neq 0. \end{aligned} \tag{2.55}$$

Aufgrund der Unstetigkeit in der ersten Ableitung der Bewegung spricht man auch von einer singulären Fläche erster Ordnung; der Vektor $\boldsymbol{d}$ heißt Stoßamplitude. Ohne Beschränkung der Allgemeinheit setzen wir $W_N(\boldsymbol{X}, t) > 0$

und somit auch $W(\boldsymbol{x},t) > 0$, d. h., die Welle soll sich in den positiven Volumenbereich Ω^+ bzw. ω^+ hinein ausbreiten (vgl. Abb. 1.10).

Entsprechend ist eine *Beschleunigungswelle* eine sich mit nicht verschwindender Fortpflanzungsschnelligkeit W_N bzw. W ausbreitende singuläre Fläche (es sei wiederum $W_N(\boldsymbol{X},t) > 0$ und $W(\boldsymbol{x},t) > 0$ angenommen) mit stetiger Bewegung und Geschwindigkeit, aber unstetiger Beschleunigung (Unstetigkeit in der zweiten Ableitung der Bewegung, daher auch als singuläre Fläche zweiter Ordnung bezeichnet):

$$\begin{aligned} [\![\boldsymbol{x}(\boldsymbol{X},t)]\!] &= \boldsymbol{0}, \\ [\![\boldsymbol{v}]\!] &= \boldsymbol{0}, \\ [\![\boldsymbol{a}]\!] &= \boldsymbol{s}. \end{aligned} \tag{2.56}$$

Dabei ist der Vektor $\boldsymbol{s}$ die Amplitude der Beschleunigungswelle. Ist $\boldsymbol{s}$ parallel zur Ausbreitungsrichtung $\boldsymbol{n}$ ($\boldsymbol{s}\times\boldsymbol{n} = \boldsymbol{0}$), handelt es sich um eine *Longitudinalwelle*, steht $\boldsymbol{s}$ dagegen senkrecht auf $\boldsymbol{n}$ ($\boldsymbol{s}\cdot\boldsymbol{n} = 0$), liegt eine *Transversalwelle* vor.

Man diskutiere mit Hilfe der Massensprungbedingung (2.42) und den Kompatibilitätsbedingungen (1.288), (1.289) für (a) Stoßwellen und (b) Beschleunigungswellen das Stetigkeitsverhalten der Dichte und des Deformationsgradienten.

Lösung. (a) Mit der Massensprungbedingung (2.42), welche sich mit der lokalen Fortpflanzungsschnelligkeit W [siehe (1.258)] auch in der Form

$$\rho^+ W^+ = \rho^- W^- \tag{2.57}$$

schreiben lässt, findet man für den Dichtesprung

$$\begin{aligned} [\![\rho]\!] &= \frac{\rho^+ W^+ - \rho^- W^+}{W^+} \\ &= \frac{\rho^- W^- - \rho^- W^+}{W^+} \\ &= \frac{\rho^-}{W^+}(\boldsymbol{v}^+\cdot\boldsymbol{n} - \boldsymbol{v}^-\cdot\boldsymbol{n}) \\ &= \frac{\rho^-}{W^+}\boldsymbol{d}\cdot\boldsymbol{n} \;=\; \frac{\rho^+}{W^-}\boldsymbol{d}\cdot\boldsymbol{n}. \end{aligned} \tag{2.58}$$

Da $\rho^\pm > 0$, $W^\pm > 0$, und nach Voraussetzung (2.55) $\boldsymbol{d}\cdot\boldsymbol{n} \neq 0$, folgt, dass Stoßwellen immer mit einem Dichtesprung einhergehen. Sie sind somit in dichtebeständigen Materialien nicht möglich.

Man spricht von einem *Expansionsstoß*, wenn die Dichte ρ^+ vor dem Wellendurchgang größer ist als die Dichte ρ^- nach dem Wellendurchgang, d. h.,

$$[\![\rho]\!] > 0, \tag{2.59}$$

und von einem *Kompressionsstoß* im gegenteiligen Fall,

$$[\![\rho]\!] < 0. \tag{2.60}$$

Aus (2.58) folgt sofort, dass für einen Expansionsstoß

$$\boldsymbol{d} \cdot \boldsymbol{n} > 0 \tag{2.61}$$

gilt, die Stoßamplitude $\boldsymbol{d}$ also einen spitzen Winkel ($< 90°$) mit dem Normalenvektor $\boldsymbol{n}$ (Ausbreitungsrichtung der Welle) bildet, wohingegen für einen Kompressionsstoß

$$\boldsymbol{d} \cdot \boldsymbol{n} < 0 \tag{2.62}$$

ist, was einem stumpfen Winkel ($> 90°$) zwischen $\boldsymbol{d}$ und $\boldsymbol{n}$ entspricht.

Durch Auswertung der Kompatibilitätsbedingungen (1.288), (1.289) für das stetige Vektorfeld der Bewegung, $\Psi(\boldsymbol{X}, t) = \boldsymbol{x}(\boldsymbol{X}, t)$, erhält man

$$\begin{aligned} &[\![\boldsymbol{F}]\!] = \boldsymbol{B}\,\boldsymbol{N}, \quad [\![\boldsymbol{v}]\!] = -\boldsymbol{B}\,W_N, \quad \text{wobei } \boldsymbol{B} = [\![\boldsymbol{F} \cdot \boldsymbol{N}]\!] \\ &\Rightarrow\ [\![\boldsymbol{F}]\!] = -\frac{1}{W_N}\boldsymbol{d}\,\boldsymbol{N}. \end{aligned} \tag{2.63}$$

Stoßwellen gehen also notwendigerweise mit einer Unstetigkeit des Deformationsgradienten einher.

Beispiele für Stoßwellen sind der Machsche Kegel, der beim Überschallflug eines Flugzeuges entsteht, sowie das hintere Ende eines Verkehrsstaus.

(b) Da nach Voraussetzung die Geschwindigkeit stetig ist, ist auch die lokale Fortpflanzungsschnelligkeit eindeutig [$W^+ = W^- = W$, vgl. (1.258)]. Somit folgt aus der Massensprungbedingung (2.42)

$$\rho^+ W = \rho^- W \quad \Rightarrow\ [\![\rho]\!] = 0. \tag{2.64}$$

Im Gegensatz zu den Stoßwellen ist also bei Beschleunigungswellen die Dichte eine stetige Feldgröße, und Beschleunigungswellen können auch in dichtebeständigen Materialien existieren.

Aus der für Stoßwellen durchgeführten Auswertung der Kompatibilitätsbedingungen (1.288), (1.289) für $\Psi(\boldsymbol{X}, t) = \boldsymbol{x}(\boldsymbol{X}, t)$ resultiert für die hier vorliegende Stetigkeit der Geschwindigkeit, d. h., $[\![\boldsymbol{v}]\!] = \boldsymbol{d} = \boldsymbol{0}$, sofort [vgl. (2.63)]

$$[\![\boldsymbol{F}]\!] = \boldsymbol{0}; \tag{2.65}$$

der Deformationsgradient ist also bei Beschleunigungswellen stetig. Jedoch ergibt sich aus (1.288), (1.289) mit $\Psi(\boldsymbol{X}, t) = \boldsymbol{v}(\boldsymbol{X}, t)$

$$\begin{aligned} &[\![\dot{\boldsymbol{F}}]\!] = \boldsymbol{B}\,\boldsymbol{N}, \quad [\![\boldsymbol{a}]\!] = -\boldsymbol{B}\,W_N, \quad \text{mit } \boldsymbol{B} = [\![\dot{\boldsymbol{F}} \cdot \boldsymbol{N}]\!] \\ &\Rightarrow\ [\![\dot{\boldsymbol{F}}]\!] = -\frac{1}{W_N}\boldsymbol{s}\,\boldsymbol{N}, \end{aligned} \tag{2.66}$$

und mit $\Psi(\boldsymbol{X}, t) = \boldsymbol{F}(\boldsymbol{X}, t)$

$$[\![\operatorname{Grad}\boldsymbol{F}]\!] = \boldsymbol{B}\,\boldsymbol{N}, \quad [\![\dot{\boldsymbol{F}}]\!] = -\boldsymbol{B}\,W_N, \quad \text{mit } \boldsymbol{B} = [\![(\operatorname{Grad}\boldsymbol{F})\cdot\boldsymbol{N}]\!]$$

$$\Rightarrow \; [\![\operatorname{Grad}\boldsymbol{F}]\!] = -\frac{1}{W_N}[\![\dot{\boldsymbol{F}}]\!]\,\boldsymbol{N} = \frac{1}{W_N^2}\boldsymbol{s}\,\boldsymbol{N}\,\boldsymbol{N}; \tag{2.67}$$

materielle Zeitableitung und Gradient (räumliche Ableitungen) des Deformationsgradienten sind also unstetig.

Die Massenbilanz (2.39) kann aufgrund der Differenzierbarkeit aller Feldgrößen in ω^+ und ω^- auf beiden Seiten von σ aufgestellt werden, was wegen der Stetigkeit von ρ (2.64) die Beziehungen

$$\dot{\rho}^{\pm} + \rho\,(\operatorname{div}\boldsymbol{v})^{\pm} = 0 \tag{2.68}$$

ergibt. Durch Subtraktion folgt weiter

$$[\![\dot{\rho}]\!] + \rho\,[\![\operatorname{div}\boldsymbol{v}]\!] = 0$$

$$\overset{(2.65)}{\Longrightarrow} \; [\![\dot{\rho}]\!] + \rho\,[\![\operatorname{tr}\boldsymbol{L}]\!] = [\![\dot{\rho}]\!] + \rho\,[\![\operatorname{tr}(\dot{\boldsymbol{F}}\cdot\boldsymbol{F}^{-1})]\!] = [\![\dot{\rho}]\!] + \rho F_{Ai}^{-1}\,[\![\dot{F}_{iA}]\!] = 0$$

$$\overset{(2.66)}{\Longrightarrow} \; [\![\dot{\rho}]\!] - \frac{\rho}{W_N}F_{Ai}^{-1}s_iN_A = 0$$

$$\overset{(1.260)}{\Longrightarrow} \; [\![\dot{\rho}]\!] - \frac{\rho}{W_N}s_in_i\|\boldsymbol{F}^{-\mathrm{T}}\cdot\boldsymbol{N}\| = 0$$

$$\overset{(1.261)}{\Longrightarrow} \; [\![\dot{\rho}]\!] = \frac{\rho}{W}\boldsymbol{s}\cdot\boldsymbol{n}. \tag{2.69}$$

Diese Beziehung entspricht weitgehend (2.58) für den Dichtesprung bei Stoßwellen. Offenbar ist die zeitliche Änderung der Dichte nur bei longitudinalen Beschleunigungswellen ($\boldsymbol{s}\cdot\boldsymbol{n} \neq 0$) unstetig, verschwindet dagegen bei transversalen Beschleunigungswellen ($\boldsymbol{s}\cdot\boldsymbol{n} = 0$). In Analogie zu den Stoßwellen spricht man bei einer longitudinalen Beschleunigungswelle von einer *expansiven Welle*, wenn

$$\dot{\rho}^+ > \dot{\rho}^- \quad \Rightarrow [\![\dot{\rho}]\!] > 0 \quad \Rightarrow \boldsymbol{s}\cdot\boldsymbol{n} > 0, \tag{2.70}$$

und entsprechend im Fall

$$\dot{\rho}^+ < \dot{\rho}^- \quad \Rightarrow [\![\dot{\rho}]\!] < 0 \quad \Rightarrow \boldsymbol{s}\cdot\boldsymbol{n} < 0 \tag{2.71}$$

von einer *kompressiven Welle*.

■

2.4 Impulsbilanz

2.4.1 Impulsbilanz in der Momentankonfiguration

Hier haben wir nicht ganz so leichtes Spiel wie bei der Massenbilanz, was die Identifikation der Terme anbelangt. Zunächst vergegenwärtigen wir uns, dass der Impuls eine vektorwertige Größe, nämlich gleich Masse mal Geschwindigkeit ist, sodass die *Impulsdichte* durch

$$\boldsymbol{g} = \rho \boldsymbol{v} \tag{2.72}$$

gegeben sein muss. Des weiteren ist auch der Impuls eine Erhaltungsgröße, sodass die Produktionsdichte verschwindet,

$$\boldsymbol{p} = \boldsymbol{0}. \tag{2.73}$$

Um auch den Fluss- und Zufuhrterm in den Griff zu bekommen, betrachten wir nun ein materielles Volumen ω, das wir uns als aus dem Körper $\mathcal{B}$ (bzw. dessen zugehöriger Momentankonfiguration κ_t) herausgeschnitten vorstellen. Auf dieses materielle Volumen wirken zum einen äußere *Volumenkräfte* $\boldsymbol{f}(\boldsymbol{x}, t)$ wie etwa ein Schwerkraftfeld (innere Volumenkräfte, z. B. Selbstgravitation, werden hier nicht berücksichtigt; sie müssen ggfs. durch eine zusätzliche, sie bestimmende Feldgleichung berechnet werden), und zum anderen durch das Herausschneiden freigelegte innere *Spannungen* (Oberflächenkräfte) $\boldsymbol{t}(\boldsymbol{x}, \boldsymbol{n}, t)$, welche mikroskopisch den kurzreichweitigen Wechselwirkungen zwischen den Molekülen, aus denen der Körper besteht, entsprechen (siehe Abb. 2.4). Es ist einleuchtend, dass diese Spannungen von der jeweiligen Richtung des Freischnittes, also dem äußeren Normalenvektor $\boldsymbol{n}$ von $\partial\omega$ abhängen. Man bezeichnet $\boldsymbol{t}$ als *Cauchyschen Spannungsvektor*.

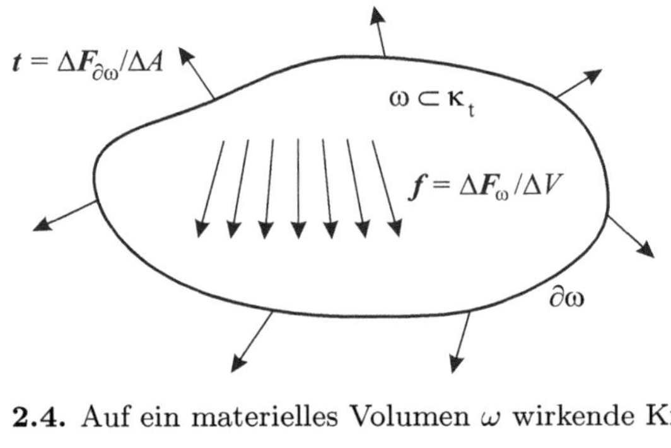

Abb. 2.4. Auf ein materielles Volumen ω wirkende Kräfte.

Wir stellen nun das Zweite Newtonsche Gesetz „zeitliche Änderung des Impulses gleich Summe aller Kräfte“ für das materielle Volumen ω *bezüglich eines Inertialsystems* (d. h., nicht rotierend und nicht beschleunigt) auf,

$$\frac{\mathrm{d}}{\mathrm{d}t} \int_{\omega} \rho(\boldsymbol{x}, t) \boldsymbol{v}(\boldsymbol{x}, t) \, \mathrm{d}v = \oint_{\partial\omega} \boldsymbol{t}(\boldsymbol{x}, \boldsymbol{n}, t) \, \mathrm{d}a + \int_{\omega} \boldsymbol{f}(\boldsymbol{x}, t) \, \mathrm{d}v. \tag{2.74}$$

Durch Vergleich mit der allgemeinen globalen Bilanz in der Form (2.9) erkennt man, dass $-\boldsymbol{t}(\boldsymbol{x}, \boldsymbol{n}, t)$ die Rolle der Flussdichte und $\boldsymbol{f}(\boldsymbol{x}, t)$ die der

Zufuhrdichte spielt. Nach dem Cauchyschen Fundamentaltheorem muss daher ein Tensorfeld $\boldsymbol{t}(\boldsymbol{x}, t)$ existieren mit der Eigenschaft

$$\boldsymbol{t}(\boldsymbol{n}) = \boldsymbol{t} \cdot \boldsymbol{n} \tag{2.75}$$

(die selbstverständlichen Argumente $\boldsymbol{x}$ und t sind hier weggelassen); $\boldsymbol{t}$ heißt *Cauchyscher Spannungstensor.* Somit sind alle Terme der allgemeinen Volumenbilanz identifiziert,

$$\boldsymbol{g} = \rho \boldsymbol{v}, \quad \boldsymbol{\phi} = -\boldsymbol{t}, \quad \boldsymbol{p} = \boldsymbol{0}, \quad \boldsymbol{z} = \boldsymbol{f}, \tag{2.76}$$

und aus (2.21) folgt die lokale Impulsbilanzgleichung zu

$$\frac{\partial(\rho \boldsymbol{v})}{\partial t} + \operatorname{div}(\rho \boldsymbol{v}\, \boldsymbol{v}) = \operatorname{div} \boldsymbol{t} + \boldsymbol{f}. \tag{2.77}$$

Die äquivalente Formulierung mit spezifischen Größen lautet mit dem spezifischen Impuls $\boldsymbol{v}$ und der spezifischen Kraft $\boldsymbol{f}_s$ (wobei $\boldsymbol{f}_s = \boldsymbol{f}/\rho$) gemäß (2.50)

$$\rho \frac{\mathrm{d}\boldsymbol{v}}{\mathrm{d}t} = \operatorname{div} \boldsymbol{t} + \rho \boldsymbol{f}_s. \tag{2.78}$$

Diese Beziehung dürfte die wichtigste Gleichung der gesamten Kontinuumsmechanik darstellen; sie spielt in praktisch jeder konkreten Anwendung eine Rolle.

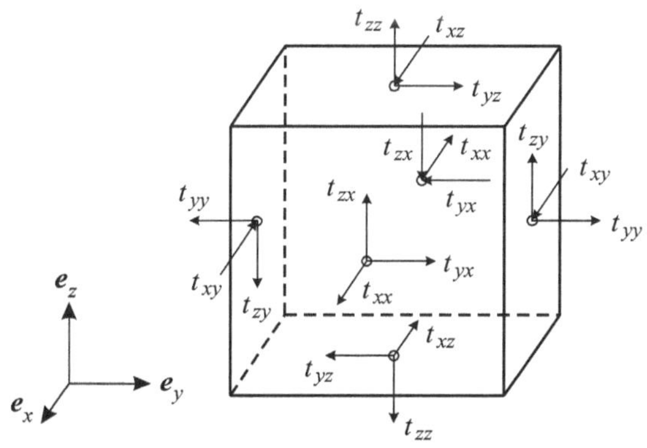

Abb. 2.5. Bedeutung der Komponenten des Cauchyschen Spannungstensors.

Zur anschaulichen Bedeutung des Spannungstensors: Beziehung (2.75) besagt, dass $\boldsymbol{t}$ die gesamte Information des Spannungszustandes am Ort $\boldsymbol{x}$ zur Zeit t enthält, denn der freigeschnittene Spannungsvektor $\boldsymbol{t}$ kann damit für beliebige Flächennormale $\boldsymbol{n}$ berechnet werden. Weiterhin sieht man, dass für einen speziellen Schnitt mit Flächennormale $\pm\boldsymbol{e}_k$ $(k = 1, 2, 3)$ für den zugehörigen Spannungsvektor

$$\boldsymbol{t}(\pm\boldsymbol{e}_k) = \pm\boldsymbol{t}\cdot\boldsymbol{e}_k = \pm\begin{pmatrix} t_{1k} \\ t_{2k} \\ t_{3k} \end{pmatrix} \tag{2.79}$$

folgt. Die Spalten von $\boldsymbol{t}$ entsprechen also den Spannungsvektoren für Freischnitte mit Flächennormalen in Richtung der drei Standard-Basisvektoren, bzw. den negativen Spannungsvektoren für Freischnitte mit Flächennormalen in Gegenrichtung der drei Standard-Basisvektoren. Dieser Sachverhalt ist in Abb. 2.5 illustriert.

Man erkennt, dass die Hauptdiagonalelemente von $\boldsymbol{t}$ senkrecht auf den jeweiligen Schnittflächen stehen, die Nebendiagonalelemente dagegen parallel zu den Flächen verlaufen. Daher bezeichnet man die Hauptdiagonalelemente t_{ii} als *Normalspannungen*, und die Nebendiagonalelemente t_{ij} (mit $j \neq i$) als *Schub-* oder *Scherspannungen.*

Zur Formulierung der zugehörigen Sprungbedingung benötigen wir die flächenmäßigen Produktions- und Zufuhrdichten $\boldsymbol{p}_\sigma$ und $\boldsymbol{z}_\sigma$. Wie bei allen Erhaltungsgrößen darf keine Produktion in irgendeiner Form auftreten, $\boldsymbol{p}_\sigma$ muss also verschwinden. Des weiteren nehmen wir an, dass auch Oberflächenzufuhr keine Rolle spielt (das ist beim Auftreten relevanter Oberflächenspannungen nicht mehr gewährleistet!); dann gilt

$$\boldsymbol{p}_\sigma = \boldsymbol{0}, \quad \boldsymbol{z}_\sigma = \boldsymbol{0}. \tag{2.80}$$

Wir erhalten somit aus der allgemeinen Sprungbedingung (2.30) die Impulssprungbedingung

$$[\![\boldsymbol{t}\cdot\boldsymbol{n}]\!] - [\![\rho\boldsymbol{v}\left((\boldsymbol{v}-\boldsymbol{w})\cdot\boldsymbol{n}\right)]\!] = \boldsymbol{0}. \tag{2.81}$$

Im Fall einer materiellen singulären Fläche ($\boldsymbol{v}^\pm\cdot\boldsymbol{n} = \boldsymbol{w}\cdot\boldsymbol{n}$) vereinfacht sich das zu

$$[\![\boldsymbol{t}\cdot\boldsymbol{n}]\!] = \boldsymbol{0}, \tag{2.82}$$

was wegen (2.75) die Kontinuität des Cauchyschen Spannungsvektors ausdrückt.

Wie zuvor die Massenbilanz soll nun auch die Impulsbilanz (2.78) bezüglich ihres Verhaltens unter Euklidischen Transformationen untersucht werden. Dazu sei zunächst vorausgesetzt, dass innere Spannungen generell systemunabhängig sind, sodass der Cauchysche Spannungstensor $\boldsymbol{t}$ ein objektiver Tensor ist. Für die Volumenkraft $\boldsymbol{f}$ bzw. die spezifische Kraft $\boldsymbol{f}_s$ treffen wir aufgrund der Möglichkeit des Auftretens von Trägheitskräften diese Annahme nicht.

Wir zeigen zunächst die Objektivität des Vektors $\operatorname{div}\boldsymbol{t}$,

$$\begin{aligned}
(\operatorname{div}\boldsymbol{t}^\star)_i &= \frac{\partial t^\star_{ij}}{\partial x^\star_j} = \frac{\partial}{\partial x^\star_j}\left(O^\star_{ik}O^\star_{jl}t_{kl}\right) = \frac{\partial x_m}{\partial x^\star_j}\frac{\partial}{\partial x_m}\left(O^\star_{ik}O^\star_{jl}t_{kl}\right) \\
&= O^\star_{jm}O^\star_{ik}O^\star_{jl}\frac{\partial t_{kl}}{\partial x_m} = O^\star_{ik}\delta_{lm}\frac{\partial t_{kl}}{\partial x_m} = O^\star_{ik}\frac{\partial t_{kl}}{\partial x_l} = O^\star_{ik}\left(\operatorname{div}\boldsymbol{t}\right)_k \\
\Rightarrow\ (\operatorname{div}\boldsymbol{t})^\star &= \boldsymbol{O}^\star\cdot(\operatorname{div}\boldsymbol{t}).
\end{aligned} \tag{2.83}$$

Hiermit, mit $\rho^\star = \rho$, und unter Verwendung der Transformationsregel (1.183) für die Beschleunigung $\boldsymbol{a} = \dot{\boldsymbol{v}}$, welche mit der *spezifischen Trägheitskraft*

$$\boldsymbol{i}_s^\star = 2\boldsymbol{\Omega}^\star \cdot (\boldsymbol{v}^\star - \dot{\boldsymbol{b}}^\star) - \boldsymbol{\Omega}^{\star 2} \cdot (\boldsymbol{x}^\star - \boldsymbol{b}^\star) + \dot{\boldsymbol{\Omega}}^\star \cdot (\boldsymbol{x}^\star - \boldsymbol{b}^\star) + \ddot{\boldsymbol{b}}^\star \tag{2.84}$$

die Form

$$\boldsymbol{a}^\star = \boldsymbol{O}^\star \cdot \boldsymbol{a} + \boldsymbol{i}_s^\star \quad \Leftrightarrow \quad \boldsymbol{a} = \boldsymbol{O}^{\star\mathrm{T}} \cdot (\boldsymbol{a}^\star - \boldsymbol{i}_s^\star) \tag{2.85}$$

annimmt, ergibt sich aus (2.78)

$$\boldsymbol{O}^{\star\mathrm{T}} \cdot \left(\rho^\star \frac{\mathrm{d}\boldsymbol{v}^\star}{\mathrm{d}t} - \rho^\star \boldsymbol{i}_s^\star \right) = \boldsymbol{O}^{\star\mathrm{T}} \cdot \operatorname{div} \boldsymbol{t}^\star + \rho^\star \boldsymbol{f}_s, \tag{2.86}$$

und somit

$$\rho^\star \frac{\mathrm{d}\boldsymbol{v}^\star}{\mathrm{d}t} = \operatorname{div} \boldsymbol{t}^\star + \rho^\star (\boldsymbol{O}^\star \cdot \boldsymbol{f}_s + \boldsymbol{i}_s^\star). \tag{2.87}$$

Die Transformationsregel für die spezifische Kraft lautet offenbar

$$\boldsymbol{f}_s^\star = \boldsymbol{O}^\star \cdot \boldsymbol{f}_s + \boldsymbol{i}_s^\star; \tag{2.88}$$

damit erhält man für die Impulsbilanz im gesternten System

$$\rho^\star \frac{\mathrm{d}\boldsymbol{v}^\star}{\mathrm{d}t} = \operatorname{div} \boldsymbol{t}^\star + \rho^\star \boldsymbol{f}_s^\star. \tag{2.89}$$

Die Impulsbilanz ist in der Form (2.78) also invariant gegen allgemeine Euklidische Transformationen (sie hat in allen Systemen die gleiche Form), vorausgesetzt, die spezifische Kraft $\boldsymbol{f}_s$ transformiert sich gemäß (2.88). $\boldsymbol{f}_s$ ist daher keine objektive Größe, sondern enthält in beschleunigten oder rotierenden Bezugssystemen zusätzlich die systemabhängige Trägheitskraft $\boldsymbol{i}_s$ („systemabhängig" meint die Abhängigkeit von den systemspezifischen Größen $\boldsymbol{\Omega}^\star$, $\boldsymbol{b}^\star$). Sie ist folglich auch in der Impulsbilanz (2.78) versteckt, sodass diese ebenfalls systemabhängig ist.

2.4.2 Impulsbilanz in der Referenzkonfiguration

Mit Hilfe der Beziehungen (2.24) und (2.32) ergeben sich in der Referenzkonfiguration

$$\begin{aligned}
\boldsymbol{G} &= \rho J \boldsymbol{v} = \rho_0 \boldsymbol{v} && \text{(materielle Impulsdichte)},\\
\boldsymbol{P} &= \boldsymbol{0},\\
\boldsymbol{Z} &= J\boldsymbol{f} = \rho J \boldsymbol{f}_s = \rho_0 \boldsymbol{f}_s && \text{(materielle Volumenkraft)},\\
-\boldsymbol{\Phi} &= J\boldsymbol{t} \cdot \boldsymbol{F}^{-\mathrm{T}} = \boldsymbol{T} && \text{(erster Piola-Kirchhoffscher Spannungstensor)},\\
\boldsymbol{P}_\Sigma &= \boldsymbol{0},\\
\boldsymbol{Z}_\Sigma &= \boldsymbol{0}.
\end{aligned} \tag{2.90}$$

Die Impulsbilanz lautet also gemäß ihrer allgemeinen Form (2.26) unter Verwendung der zeitlichen Konstanz von ρ_0 (2.52)

$$\rho_0 \frac{\mathrm{d}\boldsymbol{v}}{\mathrm{d}t} = \mathrm{Div}\, \boldsymbol{T} + \rho_0 \boldsymbol{f}_s. \tag{2.91}$$

Die zugehörige Sprungbedingung folgt aus (2.35),

$$[\![\boldsymbol{T} \cdot \boldsymbol{N}]\!] + [\![\rho_0 \boldsymbol{v}\, (\boldsymbol{W} \cdot \boldsymbol{N})]\!] = \boldsymbol{0}, \tag{2.92}$$

und kann für materielle singuläre Flächen ($\boldsymbol{W} \cdot \boldsymbol{N} = \boldsymbol{0}$) zu

$$[\![\boldsymbol{T} \cdot \boldsymbol{N}]\!] = \boldsymbol{0} \tag{2.93}$$

vereinfacht werden.

2.5 Drehimpulsbilanz

2.5.1 Drehimpulsbilanz in der Momentankonfiguration

In der klassischen Punktmechanik ist der Drehimpuls eines Systems von Massenpunkten mit Ortsvektoren $\boldsymbol{x}_i$ und Impulsen $\boldsymbol{p}_i$ bezüglich des Ursprungs definiert als

$$\boldsymbol{L} = \sum_i \boldsymbol{x}_i \times \boldsymbol{p}_i, \tag{2.94}$$

und das auf das System wirkende Drehmoment aufgrund äußerer Kräfte $\boldsymbol{f}_i$ beträgt

$$\boldsymbol{M} = \sum_i \boldsymbol{x}_i \times \boldsymbol{f}_i; \tag{2.95}$$

des weiteren ist der Drehimpuls eine Erhaltungsgröße ($\mathrm{d}\boldsymbol{L}/\mathrm{d}t = \boldsymbol{M}$). Das motiviert, hinsichtlich der Beziehungen (2.76) und (2.80) für den Impuls im Kontinuum, die folgenden Identifikationen für die Dichte, Flussdichte, Produktionsdichte (gleich Null, da wiederum Erhaltungsgröße), Zufuhrdichte, flächenmäßige Produktionsdichte und flächenmäßige Zufuhrdichte des Drehimpulses:

$$\begin{aligned} \boldsymbol{g} &= \boldsymbol{x} \times \rho \boldsymbol{v}, \quad & \boldsymbol{\phi} &= -\boldsymbol{x} \times \boldsymbol{t}, \quad & \boldsymbol{p} &= \boldsymbol{0}, \\ \boldsymbol{z} &= \boldsymbol{x} \times \boldsymbol{f}, \quad & \boldsymbol{p}_\sigma &= \boldsymbol{0}, \quad & \boldsymbol{z}_\sigma &= \boldsymbol{0}. \end{aligned} \tag{2.96}$$

Die Drehimpulsbilanz ergibt sich damit nach (2.21) in Indexschreibweise zu

$$\frac{\partial}{\partial t}(\rho\, \varepsilon_{ijk} x_j v_k) + \frac{\partial}{\partial x_l}(\rho\, \varepsilon_{ijk} x_j v_k v_l) = \frac{\partial}{\partial x_l}(\varepsilon_{ijk} x_j t_{kl}) + \varepsilon_{ijk} x_j f_k. \tag{2.97}$$

Man könnte nun vermuten, dass das keine unabhängige Aussage darstellt, sondern durch Berechnung von $\boldsymbol{x}\times$ (2.77) direkt aus der Impulsbilanz gewonnen werden kann, so wie die Drehimpulsbilanz $\dot{\boldsymbol{L}} = \boldsymbol{M}$ der klassischen Punktmechanik aus der entsprechenden Impulsbilanz folgt. Um das zu überprüfen, führen wir diese Rechnung durch:

$$\begin{aligned}
&\frac{\partial}{\partial t}(\rho v_k) + \frac{\partial}{\partial x_l}(\rho v_k v_l) = \frac{\partial t_{kl}}{\partial x_l} + f_k \quad | \cdot \varepsilon_{ijk} x_j \\
&\Rightarrow \frac{\partial}{\partial t}(\rho\,\varepsilon_{ijk} x_j v_k) + x_j \frac{\partial}{\partial x_l}(\rho\,\varepsilon_{ijk} v_k v_l) = x_j \frac{\partial}{\partial x_l}(\varepsilon_{ijk} t_{kl}) + \varepsilon_{ijk} x_j f_k \\
&\Rightarrow \frac{\partial}{\partial t}(\rho\,\varepsilon_{ijk} x_j v_k) + \frac{\partial}{\partial x_l}(\rho\,\varepsilon_{ijk} x_j v_k v_l) - \rho\,\varepsilon_{ijk} v_k v_l \frac{\partial x_j}{\partial x_l} \\
&\quad = \frac{\partial}{\partial x_l}(\varepsilon_{ijk} x_j t_{kl}) - \varepsilon_{ijk} t_{kl} \frac{\partial x_j}{\partial x_l} + \varepsilon_{ijk} x_j f_k . \qquad (2.98)
\end{aligned}$$

Subtrahiert man dieses Resultat von der Drehimpulsbilanz (2.97), so folgt weiter

$$\begin{aligned}
&\rho\,\varepsilon_{ijk} v_k v_l \delta_{jl} = \varepsilon_{ijk} t_{kl} \delta_{jl} \\
&\Rightarrow \rho\,\varepsilon_{ijk} v_k v_j = \varepsilon_{ijk} t_{kj} \\
&\Rightarrow \tfrac{1}{2}(\rho\,\varepsilon_{ijk} v_k v_j + \rho\,\varepsilon_{ikj} v_j v_k) = \tfrac{1}{2}(\varepsilon_{ijk} t_{kj} + \varepsilon_{ikj} t_{jk}) \\
&\Rightarrow \rho\,\varepsilon_{ijk}(v_k v_j - v_j v_k) = \varepsilon_{ijk}(t_{kj} - t_{jk}) \\
&\Rightarrow \varepsilon_{ijk}(t_{kj} - t_{jk}) = 0. \qquad (2.99)
\end{aligned}$$

Ausrechnen dieses Ergebnisses für $i = 1$ ergibt

$$\begin{aligned}
&\varepsilon_{123}(t_{32} - t_{23}) + \varepsilon_{132}(t_{23} - t_{32}) = 0 \\
&\Rightarrow (t_{32} - t_{23}) - (t_{23} - t_{32}) = 0 \quad \Rightarrow t_{23} = t_{32}. \qquad (2.100)
\end{aligned}$$

Durch zyklisches Vertauschen der Indices zeigt man analog $t_{12} = t_{21}$ und $t_{13} = t_{31}$. Wir sehen also, dass die Drehimpulsbilanz (2.97) nicht äquivalent zur Impulsbilanz (2.77) ist, sondern eine unabhängige Aussage darstellt, nämlich die *Symmetrie des Cauchyschen Spannungstensors*,

$$\boldsymbol{t} = \boldsymbol{t}^{\mathrm{T}}, \quad \text{bzw.} \quad t_{ij} = t_{ji}. \qquad (2.101)$$

Eine unabhängige Drehimpuls-Sprungbedingung existiert dagegen nicht; weil in der Impuls-Sprungbedingung (2.81) keine Differentiationen vorkommen, geht diese durch vektorielle Multiplikation von links mit $\boldsymbol{x}$ ohne Komplikationen in die mit (2.96) gebildete Drehimpuls-Sprungbedingung über.

Problem 2.2 *Komponenten von Spannungsvektoren in zwei verschiedenen Richtungen.*

Im Punkt P eines Körpers seien die Spannungsvektoren $\boldsymbol{t}_1$ und $\boldsymbol{t}_2$ bezüglich der Flächenelemente $\boldsymbol{n}_1\,da_1$ und $\boldsymbol{n}_2\,da_2$ gegeben. Man zeige, dass die Komponente von $\boldsymbol{t}_1$ in Richtung von $\boldsymbol{n}_2$ gleich der Komponente von $\boldsymbol{t}_2$ in Richtung $\boldsymbol{n}_1$ ist.

Lösung. Es sei $\boldsymbol{t}$ der Cauchysche Spannungstensor im Punkt P. Nach (2.75) gilt dann für die Spannungsvektoren

$$\boldsymbol{t}_1 = \boldsymbol{t}(\boldsymbol{n}_1) = \boldsymbol{t} \cdot \boldsymbol{n}_1, \qquad \boldsymbol{t}_2 = \boldsymbol{t}(\boldsymbol{n}_2) = \boldsymbol{t} \cdot \boldsymbol{n}_2. \tag{2.102}$$

Die Komponente von $\boldsymbol{t}_1$ in Richtung von $\boldsymbol{n}_2$ entspricht der Projektion $\boldsymbol{t}_1 \cdot \boldsymbol{n}_2$, und entsprechend ist die Komponente von $\boldsymbol{t}_2$ in Richtung von $\boldsymbol{n}_1$ gleich der Projektion $\boldsymbol{t}_2 \cdot \boldsymbol{n}_1$. Wir rechnen

$$\boldsymbol{t}_1 \cdot \boldsymbol{n}_2 = (\boldsymbol{t} \cdot \boldsymbol{n}_1) \cdot \boldsymbol{n}_2 = \boldsymbol{n}_2 \cdot \boldsymbol{t} \cdot \boldsymbol{n}_1 \tag{2.103}$$

und

$$\boldsymbol{t}_2 \cdot \boldsymbol{n}_1 = (\boldsymbol{t} \cdot \boldsymbol{n}_2) \cdot \boldsymbol{n}_1 = \boldsymbol{n}_2 \cdot \boldsymbol{t}^{\mathrm{T}} \cdot \boldsymbol{n}_1. \tag{2.104}$$

Wegen der Symmetrie von $\boldsymbol{t}$ [Gl. (2.101)] sind die rechten Seiten dieser beiden Ausdrücke gleich, und somit ist auch

$$\boldsymbol{t}_1 \cdot \boldsymbol{n}_2 = \boldsymbol{t}_2 \cdot \boldsymbol{n}_1, \tag{2.105}$$

was zu zeigen war. ■

2.5.2 Drehimpulsbilanz in der Referenzkonfiguration

Aus den in der Momentankonfiguration gültigen Beziehungen (2.96) folgen mit den allgemeinen Zusammenhängen (2.24) und (2.32) die Dichte, Flussdichte, Produktionsdichte, Zufuhrdichte, flächenmäßige Produktionsdichte und flächenmäßige Zufuhrdichte des Drehimpulses in der Referenzkonfiguration,

$$\begin{aligned} \boldsymbol{G} &= \boldsymbol{x} \times J\rho \boldsymbol{v} = \boldsymbol{x} \times \rho_0 \boldsymbol{v}, \\ \boldsymbol{\Phi} &= -J\boldsymbol{x} \times (\boldsymbol{t} \cdot \boldsymbol{F}^{-\mathrm{T}}) = -\boldsymbol{x} \times \boldsymbol{T}, \\ \boldsymbol{P} &= \boldsymbol{0}, \\ \boldsymbol{Z} &= \boldsymbol{x} \times J\boldsymbol{f} = \boldsymbol{x} \times J\rho \boldsymbol{f}_s = \boldsymbol{x} \times \rho_0 \boldsymbol{f}_s, \\ \boldsymbol{P}_\Sigma &= \boldsymbol{0}, \\ \boldsymbol{Z}_\Sigma &= \boldsymbol{0}. \end{aligned} \tag{2.106}$$

Man bemerke, dass der Ortsvektor $\boldsymbol{x}$ in diesen Beziehungen in räumlicher Darstellung auftritt, obwohl sie für die Referenzkonfiguration formuliert sind. Die Drehimpulsbilanz in der Referenzkonfiguration lautet somit gemäß (2.26) in Indexschreibweise

$$\frac{\mathrm{d}}{\mathrm{d}t}(\rho_0\, \varepsilon_{ijk} x_j v_k) = \frac{\partial}{\partial X_A}(\varepsilon_{ijk} x_j T_{kA}) + \rho_0\, \varepsilon_{ijk} x_j (f_s)_k. \tag{2.107}$$

Es lässt sich analog zur Vorgehensweise für die Momentankonfiguration (Abschn. 2.5.1) hiervon das Vektorprodukt aus dem Ortsvektor $\boldsymbol{x}$ und der Impulsbilanz (2.91) subtrahieren. Als Pendant zur Symmetrie des Cauchyschen Spannungstensors erhält man dann die Symmetrie des Produktes $\boldsymbol{T} \cdot \boldsymbol{F}^{\mathrm{T}}$. Wir wollen diese Rechnung hier nicht durchführen; statt dessen leiten wir diese Symmetrieeigenschaft direkt aus $\boldsymbol{t} = \boldsymbol{t}^{\mathrm{T}}$ (2.101) sowie $(2.90)_4$ her:

$$\begin{aligned} &\boldsymbol{T} = J\boldsymbol{t} \cdot \boldsymbol{F}^{-\mathrm{T}} \quad \Rightarrow \quad \boldsymbol{t} = \frac{1}{J}\boldsymbol{T} \cdot \boldsymbol{F}^{\mathrm{T}} \\ &\Rightarrow \quad \boldsymbol{T} \cdot \boldsymbol{F}^{\mathrm{T}} = (\boldsymbol{T} \cdot \boldsymbol{F}^{\mathrm{T}})^{\mathrm{T}} \quad \Leftrightarrow \quad \boldsymbol{T} \cdot \boldsymbol{F}^{\mathrm{T}} = \boldsymbol{F} \cdot \boldsymbol{T}^{\mathrm{T}}. \end{aligned} \tag{2.108}$$

Diese Gleichung stellt die von der Impulsbilanz unabhängige Aussage der Drehimpulsbilanz in der Referenzkonfiguration dar. Offenbar ist der erste Piola-Kirchhoffsche Spannungstensor im Gegensatz zum Cauchyschen Spannungstensor nicht symmetrisch, sondern erfüllt statt dessen die Symmetriebedingung (2.108).

Aus dem gleichen Grund wie für die Momentankonfiguration existiert auch hier keine unabhängige Drehimpuls-Sprungbedingung.

Problem 2.3 *Zweiter Piola-Kirchhoffscher Spannungstensor.*

Man zeige, dass der zweite Piola-Kirchhoffsche Spannungstensor, definiert durch

$$\boldsymbol{S} = \boldsymbol{F}^{-1} \cdot \boldsymbol{T}, \tag{2.109}$$

symmetrisch ist.

Lösung. Wegen $(2.90)_4$ ist

$$\boldsymbol{S} = J\,\boldsymbol{F}^{-1} \cdot \boldsymbol{t} \cdot \boldsymbol{F}^{-\mathrm{T}}. \tag{2.110}$$

Transposition ergibt

$$\boldsymbol{S}^{\mathrm{T}} = J\,\boldsymbol{F}^{-1} \cdot \boldsymbol{t}^{\mathrm{T}} \cdot \boldsymbol{F}^{-\mathrm{T}} = J\,\boldsymbol{F}^{-1} \cdot \boldsymbol{t} \cdot \boldsymbol{F}^{-\mathrm{T}} = \boldsymbol{S}, \tag{2.111}$$

was zu zeigen war.

■

2.5.3 Cosserat-Kontinua

Die Identifikationen (2.96) für die diversen mit dem Drehimpuls zusammenhängenden Größen besagen, dass die Dichte des Drehimpulses ausschließlich aus dem Moment der Impulsdichte resultiert, und weiterhin, dass die wirkenden Drehmomente lediglich Momente der Kräfte sind. Für die allermeisten Anwendungen ist das o.k., es stellt jedoch eine vereinfachende Annahme dar. Im allgemeinen existiert zusätzlich ein nicht an den Impuls gekoppelter *Eigendrehimpuls* (auch als *Spin* bezeichnet), sowie nicht an Kräfte gekoppelte *eingeprägte Drehmomente*. Wird dies berücksichtigt, so spricht man von *polaren* oder *Cosserat-Kontinua*. Wir betrachten nun die Drehimpulsbilanz für ein solches Kontinuum, wobei wir uns auf die Momentankonfiguration beschränken. In Erweiterung zu (2.96) ist somit

$$\begin{aligned} \boldsymbol{g} &= \boldsymbol{x} \times \rho \boldsymbol{v} + \boldsymbol{s} && (\boldsymbol{s}\text{: Spindichte}), \\ \boldsymbol{\phi} &= -(\boldsymbol{x} \times \boldsymbol{t} + \boldsymbol{m}) && (\boldsymbol{m}\text{: Momentenspannungstensor}), \\ \boldsymbol{p} &= \mathbf{0}, \\ \boldsymbol{z} &= \boldsymbol{x} \times \boldsymbol{f} + \boldsymbol{l} && (\boldsymbol{l}\text{: eingeprägtes Volumendrehmoment}), \\ \boldsymbol{p}_\sigma &= \mathbf{0}, \\ \boldsymbol{z}_\sigma &= \mathbf{0}. \end{aligned} \tag{2.112}$$

Der hier eingeführte Momentenspannungstensor $\boldsymbol{m}$ hat die analoge Bedeutung des Cauchyschen Spannungstensors; er beschreibt die an einem freigeschnittenen Würfel auftretenden Momentenspannungen (d. h., Oberflächendrehmomente), so wie der Cauchysche Spannungstensor die freigeschnittenen Spannungen beschreibt (vgl. Abb. 2.5). Der an einer beliebigen Schnittfläche mit Normalenvektor $\boldsymbol{n}$ wirkende Momentenspannungsvektor $\boldsymbol{m}(\boldsymbol{n})$ hängt mit dem Momentenspannungstensor $\boldsymbol{m}$ gemäß

$$\boldsymbol{m}(\boldsymbol{n}) = \boldsymbol{m} \cdot \boldsymbol{n} \tag{2.113}$$

zusammen, entsprechend der Beziehung (2.75) für den Spannungsvektor. Die Drehimpulsbilanz lautet nun gemäß (2.21)

$$\begin{aligned} &\frac{\partial}{\partial t}(\rho\, \varepsilon_{ijk} x_j v_k + s_i) + \frac{\partial}{\partial x_l}(\rho\, \varepsilon_{ijk} x_j v_k v_l + s_i v_l) \\ &= \frac{\partial}{\partial x_l}(\varepsilon_{ijk} x_j t_{kl} + m_{il}) + \varepsilon_{ijk} x_j f_k + l_i. \end{aligned} \tag{2.114}$$

Nach Subtraktion von $\boldsymbol{x}\times$ (2.77) (Vektorprodukt aus Ortsvektor und Impulsbilanz) verbleibt (vergleiche die zu (2.101) führende Rechnung)

$$\frac{\partial s_i}{\partial t} + \frac{\partial (s_i v_l)}{\partial x_l} = \frac{\partial m_{il}}{\partial x_l} + l_i + \varepsilon_{ijk}\, (\operatorname{skw} \boldsymbol{t})_{kj}, \tag{2.115}$$

oder symbolisch

$$\frac{\partial \boldsymbol{s}}{\partial t} + \operatorname{div}(\boldsymbol{s}\, \boldsymbol{v}) = \operatorname{div} \boldsymbol{m} + \boldsymbol{l} + 2 \operatorname{dual}(\operatorname{skw} \boldsymbol{t}) \tag{2.116}$$

[zur Definition des dualen Vektors vgl. (1.129)–(1.132)] Vergleicht man das mit der allgemeinen Bilanzgleichung (2.21), so erkennt man darin eine *Bilanzgleichung für den Spin* mit der Spindichte, Spinflussdichte, Spinproduktionsdichte bzw. Spinzufuhrdichte

$$\boldsymbol{g} = \boldsymbol{s}, \quad \boldsymbol{\phi} = -\boldsymbol{m}, \quad \boldsymbol{p} = 2 \operatorname{dual}(\operatorname{skw} \boldsymbol{t}), \quad \boldsymbol{z} = \boldsymbol{l}. \tag{2.117}$$

Der Grund dafür, dass der Term $2 \operatorname{dual}(\operatorname{skw} \boldsymbol{t})$ als Produktions- und nicht als Zufuhrdichte aufgefasst wird, liegt darin, dass der Spannungstensor $\boldsymbol{t}$ eine innere Größe ist, also die durch $\boldsymbol{t}$ beschriebenen Kräfte gerade nicht von außen aufgeprägt werden. Der Spin ist also keine Erhaltungsgröße (braucht er auch nicht zu sein, nur der gesamte Drehimpuls muss erhalten bleiben); seine Produktionsdichte hängt vom schiefsymmetrischen Anteil des Cauchyschen Spannungstensors $\operatorname{skw}\boldsymbol{t}$ ab. Die für nicht-polare Kontinuen hergeleitete Symmetrie von $\boldsymbol{t}$ [Gl. (2.101)] gilt hier also nicht mehr, und somit ist auch das Pendant (2.108) in der Referenzkonfiguration nicht mehr gewährleistet.

Weiterhin resultiert aus den Identifikationen (2.112) im Gegensatz zum Fall nicht-polarer Kontinuen eine unabhängige Sprungbedingung. Diese ergibt sich aus (2.30) zu

$$\begin{aligned} &[\![(\boldsymbol{x}\times\boldsymbol{t})\cdot\boldsymbol{n}+\boldsymbol{m}\cdot\boldsymbol{n}]\!] - [\![(\boldsymbol{x}\times\rho\boldsymbol{v}+\boldsymbol{s})\left((\boldsymbol{v}-\boldsymbol{w})\cdot\boldsymbol{n}\right)]\!] = \boldsymbol{0} \\ \Rightarrow\ &\boldsymbol{x}\times\{[\![\boldsymbol{t}\cdot\boldsymbol{n}]\!] - [\![\rho\boldsymbol{v}\left((\boldsymbol{v}-\boldsymbol{w})\cdot\boldsymbol{n}\right)]\!]\} \\ &\qquad\qquad + [\![\boldsymbol{m}\cdot\boldsymbol{n}]\!] - [\![\boldsymbol{s}\left((\boldsymbol{v}-\boldsymbol{w})\cdot\boldsymbol{n}\right)]\!] = \boldsymbol{0}. \end{aligned} \tag{2.118}$$

Der Term in geschweiften Klammern entspricht genau der Impulssprungbedingung (2.81) und verschwindet daher identisch, es verbleibt

$$[\![\boldsymbol{m}\cdot\boldsymbol{n}]\!] - [\![\boldsymbol{s}\left((\boldsymbol{v}-\boldsymbol{w})\cdot\boldsymbol{n}\right)]\!] = \boldsymbol{0}. \tag{2.119}$$

Das kann als *Sprungbedingung für den Spin* mit $\boldsymbol{g}$ und $\boldsymbol{\phi}$ gemäß (2.117) sowie

$$\boldsymbol{p}_\sigma = \boldsymbol{0}, \quad \boldsymbol{z}_\sigma = \boldsymbol{0} \tag{2.120}$$

aufgefasst werden.

Ein Beispiel, bei dem Spin eine Rolle spielt, ist der Fall eines para- oder ferromagnetischen Materials (d. h., eines Materials, dessen Moleküle ein permanentes magnetisches Dipolmoment besitzen) im äußeren Magnetfeld. Aus der Quantenmechanik weiß man zunächst, dass magnetische Dipolmomente immer mit Spin einhergehen. Bringt man ein solches Material in ein magnetisches Feld, so wirkt auf die molekularen magnetischen Dipole ein Drehmoment, das kontinuumsmechanisch als eingeprägtes Volumendrehmoment aufgefasst werden muss, denn Prozesse auf atomaren Größenskalen werden in der Kontinuumsmechanik nicht aufgelöst. Eine bekanntes Phänomen ist in diesem Zusammenhang der *Einstein-de-Haas-Effekt* (Abb. 2.6): Ein Eisenstab hängt an einem Faden (z-Richtung) in einer zunächst stromlosen Spule. Schaltet man in der Spule den Strom an, so entsteht ein Magnetfeld $\boldsymbol{B} = B\boldsymbol{e}_z$, das danach trachtet, die magnetischen Dipole des Eisens aufzurichten. Dieses aufrichtende Drehmoment hat keine Komponente in z-Richtung, und Ausfluss von Drehimpuls durch die Begrenzung des Stabes findet auch nicht statt, sodass die z-Komponente des gesamten Drehimpulses im Stab konstant bleiben muss. Da aber die molekularen Spins in z-Richtung aufgerichtet werden, sich also die z-Komponente des Gesamtspins im Stab ändert, wird das dadurch kompensiert, dass sich der ganze Stab in Gegenrichtung um die z-Achse dreht. Das wird im Experiment tatsächlich beobachtet.

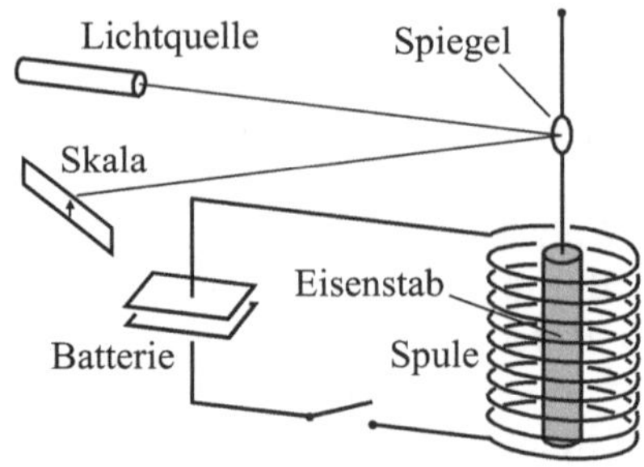

Abb. 2.6. Einstein-de-Haas-Effekt.

Wenn nicht ausdrücklich anders erwähnt, werden wir im folgenden nur noch nicht-polare Kontinuen betrachten, in denen die Symmetriebedingungen (2.101) und (2.108) für die Spannungstensoren $\boldsymbol{t}$ bzw. $\boldsymbol{T}$ gegeben sind.

2.6 Energiebilanz

2.6.1 Bilanz der kinetischen Energie

Wir multiplizieren die Impulsbilanz in der Form (2.78) skalar mit der Geschwindigkeit:

$$\begin{aligned} \rho v_k \frac{\mathrm{d}v_k}{\mathrm{d}t} &= v_k \frac{\partial t_{kl}}{\partial x_l} + \rho v_k (f_s)_k \\ \Rightarrow\ \rho \frac{\mathrm{d}}{\mathrm{d}t}\left(\frac{v_k v_k}{2}\right) &= \frac{\partial (v_k t_{kl})}{\partial x_l} - t_{kl}\frac{\partial v_k}{\partial x_l} + \rho v_k (f_s)_k \\ &= \frac{\partial (\boldsymbol{t}^{\mathrm{T}} \cdot \boldsymbol{v})_l}{\partial x_l} - (\boldsymbol{t}^{\mathrm{T}} \cdot \boldsymbol{L})_{ll} + \rho v_k (f_s)_k \\ \Rightarrow\ \rho \frac{\mathrm{d}}{\mathrm{d}t}\left(\frac{v^2}{2}\right) &= \mathrm{div}\,(\boldsymbol{t}^{\mathrm{T}} \cdot \boldsymbol{v}) - \mathrm{tr}\,(\boldsymbol{t}^{\mathrm{T}} \cdot \boldsymbol{L}) + \rho \boldsymbol{f}_s \cdot \boldsymbol{v}. \end{aligned} \tag{2.121}$$

Da die kinetische Energie einer Masse m durch $mv^2/2$ gegeben ist, steht auf der linken Seite dieser Beziehung die materielle Zeitableitung der spezifischen kinetischen Energie. (2.121) stellt somit die *Bilanzgleichung der kinetischen Energie* dar; Vergleich mit der allgemeinen Volumenbilanz (2.50) ergibt

$$\begin{aligned} g_s &= v^2/2 && \text{(spezifische kinetische Energie),} \\ \boldsymbol{\phi} &= -\boldsymbol{t}^{\mathrm{T}} \cdot \boldsymbol{v} && \text{(Leistung der Spannungen),} \\ p_s &= -\mathrm{tr}\,(\boldsymbol{t}^{\mathrm{T}} \cdot \boldsymbol{L})/\rho && (-p_s\text{: spezifische Dissipationsleistung),} \\ z_s &= \boldsymbol{f}_s \cdot \boldsymbol{v} && \text{(Leistung der spezifischen Kräfte).} \end{aligned} \tag{2.122}$$

Die analogen Dichten sind nach (2.48)

$$\begin{aligned} g &= \rho v^2/2 && \text{(kinetische Energiedichte)}, \\ p &= -\mathrm{tr}\,(\boldsymbol{t}^{\mathrm{T}} \cdot \boldsymbol{L}) && (-p\text{: Dissipationsleistungsdichte}), \\ z &= \rho \boldsymbol{f}_s \cdot \boldsymbol{v} = \boldsymbol{f} \cdot \boldsymbol{v} && \text{(Leistung der Volumenkräfte)}. \end{aligned} \tag{2.123}$$

Wir sehen, dass die kinetische Energie keine Erhaltungsgröße ist; ihre spezifische Produktion bzw. Produktionsdichte ist gleich der negativen spezifischen Dissipationsleistung bzw. Dissipationsleistungsdichte (die Wahl dieses negativen Vorzeichens wird im nächsten Abschnitt klar werden). Eine neue Aussage haben wir hier allerdings nicht gewonnen, denn (2.121) ist lediglich eine Konsequenz der Impulsbilanz. Die Betrachtung hilft jedoch bei der richtigen Wahl der Terme für die volle Energiebilanz, die wir jetzt aufstellen werden.

2.6.2 Energiebilanz und Bilanz der inneren Energie in der Momentankonfiguration

Wie bereits Masse, Impuls und Drehimpuls ist auch die Energie eine Erhaltungsgröße, d. h., alle Produktionen müssen verschwinden. Die Energie in einem Kontinuum setzt sich zusammen aus kinetischer Energie und innerer Energie (potentielle Energie wird hier nicht eingeführt, statt dessen gehen die äußeren Kräfte als Energiezufuhr ein), sie kann als Wärmefluss transportiert und in Form von Strahlungsleistung zugeführt werden. In Erweiterung zu (2.123) setzen wir daher

$$\begin{aligned} g &= \rho(u + v^2/2) && (u\text{: spezifische innere Energie}), \\ \boldsymbol{\phi} &= \boldsymbol{q} - \boldsymbol{t}^{\mathrm{T}} \cdot \boldsymbol{v} && (\boldsymbol{q}\text{: Wärmefluss}), \\ p &= 0, \\ z &= \rho(r + \boldsymbol{f}_s \cdot \boldsymbol{v}) && (r\text{: spezifische Strahlungsleistung}) \end{aligned} \tag{2.124}$$

(für Cosserat-Kontinuen treten darüberhinaus die spezifische Rotationsenergie sowie Leistungen der Oberflächen- und Volumen-Drehmomente auf). Aus der allgemeinen Volumenbilanz (2.20) ergibt sich so die *Energiebilanzgleichung*

$$\begin{aligned} &\frac{\partial}{\partial t}[\rho(u + \tfrac{1}{2}v^2)] + \mathrm{div}\,[\rho(u + \tfrac{1}{2}v^2)\,\boldsymbol{v}] \\ &\qquad = -\mathrm{div}\,\boldsymbol{q} + \mathrm{div}\,(\boldsymbol{t}^{\mathrm{T}} \cdot \boldsymbol{v}) + \rho(r + \boldsymbol{f}_s \cdot \boldsymbol{v}). \end{aligned} \tag{2.125}$$

Die entsprechende Formulierung mit spezifischen Größen gemäß (2.50) ist

$$\rho\frac{\mathrm{d}}{\mathrm{d}t}(u + \tfrac{1}{2}v^2) = -\mathrm{div}\,\boldsymbol{q} + \mathrm{div}\,(\boldsymbol{t}^{\mathrm{T}} \cdot \boldsymbol{v}) + \rho(r + \boldsymbol{f}_s \cdot \boldsymbol{v}). \tag{2.126}$$

Dies kann vereinfacht werden:

$$\begin{aligned} \rho\frac{\mathrm{d}u}{\mathrm{d}t} + \rho v_k \frac{\mathrm{d}v_k}{\mathrm{d}t} &= -\frac{\partial q_k}{\partial x_k} + \frac{\partial t_{kl} v_k}{\partial x_l} + \rho(r + (f_s)_k v_k) \\ &= -\frac{\partial q_k}{\partial x_k} + v_k \frac{\partial t_{kl}}{\partial x_l} + t_{kl}\frac{\partial v_k}{\partial x_l} + \rho(r + (f_s)_k v_k) \end{aligned}$$

$$\Rightarrow \rho\frac{\mathrm{d}u}{\mathrm{d}t} + v_k\left\{\rho\frac{\mathrm{d}v_k}{\mathrm{d}t} - \frac{\partial t_{kl}}{\partial x_l} - \rho(f_s)_k\right\} = -\frac{\partial q_k}{\partial x_k} + t_{kl}L_{kl} + \rho r. \tag{2.127}$$

Der Term in geschweiften Klammern verschwindet aufgrund der Impulsbilanz (2.78) identisch, es verbleibt

$$\rho\frac{\mathrm{d}u}{\mathrm{d}t} = -\mathrm{div}\,\boldsymbol{q} + \mathrm{tr}\,(\boldsymbol{t}^{\mathrm{T}} \cdot \boldsymbol{L}) + \rho r. \tag{2.128}$$

Diese Gleichung lässt sich interpretieren als *Bilanz der inneren Energie* mit

$$g_s = u, \quad \boldsymbol{\phi} = \boldsymbol{q}, \quad p_s = \mathrm{tr}\,(\boldsymbol{t}^{\mathrm{T}} \cdot \boldsymbol{L})/\rho, \quad z_s = r; \tag{2.129}$$

man kann sie auch als verallgemeinerte Formulierung des *Ersten Hauptsatzes der Thermodynamik* ansehen. Die zugehörigen Dichten sind

$$g = \rho u, \quad p = \mathrm{tr}\,(\boldsymbol{t}^{\mathrm{T}} \cdot \boldsymbol{L}), \quad z = \rho r. \tag{2.130}$$

Im Gegensatz zur (Gesamt-) Energie ist die innere Energie also keine Erhaltungsgröße; ihre spezifische Produktion entspricht der spezifischen Dissipationsleistung, die bereits bei der Bilanz der kinetischen Energie auftrat, dort allerdings mit negativem Vorzeichen. Die Bezeichnung „Dissipationsleistung" kommt daher, dass diese Größe offenbar kinetische Energie vernichtet und in innere Energie umwandelt, also im wesentlichen makroskopische Bewegung in Wärme (mikroskopische Fluktuationsbewegung) transformiert. Die Dissipationsleistung kann daher auch als Wärmeproduktion der inneren Reibung interpretiert werden.

Aufgrund der Symmetrie von $\boldsymbol{t}$ kann die Dissipationsleistung auch mit dem Verzerrungsgeschwindigkeitstensor $\boldsymbol{D}$ dargestellt werden,

$$\mathrm{tr}\,(\boldsymbol{t}^{\mathrm{T}} \cdot \boldsymbol{L}) = \mathrm{tr}\,(\boldsymbol{t} \cdot \boldsymbol{D}) + \mathrm{tr}\,(\boldsymbol{t} \cdot \boldsymbol{W}). \tag{2.131}$$

Wegen $t_{ij} = t_{ji}$ und $W_{ij} = -W_{ji}$ verschwindet der zweite Summand,

$$\begin{aligned}\mathrm{tr}\,(\boldsymbol{t} \cdot \boldsymbol{W}) &= t_{ij}W_{ji} \\ &= \tfrac{1}{2}(t_{ij}W_{ji} + t_{ji}W_{ij}) = \tfrac{1}{2}(t_{ij}W_{ji} - t_{ij}W_{ji}) = 0,\end{aligned} \tag{2.132}$$

sodass

$$\mathrm{tr}\,(\boldsymbol{t}^{\mathrm{T}} \cdot \boldsymbol{L}) = \mathrm{tr}\,(\boldsymbol{t} \cdot \boldsymbol{D}) \tag{2.133}$$

verbleibt. Die Bilanz der inneren Energie lautet dann

$$\rho\frac{\mathrm{d}u}{\mathrm{d}t} = -\mathrm{div}\,\boldsymbol{q} + \mathrm{tr}\,(\boldsymbol{t} \cdot \boldsymbol{D}) + \rho r. \tag{2.134}$$

Die zugehörige Energie-Sprungbedingung lautet mit (2.124) und der Annahme, dass keine flächenmäßige Zufuhr vorhanden ist,

$$p_\sigma = 0, \quad z_\sigma = 0 \tag{2.135}$$

(falls Oberflächenspannungen eine Rolle spielen oder die singuläre Fläche ein Heizgitter darstellt, ist das nicht mehr richtig) gemäß (2.30)

$$[\![\boldsymbol{q} \cdot \boldsymbol{n}]\!] - [\![\boldsymbol{v} \cdot \boldsymbol{t} \cdot \boldsymbol{n}]\!] + \left[\!\left[\rho(u + v^2/2)\left((\boldsymbol{v} - \boldsymbol{w}) \cdot \boldsymbol{n}\right)\right]\!\right] = 0. \tag{2.136}$$

Für eine materielle singuläre Fläche gilt wie gehabt $\boldsymbol{v}^\pm \cdot \boldsymbol{n} = \boldsymbol{w} \cdot \boldsymbol{n}$. Mit $[\![\boldsymbol{t} \cdot \boldsymbol{n}]\!] = \boldsymbol{0}$ (2.82) erhält man

$$[\![\boldsymbol{q} \cdot \boldsymbol{n}]\!] - [\![\boldsymbol{v}]\!] \cdot \boldsymbol{t} \cdot \boldsymbol{n} = 0 \quad \Rightarrow [\![\boldsymbol{q} \cdot \boldsymbol{n}]\!] - \left[\!\left[\boldsymbol{v}_\parallel\right]\!\right] \cdot \boldsymbol{t} \cdot \boldsymbol{n} = 0. \tag{2.137}$$

Dabei bedeutet $\boldsymbol{v}_\parallel$ die Tangentialkomponente der Geschwindigkeit: $\boldsymbol{v}_\parallel = \boldsymbol{v} - (\boldsymbol{v} \cdot \boldsymbol{n})\boldsymbol{n}$. Unter der zusätzlichen Annahme der *Schlupffreiheit*, also $\left[\!\left[\boldsymbol{v}_\parallel\right]\!\right] = \boldsymbol{0}$, wird die Normalkomponente des Wärmeflusses stetig,

$$[\![\boldsymbol{q} \cdot \boldsymbol{n}]\!] = 0. \tag{2.138}$$

Wir untersuchen nun die Transformationseigenschaft der Energiebilanz (2.134) bezüglich Euklidischer Transformationen. Es ist physikalisch sinnvoll, die spezifische innere Energie u, den Wärmefluss $\boldsymbol{q}$ und die spezifische Strahlungsleistung r als unabhängig vom Bezugssystem, also als objektive Größen anzusehen. Dann gilt

$$\begin{aligned} \operatorname{div} \boldsymbol{q}^\star &= \frac{\partial q_i^\star}{\partial x_i^\star} = \frac{\partial x_j}{\partial x_i^\star} \frac{\partial (O_{ik}^\star q_k)}{\partial x_j} = O_{ij}^\star O_{ik}^\star \frac{\partial q_k}{\partial x_j} = \delta_{jk} \frac{\partial q_k}{\partial x_j} \\ &= \frac{\partial q_k}{\partial x_k} = \operatorname{div} \boldsymbol{q} \end{aligned} \tag{2.139}$$

und

$$\begin{aligned} \operatorname{tr}(\boldsymbol{t} \cdot \boldsymbol{D})^\star &= t_{ij}^\star D_{ji}^\star = O_{ik}^\star O_{jl}^\star t_{kl}\, O_{jm}^\star O_{in}^\star D_{mn} = \delta_{kn} \delta_{lm} t_{kl} D_{mn} \\ &= t_{kl} D_{lk} = \operatorname{tr}(\boldsymbol{t} \cdot \boldsymbol{D}). \end{aligned} \tag{2.140}$$

Aus (2.134) folgt daher

$$\rho^\star \frac{\mathrm{d}u^\star}{\mathrm{d}t} = -\operatorname{div} \boldsymbol{q}^\star + \operatorname{tr}(\boldsymbol{t} \cdot \boldsymbol{D})^\star + \rho^\star r^\star; \tag{2.141}$$

was die gleiche Form wie die ursprüngliche Gleichung hat. Die Bilanzgleichung der inneren Energie ist daher invariant gegen Euklidische Transformationen. Für Cosserat-Kontinuen ist das im übrigen nicht mehr gewährleistet, denn dann ist die Umformung der Dissipationsleistung gemäß $\operatorname{tr}(\boldsymbol{t}^{\mathrm{T}} \cdot \boldsymbol{L}) = \operatorname{tr}(\boldsymbol{t} \cdot \boldsymbol{D})$ nicht mehr möglich, und $\operatorname{tr}(\boldsymbol{t}^{\mathrm{T}} \cdot \boldsymbol{L})$ ist bei nicht-symmetrischem Spannungstensor kein objektiver Skalar.

2.6.3 Energiebilanz und Bilanz der inneren Energie in der Referenzkonfiguration

Mit den Transformationsregeln (2.24) und (2.32) folgt aus (2.124) und (2.135)

$$\begin{aligned} G &= \rho_0(u + v^2/2), \\ \boldsymbol{\Phi} &= J\,\boldsymbol{q}\cdot\boldsymbol{F}^{-\mathrm{T}} - J\,\boldsymbol{t}^{\mathrm{T}}\cdot\boldsymbol{v}\cdot\boldsymbol{F}^{-\mathrm{T}} = \boldsymbol{Q} - J\,\boldsymbol{v}\cdot\boldsymbol{t}\cdot\boldsymbol{F}^{-\mathrm{T}} = \boldsymbol{Q} - \boldsymbol{v}\cdot\boldsymbol{T} \\ &= \boldsymbol{Q} - \boldsymbol{T}^{\mathrm{T}}\cdot\boldsymbol{v}, \\ P &= 0, \\ Z &= \rho_0(r + \boldsymbol{f}_s\cdot\boldsymbol{v}), \\ P_\Sigma &= 0, \\ Z_\Sigma &= 0; \end{aligned} \tag{2.142}$$

hierbei ist

$$\boldsymbol{Q} = J\boldsymbol{q}\cdot\boldsymbol{F}^{-\mathrm{T}} \tag{2.143}$$

der materielle Wärmefluss. Aus (2.26) folgt somit die *Energiebilanz in der Referenzkonfiguration*,

$$\rho_0\frac{\mathrm{d}}{\mathrm{d}t}(u + \tfrac{1}{2}v^2) = -\mathrm{Div}\,\boldsymbol{Q} + \mathrm{Div}\,(\boldsymbol{T}^{\mathrm{T}}\cdot\boldsymbol{v}) + \rho_0(r + \boldsymbol{f}_s\cdot\boldsymbol{v}). \tag{2.144}$$

Analog zur Herleitung von (2.128) aus (2.126) kann das unter Verwendung der Impulsbilanz (2.91) vereinfacht werden zu

$$\rho_0\frac{\mathrm{d}u}{\mathrm{d}t} = -\mathrm{Div}\,\boldsymbol{Q} + \mathrm{tr}\,(\boldsymbol{T}^{\mathrm{T}}\cdot\mathrm{Grad}\,\boldsymbol{v}) + \rho_0 r. \tag{2.145}$$

Wegen

$$(\mathrm{Grad}\,\boldsymbol{v})_{iA} = \frac{\partial v_i}{\partial X_A} = \frac{\partial^2 x_i(\boldsymbol{X},t)}{\partial X_A\partial t} = \frac{\partial F_{iA}(\boldsymbol{X},t)}{\partial t} = \dot{F}_{iA} \tag{2.146}$$

folgt schließlich

$$\rho_0\frac{\mathrm{d}u}{\mathrm{d}t} = -\mathrm{Div}\,\boldsymbol{Q} + \mathrm{tr}\,(\boldsymbol{T}^{\mathrm{T}}\cdot\dot{\boldsymbol{F}}) + \rho_0 r \tag{2.147}$$

als *Bilanz der inneren Energie in der Referenzkonfiguration.* Die materielle Dissipationsleistung ist also gleich $\mathrm{tr}\,(\boldsymbol{T}^{\mathrm{T}}\cdot\dot{\boldsymbol{F}})$.

Die zugehörige Energie-Sprungbedingung ist

$$[\![\boldsymbol{Q}\cdot\boldsymbol{N}]\!] - [\![\boldsymbol{v}\cdot\boldsymbol{T}\cdot\boldsymbol{N}]\!] - \big[\!\big[\rho_0(u + v^2/2)\,(\boldsymbol{W}\cdot\boldsymbol{N})\big]\!\big] = 0; \tag{2.148}$$

auf schlupffreien materiellen singulären Flächen (siehe oben) gilt wegen $[\![\boldsymbol{T}\cdot\boldsymbol{N}]\!] = \boldsymbol{0}$ (2.93)

$$\begin{aligned} &[\![\boldsymbol{Q}\cdot\boldsymbol{N}]\!] - [\![\boldsymbol{v}]\!]\cdot\boldsymbol{T}\cdot\boldsymbol{N} = 0 \\ \Rightarrow\ &[\![\boldsymbol{Q}\cdot\boldsymbol{N}]\!] - \big[\!\big[\boldsymbol{v}_{\|}\big]\!\big]\cdot\boldsymbol{T}\cdot\boldsymbol{N} = 0 \\ \Rightarrow\ &[\![\boldsymbol{Q}\cdot\boldsymbol{N}]\!] = 0. \end{aligned} \tag{2.149}$$

Auch die Normalkomponente des materiellen Wärmeflusses ist in diesem Fall stetig.

2.7 Entropiebilanz

Viele Vorgänge in der makroskopischen Welt zeichnen sich dadurch aus, dass sie nur in einer Richtung ablaufen, obwohl auch der umgekehrte Vorgang mit den bisher formulierten Erhaltungssätzen verträglich ist. Vielzitierte Beispiele hierfür sind die Expansion eines Gases in ein vorgegebenes Volumen, oder der Wärmefluss vom wärmeren zum kälteren Medium (Temperaturausgleich). Mikroskopisch betrachtet ist die Ursache für diese Irreversibilität eine stochastische, d. h., die entsprechenden umgekehrten Vorgänge sind zwar nicht prinzipiell unmöglich, aber derart unwahrscheinlich, dass sie in der Praxis niemals beobachtet werden. So ist zum Beispiel die Wahrscheinlichkeit, dass sich in einem Kolben von einem Liter Volumen die gesamte darin enthaltene Luft bei Normalbedingungen spontan in der unteren Hälfte sammelt, gleich $1 : 10^{0.8 \cdot 10^{22}}$. Setzt man das in Relation zum Alter des Universums, nach heutiger Auffassung zwischen 10^{17} und 10^{18} Sekunden, so wird die prinzipielle Möglichkeit dieses Prozesses zu einer ziemlich gehaltlosen Aussage.

Da wir jedoch eine makroskopische Theorie entwickeln, müssen wir nach einer anderen als der stochastischen Formulierung der Irreversibilität kontinuumsmechanischer (bzw. -thermodynamischer) Vorgänge suchen. Hierfür dient die *Entropie*, von der wir axiomatisch annehmen, dass sie (i) eine Zustandsgröße ist, d. h., für einen bestimmten Makrozustand des betrachteten Systems eindeutig definiert ist, (ii) additiv ist, d. h., analog zu Masse, Impuls, Drehimpuls und Energie als Volumenintegral einer Entropiedichte darstellbar ist, (iii) einer Bilanzgleichung gehorcht, und (iv) die Entropie des Universums bei allen tatsächlich ablaufenden Prozessen niemals abnimmt (das letztere ist der *Zweite Hauptsatz der Thermodynamik*). Wir setzen also

$$\begin{aligned} g &= \rho s && (s\text{: spezifische Entropie}),\\ \boldsymbol{\phi} &= \boldsymbol{\phi}^s && (\text{Entropiefluss}),\\ p &= \rho p^s && (p^s\text{: spezifische Entropieproduktion}),\\ z &= \rho z^s && (z^s\text{: spezifische Entropiezufuhr}), \end{aligned} \tag{2.150}$$

und erhalten aus (2.20) die *Entropiebilanzgleichung*

$$\frac{\partial(\rho s)}{\partial t} + \operatorname{div}(\rho s \boldsymbol{v}) = -\operatorname{div} \boldsymbol{\phi}^s + \rho(p^s + z^s), \tag{2.151}$$

bzw. in der Darstellung (2.50) als

$$\rho \frac{\mathrm{d}s}{\mathrm{d}t} = -\operatorname{div} \boldsymbol{\phi}^s + \rho(p^s + z^s). \tag{2.152}$$

Der Zweite Hauptsatz der Thermodynamik kommt in der Nebenbedingung, dass die Entropieproduktion stets nicht-negativ sein muss, zum Ausdruck:

$$p^s \geq 0. \tag{2.153}$$

Zur Formulierung der entsprechenden Sprungbedingung auf singulären Flächen setzen wir

$$p_\sigma = p_\sigma^s \geq 0, \quad z_\sigma = 0 \tag{2.154}$$

(p_σ^s: flächenmäßige Entropieproduktion, nicht-negativ aufgrund des Zweiten Hauptsatzes; das Verschwinden der flächenmäßigen Zufuhr ist wie bereits bei der Impuls- und Energiebilanz nicht immer gegeben), und erhalten die Entropie-Sprungbedingung

$$[\![\boldsymbol{\phi}^s \cdot \boldsymbol{n}]\!] + [\![\rho s\,((\boldsymbol{v} - \boldsymbol{w}) \cdot \boldsymbol{n})]\!] = p_\sigma^s. \tag{2.155}$$

In der Referenzkonfiguration ergeben sich mit

$$\begin{aligned} G \; &= \rho_0 s, \\ \boldsymbol{\Phi} \; &= J\boldsymbol{\phi}^s \cdot \boldsymbol{F}^{-\mathrm{T}} = \boldsymbol{\Phi}^s, \\ P \; &= \rho_0 p^s \geq 0, \\ Z \; &= \rho_0 z^s, \\ P_\Sigma &= J\|\boldsymbol{F}^{-\mathrm{T}} \cdot \boldsymbol{N}\|\, p_\sigma^s = P_\Sigma^s \geq 0, \\ Z_\Sigma &= 0 \end{aligned} \tag{2.156}$$

($\boldsymbol{\Phi}^s$: materieller Entropiefluss, P_Σ^s: materielle flächenmäßige Entropieproduktion) die Bilanzgleichung

$$\rho_0 \frac{\mathrm{d}s}{\mathrm{d}t} = -\mathrm{Div}\,\boldsymbol{\Phi}^s + \rho_0(p^s + z^s) \tag{2.157}$$

und die Sprungbedingung

$$[\![\boldsymbol{\Phi}^s \cdot \boldsymbol{N}]\!] - [\![\rho_0 s\,(\boldsymbol{W} \cdot \boldsymbol{N})]\!] = P_\Sigma^s. \tag{2.158}$$

Mehr soll an dieser Stelle nicht über die Entropiebilanz und ihre Bedeutung gesagt werden. Wir werden später ausführlich darauf zurückkommen. Es sei jedoch noch angemerkt, dass sich hier bereits abzeichnet, dass unsere Theorie das, was man üblicherweise als Thermodynamik kennt und häufig mehr schlecht als recht durchschaut hat, von einer höheren Warte aus als „Nebenprodukt“ abwirft, und zwar gleich als allgemeine Formulierung mit Berücksichtigung von beliebigen raumzeitlichen Variationen im betrachteten System.

2.8 Zum Cauchyschen Spannungstensor

Bei der Besprechung der Impulsbilanz wurde der Cauchysche Spannungstensor $\boldsymbol{t}$ als Beschreibung der an einem freigeschnittenen Würfel angreifenden Spannungen (vgl. Abb. 2.5) eingeführt. Es sollen hier einige über das bereits Gesagte hinausgehende Eigenschaften dieser wichtigen Größe diskutiert werden.

2.8.1 Hauptspannungen

Wie wir gesehen haben, ist der Cauchysche Spannungstensor als Konsequenz der Drehimpulsbilanz symmetrisch (2.101), hat also sechs unabhängige Komponenten. Aus der linearen Algebra ist bekannt, dass für jeden symmetrischen Tensor eine ausgezeichnete Orthonormalbasis (Hauptachsensystem) existiert, in der der Tensor Diagonalgestalt hat. Die drei Diagonalelemente entsprechen dann den drei reellen Eigenwerten des Tensors, welche durch Lösen des charakteristischen Polynoms gewonnen werden können. Auf den Cauchyschen Spannungstensor angewendet bedeutet das, dass er durch eine geeignete orthogonale Transformation auf die Form

$$\boldsymbol{t} = \begin{pmatrix} \sigma_1 & 0 & 0 \\ 0 & \sigma_2 & 0 \\ 0 & 0 & \sigma_3 \end{pmatrix} \tag{2.159}$$

gebracht werden kann. Die dabei auftretenden Diagonalelemente σ_i (Eigenwerte) heißen *Hauptspannungen*, sie sind die Lösungen des charakteristischen Polynoms dritten Grades

$$\det(\boldsymbol{t} - \sigma\,\mathbf{1}) = 0. \tag{2.160}$$

Betrachtet man einen freigeschnittenen Würfel gemäß Abb. 2.5, dessen Kanten längs der Hauptachsen von $\boldsymbol{t}$ orientiert sind, so treten auf den Seitenflächen dieses Würfels keine Schubspannungen auf (alle Nebendiagonalelemente von $\boldsymbol{t}$ sind gleich Null), und die Hauptspannungen σ_i stellen die Normalspannungen dar. Da die Hauptachsentransformation für einen symmetrischen Tensor stets möglich ist, kann jeder beliebige Spannungszustand in einem (nicht-polaren) Kontinuum bei geeigneter Wahl der Koordinatenachsen in dieser einfachen Form beschrieben werden; die Lage der Hauptachsen bezüglich der festen Standard-Basis wird jedoch im allgemeinen von Ort zu Ort variieren.

Problem 2.4 *Hauptspannungen und Hauptachsen eines Spannungszustands.*

Im Punkt P eines Stahlträgers herrsche bezüglich der Standardbasis $\boldsymbol{e}_i$ der Spannungszustand

$$\boldsymbol{t} = \frac{1}{4}\begin{pmatrix} 9 & -\sqrt{3} & 0 \\ -\sqrt{3} & 11 & 0 \\ 0 & 0 & -4 \end{pmatrix} \mathrm{kN/mm^2} \tag{2.161}$$

vor. Man berechne die zugehörigen Hauptspannungen und Hauptachsen.

Lösung. Wir stellen zunächst das charakteristische Polynom auf, wobei die Dimension $\mathrm{kN/mm^2}$ weggelassen werden soll:

$$\det(\boldsymbol{t} - \sigma\,\mathbf{1}) = \det\begin{pmatrix} \frac{9}{4} - \sigma & -\frac{1}{4}\sqrt{3} & 0 \\ -\frac{1}{4}\sqrt{3} & \frac{11}{4} - \sigma & 0 \\ 0 & 0 & -1 - \sigma \end{pmatrix}$$
$$= (-1 - \sigma)\left[(\tfrac{9}{4} - \sigma)(\tfrac{11}{4} - \sigma) - (\tfrac{1}{4}\sqrt{3})^2\right]$$
$$= (-1 - \sigma)(6 - 5\sigma + \sigma^2) = 0. \tag{2.162}$$

Die Lösung hiervon ist

$$\sigma_{1,2} = \tfrac{5}{2} \pm \sqrt{\tfrac{25}{4} - 6} \quad \Rightarrow \quad \sigma_1 = 2,\ \ \sigma_2 = 3,$$
$$\text{sowie}\ \ \sigma_3 = -1. \tag{2.163}$$

Die drei Hauptspannungen sind also $\sigma_1 = 2$ kN/mm^2 (Zugbelastung), $\sigma_2 = 3$ kN/mm^2 (Zugbelastung) und $\sigma_3 = -1$ kN/mm^2 (Druckbelastung). Die entsprechenden Hauptachsen $\boldsymbol{x}_1$, $\boldsymbol{x}_2$, $\boldsymbol{x}_3$ sind die zugehörigen normierten Eigenvektoren, die sich als Lösungen der homogenen Gleichungssysteme

$$(\boldsymbol{t} - \sigma_i \mathbf{1}) \cdot \boldsymbol{x} = \mathbf{0} \qquad (i = 1, 2, 3) \tag{2.164}$$

bestimmen lassen. Das ergibt für $\sigma_1 = 2$

$$\left(\begin{array}{ccc|c} \frac{1}{4} & -\frac{1}{4}\sqrt{3} & 0 & 0 \\ -\frac{1}{4}\sqrt{3} & \frac{3}{4} & 0 & 0 \\ 0 & 0 & -3 & 0 \end{array}\right) \Rightarrow \left(\begin{array}{ccc|c} \frac{1}{4} & -\frac{1}{4}\sqrt{3} & 0 & 0 \\ 0 & 0 & 0 & 0 \\ 0 & 0 & -3 & 0 \end{array}\right)$$
$$\Rightarrow \left(\begin{array}{ccc|c} 1 & -\sqrt{3} & 0 & 0 \\ 0 & 0 & 0 & 0 \\ 0 & 0 & 1 & 0 \end{array}\right) \Rightarrow \quad x = \sqrt{3}\,y, \ \ z = 0$$
$$\Rightarrow \boldsymbol{x}_1 = \begin{pmatrix} \frac{1}{2}\sqrt{3} \\ \frac{1}{2} \\ 0 \end{pmatrix} = \begin{pmatrix} \cos\frac{\pi}{6} \\ \sin\frac{\pi}{6} \\ 0 \end{pmatrix}, \tag{2.165}$$

für $\sigma_2 = 3$

$$\left(\begin{array}{ccc|c} -\frac{3}{4} & -\frac{1}{4}\sqrt{3} & 0 & 0 \\ -\frac{1}{4}\sqrt{3} & -\frac{1}{4} & 0 & 0 \\ 0 & 0 & -4 & 0 \end{array}\right) \Rightarrow \left(\begin{array}{ccc|c} -\frac{3}{4} & -\frac{1}{4}\sqrt{3} & 0 & 0 \\ 0 & 0 & 0 & 0 \\ 0 & 0 & -4 & 0 \end{array}\right)$$
$$\Rightarrow \left(\begin{array}{ccc|c} \sqrt{3} & 1 & 0 & 0 \\ 0 & 0 & 0 & 0 \\ 0 & 0 & 1 & 0 \end{array}\right) \Rightarrow \quad y = -\sqrt{3}\,x, \ \ z = 0$$
$$\Rightarrow \boldsymbol{x}_2 = \begin{pmatrix} -\frac{1}{2} \\ \frac{1}{2}\sqrt{3} \\ 0 \end{pmatrix} = \begin{pmatrix} -\sin\frac{\pi}{6} \\ \cos\frac{\pi}{6} \\ 0 \end{pmatrix}, \tag{2.166}$$

und für $\sigma_3 = -1$

$$\left(\begin{array}{ccc|c} \frac{13}{4} & -\frac{1}{4}\sqrt{3} & 0 & 0 \\ -\frac{1}{4}\sqrt{3} & \frac{15}{4} & 0 & 0 \\ 0 & 0 & 0 & 0 \end{array}\right) \Rightarrow \left(\begin{array}{ccc|c} \frac{13}{4} & -\frac{1}{4}\sqrt{3} & 0 & 0 \\ 0 & \frac{48}{13} & 0 & 0 \\ 0 & 0 & 0 & 0 \end{array}\right)$$

$$\Rightarrow \left(\begin{array}{ccc|c} 13 & -\sqrt{3} & 0 & 0 \\ 0 & 1 & 0 & 0 \\ 0 & 0 & 0 & 0 \end{array}\right) \Rightarrow x = 0, \; y = 0$$

$$\Rightarrow \boldsymbol{x}_3 = \begin{pmatrix} 0 \\ 0 \\ 1 \end{pmatrix}. \tag{2.167}$$

Die derart normierten Hauptachsen $\boldsymbol{x}_i$ bilden ein Rechtssystem, das in der x-y-Ebene um den Winkel $\pi/6 = 30°$ gegenüber der Standardbasis $\boldsymbol{e}_i$ verdreht ist.

Zur Probe überprüfen wir noch die korrekte Diagonalisierung von $\boldsymbol{t}$. Dazu bilden wir die orthogonale Transformationsmatrix

$$\boldsymbol{Q} = (\boldsymbol{x}_1, \; \boldsymbol{x}_2, \; \boldsymbol{x}_3) = \frac{1}{2} \begin{pmatrix} \sqrt{3} & -1 & 0 \\ 1 & \sqrt{3} & 0 \\ 0 & 0 & 2 \end{pmatrix}, \tag{2.168}$$

in deren Spalten die Einheitsvektoren der Hauptachsen stehen, und rechnen

$$\begin{aligned} \boldsymbol{t}' &= \boldsymbol{Q}^{\mathrm{T}} \cdot \boldsymbol{t} \cdot \boldsymbol{Q} \\ &= \frac{1}{16} \begin{pmatrix} \sqrt{3} & 1 & 0 \\ -1 & \sqrt{3} & 0 \\ 0 & 0 & 2 \end{pmatrix} \cdot \begin{pmatrix} 9 & -\sqrt{3} & 0 \\ -\sqrt{3} & 11 & 0 \\ 0 & 0 & -4 \end{pmatrix} \cdot \begin{pmatrix} \sqrt{3} & -1 & 0 \\ 1 & \sqrt{3} & 0 \\ 0 & 0 & 2 \end{pmatrix} \mathrm{kN/mm^2} \\ &= \frac{1}{16} \begin{pmatrix} 8\sqrt{3} & 8 & 0 \\ -12 & 12\sqrt{3} & 0 \\ 0 & 0 & -8 \end{pmatrix} \cdot \begin{pmatrix} \sqrt{3} & -1 & 0 \\ 1 & \sqrt{3} & 0 \\ 0 & 0 & 2 \end{pmatrix} \mathrm{kN/mm^2} \\ &= \frac{1}{16} \begin{pmatrix} 32 & 0 & 0 \\ 0 & 48 & 0 \\ 0 & 0 & -16 \end{pmatrix} \mathrm{kN/mm^2} = \begin{pmatrix} 2 & 0 & 0 \\ 0 & 3 & 0 \\ 0 & 0 & -1 \end{pmatrix} \mathrm{kN/mm^2} \\ &= \begin{pmatrix} \sigma_1 & 0 & 0 \\ 0 & \sigma_2 & 0 \\ 0 & 0 & \sigma_3 \end{pmatrix}. \end{aligned} \tag{2.169}$$

In der Tat ergibt sich die korrekte Diagonalgestalt von $\boldsymbol{t}$ mit den Eigenwerten (Hauptspannungen) auf der Hauptdiagonalen.

■

2.8.2 Invarianten

Das charakteristische Polynom (2.160) lautet ausgeschrieben

$$-\sigma^3 + I_t\,\sigma^2 - II_t\,\sigma + III_t = 0, \tag{2.170}$$

mit

$$\begin{aligned} I_t &= t_{xx} + t_{yy} + t_{zz} = \mathrm{tr}\,\boldsymbol{t}, \\ II_t &= t_{xx}t_{yy} + t_{xx}t_{zz} + t_{yy}t_{zz} - t_{xy}^2 - t_{xz}^2 - t_{yz}^2 \\ &= \tfrac{1}{2}\left((\mathrm{tr}\,\boldsymbol{t})^2 - \mathrm{tr}\,(\boldsymbol{t}^2)\right), \\ III_t &= \det \boldsymbol{t}. \end{aligned} \tag{2.171}$$

Die dabei auftretenden Koeffizienten I_t, II_t , III_t heißen *Invarianten* des Spannungstensors $\boldsymbol{t}$, weil sie unter beliebigen orthogonalen Transformationen von $\boldsymbol{t}$, $\boldsymbol{t}' = \boldsymbol{Q}\cdot\boldsymbol{t}\cdot\boldsymbol{Q}^{\mathrm{T}}$ mit orthogonaler Transformation $\boldsymbol{Q}$, unverändert bleiben. Das sieht man ein, indem man die charakteristischen Polynome vergleicht:

$$\begin{aligned} &\det(\boldsymbol{Q}\cdot\boldsymbol{t}\cdot\boldsymbol{Q}^{\mathrm{T}} - \sigma\,\mathbf{1}) = 0 \\ \Leftrightarrow\;& \det(\boldsymbol{Q}\cdot(\boldsymbol{t} - \sigma\,\mathbf{1})\cdot\boldsymbol{Q}^{\mathrm{T}}) = 0 \\ \Leftrightarrow\;& \det\boldsymbol{Q}\,\det(\boldsymbol{t} - \sigma\,\mathbf{1})\,\det\boldsymbol{Q}^{\mathrm{T}} = 0 \\ \Leftrightarrow\;& (\det\boldsymbol{Q})^2\,\det(\boldsymbol{t} - \sigma\,\mathbf{1}) = 0 \\ \Leftrightarrow\;& \det(\boldsymbol{t} - \sigma\,\mathbf{1}) = 0. \end{aligned} \tag{2.172}$$

Die charakteristischen Polynome von $\boldsymbol{t}$ und $\boldsymbol{Q}\cdot\boldsymbol{t}\cdot\boldsymbol{Q}^{\mathrm{T}}$ sind offenbar gleich, haben daher die gleichen Koeffizienten vor den Potenzen von σ und somit die gleichen Invarianten. Man kann ferner zeigen, dass es keine weiteren, davon unabhängigen invarianten Kombinationen der Elemente von $\boldsymbol{t}$ gibt.

Anstelle von (2.171) wird häufig auch ein alternativer Satz von Invarianten verwendet, nämlich

$$\begin{aligned} \tilde{I}_t &= I_t = \mathrm{tr}\,\boldsymbol{t}, \\ \tilde{II}_t &= \tfrac{1}{2}I_t^2 - II_t = \tfrac{1}{2}\mathrm{tr}\,(\boldsymbol{t}^2), \\ \tilde{III}_t &= III_t = \det\boldsymbol{t}. \end{aligned} \tag{2.173}$$

Auch das stellt einen vollständigen Satz von Invarianten von $\boldsymbol{t}$ dar, wenngleich nicht mehr identisch mit den Koeffizienten des charakteristischen Polynoms.

2.8.3 Zerlegung in Kugeltensor und Deviator

Eine häufig angewendete Zerlegung des Spannungstensors besteht in der additiven Aufteilung in einen *isotropen Kugeltensor* ($\sigma_m\,\mathbf{1}$) und einen spurlosen *Spannungsdeviator* $\boldsymbol{t}^{\mathrm{D}}$,

$$\boldsymbol{t} = \sigma_m\,\mathbf{1} + \boldsymbol{t}^{\mathrm{D}}, \quad \text{mit } \sigma_m = \tfrac{1}{3}\mathrm{tr}\,\boldsymbol{t}; \tag{2.174}$$

σ_m ist die *mittlere Normalspannung*. Das Verschwinden der Spur des Spannungsdeviators $\boldsymbol{t}^{\mathrm{D}}$ folgt dabei aus

$$\mathrm{tr}\,\boldsymbol{t}^{\mathrm{D}} = \mathrm{tr}\,\boldsymbol{t} - \mathrm{tr}\,(\sigma_m\,\mathbf{1}) = 3\sigma_m - \sigma_m\,\mathrm{tr}\,\mathbf{1} = 3\sigma_m - 3\sigma_m = 0. \tag{2.175}$$

Die Symmetrie von $\boldsymbol{t}$ überträgt sich trivialerweise auf $\boldsymbol{t}^{\mathrm{D}}$; $\boldsymbol{t}^{\mathrm{D}}$ nimmt im gleichen Hauptachsensystem Diagonalgestalt an, wobei die Diagonalelemente im Vergleich zu denen von $\boldsymbol{t}$ jeweils um σ_m verringert sind:

$$t^{\mathrm{D}} = \begin{pmatrix} \sigma_1 - \sigma_m & 0 & 0 \\ 0 & \sigma_2 - \sigma_m & 0 \\ 0 & 0 & \sigma_3 - \sigma_m \end{pmatrix} . \tag{2.176}$$

Speziell bei Fluiden verwendet man in der Regel nicht die mittlere Normalspannung σ_m, sondern den *Druck* $p = -\sigma_m$; die Zerlegung lautet dann

$$\boldsymbol{t} = -p\,\mathbf{1} + \boldsymbol{t}^{\mathrm{D}}. \tag{2.177}$$

Eine charakteristische Eigenschaft von Fluiden ist, dass sie in Ruhe keine Schubspannungen aufrecht erhalten können, sodass der Spannungsdeviator $\boldsymbol{t}^{\mathrm{D}}$ in diesem Fall identisch verschwindet. Einen derartigen, nur durch den isotropen Kugeltensor beschriebenen Spannungszustand $\boldsymbol{t} = -p\,\mathbf{1}$ bezeichnet man als *hydrostatischen Spannungszustand.*

2.8.4 Mohrsche Kreise

Wir beschränken uns zunächst auf einen *ebenen Spannungszustand,* wie er z. B. in einer dünnen Scheibe, die ausschließlich in ihrer Ebene belastet ist, auftritt. Dieser zeichnet sich bei geeigneter Wahl der Koordinatenrichtungen dadurch aus, dass

- alle Spannungen in z-Richtung verschwinden ($t_{xz} = t_{yz} = t_{zz} = 0$),
- die verbleibenden Spannungen t_{xx}, t_{yy} und t_{xy} von z unabhängig sind.

Man kann daher die z-Richtung ignorieren und die Betrachtungen im Zweidimensionalen durchführen. Der Spannungstensor lautet also im ebenen Spannungszustand

$$\boldsymbol{t} = \begin{pmatrix} t_{xx} & t_{xy} \\ t_{xy} & t_{yy} \end{pmatrix} . \tag{2.178}$$

Wir fragen nun nach den Normalspannungen σ und Schubspannungen τ, die an einem bestimmten Ort im zweidimensionalen Kontinuum auf einem Flächenelement wirken, dessen Normale $\boldsymbol{n}$ um den Winkel ϕ gegen die x-Achse verdreht ist (Abb. 2.7). Dazu transformieren wir den Spannungstensor $\boldsymbol{t}$ mit der zugehörigen Drehmatrix

$$\boldsymbol{Q} = \begin{pmatrix} \cos\phi & \sin\phi \\ -\sin\phi & \cos\phi \end{pmatrix} \tag{2.179}$$

gemäß $\boldsymbol{t}' = \boldsymbol{Q} \cdot \boldsymbol{t} \cdot \boldsymbol{Q}^{\mathrm{T}}$, sodass die x'-Achse mit der Richtung von $\boldsymbol{n}$ zusammenfällt; dann gilt nämlich einfach $(\sigma, \tau) = (t'_{xx}, t'_{xy})$.

Ausführen dieser etwas länglichen Rechnung ergibt für die Elemente von $\boldsymbol{t}'$

$$\begin{aligned} t'_{xx} &= t_{xx}\cos^2\phi + t_{yy}\sin^2\phi + 2t_{xy}\sin\phi\cos\phi, \\ t'_{xy} &= -(t_{xx} - t_{yy})\sin\phi\cos\phi + t_{xy}(\cos^2\phi - \sin^2\phi), \\ t'_{yy} &= t_{xx}\sin^2\phi + t_{yy}\cos^2\phi - 2t_{xy}\sin\phi\cos\phi. \end{aligned} \tag{2.180}$$

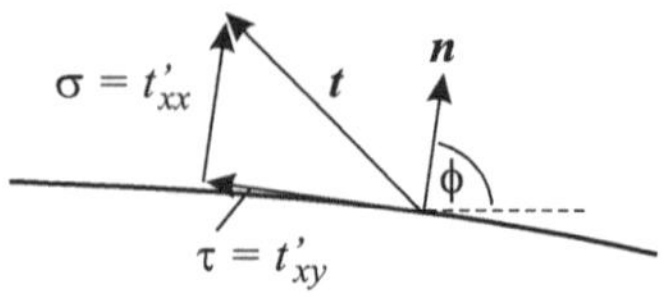

Abb. 2.7. Spannungsvektor im ebenen Spannungszustand.

Durch Anwenden geeigneter Additionstheoreme folgt weiter

$$\begin{aligned} \sigma = t'_{xx} &= \sigma_m + \tfrac{1}{2}(t_{xx} - t_{yy})\cos(-2\phi) - t_{xy}\sin(-2\phi), \\ \tau = t'_{xy} &= \tfrac{1}{2}(t_{xx} - t_{yy})\sin(-2\phi) + t_{xy}\cos(-2\phi) \end{aligned} \tag{2.181}$$

(σ_m: mittlere Normalspannung). Das stellt im (σ,τ)-Raum einen Kreis mit Mittelpunkt bei $(\sigma_m, 0)$ und Radius

$$r^2 = \left(\tfrac{1}{2}(t_{xx} - t_{yy})\right)^2 + t_{xy}^2 \tag{2.182}$$

dar, denn aus (2.181) erhält man

$$(\sigma - \sigma_m)^2 + \tau^2 = \left(\tfrac{1}{2}(t_{xx} - t_{yy})\right)^2 + t_{xy}^2. \tag{2.183}$$

Dieser Kreis wird als *Mohrscher Kreis* bezeichnet. Er ist, wie man in (2.181) sieht, mit dem Winkel -2ϕ parameterisiert, d. h., um den zum Drehwinkel ϕ zugehörigen Punkt (σ,τ) zu ermitteln, muss man vom Ausgangspunkt (t_{xx}, t_{xy}) den Winkel -2ϕ auf dem Kreis abtragen (Abb. 2.8).

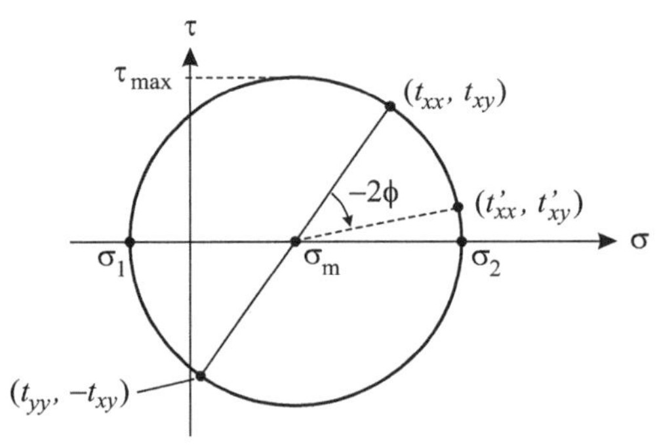

Abb. 2.8. Mohrscher Kreis für den ebenen Spannungszustand.

Der Mohrsche Kreis lässt sich bei bekannten t_{xx}, t_{xy} und t_{yy} schnell konstruieren. Für $\phi = 0°$ ($\boldsymbol{n} = \boldsymbol{e}_x$) folgt aus (2.181) der Punkt $(\sigma,\tau) = (t_{xx}, t_{xy})$, für $\phi = 90°$ ($\boldsymbol{n} = \boldsymbol{e}_y$) der gegenüberliegende Punkt $(\sigma,\tau) = (t_{yy}, -t_{xy})$. Die Verbindungslinie dieser beiden Punkte schneidet die σ-Achse im Punkt

$(\sigma_m, 0)$, was, wie oben gezeigt, den Mittelpunkt des Mohrschen Kreises darstellt. Somit stehen der Kreismittelpunkt und zwei Punkte auf dem Kreis selbst zur Verfügung; der Kreis kann gezeichnet werden. Dieses Vorgehen, sowie das Ablesen der Spannungen (σ, τ) für die Geometrie von Abb. 2.7, sind in Abb. 2.8 illustriert.

Die beiden Schnittpunkte des Mohrschen Kreises mit der σ-Achse entsprechen den beiden Hauptspannungen σ_1 und σ_2. Sie liegen einander gegenüber, was im physikalischen Raum einer Drehung um 90° entspricht; das ist mit der notwendigen Orthogonalität des Hauptachsensystems konsistent. Man erkennt weiter, dass die Hauptspannungen extremale Normalspannungen sind, d. h., die für alle übrigen Normalenrichtungen auftretenden Normalspannungen σ liegen zwischen den beiden Hauptspannungen:

$$\sigma_1 \leq \sigma \leq \sigma_2 \tag{2.184}$$

(ohne Beschränkung der Allgemeinheit ist $\sigma_1 \leq \sigma_2$ vorausgesetzt). Die maximalen Schubspannungen $\tau_{\max}$ treten auf, wenn die Flächennormale $\boldsymbol{n}$ mit einer der Winkelhalbierenden des Hauptachsensystems zusammenfällt, also um 45° gegen eine der Hauptachsen verdreht ist. Sie entsprechen betragsmäßig dem Radius des Mohrschen Kreises; nach Abb. 2.8 gilt

$$\tau_{\max} = \pm\tfrac{1}{2}(\sigma_1 - \sigma_2). \tag{2.185}$$

Für die zugehörige Normalspannung gilt offenbar $\sigma = \sigma_m$.

Auch für den *allgemeinen dreidimensionalen Fall* existiert eine vergleichbare Konstruktion. Wir wollen diese jedoch nicht im Detail herleiten, sondern beschränken uns auf eine Plausibilitätsbetrachtung. Der Einfachheit halber gehen wir davon aus, dass der Spannungstensor bereits in Hauptachsen vorliegt. Die drei Hauptspannungen seien gemäß $\sigma_1 \leq \sigma_2 \leq \sigma_3$ geordnet, wobei σ_1 der x-Richtung, σ_2 der y-Richtung und σ_3 der z-Richtung entspreche. Betrachtet man wie beim ebenen Spannungszustand zunächst nur die Flächenelemente mit Normalenvektor in der xy-Ebene, so erhält man für die möglichen, an den Flächenelementen angreifenden (σ, τ)-Paare analog einen Kreis durch $(\sigma_1, 0)$ und $(\sigma_2, 0)$ mit Mittelpunkt bei $((\sigma_1 + \sigma_2)/2, 0)$. Zwei entsprechende Kreise durch $(\sigma_1, 0)$ und $(\sigma_3, 0)$ bzw. $(\sigma_2, 0)$ und $(\sigma_3, 0)$ resultieren aus Flächennormalen in der xz- bzw. yz-Ebene, sodass insgesamt drei Mohrsche Kreise vorliegen. Man kann nun zeigen, dass diese *Grenzkreise* darstellen; alle möglichen (σ, τ)-Paare für beliebige Schnittrichtungen müssen in dem von den drei Mohrschen Kreisen begrenzten, in Abb. 2.9 grau unterlegten Gebiet liegen.

Man erkennt, dass ähnlich wie beim ebenen Spannungszustand die möglichen Normalspannungen durch die Hauptspannungen begrenzt sind,

$$\sigma_1 \leq \sigma \leq \sigma_3, \tag{2.186}$$

sowie dass die maximale Schubspannung $\tau_{\max}$ bei einem Schnitt mit Flächennormale genau zwischen der zu σ_1 und der zu σ_3 gehörenden Hauptachse auftritt und den Wert

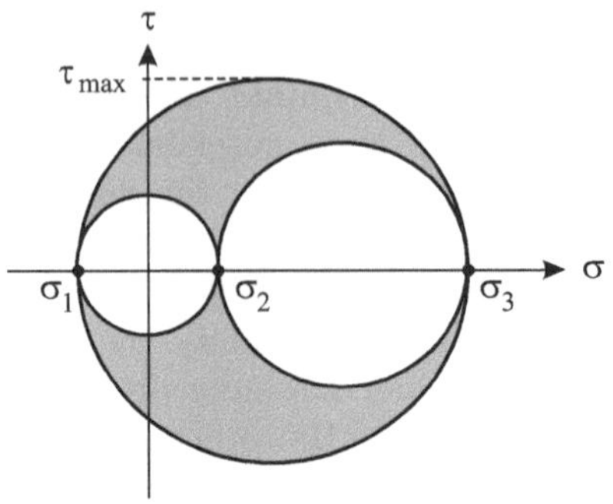

Abb. 2.9. Die drei Mohrschen Kreise.

$$\tau_{\max} = \pm\tfrac{1}{2}(\sigma_1 - \sigma_3) \tag{2.187}$$

besitzt.

Problem 2.5 *Mohrsche Kreise des hydrostatischen Spannungszustands.*

Welche Gestalt haben die drei Mohrschen Kreise im hydrostatischen Spannungszustand, der durch einen verschwindenden Spannungsdeviator, d. h., $\boldsymbol{t} = -p\,\mathbf{1}$, gekennzeichnet ist?

Lösung. Wegen $\boldsymbol{t} = -p\,\mathbf{1}$ gilt $\sigma_1 = \sigma_2 = \sigma_3 = -p$, und die drei Mohrschen Kreise entarten zu einem einzigen Punkt im (σ, τ)-Raum, nämlich $(-p, 0)$. Daher erhält man für jede beliebige Schnittrichtung die Spannungen $(\sigma, \tau) = (-p, 0)$; Schubspannungen treten niemals auf.

■

2.9 Zusammenfassung

Wir sind dem am Anfang dieses Kapitels formulierten Ziel, Formulierung eines geschlossenen Anfangs-Randwertproblemes zur prognostischen Berechnung der kontinuumsmechanischen Feldgrößen, einen großen Schritt näher gekommen. Beispielsweise lauten in der Momentankonfiguration die Bilanzgleichungen für Masse, Impuls und innere Energie

$$\frac{\mathrm{d}\rho}{\mathrm{d}t} = -\rho \operatorname{div} \boldsymbol{v}, \tag{2.188}$$

$$\rho\frac{\mathrm{d}\boldsymbol{v}}{\mathrm{d}t} = \operatorname{div} \boldsymbol{t} + \rho \boldsymbol{f}_s, \tag{2.189}$$

$$\rho\frac{\mathrm{d}u}{\mathrm{d}t} = -\operatorname{div} \boldsymbol{q} + \operatorname{tr}(\boldsymbol{t} \cdot \boldsymbol{D}) + \rho r \tag{2.190}$$

(die Drehimpulsbilanz ist implizit in der Symmetrie von $\boldsymbol{t}$ enthalten, die Entropiebilanz ist in diesem Zusammenhang irrelevant). Jedoch ist dieses

System stark unterbestimmt, denn es handelt sich um nur fünf Gleichungen für die 14 Feldgrößen ρ, $\boldsymbol{v}$ (drei Felder), $\boldsymbol{t}$ (sechs Felder wegen Symmetrie), u und $\boldsymbol{q}$ (drei Felder); dabei sind $\boldsymbol{f}_s$ und r als vorgegeben angenommen. Es ist daher erforderlich, zusätzlich geeignete Schließbedingungen als Relationen zwischen den Feldgrößen zu formulieren. Diese Schließbedingungen beinhalten das spezifische Verhalten der verschiedenen Materialien und heißen, wie bereits zu Beginn dieses Kapitels erwähnt, Konstitutiv- oder Materialgleichungen. Wir betrachten zunächst spezielle Beispiele (Kap. 3, 4) und wenden uns dann der allgemeinen Theorie der Formulierung solcher Materialgleichungen („Materialtheorie“, Kap. 5) zu.

3. Der linear-elastische Festkörper

3.1 Materialgleichungen

3.1.1 Hookesches Gesetz

Ein Material heißt *elastisch*, wenn der Spannungstensor $\boldsymbol{t}$ einem Materialgesetz der Form

$$\boldsymbol{t} = \boldsymbol{t}(\boldsymbol{F}) \tag{3.1}$$

gehorcht, d. h., $\boldsymbol{t}$ nur vom aktuellen Deformationsgradienten $\boldsymbol{F}$ abhängt. Insbesondere sind Temperaturabhängigkeiten ausgeschlossen, sodass die Energiebilanz (2.190) nicht betrachtet werden muss. Wir werden später im Rahmen der Materialtheorie beweisen, dass für ein isotropes elastisches Material $\boldsymbol{t}$ nicht in beliebiger Weise von $\boldsymbol{F}$ abhängen kann, sondern dessen allgemeinste Materialgleichung

$$\boldsymbol{t} = a_0(I_B, I\!I_B, I\!I\!I_B)\,\mathbf{1} + a_1(I_B, I\!I_B, I\!I\!I_B)\,\boldsymbol{B} + a_2(I_B, I\!I_B, I\!I\!I_B)\,\boldsymbol{B}^2 \tag{3.2}$$

lautet. Dabei ist $\boldsymbol{B} = \boldsymbol{V}^2 = \boldsymbol{F} \cdot \boldsymbol{F}^{\mathrm{T}}$ der Links-Cauchy-Green-Tensor, und die skalaren Funktionen a_0, a_1, a_2 können in beliebiger Weise von den Invarianten von $\boldsymbol{B}$, I_B, $I\!I_B$ und $I\!I\!I_B$ (vgl. Abschn. 2.8.2), abhängen.

Wir betrachten nun den Spezialfall kleiner Verschiebungen $\boldsymbol{u}$ und Verschiebungsgradienten $\boldsymbol{H}$, sodass die geometrische Linearisierung (Abschn. 1.2.5) angewendet werden kann und die Unterscheidung zwischen Referenz- und Momentankonfiguration hinfällig wird. Wegen (1.117) ist

$$\boldsymbol{B} = \boldsymbol{V}^2 = \mathbf{1} + 2\boldsymbol{\varepsilon}, \quad \boldsymbol{B}^2 = \mathbf{1} + 4\boldsymbol{\varepsilon}, \quad I_B = \operatorname{tr}\boldsymbol{B} = 3 + 2\operatorname{tr}\boldsymbol{\varepsilon} \tag{3.3}$$

($\boldsymbol{\varepsilon} = \operatorname{sym}\boldsymbol{H}$: infinitesimaler Verzerrungstensor), sodass für die in $\boldsymbol{H}$ linearisierte Form von (3.2)

$$\boldsymbol{t} = (\lambda \operatorname{tr}\boldsymbol{\varepsilon})\,\mathbf{1} + 2\mu\,\boldsymbol{\varepsilon} \tag{3.4}$$

folgt. Dabei wurde noch $\boldsymbol{t}(\boldsymbol{\varepsilon}=\mathbf{0}) = \mathbf{0}$, also die Abwesenheit von Vorspannungen, vorausgesetzt. Gleichung (3.4) beschreibt die Materialgleichung eines isotropen, linear-elastischen Festkörpers und ist auch als *Hookesches Gesetz* bekannt. Die beiden Parameter λ und μ heißen *Lamésche Konstanten.*

Eine alternative Form des Hookeschen Gesetzes (3.4) lässt sich gewinnen, indem der infinitesimale Verzerrungstensor gemäß

$$\boldsymbol{\varepsilon} = (\tfrac{1}{3}\mathrm{tr}\,\boldsymbol{\varepsilon})\,\mathbf{1} + \boldsymbol{\varepsilon}^{\mathrm{D}} \tag{3.5}$$

in einen isotropen Kugeltensor und einen deviatorischen Anteil ($\mathrm{tr}\,\boldsymbol{\varepsilon}^{\mathrm{D}} = 0$) zerlegt wird. Einsetzen ergibt

$$\boldsymbol{t} = [(\lambda + \tfrac{2}{3}\mu)\,\mathrm{tr}\,\boldsymbol{\varepsilon}]\,\mathbf{1} + 2\mu\,\boldsymbol{\varepsilon}^{\mathrm{D}} = (\kappa\,\mathrm{tr}\,\boldsymbol{\varepsilon})\,\mathbf{1} + 2\mu\,\boldsymbol{\varepsilon}^{\mathrm{D}}, \tag{3.6}$$

wobei für den *Kompressionsmodul* κ die Beziehung

$$\kappa = \lambda + \tfrac{2}{3}\mu \tag{3.7}$$

gilt. Im Hookeschen Gesetz der Form (3.6) sind die elastischen Deformationen nach isotropen Volumenänderungen und volumenerhaltenden Deformationen aufgeteilt.

3.1.2 Phänomenologische Einführung

Zugversuch. Wir betrachten einen Würfel, an dem gemäß Abb. 3.1 die Normalspannung t_{xx} angreift. Man beobachtet dabei einen linearen Zusammenhang zwischen dieser Spannung und der resultierenden Dehnung (relativen Längenänderung) ε_{xx},

$$t_{xx} = E\,\varepsilon_{xx}; \tag{3.8}$$

der Proportionalitätsfaktor E heißt *Elastizitätsmodul.* Des weiteren zeigen sich in den dazu senkrechten Richtungen y und z negative Dehnungen (Stauchungen) ε_{yy} und ε_{zz}, für die die Relationen

$$\varepsilon_{yy} = -\nu\,\varepsilon_{xx} = -\frac{\nu}{E}t_{xx}, \quad \varepsilon_{zz} = -\nu\,\varepsilon_{xx} = -\frac{\nu}{E}t_{xx} \tag{3.9}$$

gelten. Der Faktor ν wird als *Querkontraktionszahl* oder *Poissonsche Zahl* bezeichnet.

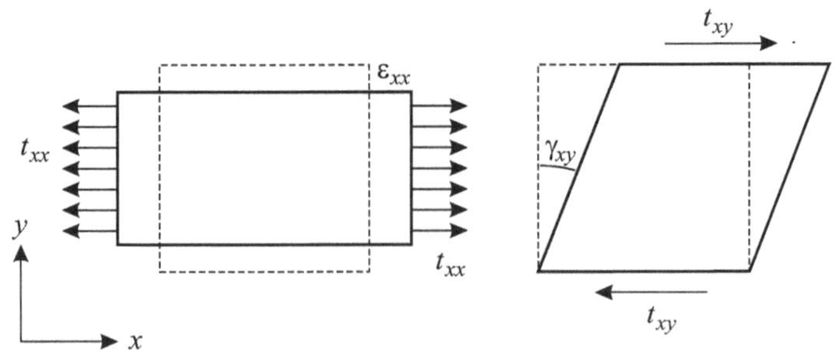

Abb. 3.1. Zug- und Scherversuch.

Scherversuch. Wir betrachten wieder einen Würfel, setzen ihn jedoch diesmal der Scherspannung t_{xy} aus (Abb. 3.1). Dabei erleidet der Würfel eine proportionale Winkeländerung (Scherung) γ_{xy}, es gilt also

$$t_{xy} = \mu\,\gamma_{xy}. \tag{3.10}$$

μ heißt *Schubmodul* und ist, wie wir gleich sehen werden, mit der zweiten Laméschen Konstanten identisch.

Durch Superposition der Relationen (3.8) – (3.10) erhält man für einen beliebigen Spannungszustand

$$\begin{aligned}
\varepsilon_{xx} &= \frac{1}{E}t_{xx} - \frac{\nu}{E}(t_{yy}+t_{zz}),\\
\varepsilon_{yy} &= \frac{1}{E}t_{yy} - \frac{\nu}{E}(t_{xx}+t_{zz}),\\
\varepsilon_{zz} &= \frac{1}{E}t_{zz} - \frac{\nu}{E}(t_{xx}+t_{yy}),\\
\gamma_{xy} &= \frac{1}{\mu}t_{xy},\\
\gamma_{xz} &= \frac{1}{\mu}t_{xz},\\
\gamma_{yz} &= \frac{1}{\mu}t_{yz}.
\end{aligned} \tag{3.11}$$

Wir lösen das nun nach den Spannungen auf. Dazu vergegenwärtigen wir uns zunächst, dass die Dehnungen mit den Hauptdiagonalelementen des infinitesimalen Verzerrungstensors $\boldsymbol{\varepsilon}$ identisch sind, und die Scherungen den zweifachen Nebendiagonalelementen von $\boldsymbol{\varepsilon}$ entsprechen (vgl. Abschn. 1.2.5), also $\varepsilon_{ij} = \gamma_{ij}/2$ $(i \neq j)$. Die drei letzten Gleichungen von (3.11) lassen sich direkt auflösen und ergeben

$$t_{xy} = 2\mu\,\varepsilon_{xy}, \quad t_{xz} = 2\mu\,\varepsilon_{xz}, \quad t_{yz} = 2\mu\,\varepsilon_{yz}. \tag{3.12}$$

Die ersten drei Gleichungen lassen sich umformen zu

$$\begin{aligned}
\varepsilon_{xx} &= \frac{1+\nu}{E}t_{xx} - \frac{\nu}{E}\operatorname{tr}\boldsymbol{t},\\
\varepsilon_{yy} &= \frac{1+\nu}{E}t_{yy} - \frac{\nu}{E}\operatorname{tr}\boldsymbol{t},\\
\varepsilon_{zz} &= \frac{1+\nu}{E}t_{zz} - \frac{\nu}{E}\operatorname{tr}\boldsymbol{t}.
\end{aligned} \tag{3.13}$$

Durch Aufsummieren folgt weiter

$$\operatorname{tr}\boldsymbol{\varepsilon} = \frac{1+\nu}{E}\operatorname{tr}\boldsymbol{t} - 3\frac{\nu}{E}\operatorname{tr}\boldsymbol{t} = \frac{1-2\nu}{E}\operatorname{tr}\boldsymbol{t}, \tag{3.14}$$

bzw.

$$\operatorname{tr} \boldsymbol{t} = \frac{E}{1-2\nu} \operatorname{tr} \boldsymbol{\varepsilon}. \tag{3.15}$$

Somit ergibt sich

$$\begin{aligned} \varepsilon_{xx} &= \frac{1+\nu}{E} t_{xx} - \frac{\nu}{1-2\nu} \operatorname{tr} \boldsymbol{\varepsilon}, \\ \varepsilon_{yy} &= \frac{1+\nu}{E} t_{yy} - \frac{\nu}{1-2\nu} \operatorname{tr} \boldsymbol{\varepsilon}, \\ \varepsilon_{zz} &= \frac{1+\nu}{E} t_{zz} - \frac{\nu}{1-2\nu} \operatorname{tr} \boldsymbol{\varepsilon}, \end{aligned} \tag{3.16}$$

und daher zusammen mit (3.12)

$$\begin{aligned} t_{xx} &= \frac{E}{1+\nu} \varepsilon_{xx} + \frac{E\nu}{(1+\nu)(1-2\nu)} \operatorname{tr} \boldsymbol{\varepsilon}, \\ t_{yy} &= \frac{E}{1+\nu} \varepsilon_{yy} + \frac{E\nu}{(1+\nu)(1-2\nu)} \operatorname{tr} \boldsymbol{\varepsilon}, \\ t_{zz} &= \frac{E}{1+\nu} \varepsilon_{zz} + \frac{E\nu}{(1+\nu)(1-2\nu)} \operatorname{tr} \boldsymbol{\varepsilon}, \\ t_{xy} &= 2\mu\, \varepsilon_{xy}, \\ t_{xz} &= 2\mu\, \varepsilon_{xz}, \\ t_{yz} &= 2\mu\, \varepsilon_{yz}. \end{aligned} \tag{3.17}$$

Das ist mit dem Hookeschen Gesetz (3.4) identisch. Aus den drei letzten Gleichungen wird ersichtlich, dass der Schubmodul μ in der Tat mit der zweiten Laméschen Konstanten μ übereinstimmt (daher auch das gemeinsame Symbol μ), und aus den ersten drei Gleichungen folgen die Zusammenhänge

$$\lambda = \frac{E\nu}{(1+\nu)(1-2\nu)}, \quad \mu = \frac{E}{2(1+\nu)} \tag{3.18}$$

zwischen den verschiedenen Konstanten, von denen folglich nur zwei unabhängig sind. Für Stahl gilt beispielsweise

$$\begin{aligned} E &\approx 2.1 \cdot 10^5\, \mathrm{N/mm^2}, \\ \nu &\approx 0.3, \\ \lambda &\approx 1.2 \cdot 10^5\, \mathrm{N/mm^2}, \\ \mu &\approx 8.1 \cdot 10^4\, \mathrm{N/mm^2}. \end{aligned} \tag{3.19}$$

3.1.3 Hookesches Gesetz für dichtebeständige Materialien

Für die Jacobi-Determinante gilt in geometrischer Linearisierung

$$J = \det \boldsymbol{F} = \det(\mathbf{1} + \boldsymbol{H}) = \det \begin{pmatrix} 1 + u_{x,x} & u_{x,y} & u_{x,z} \\ u_{y,x} & 1 + u_{y,y} & u_{y,z} \\ u_{z,x} & u_{z,y} & 1 + u_{z,z} \end{pmatrix}$$

$$= 1 + u_{x,x} + u_{y,y} + u_{z,z} = 1 + \operatorname{div} \boldsymbol{u} = 1 + \operatorname{tr} \boldsymbol{\varepsilon}. \tag{3.20}$$

Mit $\mathrm{d}v = J\,\mathrm{d}V$ erhält man für die relative Volumendehnung $\varepsilon_V = (\mathrm{d}v - \mathrm{d}V)/\mathrm{d}V$

$$\varepsilon_V = \frac{(J-1)\,\mathrm{d}V}{\mathrm{d}V} = \operatorname{div} \boldsymbol{u} = \operatorname{tr} \boldsymbol{\varepsilon}. \tag{3.21}$$

Mit (3.15) lässt sich das umschreiben zu

$$\varepsilon_V = \frac{1-2\nu}{E} \operatorname{tr} \boldsymbol{t} = \frac{3(1-2\nu)}{E} \sigma_m. \tag{3.22}$$

Vergleich mit dem Hookeschen Gesetz (3.6), aus dem man durch Spurbildung sofort

$$\sigma_m = \kappa\, \varepsilon_V \tag{3.23}$$

erhält, zeigt, dass es sich bei der Größe $\frac{E}{3(1-2\nu)}$ um den Kompressionsmodul κ handelt.

Bei einem *dichtebeständigen Material* muss die relative Volumendehnung verschwinden. Es resultieren daher die Beziehungen

$$\operatorname{div} \boldsymbol{u} = \operatorname{tr} \boldsymbol{\varepsilon} = 0 \tag{3.24}$$

und

$$\nu = \frac{1}{2}. \tag{3.25}$$

Aus (3.24) und dem Hookeschen Gesetz (3.4) folgt, dass der aus den elastischen Verzerrungen ε_{ij} resultierende Spannungszustand rein deviatorisch ist,

$$\boldsymbol{t}^{\mathrm{D}} = 2\mu\, \boldsymbol{\varepsilon}. \tag{3.26}$$

Das ist das *Hookesche Gesetz für dichtebeständige Materialien.* Unabhängig davon kann jedoch eine mittlere Normalspannung σ_m existieren, die auf den Verzerrungszustand keine Auswirkungen hat. Der Spannungstensor hat demnach die Form

$$\boldsymbol{t} = \sigma_m\, \mathbf{1} + \boldsymbol{t}^{\mathrm{D}}, \tag{3.27}$$

wobei $\boldsymbol{t}^{\mathrm{D}}$ der Materialgleichung (3.26) gehorcht, σ_m aber eine zusätzliche freie Feldgröße ist.

3.2 Grundgleichungen der linearen Elastizitätstheorie

3.2.1 Naviersche Gleichung

Es stellt sich nun die Aufgabe, aus der Massenbilanz (2.188), der Impulsbilanz (2.189) und der Materialgleichung (3.4) ein geschlossenes Gleichungssystem zu konstruieren. Wir nehmen dazu an, dass der betrachtete Körper in der Referenzkonfiguration (z. B. zur Zeit $t = 0$) spannungs- und verzerrungsfrei ist und die Dichte ρ_0 hat. Die Massenbilanz kann mit $\dot{J} = J \operatorname{div} \boldsymbol{v}$ und (3.20) direkt integriert werden:

$$\begin{aligned}
&\dot{\rho} + \rho \operatorname{div} \boldsymbol{v} = 0 \\
&\Rightarrow \; \frac{\dot{\rho}}{\rho} + \frac{\dot{J}}{J} = 0 \quad \Rightarrow \; \frac{\mathrm{d}\rho}{\rho} + \frac{\mathrm{d}J}{J} = 0 \quad \Big| \int_{t=0}^{t} \\
&\Rightarrow \; \ln \frac{\rho}{\rho_0} + \ln J = 0 \quad \Rightarrow \; \frac{\rho}{\rho_0} J = 1 \quad \Rightarrow \; \rho = \frac{\rho_0}{J} = \frac{\rho_0}{1 + \operatorname{tr} \boldsymbol{\varepsilon}} \\
&\Rightarrow \; \rho = \rho_0 \quad (+O(\|\boldsymbol{\varepsilon}\|)\,)\,.
\end{aligned} \tag{3.28}$$

Die Dichte ist also in erster Näherung gleich der konstanten Dichte in der Referenzkonfiguration. Das ist konsistent mit der ganz am Anfang dieses Kapitels aufgestellten Behauptung, dass zwischen Referenz- und Momentankonfiguration nicht zu unterschieden werden braucht.

Wir setzen nun das Hookesche Gesetz (3.4) in die Impulsbilanz (2.189) ein. Für die Divergenz des Spannungstensors rechnet man

$$\begin{aligned}
(\operatorname{div} \boldsymbol{t})_i &= t_{ij,j} = (\lambda\, \varepsilon_{kk}\, \delta_{ij} + 2\mu\, \varepsilon_{ij})_{,j} \\
&= (\lambda\, u_{k,k} \delta_{ij})_{,j} + \mu\, u_{i,jj} + \mu\, u_{j,ij} \\
&= \lambda\, u_{k,kj} \delta_{ij} + \mu\, u_{i,jj} + \mu\, u_{j,ji} \\
&= (\lambda + \mu)\, u_{k,ki} + \mu\, u_{i,jj} \\
\Rightarrow \; \operatorname{div} \boldsymbol{t} &= (\lambda + \mu) \operatorname{grad} \operatorname{div} \boldsymbol{u} + \mu\, \nabla^2 \boldsymbol{u},
\end{aligned} \tag{3.29}$$

wobei für den Laplace-Operator

$$\nabla^2 = \operatorname{div} \operatorname{grad} = \boldsymbol{\nabla} \cdot \boldsymbol{\nabla} = \frac{\partial^2}{\partial x_1^2} + \frac{\partial^2}{\partial x_2^2} + \frac{\partial^2}{\partial x_3^2} \tag{3.30}$$

gilt [vgl. (1.30)]. Des weiteren ist $\boldsymbol{v} = \dot{\boldsymbol{x}} = (\boldsymbol{X} + \boldsymbol{u})^{\cdot} = \dot{\boldsymbol{u}}$ und $\rho = \rho_0$ (siehe oben), sodass man aus der Impulsbilanz (2.189) schließlich

$$\rho_0 \frac{\mathrm{d}^2 \boldsymbol{u}}{\mathrm{d}t^2} = (\lambda + \mu) \operatorname{grad} \operatorname{div} \boldsymbol{u} + \mu\, \nabla^2 \boldsymbol{u} + \rho_0 \boldsymbol{f}_s \tag{3.31}$$

erhält. Diese Beziehung heißt *Naviersche Gleichung*. Es handelt sich um drei Gleichungen für die drei Verschiebungskomponenten u_x, u_y und u_z, sodass in der Tat ein geschlossenes System vorliegt. Mit Hilfe des Vektor-Theorems

$$\nabla^2 \boldsymbol{u} = \operatorname{grad}\operatorname{div}\boldsymbol{u} - \operatorname{rot}\operatorname{rot}\boldsymbol{u} \tag{3.32}$$

lässt sich die Naviersche Gleichung alternativ auch als

$$\rho_0 \frac{\mathrm{d}^2\boldsymbol{u}}{\mathrm{d}t^2} = (\lambda + 2\mu)\operatorname{grad}\operatorname{div}\boldsymbol{u} - \mu\operatorname{rot}\operatorname{rot}\boldsymbol{u} + \rho_0 \boldsymbol{f}_s \tag{3.33}$$

darstellen.

Problem 3.1 *Geneigte elastische Platte unter Eigengewicht.*

Wir betrachten eine um den Winkel α geneigte Platte aus linear-elastischem Material (Lamésche Konstanten λ, μ), die fest mit dem starren Untergrund verbunden ist und sich unter ihrem eigenen Gewicht deformiert (Abb. 3.2). Sie sei in x-Richtung und in z-Richtung (senkrecht zur Zeichenebene) uniform und unendlich ausgedehnt. Gesucht ist das Verschiebungs- und Spannungsfeld im sich einstellenden Gleichgewicht.

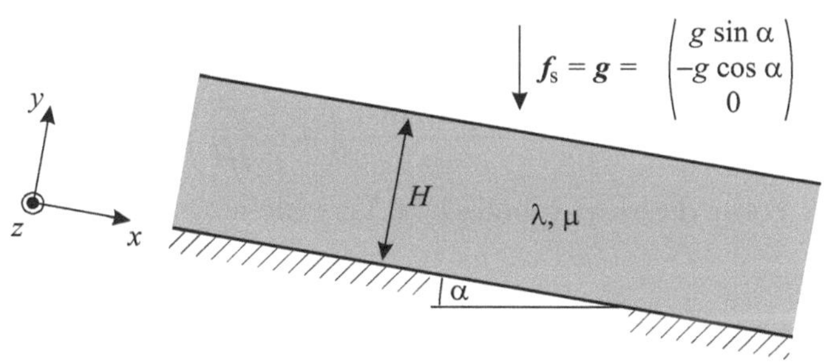

Abb. 3.2. Geneigte elastische Platte unter Eigengewicht.

Lösung. Aufgrund der unendlichen Ausdehnung und Uniformität längs x und z sowie der Gleichgewichtsannahme können die auftretenden Feldgrößen nur von der Vertikalkoordinate y abhängen; alle Ableitungen nach x, z und t müssen verschwinden. Des weiteren verschwindet die Verschiebungskomponente u_z und somit auch die Verzerrungskomponenten ε_{xz}, ε_{yz} und ε_{zz}. (Die hier vorliegende Situation $\varepsilon_{xz} = \varepsilon_{yz} = \varepsilon_{zz} = 0$ sowie ε_{xx}, ε_{yy}, ε_{xy} unabhängig von z bezeichnet man im übrigen als *ebenen Verzerrungszustand.*)

Wir betrachten die x-Komponente der Navierschen Gleichung (3.31):

$$\rho_0 \frac{\mathrm{d}^2 u_x}{\mathrm{d}t^2} = (\lambda + \mu)\frac{\partial}{\partial x}(\operatorname{div}\boldsymbol{u}) + \mu\nabla^2 u_x + \rho_0 (f_s)_x$$

$$\Rightarrow \; \mu \frac{\partial^2 u_x}{\partial y^2} + \rho_0 g \sin\alpha = 0 \quad \Rightarrow \; \frac{\partial^2 u_x}{\partial y^2} = -\frac{\rho_0 g \sin\alpha}{\mu}. \tag{3.34}$$

Durch zweimalige Integration folgt die allgemeine Lösung dieser Gleichung,

$$u_x(y) = -\frac{\rho_0 g \sin\alpha}{2\mu} y^2 + C_1 y + C_2. \tag{3.35}$$

Die Randbedingungen des Problems sind Verschiebungsfreiheit am Boden und Spannungsfreiheit an der freien Oberfläche, also

$$u_x(y=0) = 0 \tag{3.36}$$

und

$$t_{xy}(y=H) = 0 \quad \Rightarrow \varepsilon_{xy}(y=H) = \frac{1}{2}\left.\frac{\partial u_x}{\partial y}\right|_{y=H} = 0$$

$$\Rightarrow \left.\frac{\partial u_x}{\partial y}\right|_{y=H} = 0. \tag{3.37}$$

Aus der ersten Bedingung folgt

$$C_2 = 0, \tag{3.38}$$

und die zweite ergibt

$$C_1 = \frac{\rho_0 g \sin\alpha}{\mu} H, \tag{3.39}$$

sodass das Ergebnis schließlich

$$u_x(y) = \frac{\rho_0 g H \sin\alpha}{\mu}\left(y - \frac{y^2}{2H}\right) \tag{3.40}$$

lautet. Die Form dieses parabolischen Verschiebungsfeldes ist in Abb. 3.3 skizziert.

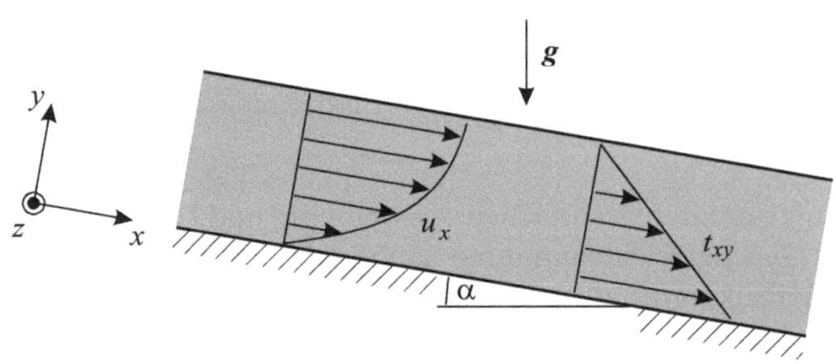

Abb. 3.3. Verschiebung u_x und Schubspannung t_{xy} für die geneigte elastische Platte.

Wir betrachten nun die y-Komponente der Navierschen Gleichung (3.31):

$$\rho_0 \frac{\mathrm{d}^2 u_y}{\mathrm{d}t^2} = (\lambda + \mu)\frac{\partial}{\partial y}(\operatorname{div}\boldsymbol{u}) + \mu\nabla^2 u_y + \rho_0 (f_s)_y$$

$$\Rightarrow (\lambda+\mu)\frac{\partial^2 u_y}{\partial y^2} + \mu\frac{\partial^2 u_y}{\partial y^2} - \rho_0 g\cos\alpha = 0$$

$$\Rightarrow \frac{\partial^2 u_y}{\partial y^2} = \frac{\rho_0 g\cos\alpha}{\lambda + 2\mu}. \tag{3.41}$$

Durch zweimalige Integration folgt hier

$$u_y(y) = \frac{1}{2}\frac{\rho_0 g \cos\alpha}{\lambda + 2\mu} y^2 + C_3 y + C_4. \tag{3.42}$$

Die Randbedingungen sind analog

$$u_y(y{=}0) = 0 \tag{3.43}$$

und

$$\begin{aligned} t_{yy}(y{=}H) = 0 \quad &\Rightarrow \quad (\lambda \operatorname{tr} \boldsymbol{\varepsilon} + 2\mu\varepsilon_{yy})\big|_{y=H} = 0 \\ \Rightarrow \quad (\lambda + 2\mu)\left.\frac{\partial u_y}{\partial y}\right|_{y=H} = 0 \quad &\Rightarrow \quad \left.\frac{\partial u_y}{\partial y}\right|_{y=H} = 0. \end{aligned} \tag{3.44}$$

Es folgt

$$C_3 = -\frac{\rho_0 g H \cos\alpha}{\lambda + 2\mu}, \qquad C_4 = 0, \tag{3.45}$$

und somit

$$u_y(y) = -\frac{\rho_0 g H \cos\alpha}{\lambda + 2\mu}\left(y - \frac{y^2}{2H}\right). \tag{3.46}$$

Da u_z sowieso verschwindet, ist die z-Komponente der Navierschen Gleichung identisch erfüllt; das Problem ist mit (3.40) und (3.46) vollständig gelöst.

Wir berechnen mit Hilfe des Hookeschen Gesetzes (3.4) noch die auftretenden Spannungen:

$$\begin{aligned} t_{xx} &= \lambda\frac{\partial u_y}{\partial y} = -\frac{\lambda}{\lambda + 2\mu}\rho_0 g H \cos\alpha\,(1 - \frac{y}{H}), \\ t_{yy} &= \lambda\frac{\partial u_y}{\partial y} + 2\mu\frac{\partial u_y}{\partial y} = -\rho_0 g H \cos\alpha\,(1 - \frac{y}{H}), \\ t_{zz} &= \lambda\frac{\partial u_y}{\partial y} = -\frac{\lambda}{\lambda + 2\mu}\rho_0 g H \cos\alpha\,(1 - \frac{y}{H}), \\ t_{xy} &= \mu\frac{\partial u_x}{\partial y} = \rho_0 g H \sin\alpha\,(1 - \frac{y}{H}), \\ t_{xz} &= 0, \\ t_{yz} &= 0, \\ \sigma_m &= \tfrac{1}{3}(t_{xx} + t_{yy} + t_{zz}) \\ &= -\tfrac{1}{3}\rho_0 g H \cos\alpha\,(1 - \frac{y}{H})\left(\frac{\lambda}{\lambda + 2\mu} + \frac{\lambda}{\lambda + 2\mu} + 1\right) \\ &= -\frac{3\lambda + 2\mu}{3(\lambda + 2\mu)}\rho_0 g H \cos\alpha\,(1 - \frac{y}{H}). \end{aligned} \tag{3.47}$$

Sämtlich Spannungen verlaufen also linear über die Höhe der elastischen Platte und verschwinden an der freien Oberfläche; Abb. 3.3 zeigt exemplarisch den Verlauf der Schubspannung t_{xy}. Es ist weiter interessant, dass die Normalspannung t_{zz} trotz des hier vorliegenden ebenen Verzerrungszustandes (Verschwinden aller *Verzerrungen* mit z-Komponente) nicht verschwindet, also kein ebener Spannungszustand (Verschwinden aller *Spannungen* mit z-Komponente, vgl. Abschn. 2.8.4) vorliegt.

Interessant ist auch der Sonderfall $\alpha = 0$ (keine Neigung). Dann erhalten wir für die Verschiebungen

$$u_x(y) \equiv 0, \quad u_y(y) = -\frac{\rho_0 g H}{\lambda + 2\mu}\left(y - \frac{y^2}{2H}\right); \tag{3.48}$$

die freie Oberfläche bei $y = H$ senkt sich also aufgrund des Eigengewichtes der Platte um

$$u_y(H) = -\frac{\rho_0 g H^2}{2(\lambda + 2\mu)} \tag{3.49}$$

ab. Für eine 10 cm dicke Stahlplatte ergibt das mit den Materialparametern $\lambda = 1.2 \cdot 10^5\,\mathrm{N/mm^2}$, $\mu = 8.1 \cdot 10^4\,\mathrm{N/mm^2}$ und $\rho_0 = 7800\,\mathrm{kg/m^3}$

$$\begin{aligned} u_y(H) = &-\frac{7800\,\mathrm{kg/m^3} \cdot 9.81\,\mathrm{m/s^2} \cdot 0.01\,\mathrm{m^2}}{5.64 \cdot 10^{11}\,\mathrm{N/m^2}} \\ &= -1.36 \cdot 10^{-9}\,\mathrm{m} = -1.36\,\mathrm{nm}, \end{aligned} \tag{3.50}$$

also nicht eben einen besonders bedeutenden Wert.

■

Problem 3.2 *Elastische selbstgravitierende Kugel.*

Eine massive linear-elastische Kugel mit Elastizitätsmodul E, Querkontraktionszahl ν, Dichte ρ_0 und Radius R werde vom eigenen Gravitationsfeld, beschrieben durch die spezifische Kraft

$$\boldsymbol{f}_s = -g\frac{r}{R}\boldsymbol{e}_r \tag{3.51}$$

(g: Schwerebeschleunigung an der Kugeloberfläche, $\boldsymbol{e}_r$: radialer Einheitsvektor) deformiert (Abb. 3.4). Man formuliere die Naviersche Gleichung in Kugelkoordinaten r, θ, ϕ für den Gleichgewichtszustand und berechne daraus das Verschiebungsfeld $\boldsymbol{u}$, wobei aufgrund der Spannungsfreiheit auf der Kugeloberfläche dort die Dehnung ε_{rr} verschwinden soll. Welche Dehnung $\varepsilon_{rr}(r)$ folgt daraus? Wird das Material innerhalb der Kugel komprimiert oder ausgedehnt? Wie groß ist die Verschiebung an der Oberfläche eines felsigen Asteroiden mit $\rho_0 = 3000\ \mathrm{kg\,m^{-3}}$, $E = 100$ GPa, $\nu = 0.3$ (diese Werte entsprechen etwa denen der Erdkruste), $R = 100$ km und $g = 8.38 \cdot 10^{-2}\ \mathrm{m\,s^{-2}}$?

Lösung. Wir gehen aus von der Navierschen Gleichung in der Form (3.33). Aufgrund des vorausgesetzten Gleichgewichtszustands verschwindet der Beschleunigungsterm $\rho_0 \mathrm{d}^2\boldsymbol{u}/\mathrm{d}t^2$, und wegen (3.18) ist

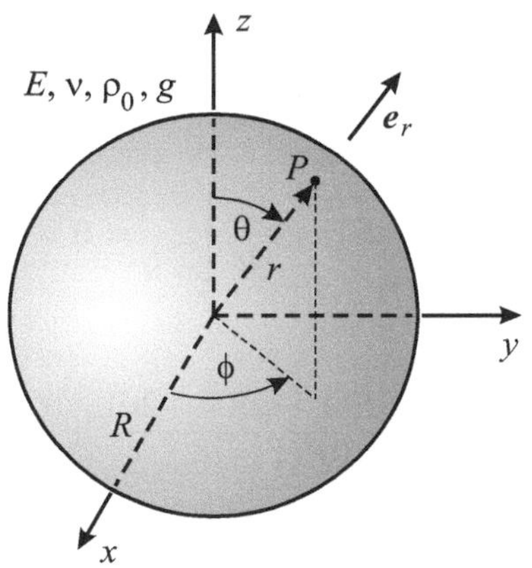

Abb. 3.4. Elastische selbstgravitierende Kugel, Definition der Kugelkoordinaten r (radialer Abstand), θ (Polarwinkel) und ϕ (Azimutalwinkel) eines Raumpunktes P.

$$\lambda + 2\mu = \frac{E\nu}{(1+\nu)(1-2\nu)} + \frac{E}{1+\nu} = \frac{E(1-\nu)}{(1+\nu)(1-2\nu)}, \tag{3.52}$$

sodass

$$\frac{E(1-\nu)}{(1+\nu)(1-2\nu)} \operatorname{grad} \operatorname{div} \boldsymbol{u} - \frac{E}{2(1+\nu)} \operatorname{rot} \operatorname{rot} \boldsymbol{u} - \rho_0 g \frac{r}{R} \boldsymbol{e}_r = 0. \tag{3.53}$$

Aufgrund der Symmetrie des Problems ist klar, dass das Verschiebungsfeld nur eine vom Abstand r abhängige radiale Komponente $u_r(r)$ haben kann; die Komponenten u_θ und u_ϕ verschwinden. Daher benötigen wir nur die radiale Komponente von (3.53). Nach Bronstein *et al.* [4] ist in Kugelkoordinaten für $\boldsymbol{u} = u_r(r)\, \boldsymbol{e}_r + 0\, \boldsymbol{e}_\theta + 0\, \boldsymbol{e}_\phi$

$$\operatorname{grad} \operatorname{div} \boldsymbol{u} = \frac{d}{dr}\left(\frac{1}{r^2}\frac{d(r^2 u_r(r))}{dr}\right) \boldsymbol{e}_r, \quad \operatorname{rot} \boldsymbol{u} = \boldsymbol{0}, \tag{3.54}$$

und somit

$$\frac{E(1-\nu)}{(1+\nu)(1-2\nu)} \frac{d}{dr}\left(\frac{1}{r^2}\frac{d(r^2 u_r(r))}{dr}\right) = \rho_0 g \frac{r}{R}. \tag{3.55}$$

Einmalige Integration ergibt

$$\frac{1}{r^2}\frac{d(r^2 u_r(r))}{dr} = \rho_0 g \frac{(1+\nu)(1-2\nu)}{E(1-\nu)} \frac{r^2}{2R} + C_1, \tag{3.56}$$

und durch Multiplikation mit r^2 und nochmalige Integration folgt

$$\begin{aligned} r^2 u_r(r) &= \rho_0 g \frac{(1+\nu)(1-2\nu)}{E(1-\nu)} \frac{r^5}{10R} + \frac{C_1}{3} r^3 + C_2 \\ \Rightarrow\ u_r(r) &= \rho_0 g \frac{(1+\nu)(1-2\nu)}{E(1-\nu)} \frac{r^3}{10R} + \frac{C_1}{3} r + \frac{C_2}{r^2}. \end{aligned} \tag{3.57}$$

Da eine unendliche Verschiebung bei $r = 0$ physikalisch sinnlos ist, muss die Integrationskonstante C_2 verschwinden. Die Integrationskonstante C_1 kann aus der gegebenen Randbedingung

$$\varepsilon_{rr}(R) = \left.\frac{\mathrm{d}u_r}{\mathrm{d}r}\right|_{r=R} = 0 \tag{3.58}$$

bestimmt werden:

$$\begin{aligned}
\left.\frac{\mathrm{d}u_r}{\mathrm{d}r}\right|_{r=R} &= \frac{3\rho_0 g R(1+\nu)(1-2\nu)}{10E(1-\nu)} + \frac{C_1}{3} = 0 \\
\Rightarrow \; C_1 &= -\frac{9\rho_0 g R(1+\nu)(1-2\nu)}{10E(1-\nu)} \\
\Rightarrow \; u_r(r) &= -\frac{3\rho_0 g R(1+\nu)(1-2\nu)}{10E(1-\nu)}\left(r - \frac{r^3}{3R^2}\right).
\end{aligned} \tag{3.59}$$

Für die Dehnung ε_{rr} erhält man

$$\varepsilon_{rr}(r) = \frac{\mathrm{d}u_r}{\mathrm{d}r} = -\frac{3\rho_0 g R(1+\nu)(1-2\nu)}{10E(1-\nu)}\left(1 - \frac{r^2}{R^2}\right). \tag{3.60}$$

Dies ist innerhalb der Kugel ($r < R$) stets negativ, was einer Kompression entspricht, wie auch von der Anschauung her erwartet. Die Verschiebung der Kugeloberfläche ist nach (3.59)

$$u_r(R) = -\frac{\rho_0 g R^2(1+\nu)(1-2\nu)}{5E(1-\nu)}. \tag{3.61}$$

Für den felsigen Asteroiden mit den angegebenen Werten ergibt das

$$\begin{aligned}
u_r(R) &= -\frac{3000\ \mathrm{kg\,m^{-3}} \times 8.38\cdot 10^{-2}\ \mathrm{m\,s^{-2}} \times 10^{10}\ \mathrm{m^2} \times 1.3 \times 0.4}{5\times 10^{11}\ \mathrm{Pa} \times 0.7} \\
&= -3.74\ \mathrm{m},
\end{aligned} \tag{3.62}$$

d. h., der Radius des Asteroiden (ursprünglich 100 km) verringert sich aufgrund der Selbstgravitation um knapp vier Meter.

■

3.2.2 Naviersche Gleichung für dichtebeständige Materialien

Der Spezialfall der Dichtebeständigkeit muss gesondert betrachtet werden und führt auf ein etwas anderes Problem. Nach Definition der Dichtebeständigkeit gilt $\rho = \rho_0$ exakt, nicht nur in führender Ordnung wie beim allgemeinen Fall (siehe (3.28)). Mit dem Hookeschen Gesetz (3.26) folgt für die Divergenz des Spannungstensors gemäß (3.27)

$$
\begin{aligned}
(\operatorname{div} \boldsymbol{t})_i &= t_{ij,j} = (\sigma_m\, \delta_{ij} + 2\mu\, \varepsilon_{ij})_{,j} \\
&= (\sigma_m)_{,j}\, \delta_{ij} + \mu\, u_{i,jj} + \mu\, u_{j,ij} \\
&= (\sigma_m)_{,i} + \mu\, u_{i,jj} + \mu\, u_{j,ji} \\
&= (\sigma_m)_{,i} + \mu\, u_{i,jj}
\end{aligned}
$$

$$
\Rightarrow \ \operatorname{div} \boldsymbol{t} = \operatorname{grad} \sigma_m + \mu\, \nabla^2 \boldsymbol{u} \tag{3.63}
$$

(der Schritt von Zeile drei nach Zeile vier folgt aus $\operatorname{div} \boldsymbol{u} = 0$, vgl. (3.24)). Einsetzen in die Impulsbilanz (2.189) ergibt

$$
\rho_0 \frac{\mathrm{d}^2 \boldsymbol{u}}{\mathrm{d}t^2} = \operatorname{grad} \sigma_m + \mu\, \nabla^2 \boldsymbol{u} + \rho_0 \boldsymbol{f}_s \tag{3.64}
$$

als *Naviersche Gleichung für den dichtebeständigen, linear-elastischen Festkörper.* Hinzu kommt die *Dichtebeständigkeitsbedingung* (3.24),

$$
\operatorname{div} \boldsymbol{u} = 0, \tag{3.65}
$$

sodass wir vier Gleichungen für die vier unbekannten Größen u_x, u_y, u_z und σ_m vorliegen haben, welche somit wiederum ein geschlossenen System darstellen.

Im übrigen kann man in der Navierschen Gleichung (3.31) bzw. (3.64) die materielle Zeitableitung im Beschleunigungsterm $\mathrm{d}^2\boldsymbol{u}/\mathrm{d}t^2$ auch durch die lokale Zeitableitung $\partial^2 \boldsymbol{u}/\partial t^2$ ersetzen, da, wie bereits festgestellt, zwischen Referenz- und Momentankonfiguration nicht zu unterschieden werden braucht.

Problem 3.3 *Geneigte dichtebeständige elastische Platte unter Eigengewicht.*

Wie lauten die Verschiebungen und Spannungen für die geneigte elastische Platte unter Eigengewicht (vgl. Problem 3.1) für den Fall des dichtebeständigen Materials?

Lösung. Dieser Fall kann als geeigneter Limes der bei der Lösung von Problem 3.1 abgeleiteten allgemeinen Ergebnisse betrachtet werden. Wir erinnern uns daran, dass für das dichtebeständige Material $\nu = 1/2$ gilt (3.25). Die Beziehungen (3.18) nehmen daher die Form

$$
\lambda = \frac{E\nu}{(1+\nu)(1-2\nu)} \to \infty, \quad \mu = \frac{E}{2(1+\nu)} = \frac{E}{3} \tag{3.66}
$$

an, sodass wir lediglich dem Grenzübergang $\lambda \to \infty$ durchführen müssen (es ist natürlich auch möglich, die gesamte Rechnung unter Verwendung der Navierschen Gleichung (3.64) neu durchzuführen). Es folgt für die Verschiebungen aus (3.40) und (3.46)

$$u_x(y) = \frac{\rho_0 g H \sin\alpha}{\mu}\left(y - \frac{y^2}{2H}\right),$$
$$u_y(y) \equiv 0; \tag{3.67}$$

u_x bleibt unverändert, während u_y identisch verschwindet. Weiter errechnen sich die Spannungen aus (3.47) zu

$$\begin{aligned} t_{xx} = t_{yy} = t_{zz} = \sigma_m &= -\rho_0 g H \cos\alpha\,(1 - y/H), \\ t_{xy} &= \rho_0 g H \sin\alpha\,(1 - y/H), \\ t_{xz} = t_{yz} &= 0. \end{aligned} \tag{3.68}$$

Hier fällt auf, dass sich die Schubspannung t_{xy} nicht geändert hat, wohingegen die drei Normalspannungen t_{xx}, t_{yy} und t_{zz} jetzt gleich sind. ∎

3.3 Wellenausbreitung

Wir kommen zurück auf die Naviersche Gleichung (3.31) und werden im folgenden zeigen, dass daraus Wellengleichungen abgeleitet werden können. Es ergibt sich somit die Existenz von *elastischen Wellen*, welche z. B. in der Natur in Form von Erdbebenwellen vorkommen, die sich durch die Erde hindurch ausbreiten.

3.3.1 Herleitung der Wellengleichungen

Mit den Definitionen

$$c_l = \left(\frac{\lambda + 2\mu}{\rho_0}\right)^{1/2}, \quad c_t = \left(\frac{\mu}{\rho_0}\right)^{1/2} \tag{3.69}$$

und der Ersetzung der materiellen Zeitableitung im Beschleunigungsterm durch die lokale Zeitableitung [vgl. Bemerkung im Anschluss an (3.65)] formen wir die Naviersche Gleichung in der Form (3.33) um:

$$\begin{aligned} \rho_0 \frac{\partial^2 \boldsymbol{u}}{\partial t^2} &= (\lambda + 2\mu)\,\mathrm{grad}\,\mathrm{div}\,\boldsymbol{u} - \mu\,\mathrm{rot}\,\mathrm{rot}\,\boldsymbol{u} + \rho_0 \boldsymbol{f}_s \\ \Rightarrow \frac{\partial^2 \boldsymbol{u}}{\partial t^2} &= c_l^2\,\mathrm{grad}\,\mathrm{div}\,\boldsymbol{u} - c_t^2\,\mathrm{rot}\,\mathrm{rot}\,\boldsymbol{u} + \boldsymbol{f}_s. \end{aligned} \tag{3.70}$$

Nach dem Helmholtzschen Zerlegungstheorem lässt sich das Vektorfeld $\boldsymbol{u}$ im unendlich ausgedehnten Medium (das sei gegeben, wir betrachten hier keine Randflächeneffekte) eindeutig in einen wirbelfreien Anteil $\boldsymbol{u}_1$ und einen quellenfreien Anteil $\boldsymbol{u}_2$ aufspalten,

$$\boldsymbol{u} = \boldsymbol{u}_1 + \boldsymbol{u}_2, \tag{3.71}$$

mit

$$\operatorname{rot} \boldsymbol{u}_1 = 0 \quad \Rightarrow \; \exists \Phi : \; \boldsymbol{u}_1 = \operatorname{grad} \Phi \quad (\text{da allgemein } \operatorname{rot} \operatorname{grad} \Phi = 0), \tag{3.72}$$

und

$$\operatorname{div} \boldsymbol{u}_2 = 0 \quad \Rightarrow \; \exists \boldsymbol{A} : \; \boldsymbol{u}_2 = \operatorname{rot} \boldsymbol{A} \quad (\text{da allgemein } \operatorname{div} \operatorname{rot} \boldsymbol{A} = 0). \tag{3.73}$$

$\boldsymbol{u}_1$ ist also als Gradient eines skalaren Potentials Φ, $\boldsymbol{u}_2$ als Rotation eines Vektorpotentials $\boldsymbol{A}$ darstellbar.

Wir nehmen nun und im folgenden an, dass die spezifische äußere Kraft $\boldsymbol{f}_s$ vernachlässigbar ist, und setzen diese Zerlegung in (3.70) ein:

$$\begin{aligned}
&\frac{\partial^2 \boldsymbol{u}_1}{\partial t^2} + \frac{\partial^2 \boldsymbol{u}_2}{\partial t^2} = c_l^2 \operatorname{grad} \operatorname{div} \boldsymbol{u}_1 - c_t^2 \operatorname{rot} \operatorname{rot} \boldsymbol{u}_2 \\
&\Rightarrow \; \frac{\partial^2}{\partial t^2}(\operatorname{grad} \Phi) + \frac{\partial^2}{\partial t^2}(\operatorname{rot} \boldsymbol{A}) = c_l^2 \operatorname{grad} \operatorname{div} \operatorname{grad} \Phi - c_t^2 \operatorname{rot} \operatorname{rot} \operatorname{rot} \boldsymbol{A} \\
&\qquad\qquad = c_l^2 \operatorname{grad} \nabla^2 \Phi - c_t^2 \left(\operatorname{grad} \operatorname{div} - \nabla^2\right) \operatorname{rot} \boldsymbol{A} \\
&\qquad\qquad = c_l^2 \operatorname{grad} \nabla^2 \Phi + c_t^2 \, \nabla^2 \operatorname{rot} \boldsymbol{A} \\
&\Rightarrow \; \operatorname{grad} \left\{ \frac{\partial^2 \Phi}{\partial t^2} - c_l^2 \nabla^2 \Phi \right\} + \operatorname{rot} \left\{ \frac{\partial^2 \boldsymbol{A}}{\partial t^2} - c_t^2 \nabla^2 \boldsymbol{A} \right\} = 0.
\end{aligned} \tag{3.74}$$

Hinreichende Bedingung für die Erfüllung dieser Gleichung ist das Verschwinden der Terme in geschweiften Klammern, also

$$\frac{\partial^2 \Phi}{\partial t^2} = c_l^2 \nabla^2 \Phi \tag{3.75}$$

und

$$\frac{\partial^2 \boldsymbol{A}}{\partial t^2} = c_t^2 \nabla^2 \boldsymbol{A}. \tag{3.76}$$

Es handelt sich um *Wellengleichungen* für Φ und $\boldsymbol{A}$. Dabei beschreibt (3.75) die Ausbreitung von *Longitudinalwellen*, d. h., die auftretenden Verschiebungen sind parallel zur Ausbreitungsrichtung, und die zugehörige Phasengeschwindigkeit ist $c_l = ((\lambda + 2\mu)/\rho_0)^{1/2}$. Dagegen sind die Lösungen von (3.76) *Transversalwellen*, bei denen die Verschiebungen senkrecht auf der Ausbreitungsrichtung stehen; deren Phasengeschwindigkeit ist $c_t = (\mu/\rho_0)^{1/2}$. Da offenbar $c_l > c_t$, bezeichnet man die schnelleren elastischen Longitudinalwellen auch als *P-Wellen* (Primärwellen) und die langsameren Transversalwellen als *S-Wellen* (Sekundärwellen). Für Stahl erhält man mit $\lambda = 1.2 \cdot 10^5 \, \mathrm{N/mm^2}$, $\mu = 8.1 \cdot 10^4 \, \mathrm{N/mm^2}$ und $\rho_0 = 7800 \, \mathrm{kg/m^3}$ die Werte

$$c_l \approx 6000 \, \mathrm{m/s}, \quad c_t \approx 3200 \, \mathrm{m/s}. \tag{3.77}$$

3.3.2 Ebene P-Wellen

Wir betrachten zuerst die skalare Wellengleichung (3.75), und versuchen einen Ansatz der Form

$$\Phi = \Phi_\mathrm{a}\,\mathrm{e}^{\mathrm{i}(kx-\omega t)}. \tag{3.78}$$

Einsetzen in (3.75) ergibt

$$-\omega^2\Phi_\mathrm{a}\,\mathrm{e}^{\mathrm{i}(kx-\omega t)} = -c_l^2 k^2 \Phi_\mathrm{a}\,\mathrm{e}^{\mathrm{i}(kx-\omega t)}$$

$$\Rightarrow \quad c_l = \frac{\omega}{k}. \tag{3.79}$$

Unter der Voraussetzung (3.79) ist (3.78) also eine Lösung der Wellengleichung (3.75). Die *Amplitude* Φ_a darf dabei komplex sein; eine alternative Darstellung von (3.78) ist dann

$$\Phi_\mathrm{a} = |\Phi_\mathrm{a}|\,\mathrm{e}^{\mathrm{i}\varphi_0} \quad \Rightarrow \quad \Phi = |\Phi_\mathrm{a}|\,\mathrm{e}^{\mathrm{i}(kx-\omega t+\varphi_0)}. \tag{3.80}$$

Physikalisch relevant ist allerdings nur der Realteil davon,

$$\mathrm{Re}\,(\Phi) = |\Phi_\mathrm{a}|\,\cos(kx-\omega t+\varphi_0), \tag{3.81}$$

jedoch ist es aus rechentechnischen Gründen sinnvoll, den eigentlich redundanten Imaginärteil mitzunehmen, denn mit Exponentialfunktionen lässt es sich wesentlich besser rechnen als mit trigonometrischen Funktionen.

Lösungen der eben gefundenen Form bezeichnet man als *ebene Wellen*. Der Betrag der Amplitude $|\Phi_\mathrm{a}|$ entspricht dem maximal auftretenden Wert der schwingenden Größe Φ, und das Argument $(kx-\omega t+\varphi_0)$, genannt *Phase*, gibt den momentanen Schwingungszustand wieder. Die Ausbreitung der Wellenfronten (Flächen gleicher Phase) ergibt sich aus der Überlegung

$$kx-\omega t+\varphi_0 \overset{!}{=} \varphi = \mathrm{const} \quad \Rightarrow \quad x = \frac{\omega}{k}t + \frac{\varphi-\varphi_0}{k}; \tag{3.82}$$

d. h., die Wellenfronten sind zu jeder Zeit t Ebenen, die senkrecht auf der x-Achse stehen. Sie bewegen sich gleichförmig mit der *Phasengeschwindigkeit*

$$c_\mathrm{ph} = c_l = \frac{\omega}{k} \tag{3.83}$$

in positive x-Richtung. Dieser Sachverhalt ist in Abb. 3.5 illustriert.

Die Bedeutung von k und ω ergibt sich wie folgt. Unter der *Wellenlänge* Λ versteht man denjenigen Abstand längs der Ausbreitungsrichtung, für den zu einer bestimmten Zeit t (Momentaufnahme) der gleiche Schwingungszustand (gleiche Phase) auftritt (Abb. 3.6). Es ist also

$$k(x+\Lambda)-\omega t+\varphi_0 \overset{!}{=} kx-\omega t+\varphi_0+2\pi \quad \Rightarrow \quad k = \frac{2\pi}{\Lambda}. \tag{3.84}$$

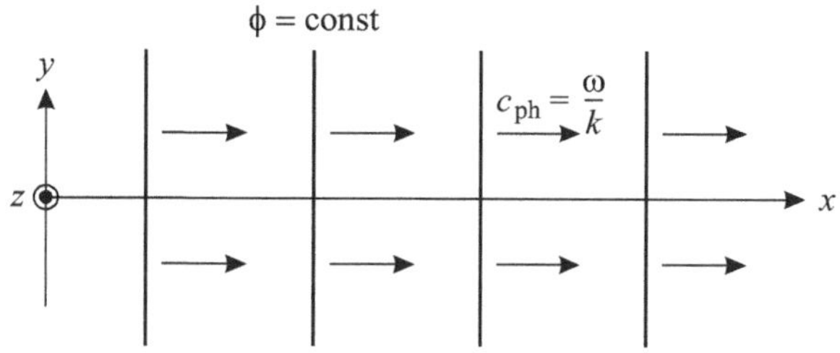

Abb. 3.5. Ausbreitung der Wellenfronten einer ebenen Welle.

Analog ist die *Periodendauer* T diejenige Zeitdifferenz, für die sich an einem bestimmten Ort der gleiche Schwingungszustand einstellt (Abb. 3.6), und somit

$$kx - \omega(t+T) + \varphi_0 \overset{!}{=} kx - \omega t + \varphi_0 - 2\pi \quad \Rightarrow \omega = \frac{2\pi}{T}. \tag{3.85}$$

Die *Wellenzahl* k hängt also direkt mit der Wellenlänge Λ zusammen, und entsprechend ist die *Kreisfrequenz* ω mit der Periodendauer T verknüpft. Aus (3.83) resultiert weiterhin die Relation

$$c_{\text{ph}} = c_l = \frac{\Lambda}{T} \tag{3.86}$$

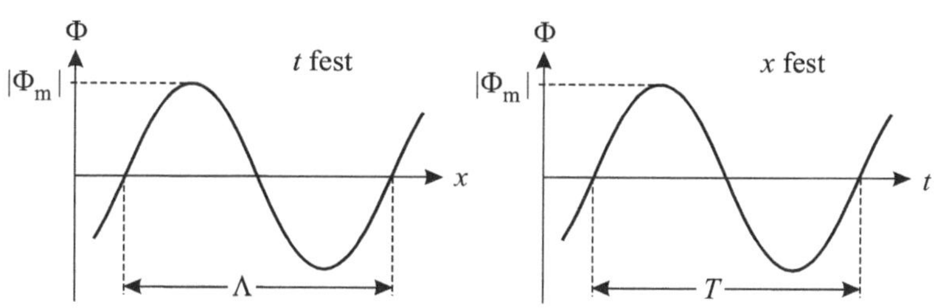

Abb. 3.6. Wellenlänge und Periodendauer.

Wir berechnen nun das zur Lösung (3.78) gehörende Verschiebungsfeld. Nach (3.72) ist

$$\boldsymbol{u}_1 = \operatorname{grad} \Phi = ik\Phi_{\text{a}} \boldsymbol{e}_x \, \mathrm{e}^{\mathrm{i}(kx-\omega t)} = u_1^{\text{a}} \boldsymbol{e}_x \, \mathrm{e}^{\mathrm{i}(kx-\omega t)}. \tag{3.87}$$

Hier zeigt sich, dass in der Tat eine Longitudinalwelle vorliegt, denn die Verschiebungen gehen ausschließlich in x-Richtung, welche auch die Ausbreitungsrichtung der Welle ist.

Mit diesen Verschiebungen gehen Dichtevariationen einher. Bei der Herleitung der Navierschen Gleichung hatten wir als Zwischenergebnis die Relation

$$\rho = \frac{\rho_0}{1 + \operatorname{tr} \boldsymbol{\varepsilon}} \tag{3.88}$$

(vgl. (3.28)) erhalten, welche wegen

$$\operatorname{tr} \boldsymbol{\varepsilon} = \operatorname{div} \boldsymbol{u} \ll 1 \tag{3.89}$$

(geometrische Linearisierung) die Beziehung

$$\rho = \rho_0 (1 - \operatorname{div} \boldsymbol{u}) \tag{3.90}$$

nach sich zieht. Wir hatten ursprünglich diese Korrektur von erster Ordnung in den Elementen des Verschiebungsgradienten vernachlässigt, behalten sie aber hier bei, um die kleinen Dichtevariationen berechnen zu können. Aus (3.87) folgt

$$\begin{aligned} \rho - \rho_0 &= -\rho_0 \frac{\partial u_x}{\partial x} = -\mathrm{i} k \rho_0 u_1^{\mathrm{a}} \, \mathrm{e}^{\mathrm{i}(kx - \omega t)} = k \rho_0 u_1^{\mathrm{a}} \, \mathrm{e}^{\mathrm{i}(kx - \omega t - \pi/2)} \\ &= \rho_{\mathrm{a}} \, \mathrm{e}^{\mathrm{i}(kx - \omega t - \pi/2)} . \end{aligned} \tag{3.91}$$

Die zusätzlich auftretende Phasenkonstante $\pi/2$ besagt, dass die Dichtewellen gegenüber den Verschiebungswellen um 90° phasenverschoben sind, sodass die Dichtemaxima den Verschiebungsmaxima um eine viertel Wellenlänge vorauseilen (Abb. 3.7).

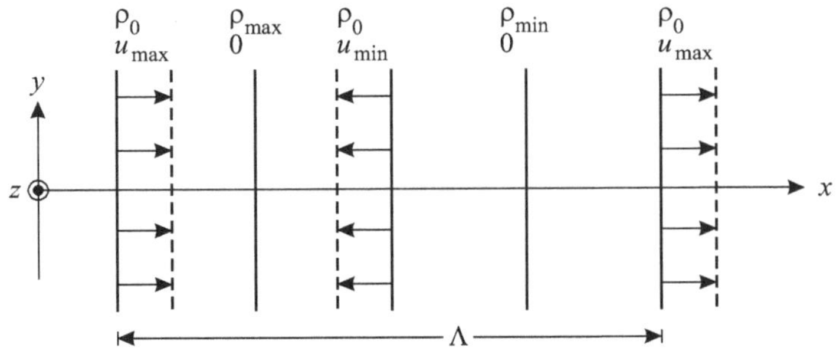

Abb. 3.7. Dichtewelle und Verschiebungswelle.

Um den Gültigkeitsbereich der geometrischen Linearisierung nicht zu verlassen, müssen die Dichtevariationen klein gegen die Dichte ρ_0 sein. Das impliziert die Forderung

$$\begin{aligned} &\left| \frac{\rho_{\mathrm{a}}}{\rho_0} \right| = \left| \frac{k \rho_0 u_1^{\mathrm{a}}}{\rho_0} \right| = |k u_1^{\mathrm{a}}| = \left| \frac{2\pi \, u_1^{\mathrm{a}}}{\Lambda} \right| \ll 1 \\ \Rightarrow \; &|u_1^{\mathrm{a}}| \ll \Lambda , \end{aligned} \tag{3.92}$$

d. h., die maximal auftretenden Verschiebungen müssen wesentlich kleiner als die Wellenlänge sein.

Für dichtebeständige Materialien existieren diese Longitudinalwellen nicht. Das sieht man anschaulich aufgrund der Tatsache ein, dass die mit Longitudinalwellen einhergehenden Dichtevariationen in dichtebeständigen Materialien natürlich nicht möglich sind. Formal folgt es aus der Beziehung $\lambda \to \infty$ (3.66), sodass die Phasengeschwindigkeit $c_l = ((\lambda + 2\mu)/\rho_0)^{1/2}$ ebenfalls unendlich wird.

3.3.3 Ebene S-Wellen

Entsprechend zur skalaren Wellengleichung (3.75) hat die vektorielle Wellengleichung (3.76) Lösungen der Form

$$\boldsymbol{A} = \boldsymbol{A}_\mathrm{a}\,\mathrm{e}^{\mathrm{i}(kx-\omega t)} \tag{3.93}$$

mit der zugehörigen Phasengeschwindigkeit

$$c_\mathrm{ph} = c_t = \frac{\omega}{k}. \tag{3.94}$$

Das zugehörige Verschiebungsfeld ist nach (3.73)

$$\begin{aligned}\boldsymbol{u}_2 = \operatorname{rot}\boldsymbol{A} &= -\frac{\partial A_z}{\partial x}\boldsymbol{e}_y + \frac{\partial A_y}{\partial x}\boldsymbol{e}_z = -\mathrm{i}kA_z^\mathrm{a}\boldsymbol{e}_y\,\mathrm{e}^{\mathrm{i}(kx-\omega t)} + \mathrm{i}kA_y^\mathrm{a}\boldsymbol{e}_z\,\mathrm{e}^{\mathrm{i}(kx-\omega t)} \\ &= u_{2,y}^\mathrm{a}\boldsymbol{e}_y\,\mathrm{e}^{\mathrm{i}(kx-\omega t)} + u_{2,z}^\mathrm{a}\boldsymbol{e}_z\,\mathrm{e}^{\mathrm{i}(kx-\omega t)}.\end{aligned} \tag{3.95}$$

Die Komponente A_x des Vektorpotentials hat auf das Ergebnis gar keinen Einfluss, ist also physikalisch bedeutungslos. Das Verschiebungsfeld u_2 hat nur Komponenten in y- und z-Richtung, steht also senkrecht auf der Ausbreitungsrichtung, sodass wie behauptet eine Transversalwelle vorliegt.

Die Amplituden $u_{2,y}^\mathrm{a}$ und $u_{2,z}^\mathrm{a}$ können wieder komplex sein. Mit

$$u_{2,y}^\mathrm{a} = |u_{2,y}^\mathrm{a}|\,\mathrm{e}^{\mathrm{i}\varphi_0^y}, \quad u_{2,z}^\mathrm{a} = |u_{2,z}^\mathrm{a}|\,\mathrm{e}^{\mathrm{i}\varphi_0^z}, \tag{3.96}$$

folgt die Darstellung

$$\boldsymbol{u}_2 = |u_{2,y}^\mathrm{a}|\boldsymbol{e}_y\,\mathrm{e}^{\mathrm{i}(kx-\omega t+\varphi_0^y)} + |u_{2,z}^\mathrm{a}|\boldsymbol{e}_z\,\mathrm{e}^{\mathrm{i}(kx-\omega t+\varphi_0^z)}, \tag{3.97}$$

bzw. reell

$$\boldsymbol{u}_2 = |u_{2,y}^\mathrm{a}|\boldsymbol{e}_y\cos(kx-\omega t+\varphi_0^y) + |u_{2,z}^\mathrm{a}|\boldsymbol{e}_z\cos(kx-\omega t+\varphi_0^z). \tag{3.98}$$

Wir betrachten nun das zeitliche Verhalten des Verschiebungsvektors $\boldsymbol{u}_2$ in der yz-Ebene an einem festen Ort x. Dazu nehmen wir ohne Beschränkung der Allgemeinheit an, dass $kx + \varphi_0^y = 0$ ist (das kann stets durch geeignete Wahl des Zeitnullpunktes erreicht werden), und setzen

$$\Delta\varphi = \varphi_0^z - \varphi_0^y. \tag{3.99}$$

Damit wird in reeller Darstellung

$$\boldsymbol{u}_2 = \begin{pmatrix} |u_{2,y}^{\mathrm{a}}| \cos\omega t \\ |u_{2,z}^{\mathrm{a}}| \cos(\omega t - \Delta\varphi) \end{pmatrix}. \tag{3.100}$$

Zwei spezielle Fälle seien nun untersucht:

i) $\Delta\varphi = 0,\, \pi$:

$$\frac{u_{2,z}}{u_{2,y}} = \pm\frac{|u_{2,z}^{\mathrm{a}}|}{|u_{2,y}^{\mathrm{a}}|} = \text{const}, \tag{3.101}$$

d. h., der Verschiebungsvektor beschreibt eine Gerade (Abb. 3.8). Ebene transversale Wellen dieses Typs heißen *linear polarisiert.*

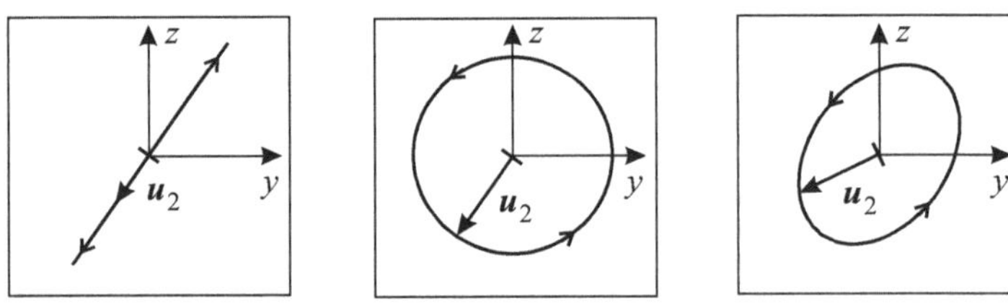

Abb. 3.8. Linear, zirkular und elliptisch polarisierte ebene Welle.

ii) $\Delta\varphi = \pi/2,\, 3\pi/2$; $|u_{2,y}^{\mathrm{a}}| = |u_{2,z}^{\mathrm{a}}| = |u_2^{\mathrm{a}}|$:

$$\boldsymbol{u}_2 = |u_2^{\mathrm{a}}| \begin{pmatrix} \cos\omega t \\ \pm\sin\omega t \end{pmatrix}. \tag{3.102}$$

In diesem Fall beschreibt der Verschiebungsvektor einen Kreis mit Radius $|u_2^{\mathrm{a}}|$ (Abb. 3.8), die Welle ist *zirkular polarisiert.*

Im allgemeinen Fall erhält man dagegen eine Ellipse (Abb. 3.8) und spricht dann von *elliptisch polarisierten* Wellen.

Transversalwellen gehen im Gegensatz zu Longitudinalwellen nicht mit Dichtevariationen einher, da nur Scherungen, aber keine Dehnungen auftreten. Sie existieren daher auch in dichtebeständigen Materialien. Man sieht das auch daran, dass die zugehörige Phasengeschwindigkeit c_t nur von der zweiten Laméschen Konstanten μ abhängt, welche im Gegensatz zu λ auch bei Dichtebeständigkeit einen endlichen Wert hat (vgl. (3.66)).

3.3.4 Superposition ebener Wellen

Aufgrund der Tatsache, dass die Wellengleichung (3.75) bzw. (3.76) linear ist, wird sie auch von beliebigen additiven Überlagerungen ebener Wellen

$$\Phi = \Phi_{\mathrm{a}}\, \mathrm{e}^{\mathrm{i}(kx-\omega t)} = \Phi_{\mathrm{a}}\, \mathrm{e}^{\mathrm{i}\omega((x/c_{\mathrm{ph}})-t)} \tag{3.103}$$

(analog für $\boldsymbol{A}$; die weiteren Betrachtungen seien jedoch auf Φ beschränkt) erfüllt. Das bezeichnet man als *Superpositionsprinzip*. Insbesondere kann ein Kontinuum ebener Wellen mit variierender Kreisfrequenz ω superponiert werden, sodass auch

$$\Phi(x,t) = \Phi\Big(\frac{x}{c_{\mathrm{ph}}} - t\Big) = \int_{-\infty}^{\infty} \Phi_{\mathrm{a}}(\omega)\, \mathrm{e}^{\mathrm{i}\omega((x/c_{\mathrm{ph}})-t)}\, \mathrm{d}\omega \tag{3.104}$$

eine Lösung der Wellengleichung (3.75) ist. Die Funktion $\Phi_{\mathrm{a}}(\omega)$, welche die Rolle einer differentiellen Amplitude des Anteils von $\Phi(x,t)$ mit der Kreisfrequenz ω spielt, heißt *Spektrum* der Welle $\Phi(x,t)$.

Mit der Hilfsvariablen

$$\sigma = \frac{x}{c_{\mathrm{ph}}} - t \tag{3.105}$$

lässt sich (3.104) auch schreiben als

$$\Phi(\sigma) = \int_{-\infty}^{\infty} \Phi_{\mathrm{a}}(\omega)\, \mathrm{e}^{\mathrm{i}\omega\sigma}\, \mathrm{d}\omega, \tag{3.106}$$

worin man sofort eine *Fouriertransformation* erkennt. Daher kann das Spektrum $\Phi_{\mathrm{a}}(\omega)$ aus $\Phi(x,t)$ durch Rücktransformation gewonnen werden,

$$\begin{aligned}\Phi_{\mathrm{a}}(\omega) &= \frac{1}{2\pi}\int_{-\infty}^{\infty} \Phi(\sigma)\, \mathrm{e}^{-\mathrm{i}\omega\sigma}\, \mathrm{d}\sigma \\ &= \frac{1}{2\pi}\int_{-\infty}^{\infty} \Phi\Big(\frac{x}{c_{\mathrm{ph}}} - t\Big)\, \mathrm{e}^{-\mathrm{i}\omega((x/c_{\mathrm{ph}})-t)}\, \mathrm{d}t \\ &= \frac{1}{2\pi}\int_{-\infty}^{\infty} \Phi(x,t)\, \mathrm{e}^{-\mathrm{i}\omega((x/c_{\mathrm{ph}})-t)}\, \mathrm{d}t. \end{aligned} \tag{3.107}$$

Problem 3.4 *Monochromatische Welle.*

Eine Welle heißt monochromatisch, wenn ihr Spektrum nur eine einzige Frequenz ω_0 enthält, d. h.,

$$\Phi_{\mathrm{a}}(\omega) = \Phi_{\mathrm{a}}\, \delta(\omega - \omega_0). \tag{3.108}$$

Welche Wellenform ergibt sich daraus?

Lösung. Aus (3.104) folgt

$$\Phi(x,t) = \Phi_{\mathrm{a}} \int_{-\infty}^{\infty} \delta(\omega-\omega_0)\, \mathrm{e}^{\mathrm{i}\omega((x/c_{\mathrm{ph}})-t)}\, \mathrm{d}\omega$$

$$\Rightarrow\ \Phi(x,t) = \Phi_{\mathrm{a}}\, \mathrm{e}^{\mathrm{i}\omega_0((x/c_{\mathrm{ph}})-t)}, \tag{3.109}$$

also die bereits bekannte unendlich ausgedehnte ebene Welle mit Frequenz ω_0.

■

Problem 3.5 *Welle mit glockenkurvenförmigem Spektrum.*

Wir betrachten eine Welle mit Spektrum in Form einer Gauss-Verteilung (Glockenkurve),

$$\Phi_\mathrm{a}(\omega) = \frac{\Phi_\mathrm{a}}{\sqrt{\pi}\,\Delta\omega} \exp\left(-\frac{(\omega-\omega_0)^2}{\Delta\omega^2}\right) \tag{3.110}$$

(Abb. 3.9; die spezielle Wahl des Vorfaktors geschieht aus Gründen der Normierung, wie sich unten zeigen wird). Man berechne und diskutiere die zugehörige Wellenform.

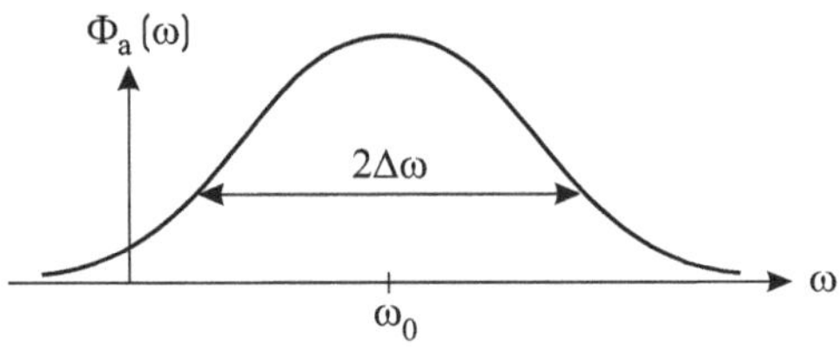

Abb. 3.9. Spektrum in Form einer Glockenkurve: Maximum bei ω_0, Breite $2\Delta\omega$.

Lösung. Mit Hilfe von (3.106) und dem Bronstein-Integral (siehe [4])

$$\int_0^\infty \mathrm{e}^{-a^2x^2}\cos(bx)\,\mathrm{d}x \left(=\tfrac{1}{2}\int_{-\infty}^\infty \mathrm{e}^{-a^2x^2}\mathrm{e}^{\mathrm{i}bx}\,\mathrm{d}x\right) = \frac{\sqrt{\pi}}{2a}\mathrm{e}^{-b^2/(4a^2)} \tag{3.111}$$

ergibt sich die Welle im Raum-Zeit-Bereich als

$$\begin{aligned}
\Phi(\sigma) &= \frac{\Phi_\mathrm{a}}{\sqrt{\pi}\,\Delta\omega}\int_{-\infty}^\infty \exp\left(-\frac{(\omega-\omega_0)^2}{\Delta\omega^2}\right)\exp(\mathrm{i}\omega\sigma)\,\mathrm{d}\omega \\
&= \frac{\Phi_\mathrm{a}}{\sqrt{\pi}\,\Delta\omega}\int_{-\infty}^\infty \exp\left(-\frac{\tilde{\omega}^2}{\Delta\omega^2}\right)\exp(\mathrm{i}(\omega_0+\tilde{\omega})\sigma)\,\mathrm{d}\tilde{\omega} \\
&= \frac{\Phi_\mathrm{a}\exp(\mathrm{i}\omega_0\sigma)}{\sqrt{\pi}\,\Delta\omega}\int_{-\infty}^\infty \exp\left(-\frac{\tilde{\omega}^2}{\Delta\omega^2}\right)\exp(\mathrm{i}\tilde{\omega}\sigma)\,\mathrm{d}\tilde{\omega} \\
&= \frac{\Phi_\mathrm{a}\exp(\mathrm{i}\omega_0\sigma)}{\sqrt{\pi}\,\Delta\omega}\sqrt{\pi}\,\Delta\omega\exp\left(-\frac{\Delta\omega^2\sigma^2}{4}\right)
\end{aligned}$$

$$\begin{aligned}
\Rightarrow\ \Phi(x,t) &= \Phi_\mathrm{a}\exp\left(\mathrm{i}\omega_0\left(\frac{x}{c_\mathrm{ph}}-t\right)\right) \\
&\quad\times\exp\left(-\frac{1}{4}\Delta\omega^2\left(\frac{x}{c_\mathrm{ph}}-t\right)^2\right).
\end{aligned} \tag{3.112}$$

Gemäß Abb. 3.10 stellt dieser Ausdruck eine mit einer Glockenkurve modulierte ebene Welle (Wellengruppe) dar, d. h., das Störungssignal ist im

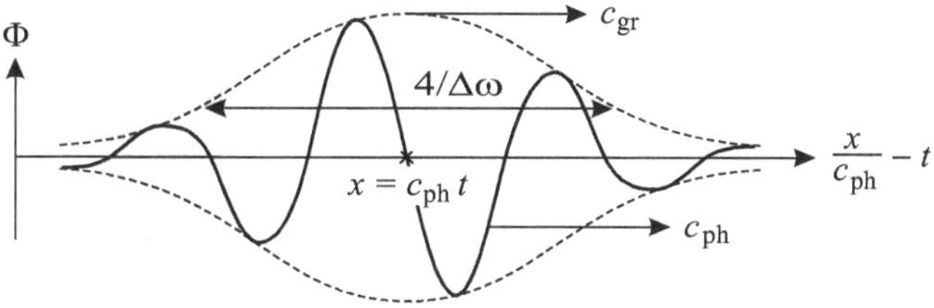

Abb. 3.10. Resultierende Wellengruppe: Maximum bei $x = c_{ph}t$, Breite $4/\Delta\omega$.

Gegensatz zu dem der ebenen Welle in x-Richtung lokalisiert (in y- und z-Richtung allerdings immer noch unendlich ausgedehnt).

Das Maximum der Wellengruppe befindet sich offensichtlich bei $x = c_{ph}t$, sodass sich die Wellengruppe mit der *Gruppengeschwindigkeit*

$$c_{gr} = c_{ph} = \frac{\omega_0}{k} \tag{3.113}$$

vorwärtsbewegt. In allgemeineren Situationen ist das nicht immer erfüllt: bei Abhängigkeit der Phasengeschwindigkeit von der Wellenlänge („Dispersion“) können Gruppengeschwindigkeit und Phasengeschwindigkeit voneinander verschieden sein; die Wellengruppe als ganzes bewegt sich dann mit einer anderen Geschwindigkeit als die Flächen konstanter Phase in der Wellengruppe. Bei elastischen Wellen ist dieser Fall gegeben, wenn sich die Laméschen Konstanten mit der Wellenlänge ändern.

■

Wir haben uns bis jetzt auf die Superposition von ebenen Wellen beschränkt, die sich in x-Richtung ausbreiten. Diese Einschränkung soll nun aufgehoben werden. Eine ebene Welle, die sich entlang der Richtung $\boldsymbol{n}$ (Einheitsvektor) ausbreitet, genügt der Beziehung

$$\Phi = \Phi_a\, e^{i(k\boldsymbol{x}\cdot\boldsymbol{n} - \omega t)} = \Phi_a\, e^{i\omega((\boldsymbol{x}\cdot\boldsymbol{n}/c_{ph}) - t)}. \tag{3.114}$$

In Verallgemeinerung zu (3.104) lässt sich ein Kontinuum dieser Wellen mit variierender Kreisfrequenz und Ausbreitungsrichtung superponieren,

$$\Phi(\boldsymbol{x}, t) = \int_{-\infty}^{\infty} \oint_{S^2} \Phi_a(\omega, \boldsymbol{n})\, e^{i\omega((\boldsymbol{x}\cdot\boldsymbol{n}/c_{ph}) - t)}\, d\boldsymbol{n}\, d\omega. \tag{3.115}$$

Durch geeignete Superposition ebener Wellen verschiedener Frequenzen und Ausbreitungsrichtungen kann auf diese Weise eine in allen drei Raumrichtungen lokalisierte Wellengruppe zusammengebastelt werden. Wir wollen jedoch nicht weiter darauf eingehen und es mit dieser Andeutung bewenden lassen.

3.3.5 D'Alembertsche Lösung

Die ebenen Wellen (3.78),

$$\Phi = \Phi_a\, e^{i(kx - \omega t)} = \Phi_a\, e^{ik(x - c_{ph}t)}, \tag{3.116}$$

sind Spezialfälle der allgemeinen *d'Alembertschen Lösung* der skalaren Wellengleichung (3.75). Sie lautet mit beliebigen differenzierbaren Funktionen f und g

$$\Phi(x,\,t) = f(x - c_{\rm ph}t) + g(x + c_{\rm ph}t), \tag{3.117}$$

wovon man sich durch Einsetzen sofort überzeugt. $f(x - c_{\rm ph}t)$ beschreibt dabei eine mit der Geschwindigkeit $c_{\rm ph}$ nach rechts, $g(x+c_{\rm ph}t)$ eine nach links laufende Welle. Dabei ist angenommen, dass sich die Wellen in $x \in (-\infty, \infty)$ ausbreiten können, also keine Ränder vorhanden sind.

Wir berechnen nun f und g für die Anfangsbedingungen

$$\Phi(x,0) = \chi(x), \qquad \frac{\partial \Phi}{\partial t}(x,0) = \psi(x); \qquad \chi(x),\, \psi(x) \overset{x\to\pm\infty}{\longrightarrow} 0. \tag{3.118}$$

Aus $(3.118)_1$ folgt

$$f(x) + g(x) = \chi(x), \tag{3.119}$$

und $(3.118)_2$ ergibt

$$\begin{aligned} & c_{\rm ph}(-f'(x) + g'(x)) = \psi(x) \\ \Rightarrow & \int\limits_{-\infty}^{x} (-f'(\xi) + g'(\xi))\,{\rm d}\xi = \frac{1}{c_{\rm ph}} \int\limits_{-\infty}^{x} \psi(\xi)\,{\rm d}\xi = \Psi(x) \\ \Rightarrow & -f(x) + g(x) = \Psi(x). \end{aligned} \tag{3.120}$$

Im letzten Schritt wurde $f(-\infty) = g(-\infty) = 0$ verwendet. Das rechtfertigt sich durch die vorausgesetzte Lokalisierung der Anfangsbedingungen $(3.118)_3$. Durch Addition bzw. Subtraktion von (3.119) und (3.120) erhalten wir

$$f(x) = \tfrac{1}{2}(\chi(x) - \Psi(x)), \qquad g(x) = \tfrac{1}{2}(\chi(x) + \Psi(x)), \tag{3.121}$$

und somit

$$\begin{aligned} f(x - c_{\rm ph}t) &= \tfrac{1}{2}\chi(x - c_{\rm ph}t) - \frac{1}{2c_{\rm ph}} \int\limits_{-\infty}^{x-c_{\rm ph}t} \psi(\xi)\,{\rm d}\xi, \\ g(x + c_{\rm ph}t) &= \tfrac{1}{2}\chi(x + c_{\rm ph}t) + \frac{1}{2c_{\rm ph}} \int\limits_{-\infty}^{x+c_{\rm ph}t} \psi(\xi)\,{\rm d}\xi. \end{aligned} \tag{3.122}$$

Mit (3.117) gilt also für die aus den Anfangsbedingungen (3.118) resultierende Welle

$$\Phi(x,\,t) = \tfrac{1}{2}\Big(\chi(x - c_{\rm ph}t) + \chi(x + c_{\rm ph}t)\Big) + \frac{1}{2c_{\rm ph}} \int\limits_{x-c_{\rm ph}t}^{x+c_{\rm ph}t} \psi(\xi)\,{\rm d}\xi. \tag{3.123}$$

Betrachtet man den Spezialfall einer *stationären Anfangsstörung*, d. h., $\psi(x) \equiv 0$, so vereinfacht sich (3.123) zu

$$\Phi(x,\, t) = \tfrac{1}{2}\Big(\chi(x - c_{\mathrm{ph}}t) + \chi(x + c_{\mathrm{ph}}t)\Big). \tag{3.124}$$

Das bedeutet, dass der Anfangspuls $\chi(x)$ in zwei formidentische Pulse mit halber Amplitude zerfällt, welche sich mit der Phasengeschwindigkeit c_{ph} nach links bzw. rechts fortpflanzen (Abb. 3.11).

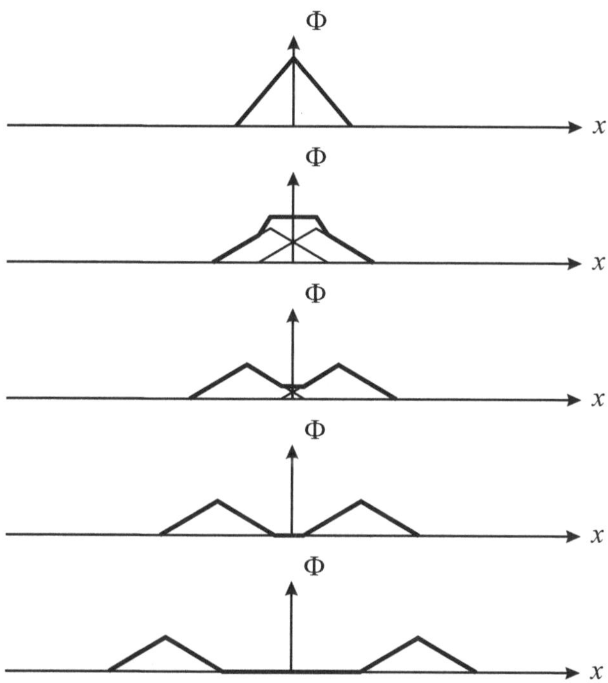

Abb. 3.11. Ausbreitung eines stationären Anfangspulses. Die fette Linie markiert das tatsächlich auftretende Signal.

3.3.6 D'Alembertsche Lösung bei halbunendlichem Ausbreitungsraum

Die d'Alembertsche Lösung in der obigen Form setzt voraus, dass sich die Welle auf der gesamten x-Achse frei ausbreiten kann. Wir betrachten nun den Fall, dass sich bei $x = 0$ ein Rand befindet, die Ausbreitung der Welle also auf das halbunendliche Intervall $x \in [0, \infty)$ (positive x-Achse) beschränkt ist. Ein lokalisiertes Wellenpaket laufe von rechts auf den Rand zu, kann also vor Erreichen des Randes beschrieben werden durch

$$\Phi(x,\, t) = g(x + c_{\mathrm{ph}} t). \tag{3.125}$$

Mit Erreichen des Randes hat diese Lösung jedoch keine Gültigkeit mehr, da sie dessen Vorhandensein nicht berücksichtigt.

Bevor wir (3.125) in geeigneter Weise erweitern können, müssen wir die Randbedingung bei $x = 0$ aufstellen. Hierbei ist zu unterscheiden zwischen zwei verschiedenen Fällen:

(i) Bei $x = 0$ befindet sich ein *offenes Ende* des Ausbreitungsraumes mit Spannungs- und Verzerrungsfreiheit, und somit

$$\frac{\partial u_x}{\partial x}(0, t) = \frac{\partial^2 \Phi}{\partial x^2}(0, t) = 0$$
$$\overset{(3.75)}{\Longrightarrow} \quad \frac{\partial^2 \Phi}{\partial t^2}(0, t) = 0 \quad \Rightarrow \quad \Phi(0, t) = \mathrm{const} \times t. \tag{3.126}$$

Da ein linearer Anstieg von Φ mit der Zeit bei einer Wellenbewegung physikalisch keinen Sinn macht, muss die Konstante verschwinden, sodass die Randbedingung

$$\Phi(0, t) = 0 \tag{3.127}$$

lautet.

Das lässt sich für alle Zeiten dadurch erfüllen, dass (3.125) durch einen anfänglich nur im Bereich $x < 0$ vorhandenen, nach rechts laufenden Wellenpuls umgekehrten Vorzeichens fortgesetzt wird (ungerade Fortsetzung):

$$\Phi(x,\, t) = g(x + c_{\mathrm{ph}} t) - g(-x + c_{\mathrm{ph}} t). \tag{3.128}$$

Physikalisch relevant ist das natürlich nur im erlaubten Bereich $x \in [0, \infty)$ (Abb. 3.12).

(ii) Bei $x = 0$ befindet sich ein *geschlossenes Ende* des Ausbreitungsraumes (starre Wand). Da sich die an die Wand angrenzenden Partikel nicht normal zur Wand bewegen können, gilt dort Verschiebungsfreiheit, also

$$u_x(0, t) = 0 \quad \Rightarrow \quad \frac{\partial \Phi}{\partial x}(0, t) = 0. \tag{3.129}$$

Analog zu Fall (i) wird diese Randbedingung durch gerade Fortsetzung von (3.125) erfüllt,

$$\Phi(x,\, t) = g(x + c_{\mathrm{ph}} t) + g(-x + c_{\mathrm{ph}} t), \tag{3.130}$$

wobei wiederum nur der Bereich $x \in [0, \infty)$ von Bedeutung ist (Abb. 3.13).

Problem 3.6 *Elastische Longitudinalwellen in einem Stab endlicher Länge.*

Gegeben sei ein langer Stab der Länge L mit zwei offenen Enden bei $x = 0$ und $x = L$, der als eindimensionales Kontinuum betrachtet werden soll. In diesem Stab breiten sich in x-Richtung elastische Longitudinalwellen aus.

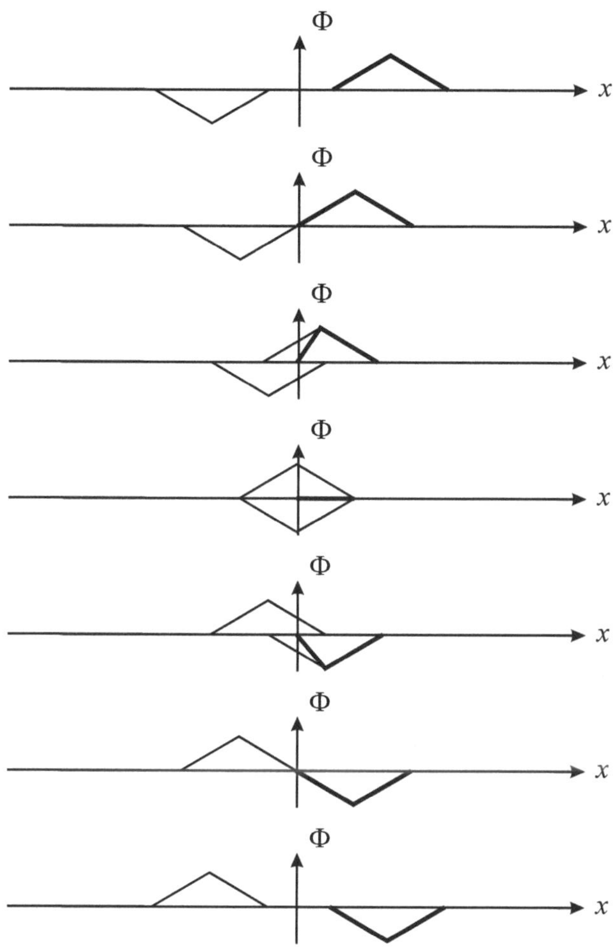

Abb. 3.12. Reflexion eines Wellenpulses am offenen Ende. Die fette Linie markiert das tatsächlich auftretende Signal.

(a) Wie lautet die allgemeine Lösung dieses Problems für das Verschiebungspotential $\Phi(x,t)$?

(b) Wie lautet die spezielle Lösung für die Anfangsbedingungen

$$\Phi(x,0) = K(x) = \begin{cases} 0 & \text{falls } x = 0, \\ \hat{\Phi} & \text{falls } 0 < x < L/2, \\ 0 & \text{falls } x = L/2, \\ -\hat{\Phi} & \text{falls } L/2 < x < L, \\ 0 & \text{falls } x = L, \end{cases} \qquad \frac{\partial \Phi}{\partial t}(x,0) = 0 \tag{3.131}$$

zur Zeit $t = 0$?

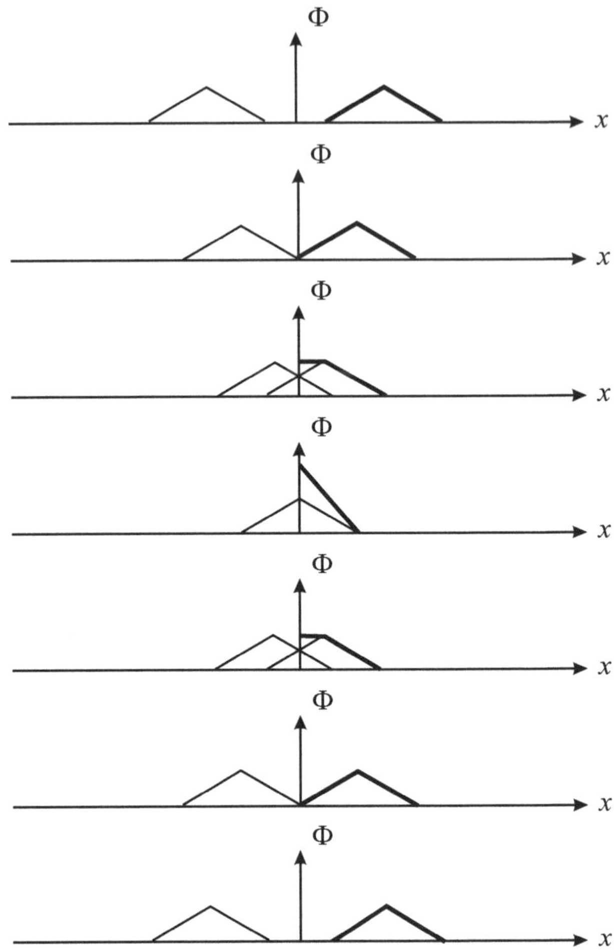

Abb. 3.13. Reflexion eines Wellenpulses am geschlossenen Ende. Die fette Linie markiert das tatsächlich auftretende Signal.

Lösung. (a) Wir verwenden zur Lösung der eindimensionalen Wellengleichung für Φ,

$$\frac{\partial^2 \Phi}{\partial t^2} = c_{\mathrm{ph}}^2 \frac{\partial^2 \Phi}{\partial x^2}, \tag{3.132}$$

einen *Separationsansatz*

$$\Phi(x,t) = X(x)\, T(t). \tag{3.133}$$

Einsetzen ergibt

$$X\ddot{T} = c_{\mathrm{ph}}^2 X'' T \quad \Rightarrow \quad \frac{\ddot{T}}{T} = c_{\mathrm{ph}}^2 \frac{X''}{X} = -\omega^2. \tag{3.134}$$

Dabei ist in der zweiten Gleichung der Term $\ddot{T}/T$ nur von t und der Term $c_{\mathrm{ph}}^2 X''/X$ nur von x abhängig, was nur möglich ist, wenn beide konstant sind. Diese Konstante wird ohne Beschränkung der Allgemeinheit als $-\omega^2$ bezeichnet. Es ergeben sich die separaten Differentialgleichungen

$$\ddot{T} + \omega^2 T = 0, \tag{3.135}$$

$$X'' + k^2 X = 0 \qquad \text{mit } k = \frac{\omega}{c_{\mathrm{ph}}}, \tag{3.136}$$

deren allgemeine Lösungen

$$T(t) = A\cos\omega t + B\sin\omega t, \tag{3.137}$$

$$X(x) = C\cos kx + D\sin kx \tag{3.138}$$

sind. Die Randbedingungen an den beiden offenen Enden lauten

$$\Phi(0,t) = \Phi(L,t) = 0, \tag{3.139}$$

aus welchen folgt

$$C = 0, \tag{3.140}$$

$$kL = n\pi \quad \Rightarrow k_n = \frac{n\pi}{L}, \quad \omega_n = \frac{n\pi c_{\mathrm{ph}}}{L} \quad (n = 1,\, 2,\, \ldots). \tag{3.141}$$

Es sind also nur diskrete Werte k_n und ω_n möglich, zu welchen die Mode

$$\Phi_n(x,t) = (a_n\cos\omega_n t + b_n\sin\omega_n t)\sin k_n x \qquad (a_n = AD,\ \ b_n = BD) \tag{3.142}$$

gehört. Die allgemeine Lösung ergibt sich durch Superposition aller Moden zu

$$\Phi(x,t) = \sum_{n=1}^{\infty}(a_n\cos\omega_n t + b_n\sin\omega_n t)\sin k_n x. \tag{3.143}$$

(b) Es müssen die Konstanten a_n und b_n durch Auswertung der Anfangsbedingungen bestimmt werden. Aus

$$0 = \frac{\partial\Phi}{\partial t}(x,0) = \sum_{n=1}^{\infty} b_n\omega_n\sin k_n x \tag{3.144}$$

folgt sofort

$$b_n = 0 \qquad (n = 1,\, 2,\, \ldots). \tag{3.145}$$

Die zweite Anfangsbedingung ergibt somit

$$\Phi(x,0) = \sum_{n=1}^{\infty} a_n\sin k_n x = \sum_{n=1}^{\infty} a_n\sin(\frac{n\pi}{L}x) = K(x), \tag{3.146}$$

wobei die Fourierreihenentwicklung der Funktion $K(x)$ nach Bronstein *et al.* [4]

$$
\begin{aligned}
K(x) &= \frac{4\hat{p}}{\pi}\Big(\sin(\frac{2\pi}{L}x) + \frac{1}{3}\sin(\frac{2\pi}{L}3x) + \frac{1}{5}\sin(\frac{2\pi}{L}5x) + \ldots\Big) \\
&= \frac{4\hat{p}}{\pi}\Big(\sin(\frac{2\pi}{L}x) + \frac{1}{3}\sin(\frac{6\pi}{L}x) + \frac{1}{5}\sin(\frac{10\pi}{L}x) + \ldots\Big) \qquad (3.147)
\end{aligned}
$$

lautet. Man identifiziert

$$
a_2 = \frac{4\hat{p}}{\pi}, \quad a_6 = \frac{4\hat{p}}{3\pi}, \quad a_{10} = \frac{4\hat{p}}{5\pi}, \quad \ldots, \qquad (3.148)
$$

also allgemein

$$
a_{2(2n-1)} = \frac{4\hat{p}}{(2n-1)\pi} \qquad (n = 1,\, 2,\, \ldots); \qquad (3.149)
$$

alle übrigen a_n verschwinden. Durch Einsetzen der gefundenen a_n und b_n in die allgemeine Lösung ergibt sich

$$
\Phi(x,t) = \sum_{n=1}^{\infty} \frac{4\hat{p}}{(2n-1)\pi} \cos(\omega_{2(2n-1)}t)\sin(k_{2(2n-1)}x) \qquad (3.150)
$$

als die gesuchte spezielle Lösung. ■

3.4 Ebene Probleme

3.4.1 Ebener Spannungszustand, ebener Verzerrungszustand

Wir haben bereits früher die beiden verschiedenen ebenen Probleme angesprochen. Diese werden nun etwas eingehender betrachtet.

Ebener Spannungszustand (ESZ).

- $t_{xz} = t_{yz} = t_{zz} = 0$, d. h., alle Spannungen mit z-Komponente verschwinden.
- Alle auftretenden Größen sind unabhängig von z.

Dieser Zustand liegt in der Praxis in guter Näherung vor, wenn eine dünne Scheibe betrachtet wird, die nur in ihrer Ebene belastet wird (Abb. 3.14). Ausgehend vom Hookeschen Gesetz in der Form (3.11) erhält man

$$
\begin{aligned}
\varepsilon_{xx} &= \frac{1}{E}(t_{xx} - \nu t_{yy}), & \varepsilon_{xy} &= \frac{1}{2\mu}t_{xy}, \\
\varepsilon_{yy} &= \frac{1}{E}(t_{yy} - \nu t_{xx}), & \varepsilon_{xz} &= 0, \qquad (3.151) \\
\varepsilon_{zz} &= -\frac{\nu}{E}(t_{xx} + t_{yy}), & \varepsilon_{yz} &= 0.
\end{aligned}
$$

Wie man sieht, verschwinden die Scherungen ε_{xz} und ε_{yz}, jedoch im allgemeinen nicht die Dehnung ε_{zz}.

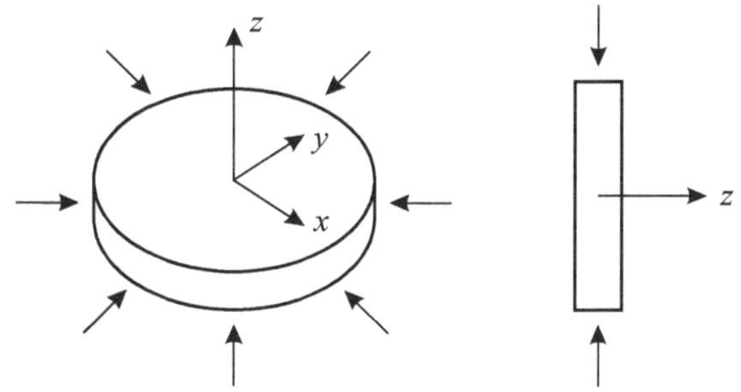

Abb. 3.14. Ebener Spannungszustand.

Ebener Verzerrungszustand (EVZ).

- $\varepsilon_{xz} = \varepsilon_{yz} = \varepsilon_{zz} = 0$, d. h., alle Verzerrungen mit z-Komponente verschwinden.
- Alle auftretenden Größen sind unabhängig von z.

Der EVZ wird näherungsweise angenommen, wenn ein sehr langer Körper (Walze) mit von z (Richtung der Längsachse) unabhängigem Querschnitt und von z unabhängiger Belastung vorliegt (Abb. 3.15), denn für eine solche Geometrie tritt gar keine Verschiebung in z-Richtung auf ($u_z \equiv 0$). Aus dem Hookeschen Gesetz (3.11) folgt hier

$$\begin{aligned} \varepsilon_{xx} &= \frac{1}{E}\Big(t_{xx} - \nu(t_{yy} + t_{zz})\Big), & \varepsilon_{xy} &= \frac{1}{2\mu} t_{xy}, \\ \varepsilon_{yy} &= \frac{1}{E}\Big(t_{yy} - \nu(t_{xx} + t_{zz})\Big), & t_{xz} &= 0, \\ t_{zz} &= \nu(t_{xx} + t_{yy}), & t_{yz} &= 0. \end{aligned} \tag{3.152}$$

Es verschwinden also die Schubspannungen t_{xz} und t_{yz}, jedoch im allgemeinen nicht die Normalspannung t_{zz}.

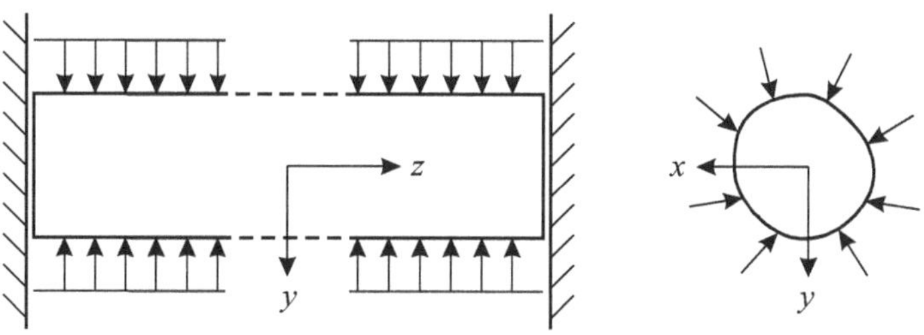

Abb. 3.15. Ebener Verzerrungszustand.

3.4.2 Airysche Spannungsfunktion

Wir beschränken uns im folgenden auf die Behandlung von ebenen Problemen im *Gleichgewicht*, fragen also nicht nach der zeitlichen Entwicklung der betreffenden Feldgrößen, sondern nur nach deren Endzustand nach Abklingen aller dynamischen Effekte. Beschleunigungsterme brauchen daher nicht berücksichtigt zu werden. Natürlich kann man auch diese spezielle Klasse von Problemen mit der Navierschen Gleichung (3.31) angehen. Es gibt jedoch eine sehr elegante Alternative, bei der primär nicht die Verschiebungen, sondern die Spannungen berechnet werden.

Wir beginnen damit, eine allgemeingültige Beziehung für die Elemente des infinitesimalen Verzerrungstensors zu zeigen:

Satz 3.1 *Kompatibilitätsbedingung.*

Die Elemente ε_{xx}, ε_{yy} und ε_{xy} des infinitesimalen Verzerrungstensors $\boldsymbol{\varepsilon}$ erfüllen die Kompatibilitätsbedingung

$$\frac{\partial^2 \varepsilon_{xx}}{\partial y^2} + \frac{\partial^2 \varepsilon_{yy}}{\partial x^2} = 2\frac{\partial^2 \varepsilon_{xy}}{\partial x \partial y}. \tag{3.153}$$

Beweis. Aufgrund der Zusammenhänge

$$\varepsilon_{xx} = u_{x,x}, \quad \varepsilon_{yy} = u_{y,y}, \quad \varepsilon_{xy} = \tfrac{1}{2}(u_{x,y} + u_{y,x}) \tag{3.154}$$

ist (3.153) äquivalent zu

$$u_{x,xyy} + u_{y,yxx} = 2 \times \tfrac{1}{2}(u_{x,yxy} + u_{y,xxy}). \tag{3.155}$$

Wegen der Vertauschbarkeit der Reihenfolge von mehrfachen Ableitungen ist das tatsächlich erfüllt.

■

Die weiteren Rechnungen müssen für den ESZ bzw. den EVZ gesondert durchgeführt werden. Wir betrachten zunächst den ESZ: Einsetzen des dafür gültigen Hookeschen Gesetzes (3.151) in die Kompatibilitätsbedingung (3.153) ergibt unter Verwendung des Ausdruckes (3.18) für die Konstante μ

$$\begin{aligned} &\frac{1}{E}\left(\frac{\partial^2 t_{xx}}{\partial y^2} - \nu\frac{\partial^2 t_{yy}}{\partial y^2}\right) + \frac{1}{E}\left(\frac{\partial^2 t_{yy}}{\partial x^2} - \nu\frac{\partial^2 t_{xx}}{\partial x^2}\right) = \frac{1}{\mu}\frac{\partial^2 t_{xy}}{\partial x \partial y} \\ &= \frac{2(1+\nu)}{E}\frac{\partial^2 t_{xy}}{\partial x \partial y}. \end{aligned} \tag{3.156}$$

Die x- und y-Komponenten der Gleichgewichtsbedingung [d. h., der Impulsbilanz (2.189) ohne Beschleunigungsterm] lauten

$$\begin{aligned} \frac{\partial t_{xx}}{\partial x} + \frac{\partial t_{xy}}{\partial y} + f_x &= 0, \\ \frac{\partial t_{xy}}{\partial x} + \frac{\partial t_{yy}}{\partial y} + f_y &= 0 \end{aligned} \tag{3.157}$$

(anstatt wie in (2.189) die spezifische Kraft $\boldsymbol{f}_s$ wird hier die Volumenkraft $\boldsymbol{f} = \rho \boldsymbol{f}_s$ verwendet). Differentiation der ersten Gleichung nach x, der zweiten Gleichung nach y und nachfolgende Addition ergibt

$$2\frac{\partial^2 t_{xy}}{\partial x \partial y} = -\frac{\partial^2 t_{xx}}{\partial x^2} - \frac{\partial^2 t_{yy}}{\partial y^2} - \frac{\partial f_x}{\partial x} - \frac{\partial f_y}{\partial y}. \tag{3.158}$$

Damit lässt sich der Schubspannungsterm in (3.156) eliminieren:

$$\begin{aligned}
&\frac{\partial^2 t_{xx}}{\partial y^2} - \nu\frac{\partial^2 t_{yy}}{\partial y^2} + \frac{\partial^2 t_{yy}}{\partial x^2} - \nu\frac{\partial^2 t_{xx}}{\partial x^2} \\
&= -(1+\nu)\left(\frac{\partial^2 t_{xx}}{\partial x^2} + \frac{\partial^2 t_{yy}}{\partial y^2} + \frac{\partial f_x}{\partial x} + \frac{\partial f_y}{\partial y}\right) \\
\Rightarrow\ &\frac{\partial^2}{\partial x^2}(t_{xx} + t_{yy}) + \frac{\partial^2}{\partial y^2}(t_{xx} + t_{yy}) \\
&\qquad = -(1+\nu)\left(\frac{\partial f_x}{\partial x} + \frac{\partial f_y}{\partial y}\right).
\end{aligned} \tag{3.159}$$

Wir setzen noch voraus, dass die äußere Volumenkraft konservativ, d. h., als Gradient eines skalaren Potentials V darstellbar ist,

$$\boldsymbol{f} = -\operatorname{grad} V, \tag{3.160}$$

womit weiter folgt:

$$\nabla^2(t_{xx} + t_{yy}) = (1+\nu)\nabla^2 V. \tag{3.161}$$

Zusammen mit den Gleichgewichtsbedingungen (3.157) haben wir also drei Gleichungen für die drei unbekannten Spannungen t_{xx}, t_{yy} und t_{xy}.

Wir führen nun die *Airysche Spannungsfunktion* Φ durch die Beziehungen

$$\begin{aligned}
t_{xx} &= \frac{\partial^2 \Phi}{\partial y^2} + V, \\
t_{yy} &= \frac{\partial^2 \Phi}{\partial x^2} + V, \\
t_{xy} &= -\frac{\partial^2 \Phi}{\partial x \partial y}
\end{aligned} \tag{3.162}$$

ein. Einsetzen in die Gleichgewichtsbedingungen (3.157) ergibt mit (3.160)

$$\begin{aligned}
\frac{\partial^3 \Phi}{\partial x \partial y^2} + \frac{\partial V}{\partial x} - \frac{\partial^3 \Phi}{\partial y \partial x \partial y} - \frac{\partial V}{\partial x} &= 0, \\
-\frac{\partial^3 \Phi}{\partial x^2 \partial y} + \frac{\partial^3 \Phi}{\partial y \partial x^2} + \frac{\partial V}{\partial y} - \frac{\partial V}{\partial y} &= 0,
\end{aligned} \tag{3.163}$$

sodass die gemäß (3.162) definierte Funktion Φ die Gleichgewichtsbedingungen automatisch erfüllt. Einsetzen von (3.162) in (3.161) ergibt weiterhin eine Gleichung vierter Ordnung, nämlich

$$\nabla^2 \left(\frac{\partial^2 \Phi}{\partial y^2} + V + \frac{\partial^2 \Phi}{\partial x^2} + V \right) = (1+\nu)\nabla^2 V$$

$$\Rightarrow \nabla^2\nabla^2\Phi = -(1-\nu)\nabla^2 V.$$

$$\Rightarrow \nabla^4\Phi = -(1-\nu)\nabla^2 V. \tag{3.164}$$

Im letzten Schritt wurde der Bipotentialoperator eingeführt, für welchen im ebenen Fall (nur x- und y-Abhängigkeit)

$$\nabla^4 = \nabla^2\nabla^2 = \frac{\partial^4}{\partial x^4} + 2\frac{\partial^4}{\partial x^2 \partial y^2} + \frac{\partial^4}{\partial y^4} \tag{3.165}$$

gilt [vgl. (3.30)].

Zur Ableitung von (3.164) hatten wir den ESZ angenommen. Die analoge Rechnung für den EVZ, welche hier nicht vorgeführt werden soll, liefert statt dessen

$$\nabla^4\Phi = \frac{2\nu - 1}{1-\nu}\nabla^2 V. \tag{3.166}$$

Für den *Spezialfall verschwindender oder konstanter Volumenkräfte* verschwindet der Term $\nabla^2 V$, sodass dann sowohl für den ESZ als auch für den EVZ die Gleichung

$$\nabla^4\Phi = 0 \tag{3.167}$$

gilt. Sie wird als *Bipotentialgleichung* bezeichnet und ist interessanterweise vollkommen unabhängig von den Materialparametern. Der Spannungszustand eines bestimmten Problems ist daher unter den gegebenen Voraussetzungen nur von der Geometrie und den Randbedingungen des Problems abhängig; die Werte der Materialparameter E, ν (bzw. λ, μ) haben darauf keinen Einfluss.

Die vollständige Lösung eines gegebenen Problems geschieht somit folgendermaßen:

1. Bestimmung der Airyschen Spannungsfunktion Φ durch Lösen von (3.164), (3.166) bzw. (3.167) mit den entsprechenden Randbedingungen.
2. Berechnung der Spannungen aus der Airyschen Spannungsfunktion und (3.162).
3. Berechnung der Verschiebungen aus den Spannungen und den Gleichungen des Hookeschen Gesetzes (3.151) bzw. (3.152).

Problem 3.7 *Staumauer unter Wasserdruck.*

Wir betrachten eine lange Staumauer mit dreiecksförmigem Querschnitt, die von links mit dem Wasserdruck

$$p(y) = \rho_w g(H - y) \tag{3.168}$$

belastet wird und fest mit dem starren Untergrund verbunden ist (Abb. 3.16). Die einwirkende Volumenkraft entspricht der konstanten Schwerkraft ($\boldsymbol{f} = \rho \boldsymbol{g} = \text{const}$). Welche Spannungsverteilung stellt sich in der Mauer ein?

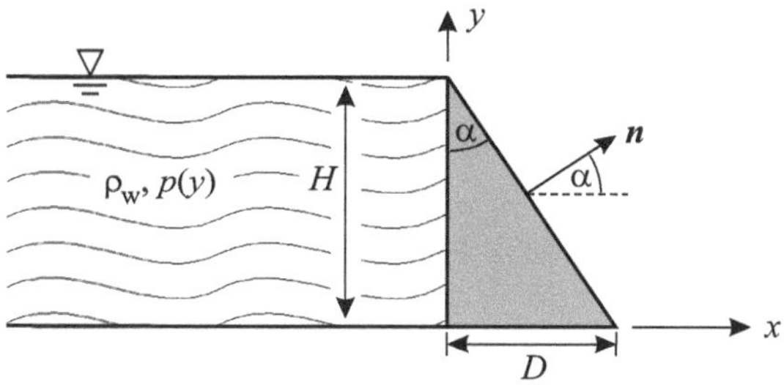

Abb. 3.16. Staumauer unter Wasserdruck.

Lösung. Es handelt sich um einen ebenen Verzerrungszustand. Zur Lösung der Bipotentialgleichung (3.167) machen wir für Φ den Ansatz

$$\Phi = \frac{a}{2}x^2 + \frac{b}{6}x^3 + \frac{c}{2}y^2 + \frac{d}{6}y^3 + exy + \frac{f}{2}xy^2 + \frac{h}{2}x^2y. \tag{3.169}$$

Da alle vierten Ableitungen verschwinden, ist (3.167) damit erfüllt. Die Spannungen folgen durch Differenzieren aus (3.162),

$$\begin{aligned} t_{xx} &= c + dy + fx, \\ t_{yy} &= a + bx + hy, \\ t_{xy} &= -e - fy - hx; \end{aligned} \tag{3.170}$$

die Konstanten a bis h müssen aus den Randbedingungen bestimmt werden. Am lotrechten Rand $x = 0$ gilt

$$\boldsymbol{t}(-\boldsymbol{e}_x) = -\boldsymbol{t} \cdot \boldsymbol{e}_x = -\begin{pmatrix} t_{xx} \\ t_{xy} \end{pmatrix} = p\,\boldsymbol{e}_x$$

$$\Rightarrow \; t_{xx} = -\rho_w g(H - y), \quad t_{xy} = 0. \tag{3.171}$$

Es folgt

$$c + dy = -\rho_w g(H - y) \qquad \Rightarrow \; c = -\rho_w gH, \quad d = \rho_w g \tag{3.172}$$

und

$$-e - fy = 0 \qquad \Rightarrow \; e = f = 0. \tag{3.173}$$

Der schräge Rand $y = H(1 - x/D)$ ist spannungsfrei; die zugehörige Randbedingung lautet daher

$$\boldsymbol{t}(\boldsymbol{n}) = \boldsymbol{t} \cdot \boldsymbol{n} = \boldsymbol{t} \cdot \begin{pmatrix} \cos\alpha \\ \sin\alpha \end{pmatrix} = \begin{pmatrix} t_{xx}\cos\alpha + t_{xy}\sin\alpha \\ t_{xy}\cos\alpha + t_{yy}\sin\alpha \end{pmatrix} = \boldsymbol{0}$$

$$\begin{aligned} \Rightarrow \; t_{xx}\cos\alpha + t_{xy}\sin\alpha &= 0, \\ t_{xy}\cos\alpha + t_{yy}\sin\alpha &= 0. \end{aligned} \tag{3.174}$$

Somit wird

$$
\begin{aligned}
(c+dy+fx)\cos\alpha-(e+fy+hx)\sin\alpha&=0,\\
-(e+fy+hx)\cos\alpha+(a+bx+hy)\sin\alpha&=0\\
\Rightarrow\ (-\rho_w gH+\rho_w gy)-hx\tan\alpha&=0,\\
-hx+(a+bx+hy)\tan\alpha&=0
\end{aligned}
$$

$$
\begin{aligned}
\Rightarrow\ -\rho_w gH+\rho_w gH\Big(1-\frac{x}{D}\Big)-hx\frac{D}{H}&=0,\\
-hx+\Big(a+bx+hH\Big(1-\frac{x}{D}\Big)\Big)\frac{D}{H}&=0.
\end{aligned}
\tag{3.175}
$$

Koeffizientenvergleich in den absoluten und linearen Termen liefert

$$
\begin{aligned}
x^0:&\quad -\rho_w gH+\rho_w gH=0,\\
x^1:&\quad -\frac{\rho_w gH}{D}-h\frac{D}{H}=0,\\
x^0:&\quad a\frac{D}{H}+hH\frac{D}{H}=0,\\
x^1:&\quad -h+b\frac{D}{H}-\frac{hH}{D}\frac{D}{H}=0
\end{aligned}
$$

$$
\Rightarrow\ h=-\rho_w g\frac{H^2}{D^2},\quad a=\rho_w g\frac{H^3}{D^2},\quad b=-2\rho_w g\frac{H^3}{D^3}. \tag{3.176}
$$

Somit sind alle Konstanten bestimmt, und für die Spannungen gilt

$$
\begin{aligned}
t_{xx}&=-\rho_w g(H-y),\\
t_{yy}&=\rho_w g\frac{H^2}{D^2}\Big(H-2\frac{H}{D}x-y\Big),\\
t_{xy}&=\rho_w g\frac{H^2}{D^2}x.
\end{aligned}
\tag{3.177}
$$

Weiterhin tritt die Spannung t_{zz} auf; sie ist nach dem Hookeschen Gesetz für den EVZ (3.152) gleich $t_{zz}=\nu(t_{xx}+t_{yy})$. Will man auch die Verschiebungen berechnen, so müssen die weiteren Gleichungen von (3.152) unter Verwendung der dritten Randbedingung $\boldsymbol{u}(y=0)=\mathbf{0}$ (Verschiebungsfreiheit am Boden) integriert werden. Das soll hier nicht durchgeführt werden, da in der Problemstellung nur nach den Spannungen gefragt wurde.

■

3.5 Torsion

3.5.1 Problemstellung

Unter *Torsion* versteht man die Verdrehung eines Stabes durch ein in Richtung der Längsachse wirkendes Drehmoment M_{T} (Torsionsmoment). Wir beschränken uns hier auf den Fall, dass der Stab eine beliebige, jedoch gleichbleibende Form des Querschnittes besitzt, die einfach zusammenhängend, d. h., ohne Loch ist (siehe Abb. 3.17).

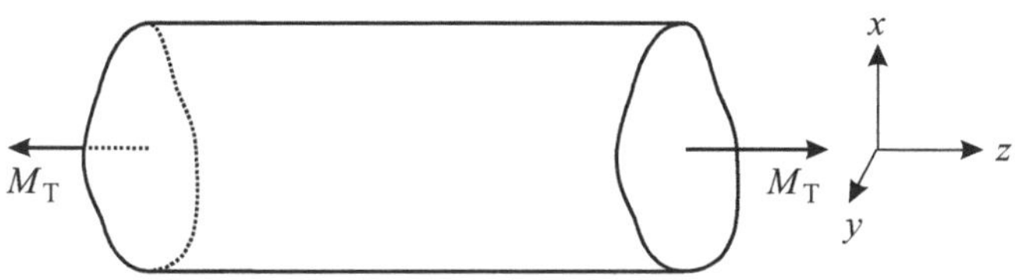

Abb. 3.17. Torsionsproblem eines Stabes.

Ziel ist es, bei vorgegebenem Torsionsmoment die im Stab auftretenden Verschiebungen und Spannungen zu berechnen.

3.5.2 Lösungsmethode nach de Saint-Venant

Wir treffen folgende Annahmen über die auftretenden Verformungen:

- Langer Stab, kleine Verschiebungen, statisches Problem.
- Die Querschnittsform bleibt unter der Torsion erhalten.
- Es können Verschiebungen entlang der Längsachse des Stabes auftreten („Verwölbung“)

(„de-Saint-Venant-Torsion“). In der Querschnittsebene (x-y-Ebene) treten dann gemäß Abb. 3.18 die folgenden Verschiebungen auf:

$$\begin{aligned} u_x &= r\cos(\phi+\theta) - r\cos\phi, \\ u_y &= r\sin(\phi+\theta) - r\sin\phi. \end{aligned} \tag{3.178}$$

Die Annahme kleiner Verschiebungen verlangt kleine Verdrehwinkel, $\theta \ll 1$, sodass (3.178) linearisiert werden kann:

$$\begin{aligned} u_x &= r\cos\phi\cos\theta - r\sin\phi\sin\theta - r\cos\phi \approx -r\theta\sin\phi, \\ u_y &= r\sin\phi\cos\theta + r\cos\phi\sin\theta - r\sin\phi \approx r\theta\cos\phi. \end{aligned} \tag{3.179}$$

Aus Symmetriegründen ist klar, dass eine konstante Verdrillung κ vorliegen muß,

$$\kappa = \frac{\mathrm{d}\theta}{\mathrm{d}z} = \text{const} \quad \Rightarrow \quad \theta = \kappa z. \tag{3.180}$$

Der Nullpunkt des Verdrehwinkels wurde dabei mit dem Nullpunkt der Längskoordinate z identifiziert.

Damit ergibt sich für das Verschiebungsfeld in der Querschnittsebene:

$$\begin{aligned} u_x &= -r\kappa z\sin\phi = -\kappa yz, \\ u_y &= \ \ r\kappa z\cos\phi \ = \kappa xz. \end{aligned} \tag{3.181}$$

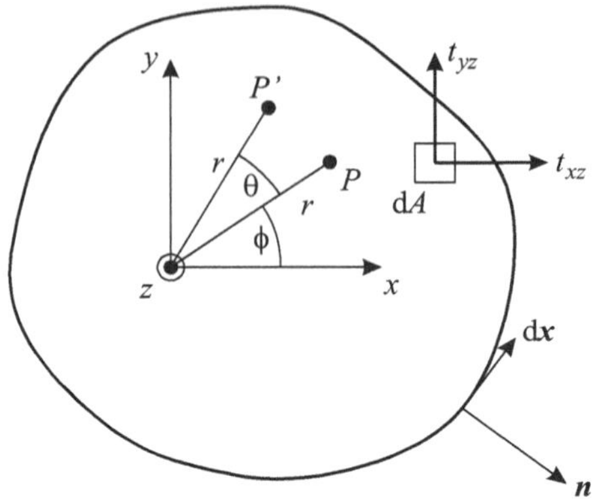

Abb. 3.18. Querschnittsebene eines tordierten Stabes.

Ebenfalls folgt aus der Symmetrie des Problems, dass die Verwölbung u_z nicht von z abhängt. Weiterhin ergibt sich aus der Linearität der elastischen Feldgleichungen, dass Verdrillung und Verwölbung einander proportional (und proportional zum verursachenden Torsionsmoment) sind. Somit wird für die Verwölbung der Ansatz

$$u_z = \kappa\zeta(x,y) \tag{3.182}$$

gewählt; die Funktion $\zeta(x,y)$ heißt *Verwölbungsfunktion.*

Aus (3.181) und (3.182) folgen die Verzerrungen zu

$$\begin{aligned} \varepsilon_{xz} &= \frac{1}{2}\left(\frac{\partial u_x}{\partial z} + \frac{\partial u_z}{\partial x}\right) = \frac{\kappa}{2}\left(\frac{\partial \zeta}{\partial x} - y\right), \\ \varepsilon_{yz} &= \frac{1}{2}\left(\frac{\partial u_y}{\partial z} + \frac{\partial u_z}{\partial y}\right) = \frac{\kappa}{2}\left(\frac{\partial \zeta}{\partial y} + x\right); \end{aligned} \tag{3.183}$$

alle anderen Komponenten von $\boldsymbol{\varepsilon}$ sind Null.

Durch Einsetzen dieser kinematischen Beziehungen in das Hookesche Gesetz erhalten wir für die zugehörigen Spannungen

$$\begin{aligned} t_{xz} &= \kappa\mu\left(\frac{\partial \zeta}{\partial x} - y\right), \\ t_{yz} &= \kappa\mu\left(\frac{\partial \zeta}{\partial y} + x\right); \end{aligned} \tag{3.184}$$

die anderen Komponenten von $\boldsymbol{t}$ verschwinden entsprechend.

Unter Vernachlässigung äußerer Volumenkräfte reduziert sich die Impulsbilanz zu $\operatorname{div}\boldsymbol{t} = \mathbf{0}$, und da nur die Komponenten t_{xz} und t_{yz} von Null verschieden sind, verbleibt

$$\frac{\partial t_{xz}}{\partial z} = 0, \qquad \frac{\partial t_{yz}}{\partial z} = 0, \qquad \frac{\partial t_{xz}}{\partial x} + \frac{\partial t_{yz}}{\partial y} = 0. \tag{3.185}$$

Durch Einsetzen von (3.184) sehen wir, dass $(3.185)_{1,2}$ automatisch erfüllt sind, und aus $(3.185)_3$ folgt

$$\nabla^2 \zeta(x, y) = 0. \tag{3.186}$$

Die Verwölbungsfunktion ζ erfüllt also offensichtlich die Laplace-Gleichung.

Die zugehörige Randbedingung folgt aus der Spannungsfreiheit der Mantelfläche des Stabes (Abb. 3.18),

$$\boldsymbol{t}(\boldsymbol{n}) = \boldsymbol{t} \cdot \boldsymbol{n} = \boldsymbol{0}, \tag{3.187}$$

was wegen $\boldsymbol{n} = (n_x, n_y, 0)^{\mathrm{T}}$ nur in der z-Komponente nicht automatisch erfüllt ist. Diese lautet

$$t_z = t_{xz} n_x + t_{yz} n_y = 0, \tag{3.188}$$

somit

$$\begin{aligned} &\left(\frac{\partial \zeta}{\partial x} - y\right) n_x + \left(\frac{\partial \zeta}{\partial y} + x\right) n_y = 0 \\ \Rightarrow\ &\operatorname{grad} \zeta \cdot \boldsymbol{n} = \frac{\partial \zeta}{\partial \boldsymbol{n}} = (\boldsymbol{n} \times \boldsymbol{x})_z. \end{aligned} \tag{3.189}$$

Es liegt also eine Neumannsche Randbedingung (vorgegebene Normalenableitung) für die Laplace-Gleichung (3.186) vor, sodass die Verwölbungsfunktion bis auf eine additive Konstante (die einer konstanten Verschiebung des gesamten Stabes in Längsrichtung entspricht) eindeutig berechnet werden kann.

Zur vollständigen Lösung des Problems fehlt noch die Verdrillung κ. Diese kann über die Berechnung des in der Querschnittsebene freigeschnittenen Drehmoments, welches gleich dem äußeren Torsionsmoment M_{T} ist, berechnet werden:

$$M_{\mathrm{T}} = \int_A (x t_{yz} - y t_{xz})\, \mathrm{d}A = \kappa\mu \int_A \left(x^2 + y^2 + x\frac{\partial \zeta}{\partial y} - y\frac{\partial \zeta}{\partial x}\right) \mathrm{d}A. \tag{3.190}$$

Mit $\zeta(x, y)$ aus (3.186), (3.189) und κ aus (3.190) können schließlich aus (3.184) die Spannungen sowie aus (3.181), (3.182) die Verschiebungen berechnet werden.

3.5.3 Prandtlsche Torsionsfunktion

Eine große Schwierigkeit bei obiger Lösung des Torsionsproblems liegt in der relativ komplizierten Randbedingung (3.189) für die Laplace-Gleichung. Daher sei nun ein alternativer Weg beschrieben, der dies vermeidet und darüberhinaus schneller auf die gesuchten Spannungen führt.

Wir definieren die *Prandtlsche Torsionsfunktion* $\psi(x,y)$ durch die Beziehungen

$$t_{xz} = \kappa\mu\frac{\partial\psi}{\partial y}, \qquad t_{yz} = -\kappa\mu\frac{\partial\psi}{\partial x}. \tag{3.191}$$

Einsetzen der Ergebnisse (3.184) für die Spannungen ergibt zunächst

$$\frac{\partial\psi}{\partial y} = \left(\frac{\partial\zeta}{\partial x} - y\right), \qquad \frac{\partial\psi}{\partial x} = -\left(\frac{\partial\zeta}{\partial y} + x\right), \tag{3.192}$$

und durch Differentiation der ersten Gleichung nach y, der zweiten nach x und anschließende Addition erhalten wir die Poisson-Gleichung

$$\nabla^2\psi = -2, \tag{3.193}$$

welche sich von der Laplace-Gleichung durch die Inhomogenität unterscheidet.

Die zugehörige Randbedingung folgt aus der Spannungsfreiheit (3.188) und der Beziehung $\boldsymbol{n}\cdot\mathrm{d}\boldsymbol{x} = 0$ auf dem Rand (Abb. 3.18):

$$\begin{aligned}
&\frac{t_{xz}}{t_{yz}} = -\frac{n_y}{n_x}, \qquad \frac{n_y}{n_x} = -\frac{\mathrm{d}x}{\mathrm{d}y}\\
&\Rightarrow\ \frac{t_{xz}}{t_{yz}} = \frac{\mathrm{d}x}{\mathrm{d}y}\\
&\Rightarrow\ t_{xz}\,\mathrm{d}y - t_{yz}\,\mathrm{d}x = 0\\
&\Rightarrow\ \mathrm{d}\psi = \frac{\partial\psi}{\partial x}\mathrm{d}x + \frac{\partial\psi}{\partial y}\mathrm{d}y = 0.
\end{aligned} \tag{3.194}$$

Das totale Differential von ψ verschwindet also, und somit ist ψ auf dem Rand konstant. Da weiterhin eine additive Konstante in ψ aufgrund der Definition (3.191) keine physikalische Bedeutung besitzt, kann diese zu Null gesetzt werden; es verbleibt die homogene Dirichletsche Randbedingung

$$\psi(x,y) = 0. \tag{3.195}$$

Wie bei der de-Saint-Venantschen Lösung muss noch die Verdrillung κ mit Hilfe des Torsionsmoments M_T berechnet werden:

$$\begin{aligned}
M_\mathrm{T} &= \int_A (x t_{yz} - y t_{xz})\,\mathrm{d}A\\
&= -\kappa\mu\int_A \left(x\frac{\partial\psi}{\partial x} + y\frac{\partial\psi}{\partial y}\right)\mathrm{d}A\\
&= -\kappa\mu\int_A \left(\frac{\partial(\psi x)}{\partial x} - \psi + \frac{\partial(\psi y)}{\partial y} - \psi\right)\mathrm{d}A
\end{aligned}$$

$$
\begin{aligned}
&= -\kappa\mu \int_A \operatorname{div}(\psi \boldsymbol{x})\, \mathrm{d}A + 2\kappa\mu \int_A \psi\, \mathrm{d}A \\
&= -\kappa\mu \int_{\partial A} (\psi \boldsymbol{x} \cdot \boldsymbol{n})\, \mathrm{d}s + 2\kappa\mu \int_A \psi\, \mathrm{d}A \\
&= 2\kappa\mu \int_A \psi\, \mathrm{d}A;
\end{aligned} \tag{3.196}
$$

letzteres, da ja ψ auf dem Rand verschwindet. Über die durch Lösen von (3.193), (3.195) bestimmte Torsionsfunktion ψ und die Verdrillung κ aus (3.196) können nun via (3.191) die Spannungen und via (3.181) die Verschiebungen in der Querschnittsebene berechnet werden. Zur Berechnung der Verwölbung ist schließlich (3.184) heranzuziehen.

3.5.4 Prandtlsches Seifenhautgleichnis

Es existiert eine interessante Analogie zwischen dem Torsionsproblem und dem Problem einer eingespannten Membran, die einseitig durch einen Druck normal zur Membran belastet wird („Seifenhaut“, Abb. 3.19).

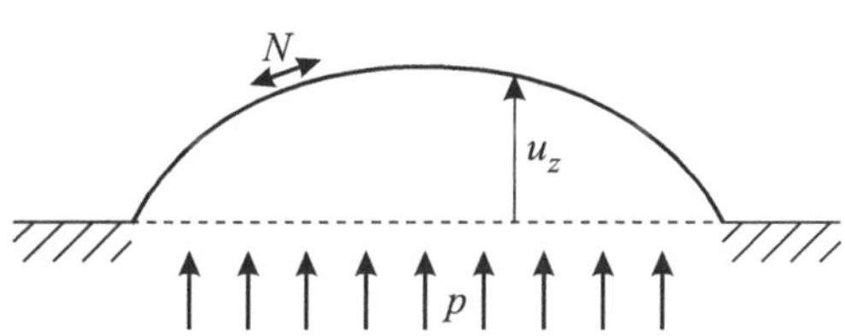

Abb. 3.19. Eingespannte Membran unter einseitiger Druckbelastung von unten.

Ohne Beweis sei gesagt, dass die Vertikalverschiebung $u_z(x, y)$ der Membran der Gleichung

$$
\nabla^2 u_z = -\frac{p}{N}, \qquad u_z|_{\text{Rand}} = 0, \tag{3.197}
$$

genügt, wobei p der konstante Druck und N die konstante Membranspannung (Kraft pro Länge in der Membran) sind. Somit liegt analog zu (3.193) eine Laplace-Gleichung mit konstanter Inhomogenität und homogener Dirichlet-Randbedingung vor. Dabei entspricht die Auslenkung der Membran der Torsionsfunktion, und die Steigungen der ausgelenkten Membran sind nach (3.191) den Schubspannungen des Torsionsproblems proportional. Dieses *Prandtlsche Seifenhautgleichnis* ist für eine schnelle Abschätzung der Orte maximaler Schubbelastung im tordierten Querschnitt sehr nützlich.

Problem 3.8 *Torsion eines elliptischen Querschnitts.*

Man löse das Torsionsproblem für einen elliptischen Querschnitt mit großer Halbachse a und kleiner Halbachse b (Abb. 3.20) mit Hilfe der Prandtlschen Torsionsfunktion.

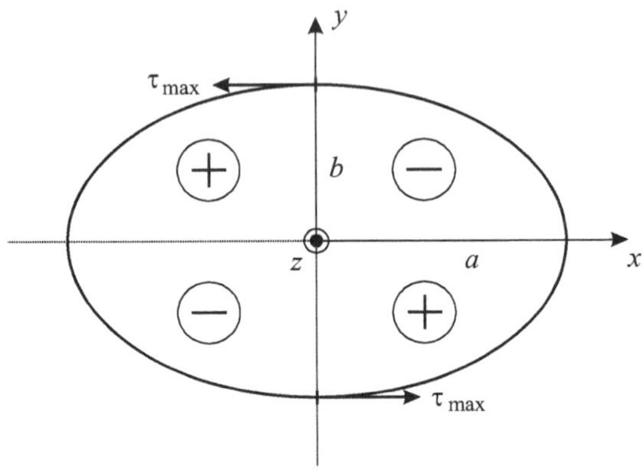

Abb. 3.20. Torsionsproblem mit elliptischem Querschnitt: Geometrie, Orte maximaler Schubspannung, Vorzeichen der Verwölbung in den Quadranten.

Lösung. Aus dem Seifenhautgleichnis wird sofort klar, dass die maximale Schubspannung $\tau_{\max}$ an den Punkten $(x, y) = (0, \pm b)$ auftritt, da eine in die Ellipse eingespannte, druckbelastete Membran dort die größten Steigungen aufweisen würde.

Die Ellipse wird beschrieben durch die Gleichung

$$\frac{x^2}{a^2} + \frac{y^2}{b^2} = 1. \tag{3.198}$$

Wir versuchen daher zur Lösung der Poisson-Gleichung (3.193) den Ansatz

$$\psi(x, y) = k \left(\frac{x^2}{a^2} + \frac{y^2}{b^2} - 1 \right) \tag{3.199}$$

mit noch zu bestimmender Konstanten k, welcher die homogene Randbedingung (3.195) offensichtlich erfüllt. Es ist

$$\nabla^2 \psi = \frac{2k}{a^2} + \frac{2k}{b^2} = -2 \quad \Rightarrow \quad k = -\frac{a^2 b^2}{a^2 + b^2}. \tag{3.200}$$

Mit diesem Wert für k ist die Laplace-Gleichung also erfüllt, sodass (3.199) damit in der Tat die Lösung des Problems ist.

Die Verdrillung folgt aus (3.196),

$$
\begin{aligned}
M_{\mathrm{T}} &= 2\kappa\mu k \left\{ \int_A \left(\frac{x^2}{a^2} + \frac{y^2}{b^2} \right) \mathrm{d}A - \int_A \mathrm{d}A \right\} \\
&= 2\kappa\mu k \left(\frac{1}{2}\pi ab - \pi ab \right) \\
&= \kappa\mu \frac{\pi a^3 b^3}{a^2 + b^2} \\
\Rightarrow \quad \kappa &= \frac{a^2 + b^2}{\pi a^3 b^3} \frac{M_{\mathrm{T}}}{\mu}. \qquad (3.201)
\end{aligned}
$$

(das erste Integral oben entspricht dem Volumen eines elliptischen Paraboloids der Höhe Eins, das zweite der Fläche einer Ellipse, siehe Bronstein *et al.* [4]).

Gemäß (3.191) erhalten wir für die Schubspannungen

$$
\begin{aligned}
t_{xz} &= 2\kappa\mu k \frac{y}{b^2} &= -\frac{2M_{\mathrm{T}}}{\pi ab^3}\, y, \\
t_{yz} &= -2\kappa\mu k \frac{x}{a^2} &= \frac{2M_{\mathrm{T}}}{\pi a^3 b}\, x;
\end{aligned}
\qquad (3.202)
$$

der Maximalwert bei $(x, y) = (0, \pm b)$ beträgt

$$
\tau_{\max} = t_{xz}(0, \pm b) = \mp \frac{2M_{\mathrm{T}}}{\pi ab^2}. \qquad (3.203)
$$

Die Horizontalverschiebungen sind durch (3.181) mit obigem κ bestimmt. Die Verwölbung (Vertikalverschiebung) folgt durch Integration von (3.184) mit $u_z = \kappa\zeta$:

$$
\begin{aligned}
t_{xz} &= \mu \left(\frac{\partial u_z}{\partial x} - \kappa y \right) \quad &\Rightarrow \quad \frac{\partial u_z}{\partial x} &= \frac{t_{xz}}{\mu} + \kappa y, \\
t_{yz} &= \mu \left(\frac{\partial u_z}{\partial y} + \kappa x \right) \quad &\Rightarrow \quad \frac{\partial u_z}{\partial y} &= \frac{t_{yz}}{\mu} - \kappa x.
\end{aligned}
\qquad (3.204)
$$

Die Lösung von $(3.204)_1$ ist

$$
\begin{aligned}
\frac{\partial u_z}{\partial x} &= -\frac{2M_{\mathrm{T}}}{\pi ab^3 \mu}\, y + \frac{(a^2 + b^2) M_{\mathrm{T}}}{\pi a^3 b^3 \mu}\, y \\
\Rightarrow \quad u_z &= -\frac{M_{\mathrm{T}}}{\mu} \frac{(a^2 - b^2)}{\pi a^3 b^3}\, xy + f(y). \qquad (3.205)
\end{aligned}
$$

Zur Berechnung der noch unbekannten Integrations-„Konstanten“ $f(y)$ wird dieses Ergebnis in $(3.204)_2$ eingesetzt,

$$\frac{\partial u_z}{\partial y} = -\frac{M_\mathrm{T}}{\mu} \frac{(a^2 - b^2)}{\pi a^3 b^3} x + f'(y) = \frac{2M_\mathrm{T}}{\pi a^3 b \mu} x - \frac{(a^2 + b^2) M_\mathrm{T}}{\pi a^3 b^3 \mu} x$$

$$\Rightarrow f'(y) = 0 \quad \Rightarrow f(y) = \mathrm{const.} \tag{3.206}$$

Wählt man diese Konstante schließlich zu Null, verbleibt für die Verwölbung

$$u_z = -\frac{M_\mathrm{T}}{\mu} \frac{(a^2 - b^2)}{\pi a^3 b^3} xy. \tag{3.207}$$

Sie hat Knotenlinien auf den Achsen, ist zwischen den Achsen von Null verschieden (Abb. 3.20), und verschwindet überall für den Spezialfall $a = b$, was einem kreisförmigen Querschnitt entspricht.

■

4. Hydrodynamik

4.1 Fluide, Flüssigkeiten und Gase

Im Gegensatz zu Festkörpern wie dem im vorigen Abschnitt behandelten linear-elastische Festkörper zeichnen sich Fluide dadurch aus, dass sie in Ruhe (Gleichgewichtszustand) keine Schubspannungen aufrecht erhalten können, d. h., für $\boldsymbol{v} = \mathbf{0}$ verschwindet der Spannungsdeviator $\boldsymbol{t}^{\mathrm{D}}$. In diesem Fall liegt ein hydrostatischer Spannungszustand

$$\boldsymbol{t}|_{\mathrm{E}} = -p\,\mathbf{1} \tag{4.1}$$

vor (der Index „E" steht für den Gleichgewichtszustand), wobei

$$p = -\tfrac{1}{3}\mathrm{tr}\,\boldsymbol{t} \tag{4.2}$$

den Druck bezeichnet. Zur Beschreibung des allgemeinen Spannungszustands bietet sich daher nach (2.177) die Aufteilung in Kugeltensor und Deviator,

$$\boldsymbol{t} = -p\,\mathbf{1} + \boldsymbol{t}^{\mathrm{D}}, \tag{4.3}$$

an.

Man unterscheidet die Fluide in *Flüssigkeiten*, welche eine relativ hohe Dichte besitzen (z. B. $\rho_{\mathrm{Wasser}} = 1000\ \mathrm{kg\,m^{-3}}$) und näherungsweise dichtebeständig sind, und in kompressible *Gase* mit deutlich niedrigerer Dichte ($\rho_{\mathrm{Luft}} = 1.29\ \mathrm{kg\,m^{-3}}$ unter Normalbedingungen). Diese Unterscheidung ist für die Praxis sinnvoll, jedoch nicht immer streng zu treffen, da es einen kontinuierlichen Übergang zwischen beiden Zuständen gibt.

Im Gegensatz zum linear-elastischen Festkörper ist bei Fluiden der Fall der Dichtebeständigkeit der wichtigere, und wir werden uns in diesem Abschnitt darauf beschränken. Dann ist analog zu (3.27) der Druck p eine freie Feldgröße, und eine Materialgleichung wird nur für den Spannungsdeviator $\boldsymbol{t}^{\mathrm{D}}$ aufgestellt.

4.2 Ideale Flüssigkeit

4.2.1 Eulersche Gleichung

Der einfachste Fall einer Flüssigkeit liegt dann vor, wenn der Spannungsdeviator auch bei nichtverschwindendem Geschwindigkeitsfeld stets gleich Null ist, die Materialgleichung also

$$\boldsymbol{t}^{\mathrm{D}} = \boldsymbol{0} \tag{4.4}$$

lautet. Man spricht in diesem Fall von einer *idealen Flüssigkeit.* Einsetzen von (4.3) und (4.4) in die Impulsbilanz (2.189) ergibt sofort

$$\rho \frac{\mathrm{d}\boldsymbol{v}}{\mathrm{d}t} = -\operatorname{grad} p + \rho \boldsymbol{f}_s . \tag{4.5}$$

Dies ist die *Eulersche Gleichung,* welche zusammen mit der Massenbilanz (2.40) für dichtebeständige Materialien,

$$\operatorname{div} \boldsymbol{v} = 0, \tag{4.6}$$

die benötigten vier Gleichungen für die vier Unbekannten $\boldsymbol{v}$ und p liefert.

Problem 4.1 *Hydrostatischer Druck.*

Eine ideale Flüssigkeit der Dichte ρ befinde sich in Ruhe im homogenen Schwerefeld $\boldsymbol{f}_s = \boldsymbol{g} = -g\,\boldsymbol{e}_z$. Die freie Oberfläche sei bei $z = h$, und dort herrsche der Druck p_0 (Abb. 4.1). Welche Druckverteilung stellt sich in der Flüssigkeit ($z \leq h$) ein? Welcher Druck herrscht auf dem Grund eines 4 m tiefen Schwimmbeckens ($\rho = 1000$ kg m^{-3}) und auf dem 11 km tiefen Grund des Marianengrabens im Pazifischen Ozean ($\rho = 1028$ kg m^{-3}), wenn die Oberfläche mit dem atmosphärischen Druck $p_0 = 1$ bar belastet ist und die Schwerebeschleunigung $g = 9.81$ m s^{-2} beträgt?

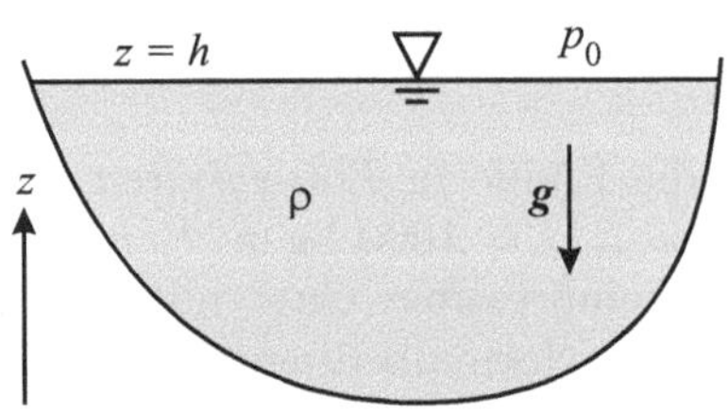

Abb. 4.1. Hydrostatischer Druck einer idealen Flüssigkeit mit freier Oberfläche.

Lösung. Für eine ruhende Flüssigkeit folgt aus der Eulerschen Gleichung (4.5)

$$\begin{aligned}
&\operatorname{grad} p = \rho \boldsymbol{f}_s = -\rho g \boldsymbol{e}_z \\
&\Rightarrow \frac{\partial p}{\partial x} = 0, \quad \frac{\partial p}{\partial y} = 0, \quad \frac{\partial p}{\partial z} = -\rho g \\
&\Rightarrow p = -\rho g z + C.
\end{aligned} \tag{4.7}$$

Aufgrund der Randbedingung $p(z = h) = p_0$ hat die Integrationskonstante den Wert $C = p_0 + \rho g h$, sodass

$$p = p_0 + \rho g(h - z). \tag{4.8}$$

Der Druck nimmt also linear mit der Tiefe zu, was als *hydrostatische Druckverteilung* bezeichnet wird.

Für den Grund des Schwimmbeckens folgt mit $(h - z) = 4$ m

$$\begin{aligned} p &= 1 \text{ bar} + 1000 \text{ kg m}^{-3} \times 9.81 \text{ m s}^{-2} \times 4 \text{ m} \\ &= 1 \text{ bar} + 0.39 \cdot 10^5 \text{ Pa} = 1.39 \text{ bar}, \end{aligned} \tag{4.9}$$

und auf dem Grund des Marianengrabens $[(h - z) = 11 \text{ km}]$ ist

$$\begin{aligned} p &= 1 \text{ bar} + 1028 \text{ kg m}^{-3} \times 9.81 \text{ m s}^{-2} \times 1.1 \cdot 10^4 \text{ m} \\ &= 1 \text{ bar} + 1109.3 \cdot 10^5 \text{ Pa} = 1110.3 \text{ bar}. \end{aligned} \tag{4.10}$$

Natürlich ist weder das Wasser im Schwimmbecken noch dasjenige des Ozeans wirklich in Ruhe, aber dennoch ist die hydrostatische Druckverteilung (4.8) in sehr guter Näherung gültig, da die Beiträge aufgrund des Beschleunigungsterms in der Eulerschen Gleichung (4.5) vernachlässigbar klein sind.

■

4.2.2 Bernoullische Gleichung

Es sei nun vorausgesetzt, dass die Volumenkraft $\boldsymbol{f} = \rho \boldsymbol{f}_s$ konservativ ist, also ein skalares Potential V (potentielle Energiedichte) mit der Eigenschaft

$$\boldsymbol{f} = -\text{grad}\, V \tag{4.11}$$

existiert. Hiermit sowie mit der Darstellung (1.29) der Beschleunigung integrieren wir die Eulersche Gleichung (4.5) zu einer bestimmten, festgehaltenen Zeit t entlang einer Stromlinie $\boldsymbol{x}(s)$ von einem Punkt 1 zu einem Punkt 2:

$$\int_1^2 \rho \left(\frac{\partial \boldsymbol{v}}{\partial t} + \text{grad}\, \frac{v^2}{2} - (\boldsymbol{v} \times \text{rot}\, \boldsymbol{v}) \right) \cdot \mathrm{d}\boldsymbol{x} = - \int_1^2 \text{grad}\, (p + V) \cdot \mathrm{d}\boldsymbol{x}. \tag{4.12}$$

Da auf einer Stromlinie $\boldsymbol{v} \parallel \mathrm{d}\boldsymbol{x}$, ist $(\boldsymbol{v} \times \text{rot}\, \boldsymbol{v}) \cdot \mathrm{d}\boldsymbol{x} = 0$, und es verbleibt

$$\int_1^2 \rho \frac{\partial \boldsymbol{v}}{\partial t} \cdot \mathrm{d}\boldsymbol{x} + \int_1^2 \text{grad} \left(p + \frac{\rho v^2}{2} + V \right) \cdot \mathrm{d}\boldsymbol{x} = 0. \tag{4.13}$$

Setzen wir für den Moment

$$\Psi = p + \frac{\rho v^2}{2} + V, \tag{4.14}$$

dann ist

$$\begin{aligned} \int_1^2 \text{grad}\, \Psi \cdot \mathrm{d}\boldsymbol{x} &= \int_1^2 \left(\frac{\partial \Psi}{\partial x} \mathrm{d}x + \frac{\partial \Psi}{\partial y} \mathrm{d}y + \frac{\partial \Psi}{\partial z} \mathrm{d}z \right) = \int_1^2 \mathrm{d}\Psi \\ &= \Psi_2 - \Psi_1, \end{aligned} \tag{4.15}$$

und aus (4.13) folgt

$$p_1 + \frac{\rho v_1^2}{2} + V_1 = p_2 + \frac{\rho v_2^2}{2} + V_2 + \int_1^2 \rho \frac{\partial \boldsymbol{v}}{\partial t} \cdot \mathrm{d}\boldsymbol{x}. \tag{4.16}$$

Dies ist die *Bernoullische Gleichung*, welche zu einem festen Zeitpunkt t für zwei beliebige Punkte eines Strömungsfeldes, die durch eine Stromlinie miteinander verbunden sind, gilt. Ist die Strömung darüber hinaus *stationär*, d. h., hängt das Geschwindigkeitsfeld nicht explizit von der Zeit ab, entfällt der verbliebene Integralterm, und die Bernoullische Gleichung vereinfacht sich zu

$$p_1 + \frac{\rho v_1^2}{2} + V_1 = p_2 + \frac{\rho v_2^2}{2} + V_2. \tag{4.17}$$

Resultiert die Volumenkraft aus einem homogenen Schwerefeld $\boldsymbol{g} = -g\boldsymbol{e}_z$, dann lauten Volumenkraft und Potential

$$\boldsymbol{f} = -\rho g \boldsymbol{e}_z \quad \Rightarrow \quad V = \rho g z. \tag{4.18}$$

Problem 4.2 *Ausströmen aus einem Behälter.*

Ein mit einer idealen Flüssigkeit (Dichte ρ) gefüllter zylindrischer Behälter der Höhe h werde an seinem Boden durch ein Rohrstück der Länge L entleert (Abb. 4.2). Dabei sei das Rohrstück für Zeiten $t < 0$ verschlossen und werde erst zur Zeit $t = 0$ plötzlich geöffnet. Der Durchmesser des Rohrstücks sei vernachlässigbar klein gegenüber dem Durchmesser und der Höhe des Behälters. Es wirke das homogene Schwerefeld $\boldsymbol{f}_s = \boldsymbol{g} = -g\, \boldsymbol{e}_z$, und der konstante Außendruck sei p_0. Welche Ausströmgeschwindigkeit v ergibt sich am Ende des Rohrstücks nach dem Öffnen als Funktion der Zeit?

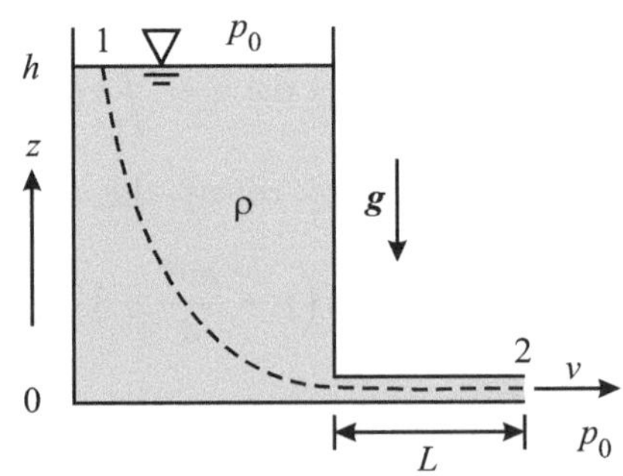

Abb. 4.2. Ausströmen einer idealen Flüssigkeit aus einem Behälter.

Lösung. Da die Flüssigkeit zur Zeit $t = 0$ noch ruht, handelt es sich um ein instationäres Problem. Wir wenden daher die Bernoulli-Gleichung (4.16) mit dem Potential (4.18) auf die in Abb. 4.2 skizzierte Stromlinie von Punkt 1 nach Punkt 2 an. Dabei kann aufgrund des im Verhältnis zum Durchmesser des Rohrstücks großen Behälters die Geschwindigkeit im Behälter vernachlässigt werden. Im Rohrstück ist die Geschwindigkeit wegen der Massenbilanz (4.6) überall gleich der Ausströmgeschwindigkeit $v(t)$. Es folgt

$$\begin{aligned} p_0 + \rho g h &= p_0 + \frac{\rho v^2}{2} + \int_0^L \rho \frac{\mathrm{d}v}{\mathrm{d}t}\,\mathrm{d}s = p_0 + \frac{\rho v^2}{2} + \rho L \frac{\mathrm{d}v}{\mathrm{d}t} \\ \Rightarrow \quad \frac{\mathrm{d}v}{\mathrm{d}t} + \frac{v^2}{2L} &= \frac{gh}{L}. \end{aligned} \tag{4.19}$$

Diese gewöhnliche nichtlineare Differentialgleichung erster Ordnung kann durch Trennung der Variablen gelöst werden:

$$\mathrm{d}v = \left(\frac{gh}{L} - \frac{v^2}{2L}\right)\mathrm{d}t = \frac{gh}{L}\left(1 - \frac{v^2}{2gh}\right)\mathrm{d}t$$

$$\Rightarrow \quad \frac{\mathrm{d}v}{1 - \dfrac{v^2}{2gh}} = \frac{gh}{L}\,\mathrm{d}t \quad \Rightarrow \quad \int_0^v \frac{\mathrm{d}v'}{1 - \dfrac{(v')^2}{2gh}} = \int_0^t \frac{gh}{L}\,\mathrm{d}t'$$

$$\Rightarrow \quad \sqrt{2gh}\,\operatorname{artanh}\frac{v}{\sqrt{2gh}} = \frac{gh}{L}t \quad \Rightarrow \quad \operatorname{artanh}\frac{v}{\sqrt{2gh}} = \frac{\sqrt{2gh}}{2L}t$$

$$\Rightarrow \quad v(t) = \sqrt{2gh}\tanh\left(\frac{\sqrt{2gh}}{2L}t\right). \tag{4.20}$$

Diese Funktion hat zur Zeit $t = 0$ den Wert Null und erreicht für $t \to \infty$ asymptotisch den Grenzwert

$$v(t \to \infty) = \sqrt{2gh}, \tag{4.21}$$

was als *Torricellische Ausflussformel* bekannt ist (Abb. 4.3). Dieses Ergebnis erhält man auch, wenn man von vornherein ein stationäres Ausfließen annimmt.

■

Problem 4.3 *Schwingung einer Flüssigkeit in einem U-Rohr.*

Ein dünnes U-Rohr mit konstanter kreisförmiger Querschnittsfläche sei mit einer idealen Flüssigkeit (Dichte ρ) gefüllt. Zur Zeit $t = 0$ sei die Flüssigkeit in Ruhe und um $z = h$ ausgelenkt. Die gesamte Länge der Flüssigkeitssäule von Punkt 1 bis Punkt 2 sei L, und der konstante Außendruck sei p_0 (Abb. 4.4). Welche zeitlichen Verläufe stellen sich unter dem Einfluss des homogenen Schwerefeldes $\boldsymbol{g}$ für die Geschwindigkeit $v(t)$ und den Flüssigkeitsspiegel $z(t)$ ein?

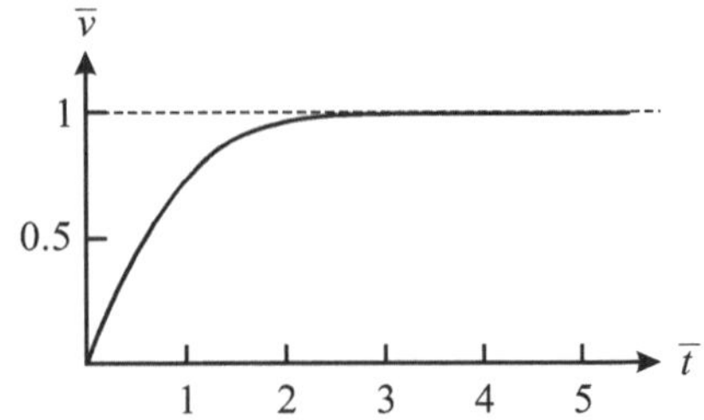

Abb. 4.3. Zeitlicher Verlauf der Ausströmgeschwindigkeit (4.20), dargestellt mit der dimensionslosen Geschwindigkeit $\bar{v} = v/\sqrt{2gh}$ und der dimensionslosen Zeit $\bar{t} = (\sqrt{2gh}\,t)/(2L)$.

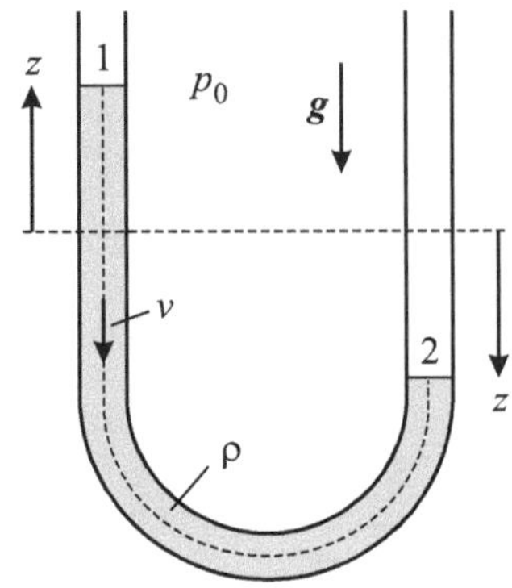

Abb. 4.4. Schwingung einer idealen Flüssigkeit in einem U-Rohr.

Lösung. Auch hier handelt es sich um ein instationäres Problem. Da die Querschnittsfläche konstant und klein ist, hat die Geschwindigkeit zu einem bestimmten Zeitpunkt t im gesamten U-Rohr denselben Wert $v(t)$, und die Länge L ändert sich im Lauf der Zeit nicht. Anwendung der Bernoulli-Gleichung (4.16) mit dem Potential (4.18) auf die Stromlinie von 1 nach 2 ergibt

$$p_0 + \frac{\rho v^2}{2} + \rho g z = p_0 + \frac{\rho v^2}{2} - \rho g z + \int_1^2 \rho \frac{\mathrm{d}v}{\mathrm{d}t}\,\mathrm{d}s$$

$$\Rightarrow \quad 2\rho g z = \rho L \frac{\mathrm{d}v}{\mathrm{d}t}. \qquad (4.22)$$

Aufgrund der in Abb. 4.4 gewählten Richtungen für z und v ist $v = -\mathrm{d}z/\mathrm{d}t$, und daher

$$2gz = -L\frac{\mathrm{d}^2 z}{\mathrm{d}t^2} \quad \Rightarrow \quad \frac{\mathrm{d}^2 z}{\mathrm{d}t^2} + \omega^2 z = 0, \quad \text{mit } \omega^2 = \frac{2g}{L}. \qquad (4.23)$$

Hierbei handelt es sich um die bekannte *Schwingungsdifferentialgleichung*, ω ist die zugehörige Kreisfrequenz. Die allgemeine Lösung ist

$$z(t) = C_1 \cos \omega t + C_2 \sin \omega t, \tag{4.24}$$

und aus den Anfangsbedingungen $z(t{=}0) = h$, $(\mathrm{d}z/\mathrm{d}t)_{t=0} = 0$ folgt $C_1 = h$, $C_2 = 0$, sodass

$$z(t) = h \cos \omega t. \tag{4.25}$$

Daraus ergibt sich für die Geschwindigkeit

$$v(t) = -\frac{\mathrm{d}z}{\mathrm{d}t} = h\omega \sin \omega t. \tag{4.26}$$

Die Bewegung der Flüssigkeit im U-Rohr ist also eine ungedämpfte harmonische Schwingung mit der Kreisfrequenz $\omega = \sqrt{2g/L}$. In Wirklichkeit verläuft die Schwingung aufgrund von Reibungseffekten natürlich gedämpft, klingt also nach einiger Zeit ab.

■

4.2.3 Potentialströmungen

Ein wichtiger Spezialfall von Strömungen idealer Flüssigkeiten sind die *wirbelfreien Strömungen*, d. h., überall im Strömungsfeld gelte

$$\operatorname{rot} \boldsymbol{v} = \boldsymbol{0}. \tag{4.27}$$

Analog zu (3.72) existiert dann ein Geschwindigkeitspotential Φ mit der Eigenschaft

$$\boldsymbol{v} = \operatorname{grad} \Phi. \tag{4.28}$$

Daher spricht man auch von *Potentialströmungen*. Setzt man (4.28) in die Massenbilanz (4.6) ein, folgt die *Laplace-Gleichung*

$$\operatorname{div} \operatorname{grad} \Phi = \nabla^2 \Phi = 0. \tag{4.29}$$

Setzen wir weiterhin eine konservative Volumenkraft voraus, dann ergibt sich aus der Eulerschen Gleichung (4.5) mit der Beschleunigung (1.29)

$$\begin{aligned}
&\rho \frac{\partial(\operatorname{grad} \Phi)}{\partial t} + \rho \operatorname{grad} \frac{(\operatorname{grad} \Phi)^2}{2} = -\operatorname{grad}(p + V) \\
&\Rightarrow \operatorname{grad}\left(p + \frac{\rho(\operatorname{grad}\Phi)^2}{2} + V + \rho\frac{\partial \Phi}{\partial t}\right) = \boldsymbol{0} \\
&\Rightarrow p + \frac{\rho}{2}(\operatorname{grad}\Phi)^2 + V + \rho\frac{\partial\Phi}{\partial t} = \text{const.}
\end{aligned} \tag{4.30}$$

Das ist die *Bernoullische Druckgleichung*, welche im Gegensatz zur Bernoullischen Gleichung (4.16) nicht nur auf einer Stromlinie, sondern im gesamten Strömungsfeld gilt. Die Konstante auf der rechten Seite könnte im Prinzip noch von der Zeit abhängen, jedoch kann eine solche Zeitabhängigkeit stets dem Geschwindigkeitspotential Φ zugeschlagen werden, ohne dass sich dessen physikalische Bedeutung, die sich in (4.28) ausdrückt, ändert. Für stationäre Bedingungen entfällt der Term $\rho(\partial\Phi/\partial t)$.

Bei Potentialströmungen hat man es also primär anstelle der vier Unbekannten $\boldsymbol{v}$ und p nur noch mit der einen Unbekannten Φ zu tun, was natürlich eine große rechnerische Vereinfachung darstellt. Diese Unbekannte erhält man aus der Lösung der Laplace-Gleichung (4.29) mit den entsprechenden Randbedingungen eines gegebenen Problems. Sobald das Geschwindigkeitspotential Φ bekannt ist, kann mit Hilfe von (4.28) das Geschwindigkeitsfeld $\boldsymbol{v}$ und mit der Bernoullischen Druckgleichung (4.30) der Druck p bestimmt werden, wobei die freie Konstante in (4.30) aus den Randbedingungen folgt.

Desweiteren ist die Laplace-Gleichung (4.29) linear. Es gilt also das Superpositionsprinzip, welches besagt, dass Linearkombinationen aus Lösungen der Laplace-Gleichung wieder Lösungen sind. Dies ermöglicht es häufig, die Lösung von komplizierteren Strömungsproblemen mit Hilfe von einfacheren Standardproblemen, deren Lösungen bereits bekannt sind, nach dem „Baukastenprinzip“ exakt oder zumindest näherungsweise zu konstruieren.

Problem 4.4 *Parallelströmung.*

Gegeben sei die Funktion

$$\Phi(x, y, z) = ax + by + cz, \quad \text{mit } a,\ b,\ c = \text{const.} \tag{4.31}$$

Man zeige, dass es sich hierbei um ein mögliches Geschwindigkeitspotential handelt. Welche Strömung gehört dazu?

Lösung. Wir rechnen

$$\nabla^2\Phi = \frac{\partial^2\Phi}{\partial x^2} + \frac{\partial^2\Phi}{\partial y^2} + \frac{\partial^2\Phi}{\partial z^2} = 0, \tag{4.32}$$

d. h., die Laplace-Gleichung (4.29) ist erfüllt, und Φ ist somit das Geschwindigkeitspotential einer Strömung. Das zugehörige Geschwindigkeitsfeld ist nach (4.28)

$$\boldsymbol{v} = \frac{\partial\Phi}{\partial x}\,\boldsymbol{e}_x + \frac{\partial\Phi}{\partial y}\,\boldsymbol{e}_y + \frac{\partial\Phi}{\partial z}\,\boldsymbol{e}_z = a\,\boldsymbol{e}_x + b\,\boldsymbol{e}_y + c\,\boldsymbol{e}_z. \tag{4.33}$$

Es liegt also eine Parallelströmung mit konstantem Geschwindigkeitsvektor vor, welche z. B. in einem Kanal oder einem Rohr mit konstantem Querschnitt realisiert werden kann (Abb. 4.5).

■

Problem 4.5 *Punktförmige Quelle oder Senke.*

Wie lautet die allgemeine kugelsymmetrische Lösung der Laplace-Gleichung (4.29)? Man zeige, dass die entsprechende Strömung derjenigen einer punktförmigen Quelle (Volumenstrom $Q > 0$) oder Senke (Volumenstrom $Q < 0$) im Ursprung entspricht.

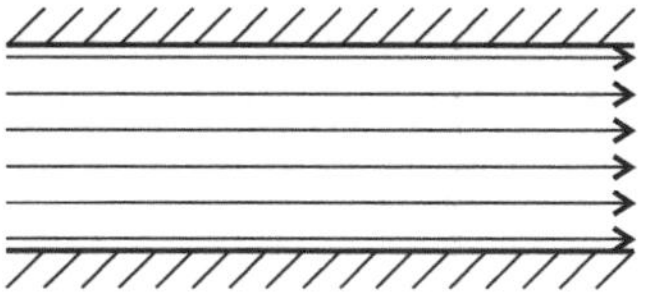

Abb. 4.5. Stromlinien einer Parallelströmung in einem Kanal mit konstanter Querschnittsfläche.

Lösung. Die Kugelsymmetrie lässt sich in Kugelkoordinaten r, θ, ϕ (vgl. Abb. 3.4) dadurch ausdrücken, dass das Geschwindigkeitspotential nur vom radialen Abstand r abhängt, also $\Phi = \Phi(r)$. Dann lautet die Laplace-Gleichung (4.29)

$$\nabla^2 \Phi = \frac{\mathrm{d}^2\Phi}{\mathrm{d}r^2} + \frac{2}{r}\frac{\mathrm{d}\Phi}{\mathrm{d}r} = 0 \quad \Rightarrow \quad r^2\frac{\mathrm{d}^2\Phi}{\mathrm{d}r^2} + 2r\frac{\mathrm{d}\Phi}{\mathrm{d}r} = 0. \tag{4.34}$$

Diese homogene Eulersche Differentialgleichung kann mit Hilfe des Ansatzes $\Phi \sim r^n$ gelöst werden:

$$\begin{aligned} & r^2\, n(n-1)r^{n-2} + 2r\, nr^{n-1} = n(n-1)r^n + 2nr^n = 0 \\ & \Rightarrow \; n^2 + n = 0 \quad \Rightarrow \quad n_1 = -1, \; n_2 = 0 \\ & \Rightarrow \; \Phi(r) = \frac{C}{r} + D. \end{aligned} \tag{4.35}$$

Die additive Konstante D ist physikalisch bedeutungslos, da sie beim Berechnen des Geschwindigkeitsfeldes nach (4.28) sowieso herausfällt, und kann daher zu Null gesetzt werden. Dann verbleibt als allgemeines kugelsymmetrisches Potential

$$\Phi(r) = \frac{C}{r}. \tag{4.36}$$

Dazu gehört das radiale Geschwindigkeitsfeld

$$\boldsymbol{v}(r) = \operatorname{grad}\Phi(r) = \frac{\mathrm{d}\Phi}{\mathrm{d}r}\,\boldsymbol{e}_r = -\frac{C}{r^2}\,\boldsymbol{e}_r, \tag{4.37}$$

wobei $\boldsymbol{e}_r$ der radiale Einheitsvektor ist (Abb. 3.4). Dieses Strömungsfeld hat offenbar im Ursprung $r = 0$ eine Singularität. Der gesamte Volumenstrom (Flüssigkeitsvolumen pro Zeit) Q, der durch eine Kugeloberfläche S_R mit Radius R um den Ursprung fließt und sich als Integral der Normalgeschwindigkeit über die Kugeloberfläche berechnen lässt, ist

$$Q = \oint_{S_R} \boldsymbol{v}(r)\cdot\boldsymbol{e}_r\,\mathrm{d}a = -\oint_{S_R}\frac{C}{R^2}\,\mathrm{d}a = -\frac{C}{R^2}\,4\pi R^2 = -4\pi C. \tag{4.38}$$

Der Volumenstrom ist also unabhängig von R (was aufgrund der globalen Massenbilanz natürlich notwendig ist) und wird von der Singularität im Ursprung generiert. Für $Q > 0$ befindet sich dort folglich eine Punktquelle, für

$Q < 0$ eine Punktsenke. Mit Hilfe von (4.38) kann man im Potential (4.36) und in der Geschwindigkeit (4.37) die Konstante C durch den Volumenstrom Q ausdrücken:

$$\Phi(r) = -\frac{Q}{4\pi r}, \qquad \boldsymbol{v}(r) = \frac{Q}{4\pi r^2}\,\boldsymbol{e}_r. \tag{4.39}$$

Das radiale Geschwindigkeitsfeld nimmt offenbar mit dem Quadrat des Abstandes r von der Quelle/Senke ab. Die zugehörigen Stromlinien sind in Abb. 4.6 dargestellt.

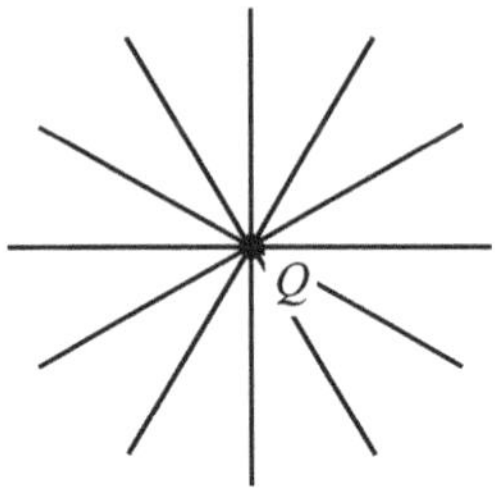

Abb. 4.6. Stromlinien der von einer punktförmigen Quelle oder Senke ausgehenden Strömung. Für eine Quelle ($Q > 0$) sind die Geschwindigkeiten radial nach außen, für eine Senke ($Q < 0$) radial nach innen gerichtet.

Falls sich die Punktquelle bzw. Punktsenke nicht im Ursprung, sondern am Ort $\boldsymbol{x}_0$ befindet, muss im Potential $(4.39)_1$ der Abstand vom Ursprung r durch den Abstand vom Ort $\boldsymbol{x}_0$, also $|\boldsymbol{x} - \boldsymbol{x}_0|$, ersetzt werden, d. h.,

$$\Phi(\boldsymbol{x}) = -\frac{Q}{4\pi\,|\boldsymbol{x} - \boldsymbol{x}_0|}. \tag{4.40}$$

Das Geschwindigkeitsfeld lautet dann entsprechend

$$\boldsymbol{v}(\boldsymbol{x}) = \frac{Q}{4\pi|\boldsymbol{x} - \boldsymbol{x}_0|^2}\,\frac{\boldsymbol{x} - \boldsymbol{x}_0}{|\boldsymbol{x} - \boldsymbol{x}_0|}, \tag{4.41}$$

wobei $(\boldsymbol{x} - \boldsymbol{x}_0)/|\boldsymbol{x} - \boldsymbol{x}_0|$ der Einheitsvektor von $\boldsymbol{x}_0$ nach $\boldsymbol{x}$ ist. ■

Problem 4.6 *Dipolströmung, Umströmung einer Kugel.*

(a) Eine Quelle mit Volumenstrom $Q_+ = Q > 0$ und eine Senke mit Volumenstrom $Q_- = -Q < 0$ liegen nahe beieinander an den Positionen $\boldsymbol{x}_+ = \mathrm{d}\boldsymbol{s}/2$ bzw. $\boldsymbol{x}_- = -\mathrm{d}\boldsymbol{s}/2$, wobei $\mathrm{d}\boldsymbol{s}$ ein gegebener, fester Ortsvektor ist (Abb. 4.7). Wie lautet das dazu gehörige Geschwindigkeitspotential? Was ergibt sich im Grenzübergang

$$\mathrm{d}\boldsymbol{s} \to 0, \qquad \boldsymbol{m} = Q\,\mathrm{d}\boldsymbol{s} = \text{const} \tag{4.42}$$

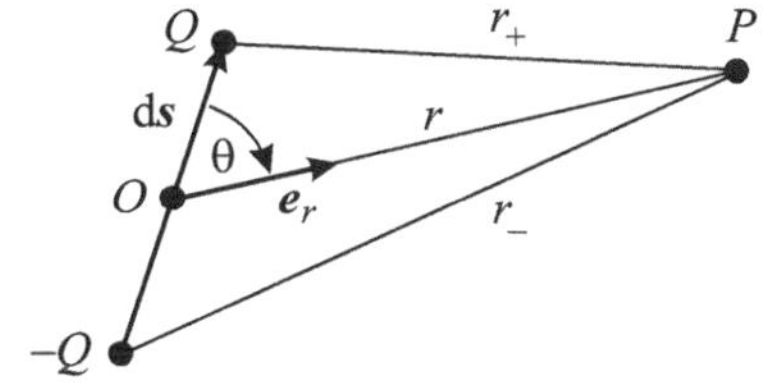

Abb. 4.7. Geometrie der Dipolströmung.

(dabei wird der Vektor $\boldsymbol{m}$ als *Dipolmoment* bezeichnet)? Man berechne auch das resultierende Geschwindigkeitsfeld.

(b) Man zeige, dass die stationäre Umströmung einer im Ursprung fixierten Kugel mit Radius R, wobei in großer Entfernung von der Kugel die Parallelströmung

$$\boldsymbol{v}(r \to \infty) = v_0\, \boldsymbol{e}_z \tag{4.43}$$

vorliegen und auf der Kugeloberfläche die Normalkomponente der Geschwindigkeit verschwinden soll, durch Überlagerung einer Parallelströmung und einer Dipolströmung beschrieben werden kann. Welche Kraft wirkt auf die Kugel, wenn in großer Entfernung von der Kugel der Umgebungsdruck p_0 herrscht und keine äußeren Kräfte vorhanden sind?

Lösung. (a) Das Geschwindigkeitspotential dieser Anordnung ist nach (4.40) und dem Superpositionsprinzip

$$\Phi(\boldsymbol{x}) = -\frac{Q}{4\pi}\left(\frac{1}{r_+} - \frac{1}{r_-}\right) = -\frac{Q}{4\pi}\,\frac{r_-^2 - r_+^2}{r_+ r_-(r_+ + r_-)} \tag{4.44}$$

Mit Hilfe des Kosinussatzes für nicht-rechtwinklige Dreiecke (Abb. 4.7),

$$\begin{aligned} r_+^2 &= r^2 + \frac{\mathrm{d}s^2}{4} - r\,\mathrm{d}s\cos\theta\,, \\ r_-^2 &= r^2 + \frac{\mathrm{d}s^2}{4} - r\,\mathrm{d}s\cos(\pi-\theta) = r^2 + \frac{\mathrm{d}s^2}{4} + r\,\mathrm{d}s\cos\theta\,, \end{aligned} \tag{4.45}$$

folgt daraus

$$\Phi(\boldsymbol{x}) = -\frac{Q\,\mathrm{d}s}{4\pi}\,\frac{2r\cos\theta}{r_+ r_-(r_+ + r_-)}\,, \tag{4.46}$$

und mit $\mathrm{d}\boldsymbol{s}\cdot\boldsymbol{e}_r = \mathrm{d}s\cos\theta$ weiter

$$\Phi(\boldsymbol{x}) = -\frac{Q\,\mathrm{d}\boldsymbol{s}\cdot\boldsymbol{e}_r}{4\pi}\,\frac{2r}{r_+ r_-(r_+ + r_-)} = -\frac{\boldsymbol{m}\cdot\boldsymbol{e}_r}{4\pi}\,\frac{2r}{r_+ r_-(r_+ + r_-)}\,. \tag{4.47}$$

Führt man den Grenzübergang (4.42) durch, wird

$$r_+ \to r\,, \qquad r_- \to r\,, \tag{4.48}$$

und es ergibt sich

$$\Phi(r,\theta) = -\frac{\boldsymbol{m}\cdot\boldsymbol{e}_r}{4\pi r^2} = -\frac{m\cos\theta}{4\pi r^2}. \tag{4.49}$$

Die Größen r und θ können als radialer Abstand bzw. Polarwinkel eines Kugelkoordinatensystems aufgefasst werden, welches so orientiert ist, dass die z-Achse parallel zum Dipolmoment $\boldsymbol{m}$ verläuft, d. h., $\boldsymbol{m} = m\,\boldsymbol{e}_z$ (vgl. Abb. 3.4). Für das Geschwindigkeitsfeld rechnet man mit (4.28)

$$\begin{aligned}\boldsymbol{v}(r,\theta) &= \frac{\partial\Phi}{\partial r}\,\boldsymbol{e}_r + \frac{1}{r}\frac{\partial\Phi}{\partial\theta}\,\boldsymbol{e}_\theta \\ &= \frac{m}{4\pi r^3}\,(2\cos\theta\,\boldsymbol{e}_r + \sin\theta\,\boldsymbol{e}_\theta).\end{aligned} \tag{4.50}$$

Diese Strömung wird als *Dipolströmung* bezeichnet. Offenbar nimmt die Geschwindigkeit mit der dritten Potenz des Abstandes r vom Dipol ab [vgl. $(4.39)_2$], und darüber hinaus besteht eine Abhängigkeit vom Polarwinkel θ. Die Stromlinien der Dipolströmung sind in Abb. 4.8 dargestellt.

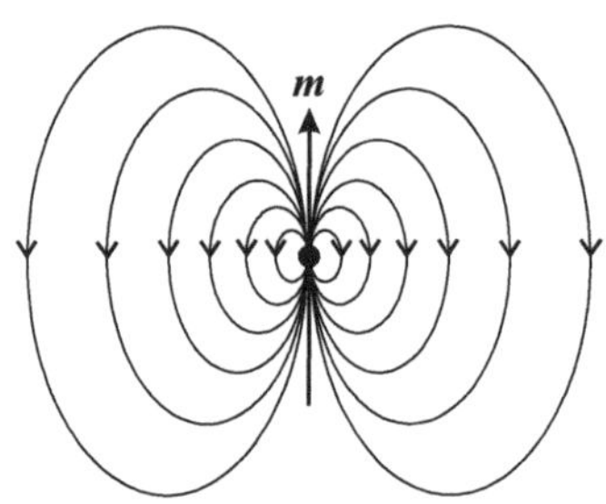

Abb. 4.8. Stromlinien einer Dipolströmung mit Dipolmoment $\boldsymbol{m}$.

(b) Das Geschwindigkeitspotential des Fernfeldes (4.43) ist nach (4.31) und (4.33)

$$\Phi(r\to\infty) = v_0 z. \tag{4.51}$$

Wir überlagern das mit dem Potential (4.49) eines in z-Richtung orientierten Dipols mit Dipolmoment $\boldsymbol{m} = m\,\boldsymbol{e}_z$, wobei der Wert für m noch offen ist, und verwenden die trigonometrische Beziehung $z = r\cos\theta$:

$$\Phi(r,\theta) = \left(v_0 r - \frac{m}{4\pi r^2}\right)\cos\theta. \tag{4.52}$$

Wenn dies das gesuchte Geschwindigkeitspotential der umströmten Kugel sein soll, muss auf deren Oberfläche $r = R$ die Randbedingung

$$v_n = \boldsymbol{v}\cdot\boldsymbol{n} = \boldsymbol{v}\cdot\boldsymbol{e}_r = v_r = \frac{\partial\Phi}{\partial r} = 0 \tag{4.53}$$

(Verschwinden der Normalkomponente der Geschwindigkeit, Geschwindigkeit daher tangential zur Kugeloberfläche) erfüllt sein. Wir rechnen

$$\left.\frac{\partial \Phi}{\partial r}\right|_{r=R} = \left(v_0 + \frac{m}{2\pi R^3}\right)\cos\theta = 0 \quad \Rightarrow \quad m = -2\pi R^3 v_0. \tag{4.54}$$

Mit diesem Wert für m ist die Randbedingung in der Tat erfüllt, sodass das gesuchte Geschwindigkeitspotential für die Strömung um eine Kugel die Form

$$\Phi(r,\theta) = v_0 r\cos\theta\left(1 + \frac{R^3}{2r^3}\right) \tag{4.55}$$

hat. Daraus resultiert das Geschwindigkeitsfeld

$$\begin{aligned}\boldsymbol{v}(r,\theta) &= \frac{\partial \Phi}{\partial r}\,\boldsymbol{e}_r + \frac{1}{r}\frac{\partial \Phi}{\partial \theta}\,\boldsymbol{e}_\theta \\ &= v_0\cos\theta\left(1+\frac{R^3}{2r^3}\right)\boldsymbol{e}_r - v_0 r\cos\theta\,\frac{3R^3}{2r^4}\,\boldsymbol{e}_r \\ &\qquad\qquad - v_0\sin\theta\left(1+\frac{R^3}{2r^3}\right)\boldsymbol{e}_\theta \\ &= v_0\cos\theta\left(1-\frac{R^3}{r^3}\right)\boldsymbol{e}_r - v_0\sin\theta\left(1+\frac{R^3}{2r^3}\right)\boldsymbol{e}_\theta,\end{aligned} \tag{4.56}$$

dessen Stromlinien in Abb. 4.9 skizziert sind.

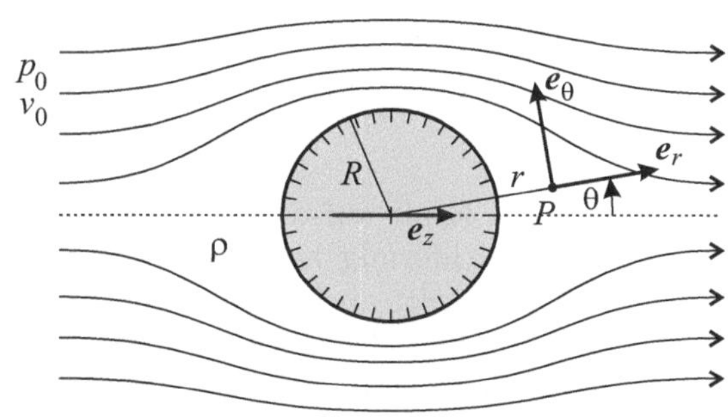

Abb. 4.9. Umströmung einer Kugel; Kugelkoordinaten r (radialer Abstand) und θ (Polarwinkel).

Zur Berechnung der Kraft $\boldsymbol{F}$ auf die Kugel, welche aus Symmetriegründen nur eine z-Komponente haben kann ($\boldsymbol{F} = F_z\,\boldsymbol{e}_z$), benötigen wir das Druckfeld. Dazu müssen wir die Bernoullische Druckgleichung (4.30) für stationäre Bedingungen und $V = 0$ (keine äußeren Kräfte) lösen:

$$p + \frac{\rho}{2}(\operatorname{grad}\Phi)^2 = p + \frac{\rho v^2}{2} = C. \tag{4.57}$$

Die Konstante C folgt aus dem bekannten Verhalten für $r \to \infty$ zu

$$C = p_0 + \frac{\rho v_0^2}{2}, \tag{4.58}$$

und wir erhalten mit dem Geschwindigkeitsfeld (4.56)

$$\begin{aligned} p(r,\theta) &= p_0 + \frac{\rho v_0^2}{2} - \frac{\rho v^2}{2} \\ &= p_0 + \frac{\rho v_0^2}{2}\left[1 - \cos^2\theta\left(1 - \frac{R^3}{r^3}\right)^2 - \sin^2\theta\left(1 + \frac{R^3}{2r^3}\right)^2\right]. \end{aligned} \tag{4.59}$$

Die Kraft F_z resultiert nun aus dem auf die Kugeloberfläche S_R wirkenden Druck $p(R,\theta)$, welcher an jedem Punkt normal nach innen, also in Richtung von $-\boldsymbol{e}_r$ wirkt:

$$\begin{aligned} F_z &= \boldsymbol{e}_z \cdot \int_{S_R} p(R,\theta)\,(-\boldsymbol{e}_r)\,\mathrm{d}a = -\int_{S_R} p(R,\theta)\,\cos\theta\,\mathrm{d}a \\ &= -\int_0^\pi \left(p_0 + \frac{\rho v_0^2}{2}\left(1 - \frac{9}{4}\sin^2\theta\right)\right)\cos\theta \cdot 2\pi R\sin\theta\,R\,\mathrm{d}\theta \\ &= -\int_0^\pi \left(p_0 + \frac{\rho v_0^2}{2} - \frac{9\rho v_0^2}{8}\sin^2\theta\right)\cos\theta \cdot 2\pi R\sin\theta\,R\,\mathrm{d}\theta \\ &= -\pi R^2\left(p_0 + \frac{\rho v_0^2}{2}\right)\int_0^\pi \sin 2\theta\,\mathrm{d}\theta + \frac{9\pi\rho R^2 v_0^2}{4}\int_0^\pi \sin^3\theta\cos\theta\,\mathrm{d}\theta \\ &= -\pi R^2\left(p_0 + \frac{\rho v_0^2}{2}\right)\left[-\frac{\cos 2\theta}{2}\right]_0^\pi + \frac{9\pi\rho R^2 v_0^2}{4}\left[\frac{\sin^4\theta}{4}\right]_0^\pi \\ &= 0. \end{aligned} \tag{4.60}$$

Es wirkt also überhaupt keine Kraft auf die Kugel! Das Ergebnis lässt sich direkt übertragen auf eine gleichförmig bewegte Kugel in einer im Unendlichen ruhenden idealen Flüssigkeit; auch in diesem Fall erfährt die Kugel keinen Widerstand. Dieses *d'Alembertsche Paradoxon* liegt darin begründet, dass bei der idealen Flüssigkeit keine innere Reibung vorhanden ist. In Problem 4.11 werden wir eine realistischere Beschreibung der umströmten Kugel kennen lernen, bei der dieses Paradoxon nicht mehr auftritt.

■

4.2.4 Ebene Potentialströmungen

Wir betrachten nun ebene stationäre Potentialströmungen, d. h., zusätzlich zur Annahme der Wirbelfreiheit habe das Geschwindigkeitsfeld die Gestalt

$$\boldsymbol{v} = v_x(x,y)\,\boldsymbol{e}_x + v_y(x,y)\,\boldsymbol{e}_y. \tag{4.61}$$

Die Geschwindigkeitskomponente v_z verschwindet also, und in den verbleibenden Komponenten treten keine z- und t-Abhängigkeiten auf. Entsprechend dem allgemeinen Fall existiert dann ein Geschwindigkeitspotential $\Phi(x,y)$ mit der Eigenschaft (4.28), und es gilt [vgl. (4.29)]

$$\nabla^2\Phi = \frac{\partial^2\Phi}{\partial x^2} + \frac{\partial^2\Phi}{\partial y^2} = 0. \tag{4.62}$$

Nun kann die Lösung einer Laplace-Gleichung in der Ebene als Realteil einer analytischen (auch: regulären, holomorphen, komplex differenzierbaren) Funktion

$$\mathsf{f}(\mathsf{z}) = \Phi(x,y) + \mathrm{i}\,\Psi(x,y) \tag{4.63}$$

der komplexen Ortskoordinate $\mathsf{z} = x + \mathrm{i}y \in \mathsf{C}$ (Menge der komplexen Zahlen) erhalten werden. Man verwechsle dieses z nicht mit der reellen Koordinate z, welche die Richtung senkrecht zur Ebene der Strömung beschreibt. Wie bei jeder analytischen Funktion gelten für $\mathsf{f}(\mathsf{z})$ die Cauchy-Riemannschen Differentialgleichungen

$$\frac{\partial\Phi}{\partial x} = \frac{\partial\Psi}{\partial y}, \qquad \frac{\partial\Phi}{\partial y} = -\frac{\partial\Psi}{\partial x}. \tag{4.64}$$

Aus diesen folgt

$$\frac{\partial^2\Phi}{\partial x^2} = \frac{\partial\Psi}{\partial x\partial y} = -\frac{\partial^2\Phi}{\partial y^2} \qquad \Rightarrow \qquad \frac{\partial^2\Phi}{\partial x^2} + \frac{\partial^2\Phi}{\partial y^2} = 0 \tag{4.65}$$

und

$$\frac{\partial^2\Psi}{\partial y^2} = \frac{\partial\Phi}{\partial x\partial y} = -\frac{\partial^2\Psi}{\partial x^2} \qquad \Rightarrow \qquad \frac{\partial^2\Psi}{\partial x^2} + \frac{\partial^2\Psi}{\partial y^2} = 0, \tag{4.66}$$

d. h., sowohl der Realteil $\Phi(x,y)$ als auch der Imaginärteil $\Psi(x,y)$ der analytischen Funktion $\mathsf{f}(\mathsf{z})$ erfüllen automatisch die Laplace-Gleichung in der Ebene. Weiterhin ergibt sich aus (4.64)

$$\begin{aligned} \boldsymbol{v}\cdot\operatorname{grad}\Psi &= \operatorname{grad}\Phi\cdot\operatorname{grad}\Psi \\ &= \frac{\partial\Phi}{\partial x}\frac{\partial\Psi}{\partial x} + \frac{\partial\Phi}{\partial y}\frac{\partial\Psi}{\partial y} = -\frac{\partial\Phi}{\partial x}\frac{\partial\Phi}{\partial y} + \frac{\partial\Phi}{\partial y}\frac{\partial\Phi}{\partial x} = 0. \end{aligned} \tag{4.67}$$

Der Gradient von Ψ (Richtung des stärksten Anstiegs) steht also senkrecht auf dem Geschwindigkeitsvektor, und folglich verlaufen die Niveaulinien $\Psi = \text{const}$ in jedem Punkt tangential zur Geschwindigkeit, stellen also die Stromlinien des Geschwindigkeitsfelds dar (vgl. Abschn. 1.1.3). Die Funktion $\Psi(x,y)$ heißt daher *Stromfunktion.* Die Äquipotentiallinien $\Phi = \text{const}$ des Geschwindigkeitspotentials stehen dagegen senkrecht auf dem Geschwindigkeitsfeld (Abb. 4.10).

Aufgrund von (4.28) errechnen sich die Geschwindigkeitskomponenten aus dem Geschwindigkeitspotential gemäß

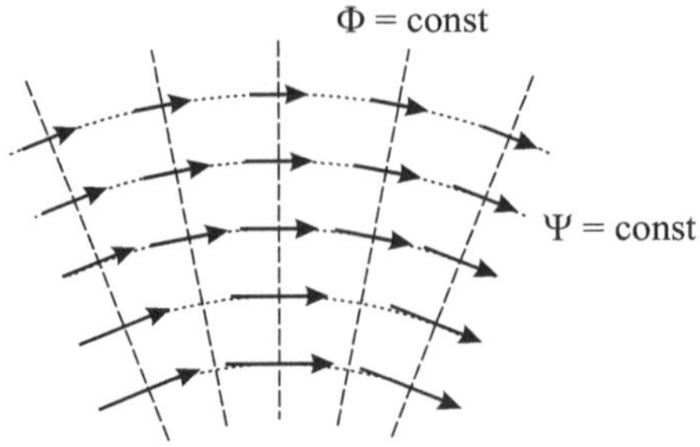

Abb. 4.10. Geschwindigkeitsfeld einer ebenen Potentialströmung mit den Äquipotentiallinien Φ = const (lang gestrichelt) und den Stromlinien Ψ = const (kurz gestrichelt).

$$v_x = \frac{\partial \Phi}{\partial x}, \qquad v_y = \frac{\partial \Phi}{\partial y}. \tag{4.68}$$

Mit den Cauchy-Riemannschen Differentialgleichungen (4.64) folgt sofort

$$v_x = \frac{\partial \Psi}{\partial y}, \qquad v_y = -\frac{\partial \Psi}{\partial x}, \tag{4.69}$$

d. h., die Geschwindigkeitskomponenten können auch aus der Stromfunktion bestimmt werden. Weiterhin findet man mit der Definition der komplexen Geschwindigkeit

$$\mathsf{w} = v_x - \mathrm{i} v_y \tag{4.70}$$

für die Ableitung der Funktion $\mathsf{f}(\mathsf{z})$

$$\mathsf{f}'(\mathsf{z}) = \frac{\partial \Phi}{\partial x} + \mathrm{i}\frac{\partial \Psi}{\partial x} = v_x - \mathrm{i} v_y = \mathsf{w}. \tag{4.71}$$

Daher bezeichnet man $\mathsf{f}(\mathsf{z})$ auch als komplexes Geschwindigkeitspotential.

Problem 4.7 *Ebene Parallelströmung.*

Wie lautet das Strömungsfeld, welches zum komplexen Geschwindigkeitspotential

$$\mathsf{f}(\mathsf{z}) = \mathsf{a}\mathsf{z}, \qquad \text{mit } \mathsf{a} = \text{const} \in \mathsf{C} \tag{4.72}$$

gehört? Man gebe auch das (reelle) Geschwindigkeitspotential, die Stromfunktion und die Gleichungen der Äquipotentiallinien und Stromlinien an.

Lösung. Nach (4.71) erhält man für die komplexe Geschwindigkeit

$$\mathsf{w} = \mathsf{f}'(\mathsf{z}) = \mathsf{a}. \tag{4.73}$$

Es seien $a_r = \mathrm{Re}\,\mathsf{a}$ und $a_i = \mathrm{Im}\,\mathsf{a}$. Dann folgen aufgrund der Definition (4.70) der komplexen Geschwindigkeit die reellen Geschwindigkeitskomponenten zu

$$v_x = \operatorname{Re} \mathsf{w} = \operatorname{Re} \mathsf{a} = a_r, \quad v_y = -\operatorname{Im} \mathsf{w} = -\operatorname{Im} \mathsf{a} = -a_i, \tag{4.74}$$

und das Geschwindigkeitsfeld ist

$$\boldsymbol{v} = a_r \, \boldsymbol{e}_x - a_i \, \boldsymbol{e}_y. \tag{4.75}$$

Es handelt sich also wie beim dreidimensionalen Problem 4.4 um eine Parallelströmung, wobei der Geschwindigkeitsvektor im gesamten Bereich der Strömung konstant ist.

Zur Bestimmung des Geschwindigkeitspotentials Φ und der Stromfunktion Ψ rechnen wir mit $\mathsf{a} = a_r + \mathrm{i}a_i$ und $\mathsf{z} = x + \mathrm{i}y$

$$\mathsf{f}(\mathsf{z}) = (a_r + \mathrm{i}a_i)\,(x + \mathrm{i}y) = a_r x - a_i y + \mathrm{i}\,(a_i x + a_r y)$$

$$\overset{(4.63)}{\Longrightarrow} \quad \Phi(x,y) = a_r x - a_i y, \quad \Psi(x,y) = a_i x + a_r y. \tag{4.76}$$

Die Gleichung der Äquipotentiallinien ist daher

$$a_r x - a_i y = \text{const}, \tag{4.77}$$

und diejenige der Stromlinien

$$a_i x + a_r y = \text{const}. \tag{4.78}$$

Es handelt sich um zwei Scharen von parallelen Geraden. Die Geradenschar der Äquipotentiallinien steht in der Tat senkrecht auf dem konstanten Geschwindigkeitsvektor, während die Schar der Stromlinien parallel dazu verläuft.

■

Problem 4.8 *Ebene Quellen- oder Senkenströmung.*

(a) Gegeben sei das komplexe Geschwindigkeitspotential

$$\mathsf{f}(\mathsf{z}) = C \ln \mathsf{z}, \qquad \text{mit } C = \text{const} \in \mathsf{R}. \tag{4.79}$$

Zu zeigen ist, dass die zugehörige Strömung diejenige einer langen Linienquelle oder Liniensenke auf der z-Achse ist. Wie hängt die Konstante C mit dem Volumenstrom pro Längeneinheit Q zusammen?

(b) Welche Strömung stellt sich ein, wenn sich eine Linienquelle mit Volumenstrom pro Längeneinheit Q im Abstand d vor einer festen Wand befindet? Dabei verschwinde auf der Wand die Normalkomponente der Geschwindigkeit.

Lösung. (a) Die komplexe Geschwindigkeit ist gemäß (4.71)

$$\mathsf{w} = \mathsf{f}'(\mathsf{z}) = \frac{C}{\mathsf{z}}. \tag{4.80}$$

Daraus ergibt sich

$$v_x - \mathrm{i}v_y = \frac{C}{x + \mathrm{i}y} = \frac{C(x - \mathrm{i}y)}{x^2 + y^2}$$

$$\Rightarrow \; v_x = \frac{Cx}{x^2 + y^2}, \qquad v_y = \frac{Cy}{x^2 + y^2}. \tag{4.81}$$

Dieses Geschwindigkeitsfeld hat nur eine Radialkomponente, denn mit $r = \sqrt{x^2 + y^2}$ und $\boldsymbol{e}_r = \boldsymbol{x}/|\boldsymbol{x}| = \boldsymbol{x}/r$ folgt

$$\boldsymbol{v}(r) = \frac{C}{r^2}\,(x\boldsymbol{e}_x + y\boldsymbol{e}_y) = \frac{C}{r^2}\,\boldsymbol{x} = \frac{C}{r}\,\boldsymbol{e}_r. \tag{4.82}$$

Für $r = 0$ (z-Achse) liegt eine Singularität vor, aus der die Strömung entspringt, und der Volumenstrom Q durch den Mantel M_R eines symmetrisch um die z-Achse gelegten Zylinders mit Radius R und Einheitshöhe $H = 1$ ist

$$Q = \oint_{M_R} \boldsymbol{v}(r) \cdot \boldsymbol{e}_r \,\mathrm{d}a = \int_0^1 \int_{\phi=0}^{2\pi} \frac{C}{R}\, R\mathrm{d}\phi\,\mathrm{d}z = 2\pi C. \tag{4.83}$$

Potential und Geschwindigkeit können daher in Abhängigkeit von Q formuliert werden:

$$\mathsf{f}(\mathsf{z}) = \frac{Q}{2\pi} \ln \mathsf{z}, \qquad \boldsymbol{v}(r) = \frac{Q}{2\pi r}\,\boldsymbol{e}_r. \tag{4.84}$$

Für $Q > 0$ haben wir somit eine Linienquelle und für $Q < 0$ eine Liniensenke auf der z-Achse. Wir berechnen noch das reelle Potential und die Stromfunktion, indem wir z in polarer Darstellung als $\mathsf{z} = r\mathrm{e}^{\mathrm{i}\phi}$ schreiben:

$$\mathsf{f}(\mathsf{z}) = \frac{Q}{2\pi} \ln(r\mathrm{e}^{\mathrm{i}\phi}) = \frac{Q}{2\pi}\,(\ln r + \mathrm{i}\phi)$$

$$\Rightarrow \; \Phi(r) = \frac{Q}{2\pi} \ln r, \qquad \Psi(\phi) = \frac{Q}{2\pi}\,\phi. \tag{4.85}$$

Die Äquipotentiallinien $\Phi = \text{const}$ sind daher konzentrische Kreise um den Ursprung, die Stromlinien $\Psi = \text{const}$ radial vom Ursprung ausgehende Strahlen (Abb. 4.11).

(b) Wir legen die Wand in die y-z-Ebene ($x = 0$) und die Linienquelle auf die Position $x = d$, $y = z = 0$ (Abb. 4.12), sodass sich die Strömung im Halbraum $x > 0$ abspielt. In Abwesenheit der Wand wäre das Potential der Linienquelle nach $(4.84)_1$ gleich

$$\mathsf{f}(\mathsf{z}) = \frac{Q}{2\pi} \ln(\mathsf{z} - d), \tag{4.86}$$

mit dem zugehörigen Geschwindigkeitsfeld

$$\mathsf{w} = \mathsf{f}'(\mathsf{z}) = \frac{Q}{2\pi(\mathsf{z} - d)}$$

$$\Rightarrow \; v_x - \mathrm{i}v_y = \frac{Q}{2\pi}\,\frac{1}{x - d + \mathrm{i}y} = \frac{Q}{2\pi}\,\frac{x - d - \mathrm{i}y}{(x-d)^2 + y^2}$$

$$\Rightarrow \; v_x = \frac{Q}{2\pi}\,\frac{x - d}{(x-d)^2 + y^2}, \qquad v_y = \frac{Q}{2\pi}\,\frac{y}{(x-d)^2 + y^2}. \tag{4.87}$$

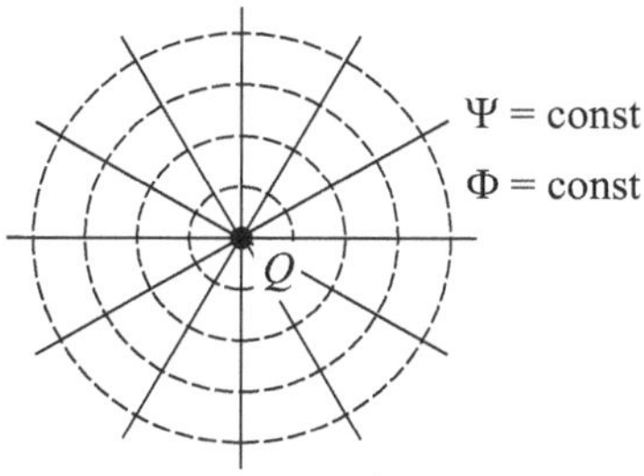

Abb. 4.11. Stromlinien $\Psi = \text{const}$ und Äquipotentiallinien $\Phi = \text{const}$ (gestrichelt) der ebenen Strömung einer Linienquelle ($Q > 0$, Geschwindigkeiten von der Quelle weg gerichtet) oder Liniensenke ($Q < 0$, Geschwindigkeiten auf die Senke hin gerichtet).

Die Randbedingung auf der Wand $x = 0$,

$$v_n = \boldsymbol{v} \cdot \boldsymbol{n} = \boldsymbol{v} \cdot \boldsymbol{e}_x = v_x = 0, \tag{4.88}$$

wird davon jedoch nicht erfüllt. Dies lässt sich erreichen durch Spiegelung des Systems an der Wandebene, d. h., durch Hinzufügen einer weiteren, virtuellen Linienquelle bei $x = -d$, $y = z = 0$. Dann ergibt sich das Potential

$$\mathsf{f}(\mathsf{z}) = \frac{Q}{2\pi}\left[\ln(\mathsf{z} - d) + \ln(\mathsf{z} + d)\right], \tag{4.89}$$

die Geschwindigkeitskomponenten

$$\begin{aligned} v_x &= \frac{Q}{2\pi}\left(\frac{x-d}{(x-d)^2+y^2} + \frac{x+d}{(x+d)^2+y^2}\right), \\ v_y &= \frac{Q}{2\pi}\left(\frac{y}{(x-d)^2+y^2} + \frac{y}{(x+d)^2+y^2}\right), \end{aligned} \tag{4.90}$$

und es gilt in der Tat $v_x(x{=}0) = 0$, sodass die Strömung der gegebenen Anordnung durch (4.89) und (4.90) beschrieben wird. Abbildung 4.12 zeigt die zugehörigen Stromlinien. Physikalisch relevant ist natürlich nur der Bereich $x > 0$, denn nur dort findet die Strömung tatsächlich statt.

■

Es sei im Zusammenhang mit den ebenen Potentialströmungen noch erwähnt, dass mit Hilfe von *konformen Abbildungen* komplexer Geschwindigkeitspotentiale aus bereits bekannten Lösungen bestimmter Probleme Lösungen von neuen Problemen konstruiert werden können. Beispielsweise kann die Lösung des Problems 4.8 (Quelle vor fester Wand) auf das Problem „Quelle vor gewellter Oberfläche" abgebildet werden, oder die Umströmung eines langen Kreiszylinders (hier nicht behandelt, ebenes Analogon zu Problem 4.6b) lässt sich transformieren auf die Umströmung einer langen Platte. Für diese in der Praxis äußerst nützliche Methode gibt es im Dreidimensionalen keine Entsprechung.

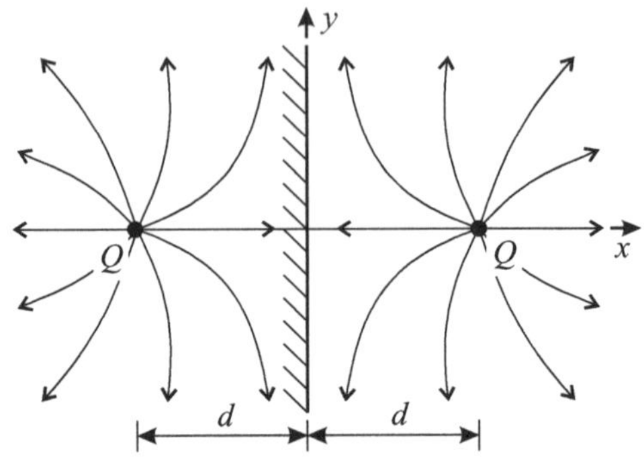

Abb. 4.12. Stromlinien einer Linienquelle vor einer festen Wand. Konstruktion mit der Spiegelungsmethode, physikalisch relevant ist nur der Bereich $x > 0$ rechts von der Wand.

4.2.5 Schwerewellen

Ein in der Horizontalebene sehr weit ausgedehntes Basin mit flachem Boden sei im homogenen Schwerefeld $\boldsymbol{g} = -g\,\boldsymbol{e}_z$ bis zur konstanten Tiefe H mit Wasser gefüllt. Im Ruhezustand stellt sich dabei ein ebener Wasserspiegel (parallel zum Boden) ein, den wir mit der Position $z = 0$ identifizieren. Aufgrund von äußeren Einflüssen wie z. B. Wind kann dieser Zustand jedoch gestört werden, und es resultiert eine räumlich und zeitlich veränderliche Auslenkung $\zeta(x, y, t)$ des Wasserspiegels, die sich in Form einer Welle ausbreiten kann (Abb. 4.13). Da derartige Wellen ihre Ursache im Vorhandensein eines Schwerefeldes haben, spricht man auch von *Schwerewellen.*

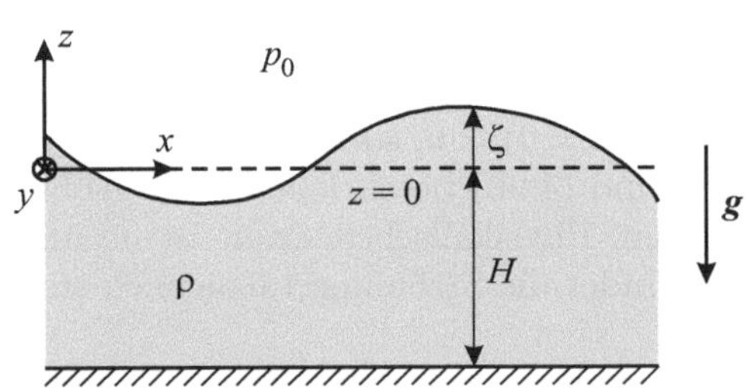

Abb. 4.13. Schwerewellen von Wasser im homogenen Schwerefeld $\boldsymbol{g}$ bei konstanter Tiefe H in einem ausgedehnten Basin.

Zur Beschreibung solcher Schwerewellen betrachten wir das Wasser als ideale Flüssigkeit und setzen eine wirbelfreie Strömung (Potentialströmung) voraus. Desweiteren beschränken wir uns auf den Fall kleiner Auslenkungen und Strömungsgeschwindigkeiten, sodass in diesen Größen nichtlineare Terme generell vernachlässigt werden sollen. Es gelten dann die Laplace-Gleichung (4.29),

$$\nabla^2 \Phi = 0, \tag{4.91}$$

und die Bernoullische Druckgleichung (4.30),

$$p + \rho g z + \rho \frac{\partial \Phi}{\partial t} = \text{const}, \tag{4.92}$$

wobei der nichtlineare Term $\sim v^2 = (\operatorname{grad} \Phi)^2$ vernachlässigt und das Potential (4.18) des homogenen Schwerefeldes eingesetzt wurde.

Die Randbedingung am Boden ($z = -H$) besagt, dass dort die Normalkomponente der Geschwindigkeit verschwinden muss, d. h.,

$$v_z|_{z=-H} = \left.\frac{\partial \Phi}{\partial z}\right|_{z=-H} = 0. \tag{4.93}$$

An der freien Oberfläche ($z = \zeta$) folgt mit $p = p_0 = \text{const}$ aus der Druckgleichung (4.92)

$$\left.\frac{\partial \Phi}{\partial t}\right|_{z=\zeta} + g\zeta = \text{const}, \tag{4.94}$$

wobei der konstante Umgebungsdruck p_0 in die Konstante auf der rechten Seite aufgenommen wurde und daher nicht mehr erscheint. Differentiation nach der Zeit ergibt

$$\left.\frac{\partial^2 \Phi}{\partial t^2}\right|_{z=\zeta} + g\frac{\partial \zeta}{\partial t} = 0. \tag{4.95}$$

Nun gilt für ein Teilchen an der freien Oberfläche nach der Kettenregel

$$\begin{aligned} v_z|_{z=\zeta} &= \left.\frac{\mathrm{d}z}{\mathrm{d}t}\right|_{z=\zeta} = \frac{\mathrm{d}\zeta}{\mathrm{d}t} = \frac{\partial \zeta}{\partial t} + v_x|_{z=\zeta}\frac{\partial \zeta}{\partial x} + v_y|_{z=\zeta}\frac{\partial \zeta}{\partial y} \\ \Rightarrow \quad v_z|_{z=\zeta} &= \left.\frac{\partial \Phi}{\partial z}\right|_{z=\zeta} = \frac{\partial \zeta}{\partial t}, \end{aligned} \tag{4.96}$$

wobei im letzten Schritt die nichtlinearen Produkte aus Horizontalgeschwindigkeiten und Ortsableitungen der freien Oberfläche vernachlässigt wurden. Durch Einsetzen in (4.95) erhält man die Randbedingung

$$\left.\frac{\partial^2 \Phi}{\partial t^2}\right|_{z=\zeta} + g\left.\frac{\partial \Phi}{\partial z}\right|_{z=\zeta} = 0. \tag{4.97}$$

Damit ist das Problem vollständig formuliert. Zur Bestimmung von wellenartigen Lösungen der Laplace-Gleichung (4.91) beschränken wir uns auf den Fall, dass keine Abhängigkeit von der Horizontalkoordinate y besteht, und versuchen den in der Zeit harmonischen Ansatz

$$\Phi = f(x)\, g(z)\, \mathrm{e}^{-\mathrm{i}\omega t} \tag{4.98}$$

mit noch zu bestimmenden Funktionen $f(x)$ und $g(z)$. Einsetzen in (4.91) ergibt

$$f''(x)\,g(z)\,\mathrm{e}^{-\mathrm{i}\omega t} + f(x)\,g''(z)\,\mathrm{e}^{-\mathrm{i}\omega t} = 0 \quad \Rightarrow \quad \frac{f''(x)}{f(x)} = -\frac{g''(z)}{g(z)}. \tag{4.99}$$

Hierbei ist die linke Seite nur eine Funktion von x, die rechte aber nur eine Funktion von z. Dies ist nur dann möglich, wenn beide Seiten konstant sind. Diese Konstante sei mit $-k^2$ bezeichnet,

$$\frac{f''(x)}{f(x)} = -\frac{g''(z)}{g(z)} = -k^2, \tag{4.100}$$

woraus die beiden gewöhnlichen Differentialgleichungen

$$f''(x) + k^2 f(x) = 0 \tag{4.101}$$

und

$$g''(z) - k^2 g(z) = 0 \tag{4.102}$$

resultieren. Deren allgemeine Lösungen sind

$$f(x) = C_1 \mathrm{e}^{ikx} + C_2 \mathrm{e}^{-ikx} \tag{4.103}$$

und

$$g(z) = C_3 \mathrm{e}^{kz} + C_4 \mathrm{e}^{-kz}. \tag{4.104}$$

Wir betrachten nur den Beitrag $\sim \mathrm{e}^{\mathrm{i}kx}$ in (4.103), setzen also $C_2 = 0$. Einsetzen von (4.103) und (4.104) in den Ansatz (4.98) ergibt dann

$$\Phi = C_1 \left(C_3 \mathrm{e}^{kz} + C_4 \mathrm{e}^{-kz}\right) \mathrm{e}^{\mathrm{i}(kx - \omega t)}, \tag{4.105}$$

was gemäß Abschn. 3.3.2 eine sich in positive x-Richtung ausbreitende ebene Welle mit Wellenzahl k und Kreisfrequenz ω darstellt (der nicht berücksichtigte Beitrag $\sim \mathrm{e}^{-ikx}$ ist entsprechend eine sich in negative x-Richtung ausbreitende ebene Welle). Die Amplitude ist allerdings nicht konstant, sondern hängt noch von z ab. Aus der Randbedingung (4.93) für den Boden folgt weiter

$$kC_1C_3\mathrm{e}^{-kH} - kC_1C_4\mathrm{e}^{kH} = 0, \tag{4.106}$$

was durch Einführung einer neuen Konstanten C gemäß

$$C = 2C_1C_3\mathrm{e}^{-kH} = 2C_1C_4\mathrm{e}^{kH} \tag{4.107}$$

identisch erfüllt wird. Dann ist

$$C_1C_3 = \tfrac{1}{2}C\mathrm{e}^{kH}, \qquad C_1C_4 = \tfrac{1}{2}C\mathrm{e}^{-kH}, \tag{4.108}$$

und (4.105) wird zu

$$\begin{aligned} \Phi &= \tfrac{1}{2}C\left(\mathrm{e}^{k(H+z)} + \mathrm{e}^{-k(H+z)}\right)\mathrm{e}^{\mathrm{i}(kx-\omega t)} \\ &= C\cosh\left[k(H+z)\right]\mathrm{e}^{\mathrm{i}(kx-\omega t)}. \end{aligned} \tag{4.109}$$

Der physikalisch relevante Realteil hiervon ist mit $C = |C|\,\mathrm{e}^{\mathrm{i}\varphi_0}$ [vgl. (3.80), (3.81)]

$$\Phi = |C| \cosh\left[k(H+z)\right] \cos(kx - \omega t + \varphi_0). \tag{4.110}$$

Aufgrund der vorausgesetzten kleinen Auslenkungen kann die Auswertung der Randbedingung (4.97) für die freie Oberfläche bei $z = 0$ anstelle von $z = \zeta$ vorgenommen werden. Man erhält dann mit (4.110) einen Zusammenhang zwischen ω und k,

$$\begin{aligned} &\left[-\omega^2 |C| \cosh(kH) + gk|C| \sinh(kH)\right] \cos(kx - \omega t + \varphi_0) = 0 \\ &\Rightarrow \; \omega = \sqrt{gk \tanh(kH)}. \end{aligned} \tag{4.111}$$

Das zu (4.110) gehörende Geschwindigkeitsfeld ist

$$\begin{aligned} v_x &= \frac{\partial \Phi}{\partial x} = -k|C| \cosh\left[k(H+z)\right] \sin(kx - \omega t + \varphi_0), \\ v_z &= \frac{\partial \Phi}{\partial z} = k|C| \sinh\left[k(H+z)\right] \cos(kx - \omega t + \varphi_0). \end{aligned} \tag{4.112}$$

Es gibt also longitudinale (in Ausbreitungsrichtung) und transversale (senkrecht zur Ausbreitungsrichtung) Anteile des Geschwindigkeitsfeldes.

Die Auslenkung der freien Oberfläche kann mit Hilfe von (4.94) und (4.110) berechnet werden, wobei die Auswertung von (4.94) wiederum näherungsweise bei $z = 0$ anstelle von $z = \zeta$ erfolgt:

$$\begin{aligned} \zeta &= -\frac{1}{g} \left.\frac{\partial \Phi}{\partial t}\right|_{z=0} + C_5 \\ &= -\zeta_\mathrm{a} \sin(kx - \omega t + \varphi_0), \quad \text{mit } \zeta_\mathrm{a} = \frac{\omega |C|}{g} \cosh(kH). \end{aligned} \tag{4.113}$$

Somit ergibt sich auch für die Auslenkung der freien Oberfläche eine Wellenbewegung mit der Amplitude ζ_a. Die Konstante C_5 wurde dabei zu Null gesetzt, da dann die mittlere Auslenkung ebenfalls Null ist, was aufgrund der Erhaltung der Masse des Wassers im Basin gewährleistet sein muss. In Abb. 4.14 ist die Auslenkung als Momentaufnahme mit den zugehörigen Stromlinien dargestellt.

Die Phasengeschwindigkeit (Ausbreitungsgeschwindigkeit von Wellenfronten) der Schwerewellen ist nach (3.82), (3.83) und (4.111)

$$c_\mathrm{ph} = \frac{\omega}{k} = \sqrt{\frac{g}{k} \tanh(kH)} = \sqrt{\frac{g\Lambda}{2\pi} \tanh\frac{2\pi H}{\Lambda}}. \tag{4.114}$$

Im Vergleich zu den elastischen ebenen Wellen von Abschn. 3.3 resultiert keine konstante, sondern eine von der Wellenzahl k bzw. der Wellenlänge $\Lambda = 2\pi/k$ abhängige Phasengeschwindigkeit. Dieses Phänomen wird allgemein als *Dispersion* bezeichnet. Lange Schwerewellen breiten sich offenbar schneller

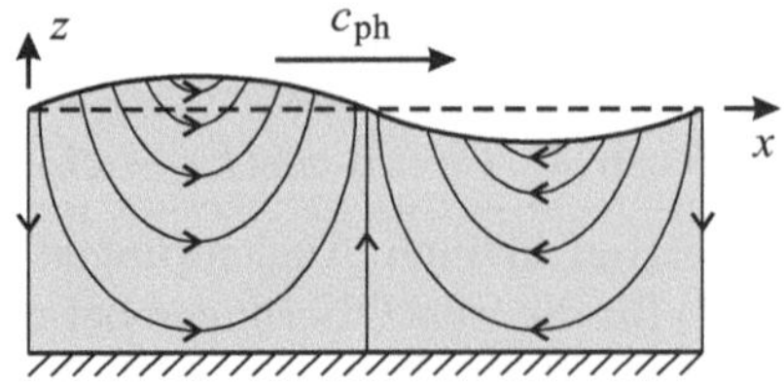

Abb. 4.14. Auslenkung der freien Oberfläche sowie zugehörige Stromlinien einer harmonischen Schwerewelle.

aus als kurze, wobei im Grenzfall sehr langer Wellen ($\Lambda \gg H$) die maximal mögliche Phasengeschwindigkeit

$$c_{\mathrm{ph}} = \sqrt{gH} \tag{4.115}$$

angenommen wird. Im Grenzfall sehr kurzer Wellen ($\Lambda \ll H$) gilt dagegen

$$c_{\mathrm{ph}} = \sqrt{\frac{g}{k}} = \sqrt{\frac{g\Lambda}{2\pi}}, \tag{4.116}$$

die Phasengeschwindigkeit ist dann also proportional zur Quadratwurzel der Wellenlänge.

Schwerewellen kann man in Schwimmbädern, Seen und Meeren beobachten. Dabei ist zu beachten, dass ab einer Horizontalausdehnung von einigen hundert Kilometern (sehr große Seen, Ozeane) der Einfluss der hier nicht berücksichtigten, durch die Erdrotation bedingten Corioliskraft signifikant wird. Dies führt einerseits zu mehr oder weniger stark ausgeprägten Modifikationen der Schwerewellen (z. B. Kelvin-Wellen, Poincaré-Wellen) und andererseits zum Auftreten einer weiteren, schwerkraftunabhängigen Klasse von Wellen, welche als Rossby-Wellen, Wirbelwellen oder auch Wellen zweiter Klasse bezeichnet werden. Hierzu gehören die planetaren Rossby-Wellen, welche durch sehr große horizontale Ausdehnungen (tausend Kilometer und mehr) charakterisiert sind, und die topographischen Wellen, welche durch eine variable Topographie des Seen- bzw. Meeresbodens hervorgerufen werden.

4.3 Newtonsche Flüssigkeit

4.3.1 Navier-Stokessche Gleichung

Wir betrachten nun den einfachsten Fall einer viskosen Flüssigkeit, bei welcher der Spannungsdeviator linear vom Verzerrungsgeschwindigkeitstensor abhängt. Man spricht dann von einer *Newtonschen Flüssigkeit* (auch: linearviskose Flüssigkeit), und die Materialgleichung ist

$$\boldsymbol{t}^{\mathrm{D}} = 2\eta\,\boldsymbol{D}, \tag{4.117}$$

wobei der Parameter η als (dynamische) *Viskosität* bzw. *Zähigkeit* bezeichnet wird. Damit rechnet man

$$\begin{aligned}(\operatorname{div} \boldsymbol{t}^{\mathrm{D}})_i &= 2\eta\, D_{ij,j} = \eta\,(v_{i,jj} + v_{j,ij}) = \eta\,(v_{i,jj} + v_{j,ji}) \\ &= \eta\,[v_{i,jj} + (\operatorname{div} \boldsymbol{v})_{,i}] = \eta\, v_{i,jj} \end{aligned} \tag{4.118}$$

[letzteres wegen der Massenbilanz (2.40)], und somit ergibt sich durch Einsetzen von (4.3) und (4.117) in die Impulsbilanz (2.189)

$$\rho \frac{\mathrm{d}\boldsymbol{v}}{\mathrm{d}t} = -\operatorname{grad} p + \eta\, \nabla^2 \boldsymbol{v} + \rho \boldsymbol{f}_s. \tag{4.119}$$

Dies ist die *Navier-Stokessche Gleichung*, welche wie bei der idealen Flüssigkeit zusammen mit der Massenbilanz (2.40),

$$\operatorname{div} \boldsymbol{v} = 0, \tag{4.120}$$

das System von vier Gleichungen für die vier Unbekannten $\boldsymbol{v}$ und p darstellt. Man beachte die formale Ähnlichkeit zur Navierschen Gleichung (3.64) für den dichtebeständigen, linear-elastischen Festkörper.

Problem 4.9 *Ebene Schichtenströmung.*

Zwischen zwei ebenen Platten im Abstand H befinde sich eine Newtonsche Flüssigkeit der Dichte ρ und Viskosität η. Die untere Platte sei in Ruhe, die obere werde mit der Geschwindigkeit v_0 nach rechts gezogen (Abb. 4.15). Der Druck sei überall gleich dem konstanten Außendruck p_0, und es wirke keine äußere Kraft. Es stelle sich aufgrund der Symmetrie des Problems ein stationäres Geschwindigkeitsfeld

$$\boldsymbol{v} = v_x(z)\, \boldsymbol{e}_x \tag{4.121}$$

ein, und an den Kontaktflächen hafte die Flüssigkeit an den Platten. Was ergibt sich für das Profil $v_x(z)$, und welche Spannung ist erforderlich, um die Strömung in Gang zu halten?

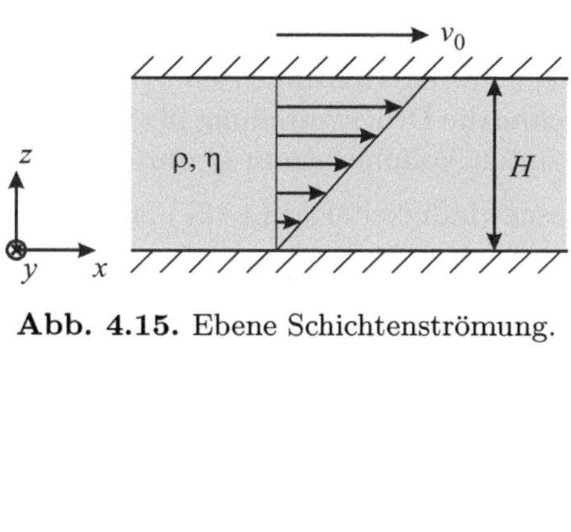

Abb. 4.15. Ebene Schichtenströmung.

Lösung. Die Massenbilanz (4.120) ist mit dem Geschwindigkeitsfeld (4.121) automatisch erfüllt. Einsetzen von (4.121) in die Navier-Stokes-Gleichung (4.119) ergibt mit $p = p_0$ und $\boldsymbol{f}_s = \boldsymbol{0}$ nur für die x-Komponente eine nichttriviale Aussage, nämlich

$$\eta \frac{\partial^2 v_x}{\partial z^2} = 0. \tag{4.122}$$

Diese einfache Differentialgleichung hat die Lösung

$$v_x(z) = C_1 + C_2 z. \tag{4.123}$$

Die Haftbedingungen lauten

$$v_x(0) = 0, \qquad v_x(H) = v_0, \tag{4.124}$$

sodass $C_1 = 0$ und $C_2 = v_0/H$, und wir erhalten das in Abb. 4.15 bereits skizzierte lineare Profil der ebenen Schichtenströmung

$$v_x(z) = v_0 \frac{z}{H}. \tag{4.125}$$

Gemäß der Materialgleichung (4.117) ist zur Aufrechterhaltung dieser Scherströmung die Schubspannung

$$t_{xz} = \eta \frac{\mathrm{d}v_x}{\mathrm{d}z} = \frac{\eta\, v_0}{H} \tag{4.126}$$

erforderlich, die überall in der Flüssigkeit wirkt und somit von den beiden Platten übertragen werden muss.

■

Problem 4.10 *Laminare Rohrströmung.*

In einem Rohr mit kreisförmigem Querschnitt (Radius R, Länge $L \gg R$) ströme eine Newtonsche Flüssigkeit der Dichte ρ und Viskosität η. Am linken Ende herrsche der Druck p_1, am rechten Ende der Druck $p_2 < p_1$, und es wirke keine äußere Kraft. Daraufhin stelle sich eine stationäre Strömung nach rechts (positive z-Richtung) ein, deren Geschwindigkeitsfeld in Zylinderkoordinaten

$$\boldsymbol{v} = v_z(r)\, \boldsymbol{e}_z \tag{4.127}$$

ist (Abb. 4.16). Direkt an der Rohrinnenseite ($r = R$) hafte die Flüssigkeit am Rohr. Man berechne die Druckverteilung $p(z)$, das Geschwindigkeitsprofil $v_z(r)$ sowie den gesamten Volumenstrom Q durch den Rohrquerschnitt.

Lösung. Für das Geschwindigkeitsfeld (4.127) ist in Zylinderkoordinaten

$$\nabla^2 \boldsymbol{v} = \frac{1}{r} \frac{\partial}{\partial r}\left(r \frac{\partial v_z}{\partial r} \right) \boldsymbol{e}_z. \tag{4.128}$$

Damit verschwindet in der Navier-Stokes-Gleichung (4.119) nur die z-Komponente nicht identisch, und sie lautet

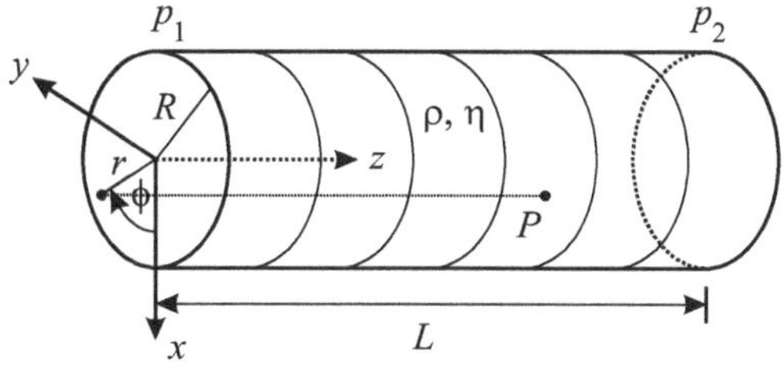

Abb. 4.16. Laminare Rohrströmung, Definition der Zylinderkoordinaten r (axialer Abstand), ϕ (Azimutalwinkel) und z (Höhe) eines Raumpunktes P.

$$\frac{\eta}{r}\frac{\partial}{\partial r}\left(r\frac{\partial v_z}{\partial r}\right) = \frac{\partial p}{\partial z}. \tag{4.129}$$

In dieser Gleichung ist die linke Seite nur eine Funktion von r, die rechte Seite jedoch nur eine Funktion von z. Daraus folgt, dass beide Seiten konstant sein müssen. Für den Druck bedeutet das

$$p(z) = C_1 + C_2 z, \tag{4.130}$$

und mit den Randbedingungen $p(0) = p_1$, $p(L) = p_2$ findet man die Integrationskonstanten $C_1 = p_1$, $C_2 = -(p_1 - p_2)/L$, sodass

$$p(z) = p_1 - \frac{p_1 - p_2}{L}\,z. \tag{4.131}$$

Der Druck nimmt also entlang des Rohres linear von p_1 auf p_2 ab. Mit diesem Ergebnis eingesetzt in (4.129) folgt

$$\begin{aligned} \frac{\eta}{r}\frac{\partial}{\partial r}\left(r\frac{\partial v_z}{\partial r}\right) &= -\frac{p_1 - p_2}{L} \\ \Rightarrow\ r\frac{\partial v_z}{\partial r} &= -\frac{p_1 - p_2}{2\eta L}r^2 + C_3 \\ \Rightarrow\ v_z(r) &= -\frac{p_1 - p_2}{4\eta L}r^2 + C_3 \ln r + C_4. \end{aligned} \tag{4.132}$$

Da die Geschwindigkeit für $r \to 0$ (Mittelachse des Rohres) endlich bleiben muss, ist $C_3 = 0$. Auswertung der Haftbedingung ergibt

$$v_z(R) = 0 \quad \Rightarrow \quad C_4 = \frac{p_1 - p_2}{4\eta L}R^2, \tag{4.133}$$

und somit erhalten wir das Geschwindigkeitsprofil der laminaren Rohrströmung

$$v_z(r) = \frac{p_1 - p_2}{4\eta L}(R^2 - r^2). \tag{4.134}$$

Demnach ist die Geschwindigkeit auf der Mittelachse des Rohres maximal und fällt parabolisch zum Rand hin ab (Abb. 4.17).

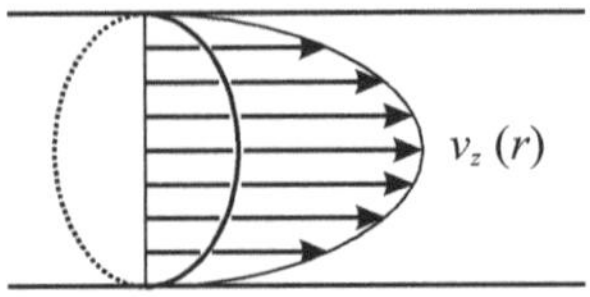

Abb. 4.17. Parabolisches Geschwindigkeitsprofil der laminaren Rohrströmung.

Für den Volumenstrom Q durch den Rohrquerschnitt, welcher als Integral der Normalgeschwindigkeit über die Querschnittsfläche A berechnet wird, ergibt sich

$$\begin{aligned} Q &= \int_A \boldsymbol{v} \cdot \boldsymbol{n} \, \mathrm{d}a = \int_A v_z \, \mathrm{d}a = 2\pi \int_0^R r v_z(r) \, \mathrm{d}r \\ &= 2\pi \frac{p_1 - p_2}{4\eta L} \int_0^R (R^2 r - r^3) \, \mathrm{d}r = 2\pi \frac{p_1 - p_2}{4\eta L} \left(\frac{R^4}{2} - \frac{R^4}{4} \right) \\ &= \pi \frac{p_1 - p_2}{8\eta L} R^4. \end{aligned} \tag{4.135}$$

Diese Beziehung mit ihren Proportionalitäten zur Druckdifferenz, zur vierten Potenz des Rohrradius und zur inversen Rohrlänge ist als *Hagen-Poiseuille-Formel* bekannt.

■

Problem 4.11 *Umströmung einer Kugel.*

Eine Kugel (Radius R), deren Mittelpunkt im Koordinatenursprung fixiert sei, werde von einer Newtonschen Flüssigkeit (Dichte ρ, Viskosität η) stationär umströmt. In sehr großer Entfernung von der Kugel sei der Druck gleich p_0 und das Geschwindigkeitsfeld gleich

$$\boldsymbol{v}(r \to \infty) = v_0 \, \boldsymbol{e}_z \tag{4.136}$$

(entsprechend dem Problem 4.6b). Äußere Kräfte seien nicht vorhanden, auf der Kugeloberfläche gelte die Haftbedingung und die Strömung sei so langsam, dass in der Navier-Stokes-Gleichung (4.119) die in den Geschwindigkeitskomponenten nichtlinearen Terme vernachlässigt werden können. Gesucht sind die Felder des Drucks und der Geschwindigkeit sowie die auf die Kugel wirkende Kraft.

Lösung. Die Navier-Stokes-Gleichung (4.119) lautet für eine stationäre Strömung und verschwindende äußere Kraft

$$\rho \, (\operatorname{grad} \boldsymbol{v}) \cdot \boldsymbol{v} = -\operatorname{grad} p + \eta \, \nabla^2 \boldsymbol{v}, \tag{4.137}$$

wobei der konvektive Anteil der Beschleunigung auf der linken Seite quadratisch in der Geschwindigkeit ist und nach Voraussetzung vernachlässigt werden kann. Es verbleibt daher

$$\operatorname{grad} p = \eta \, \nabla^2 \boldsymbol{v}. \tag{4.138}$$

Wir bilden hiervon die Divergenz und erhalten mit der Massenbilanz (4.120)

$$\begin{aligned}
\nabla^2 p &= \operatorname{div} \operatorname{grad} p = \eta \operatorname{div} (\nabla^2 \boldsymbol{v}) \\
&= \eta \, (v_{i,jj})_{,i} = \eta \, v_{i,jji} = \eta \, v_{i,ijj} = \eta \, \nabla^2 (\operatorname{div} \boldsymbol{v}) \\
\Rightarrow \; \nabla^2 p &= 0.
\end{aligned} \tag{4.139}$$

Der Druck gehorcht also im Bereich $r \geq R$ (außerhalb der Kugel) einer Laplace- (Potential-) Gleichung. Für eine solche Geometrie kann die Lösung der Laplace-Gleichung ganz allgemein durch die z. B. aus der Elektrostatik bekannte *Multipolentwicklung* in Kugelkoordinaten

$$p(r, \theta, \phi) = p_0 + \sum_{l=0}^{\infty} \sum_{m=-l}^{l} \frac{4\pi}{2l+1} \frac{1}{r^{l+1}} \, q^{\star}_{lm} \, Y_{lm}(\theta, \phi) \tag{4.140}$$

ausgedrückt werden, wobei $Y_{lm}(\theta, \phi)$ die (komplexen) Kugelflächenfunktionen vom Grad l und der Ordnung m und $q^{\star}_{lm}$ die (komplex konjugierten) Multipolmomente sind, welche aus den Randbedingungen bestimmt werden müssen. Da unser Problem symmetrisch zur z-Achse ist, werden alle Feldgrößen vom Azimutalwinkel ϕ unabhängig sein, was die Summanden mit $m \neq 0$ eliminiert. Dann verbleibt

$$p(r, \theta) = p_0 + \sum_{l=0}^{\infty} \frac{4\pi}{2l+1} \frac{1}{r^{l+1}} \, q_{l0} \, Y_{l0}(\theta), \tag{4.141}$$

wobei die q_{l0} und Y_{l0} reell sind. Aus der physikalischen Anschauung ist zu erwarten, dass der Druck stromaufwärts der Kugel ($\theta > \pi/2$) größer als p_0 und stromabwärts der Kugel ($\theta < \pi/2$) kleiner als p_0 sein wird, was sich in einer Kraft auf die Kugel in Strömungsrichtung z äußert. Ein solches Verhalten entspricht dem Summanden mit $l = 1$ in der Entwicklung (4.141), sodass wir $q_{10} \neq 0$, $q_{00} = q_{20} = q_{30} = \ldots = 0$ ansetzen:

$$\begin{aligned}
p(r, \theta) &= p_0 + \frac{4\pi q_{10}}{3r^2} \, Y_{10}(\theta) = p_0 + \frac{4\pi q_{10}}{3r^2} \sqrt{\frac{3}{4\pi}} \cos\theta \\
&= p_0 - \frac{C_1}{r^2} \cos\theta, \quad \text{mit } C_1 = -\sqrt{\frac{4\pi}{3}} \, q_{10}.
\end{aligned} \tag{4.142}$$

Dieser Ansatz erfüllt die Randbedingung $p(r \to \infty) = p_0$, die Konstante C_1 ist zunächst noch unbestimmt.

Wir kommen nun zur Lösung von (4.138), was wir mit Hilfe des Vektor-Theorems (3.32) und der Massenbilanz (4.120) umformen zu

$$\operatorname{grad} p = \eta \, (\operatorname{grad} \operatorname{div} \boldsymbol{v} - \operatorname{rot} \operatorname{rot} \boldsymbol{v}) = -\eta \operatorname{rot} \operatorname{rot} \boldsymbol{v}, \tag{4.143}$$

wobei das Geschwindigkeitsfeld $\boldsymbol{v}$ aufgrund der Symmetrie zur z-Achse keine ϕ-Komponente hat und von ϕ unabhängig ist:

$$\boldsymbol{v} = v_r(r,\theta)\, \boldsymbol{e}_r + v_\theta(r,\theta)\, \boldsymbol{e}_\theta . \tag{4.144}$$

Dann erhält man

$$\begin{aligned}
\operatorname{rot} \boldsymbol{v} &= \left(\frac{1}{r} \frac{\partial (r v_\theta)}{\partial r} - \frac{1}{r} \frac{\partial v_r}{\partial \theta} \right) \boldsymbol{e}_\phi \\
\Rightarrow \operatorname{rot}\operatorname{rot} \boldsymbol{v} &= -\frac{1}{r} \frac{\partial}{\partial r} \left(\frac{\partial (r v_\theta)}{\partial r} - \frac{\partial v_r}{\partial \theta} \right) \boldsymbol{e}_\theta \\
&\quad + \frac{1}{r \sin\theta} \frac{\partial}{\partial \theta} \left(\frac{\sin\theta}{r} \frac{\partial (r v_\theta)}{\partial r} - \frac{\sin\theta}{r} \frac{\partial v_r}{\partial \theta} \right) \boldsymbol{e}_r \\
&= -\frac{1}{r} \frac{\partial}{\partial r} \left(\frac{\partial (r v_\theta)}{\partial r} - \frac{\partial v_r}{\partial \theta} \right) \boldsymbol{e}_\theta \\
&\quad + \frac{1}{r^2 \sin\theta} \left(\frac{\partial^2 (r v_\theta \sin\theta)}{\partial r \partial \theta} - \frac{\partial}{\partial \theta} \left(\sin\theta \frac{\partial v_r}{\partial \theta} \right) \right) \boldsymbol{e}_r .
\end{aligned} \tag{4.145}$$

Damit und mit dem Druck (4.142) wird die r-Komponente von (4.143)

$$\frac{\eta}{r^2 \sin\theta} \left(\frac{\partial^2 (r v_\theta \sin\theta)}{\partial r \partial \theta} - \frac{\partial}{\partial \theta} \left(\sin\theta \frac{\partial v_r}{\partial \theta} \right) \right) = -\frac{\partial p}{\partial r} = -\frac{2C_1}{r^3} \cos\theta . \tag{4.146}$$

Die Massenbilanz (4.120) lautet in Kugelkoordinaten

$$\frac{1}{r^2} \frac{\partial (r^2 v_r)}{\partial r} + \frac{1}{r \sin\theta} \frac{\partial (v_\theta \sin\theta)}{\partial \theta} = 0$$

$$\Rightarrow \frac{\partial (r^2 v_r)}{\partial r} + \frac{1}{\sin\theta} \frac{\partial (r v_\theta \sin\theta)}{\partial \theta} = 0 \tag{4.147}$$

$$\Rightarrow \frac{1}{\sin\theta} \frac{\partial^2 (r v_\theta \sin\theta)}{\partial r \partial \theta} = -\frac{\partial^2 (r^2 v_r)}{\partial r^2} , \tag{4.148}$$

womit in (4.146) die Komponente v_θ eliminiert werden kann:

$$\frac{\eta}{r^2} \left(\frac{\partial^2 (r^2 v_r)}{\partial r^2} + \frac{1}{\sin\theta} \frac{\partial}{\partial \theta} \left(\sin\theta \frac{\partial v_r}{\partial \theta} \right) \right) = \frac{2C_1}{r^3} \cos\theta . \tag{4.149}$$

Um diese partielle Differentialgleichung für v_r zu lösen, versuchen wir, ähnlich zu (4.142), den Ansatz

$$v_r = \frac{R_1(r)}{r} \cos\theta \tag{4.150}$$

mit noch zu bestimmender Funktion $R_1(r)$. Dies in (4.149) eingesetzt führt auf die inhomogene Eulersche Differentialgleichung

$$\frac{\eta\cos\theta}{r^2}\left(rR_1''+2R_1'\right)-\frac{\eta R_1}{r^3\sin\theta}\frac{\partial(\sin^2\theta)}{\partial\theta}=\frac{2C_1}{r^3}\cos\theta$$

$$\Rightarrow\ r^2R_1''+2rR_1'-2R_1=\frac{2C_1}{\eta}. \tag{4.151}$$

Die allgemeine Lösung der homogenen Gleichung (rechte Seite gleich Null) findet man durch den Ansatz

$$\begin{aligned}&R_1\sim r^n\\&\Rightarrow\ r^2n(n-1)r^{n-2}+2rnr^{n-1}-2r^n\\&\qquad\qquad=n(n-1)r^n+2nr^n-2r^n=0\\&\Rightarrow\ n^2+n-2=0\quad\Rightarrow\quad n_1=1,\ n_2=-2,\end{aligned} \tag{4.152}$$

und eine spezielle Lösung der inhomogenen Gleichung ist offenbar $R_1=-C_1/\eta$, sodass die allgemeine Lösung der inhomogenen Gleichung

$$R_1(r)=-\frac{C_1}{\eta}+C_2r+\frac{C_3}{r^2} \tag{4.153}$$

lautet. Damit ist

$$v_r(r,\theta)=\left(-\frac{C_1}{\eta r}+C_2+\frac{C_3}{r^3}\right)\cos\theta \tag{4.154}$$

mit noch zu bestimmenden Konstanten C_1, C_2 und C_3.

Für die Polarkomponente des Geschwindigkeitsfeldes v_θ, welche im Gegensatz zu v_r auf der z-Achse ($\theta=0,\ \pi$) aus Symmetriegründen verschwinden muss, setzen wir

$$v_\theta=\frac{R_2(r)}{r}\sin\theta \tag{4.155}$$

an. Dies und das Ergebnis (4.154) für v_r in die Massenbilanz (4.147) eingesetzt ergibt

$$\begin{aligned}&\frac{\partial}{\partial r}\left(-\frac{C_1r}{\eta}+C_2r^2+\frac{C_3}{r}\right)\cos\theta+\frac{1}{\sin\theta}\frac{\partial}{\partial\theta}\Big(R_2(r)\sin^2\theta\Big)=0\\&\Rightarrow\ \left(-\frac{C_1}{\eta}+2C_2r-\frac{C_3}{r^2}\right)\cos\theta+2R_2(r)\cos\theta=0\\&\Rightarrow\ R_2(r)=\frac{C_1}{2\eta}-C_2r+\frac{C_3}{2r^2},\end{aligned} \tag{4.156}$$

sodass

$$v_\theta=\left(\frac{C_1}{2\eta r}-C_2+\frac{C_3}{2r^3}\right)\sin\theta. \tag{4.157}$$

Wir bestimmen nun die Konstanten C_1, C_2 und C_3 mit Hilfe der Randbedingungen. Im Unendlichen ($r\to\infty$) ist nach (4.136)

$$v^2 = v_r^2 + v_\theta^2 = v_0^2$$
$$\Rightarrow \; C_2^2 \cos^2\theta + C_2^2 \sin^2\theta = C_2^2 = v_0^2 \quad \Rightarrow \quad C_2 = v_0 \tag{4.158}$$

(das positive Vorzeichen resultiert daher, dass im Unendlichen für $\theta = 0$ die Radialkomponente $v_r = +v_0$ und für $\theta = \pi$ entsprechend $v_r = -v_0$ sein muss; vgl. Abb. 4.9). Aus der Haftbedingung auf der Kugeloberfläche folgt

$$v_r(r = R) = v_\theta(r = R) = 0$$
$$\Rightarrow \; -\frac{C_1}{\eta R} + v_0 + \frac{C_3}{R^3} = 0, \qquad \frac{C_1}{2\eta R} - v_0 + \frac{C_3}{2R^3}. \tag{4.159}$$

Durch Multiplikation der zweiten Gleichung mit Zwei und nachfolgende Addition bzw. Subtraktion wird C_1 bzw. C_3 eliminiert, und es folgt

$$C_1 = \tfrac{3}{2}\eta R v_0, \qquad C_3 = \tfrac{1}{2}R^3 v_0. \tag{4.160}$$

Damit sind alle Konstanten bestimmt, und wir erhalten als Lösung des Problems der Strömung um eine Kugel für den Druck (4.142)

$$p(r,\theta) = p_0 - \frac{3\eta R}{2r^2}\, v_0 \cos\theta, \tag{4.161}$$

für die Radialgeschwindigkeit (4.154)

$$v_r(r,\theta) = \left(1 - \frac{3R}{2r} + \frac{R^3}{2r^3}\right) v_0 \cos\theta \tag{4.162}$$

und für die Polargeschwindigkeit (4.157)

$$v_\theta(r,\theta) = \left(-1 + \frac{3R}{4r} + \frac{R^3}{4r^3}\right) v_0 \sin\theta. \tag{4.163}$$

Die Stromlinien des Geschwindigkeitsfeldes sind ähnlich denen des Problems 4.6b, welche in Abb. 4.9 skizziert sind.

Die Kraft auf die Kugel wirkt aus Symmetriegründen in z-Richtung. Sie setzt sich zusammen aus zwei Beiträgen, nämlich einem Anteil $F_z^{(1)}$ aufgrund des Drucks p und einem Anteil $F_z^{(2)}$ aufgrund der Schubspannungen $t_{r\theta}$, die an der Kugeloberfläche S_R wirken. Für $F_z^{(1)}$ findet man mit (4.161)

$$\begin{aligned}
F_z^{(1)} &= \boldsymbol{e}_z \cdot \int_{S_R} p(R,\theta)\,(-\boldsymbol{e}_r)\,\mathrm{d}a = -\int_{S_R} p(R,\theta)\,\cos\theta\,\mathrm{d}a \\
&= -\int_0^\pi \left(p_0 - \frac{3\eta}{2R}\, v_0 \cos\theta\right) \cos\theta \cdot 2\pi R \sin\theta\, R\,\mathrm{d}\theta \\
&= -2\pi R^2 p_0 \left[-\frac{\cos 2\theta}{4}\right]_0^\pi + 3\pi\eta R\, v_0 \left[-\frac{\cos^3\theta}{3}\right]_0^\pi \\
&= 2\pi\eta R\, v_0,
\end{aligned} \tag{4.164}$$

und für $F_z^{(2)}$ ergibt sich mit der Materialgleichung (4.117) [$\Rightarrow t_{r\theta} = \eta(\partial v_\theta/\partial r)$ auf der Kugeloberfläche] und (4.163)

$$\begin{aligned}
F_z^{(2)} &= \boldsymbol{e}_z \cdot \int_{S_R} t_{r\theta}(R,\theta)\, \boldsymbol{e}_\theta \, \mathrm{d}a = -\int_{S_R} t_{r\theta}(R,\theta)\, \sin\theta \, \mathrm{d}a \\
&= -\eta \int_{S_R} \frac{\partial v_\theta}{\partial r} \sin\theta \, \mathrm{d}a \\
&= -\eta \int_0^\pi \left(-\frac{3R}{4r^2} - \frac{3R^3}{4r^4} \right)_{r=R} v_0 \sin^2\theta \cdot 2\pi R \sin\theta \, R \, \mathrm{d}\theta \\
&= 3\pi\eta R v_0 \left[-\cos\theta + \frac{\cos^3\theta}{3} \right]_0^\pi \\
&= 4\pi\eta R v_0 .
\end{aligned} \tag{4.165}$$

Die gesamte Kraft auf die Kugel ist somit

$$F_z = F_z^{(1)} + F_z^{(2)} = 6\pi\eta R v_0 , \tag{4.166}$$

was als *Stokessche Reibungskraft* bezeichnet wird.

Es ist im Übrigen absolut bemerkenswert, welcher rechentechnische Aufwand zur Lösung dieses vermeintlich harmlosen Problems erforderlich ist. Dabei haben das Ausnutzen der Symmetrie und das „intelligente Erraten" von geeigneten Ansätzen noch erheblich zur Arbeitsersparnis beigetragen; andernfalls wäre das Problem ohne Computerunterstützung kaum zu bewältigen.

■

4.3.2 Turbulenz

Die Beispiele für Strömungen Newtonscher Flüssigkeiten, die wir in den Problemen 4.9–4.11 kennengelernt hatten, sind dadurch ausgezeichnet, dass das jeweilige Strömungsprofil zeitlich konstant (stationär) ist und die Flüssigkeitsschichten glatt übereinander gleiten, ohne zu verwirbeln. Ein solches Verhalten wird als *laminare Strömung* bezeichnet.

Das Experiment zeigt jedoch, dass laminare Strömungen nur bei hinreichend kleinen Strömungsgeschwindigkeiten stabil bleiben. Wird die Strömungsgeschwindigkeit größer, stellt sich eine wesentlich komplexere Strömung ein, bei der die Partikel unter Verlust der Stationarität wild durcheinander gewirbelt werden. Es treten also zeitlich stark variierende Geschwindigkeitskomponenten quer zur Hauptrichtung der Strömung auf. In den Wirbeln kann ein beträchtlicher Teil der kinetischen Energie der Strömung enthalten sein. Dieses Phänomen heißt *Turbulenz*, der entsprechende Strömungstyp *turbulente Strömung* (Abb. 4.18).

Das vorliegende Strömungsregime hängt ab von der dimensionslosen *Reynolds-Zahl*

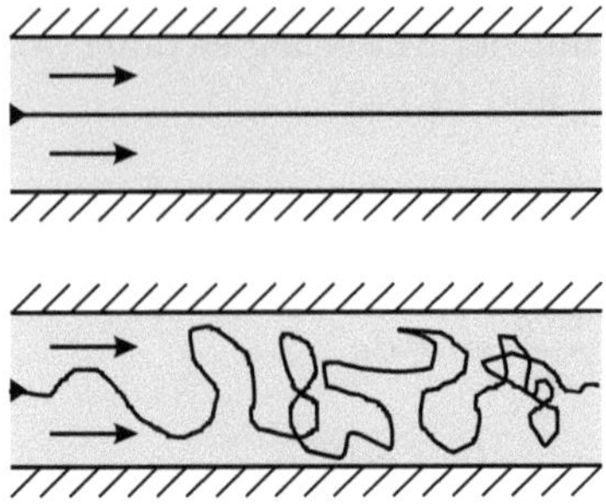

Abb. 4.18. Laminare (oben) und turbulente (unten) Strömung in einem Kanal oder einem Rohr. Die Hauptrichtung der Strömung verläuft in Pfeilrichtung von links nach rechts. Die Streichlinien eines von links (schwarzes Dreieck) kontinuierlich eingebrachten Tintenstrahls zeigen deutlich die grundlegend verschiedenen Strömungstypen an.

$$Re = \frac{[v]\,[d]}{\nu}, \tag{4.167}$$

wobei $[v]$ und $[d]$ die typischen Größenordnungen von Geschwindigkeiten und Ausdehnungen der betrachteten Strömung und $\nu = \eta/\rho$ die *kinematische Viskosität* sind. Beispielsweise kann man für die ebene Schichtenströmung (Problem 4.9) $[v] = \bar{v} = v_0/2$ ($\bar{v}$: mittlere Geschwindigkeit) und $d = H$, für die Rohrströmung (Problem 4.10) $[v] = \bar{v} = (p_1 - p_2)R^2/(8\eta L)$ und $d = 2R$ und für die umströmte Kugel (Problem 4.11) $[v] = v_0$ und $d = 2R$ verwenden.

Das *Reynolds-Kriterium* besagt nun, dass der Übergang zwischen laminarer und turbulenter Strömung bei einem kritischen Wert Re_{krit} der Reynolds-Zahl stattfindet, d. h., die Strömung ist laminar für $Re < Re_{\text{krit}}$ und turbulent für $Re > Re_{\text{krit}}$. Die kritische Reynolds-Zahl liegt, abhängig von dem jeweiligen Problem, typischerweise im Bereich von

$$Re_{\text{krit}} = 1000 \ldots \text{ einige } 1000. \tag{4.168}$$

Wesentlich bei dem Reynolds-Kriterium ist, dass sich die Größenverhältnisse einer Strömung ohne Änderung der physikalischen Aussagen skalieren lassen, solange nur die Reynolds-Zahl erhalten bleibt.

Eine verbreitete Methode zur Beschreibung turbulenter Strömungen ist die *Mittelwertshydrodynamik*. Dabei werden alle relevanten Feldgrößen ψ (hier Geschwindigkeit $\boldsymbol{v}$ und Druck p) gemäß

$$\psi(\boldsymbol{x}, t) = \langle\psi\rangle(\boldsymbol{x}, t) + \psi'(\boldsymbol{x}, t). \tag{4.169}$$

in Mittelwerte $\langle\psi\rangle$ und turbulente Fluktuationen ψ' aufgeteilt. Nach der *Reynolds-Mittelung* werden die Mittelwerte dabei über ein Zeitintervall T genommen, welches groß im Vergleich zur Zeitskala der turbulent fluktuierenden Strömungsanteile, jedoch klein im Vergleich zu Änderungen der Hauptströmung ist:

$$\langle\psi\rangle(\boldsymbol{x},t) = \frac{1}{T}\int_{-T/2}^{T/2} \psi(\boldsymbol{x},t+\tau)\,\mathrm{d}\tau. \tag{4.170}$$

Aufgrund der obigen Wahl der Größe des Mittelungsintervalls T gelten die Beziehungen

$$\langle\langle\psi\rangle\rangle = \langle\psi\rangle, \qquad \langle\psi'\rangle = 0. \tag{4.171}$$

Die Mittelungsoperation (4.170) ist offenbar linear, d. h., für zwei Felder ψ_1 und ψ_2 bzw. eine multiplikative Konstante a ist

$$\langle\psi_1+\psi_2\rangle = \langle\psi_1\rangle + \langle\psi_2\rangle, \qquad \langle a\psi\rangle = a\langle\psi\rangle. \tag{4.172}$$

Da Mittelwerte selbst nach Voraussetzung praktisch konstant über den Mittelungszeitraum T sind, folgt aus $(4.172)_2$ auch

$$\langle\,\langle\psi_1\rangle\,\psi_2\,\rangle = \langle\psi_1\rangle\langle\psi_2\rangle. \tag{4.173}$$

Desweiteren vertauscht die Mittelung (4.170) als Integration über den Parameter τ mit partiellen Ableitungen nach t und x_i,

$$\frac{\partial\langle\psi\rangle}{\partial t} = \langle\frac{\partial\psi}{\partial t}\rangle, \qquad \frac{\partial\langle\psi\rangle}{\partial x_i} = \langle\frac{\partial\psi}{\partial x_i}\rangle. \tag{4.174}$$

Eine alternative Möglichkeit zur Reynolds-Mittelung (4.170) besteht darin, die Mittelung als *Ensemble-Mittel* über eine große Zahl gleichartiger Systeme, nummeriert durch $n = 1\ldots N$, vorzunehmen:

$$\langle\psi\rangle(\boldsymbol{x},t) = \frac{1}{N}\sum_{n=1}^{N}\psi^{(n)}(\boldsymbol{x},t) \tag{4.175}$$

(dabei ist $\psi^{(n)}(\boldsymbol{x},t)$ der Wert des Feldes ψ im n-ten System des Ensembles). In einem solchen Ensemble von Systemen wird sich stets die gleiche Hauptströmung einstellen, wohingegen die turbulenten Fluktuationen stochastisch verteilt sind und sich daher durch (4.175) wie gewünscht herausmitteln, vorausgesetzt, dass die Anzahl N der Systeme hinreichend groß ist. Der Vorteil dieser Methode besteht darin, dass die Schwierigkeit der geeigneten Wahl der Größe des Mittelungszeitraums T in der Reynolds-Mittelung umgangen wird. Es kann jedoch davon ausgegangen werden, dass beide Mittelungsverfahren auf das gleiche Ergebnis führen („Ergodenannahme“).

Wir führen nun den Mittelungsprozess für die Feldgleichungen der Newtonschen Flüssigkeit explizit durch. Aus der Massenbilanz (4.120) folgt durch Aufteilung der Geschwindigkeit in Mittelwert und Fluktuation

$$\operatorname{div}\left[\langle\boldsymbol{v}\rangle + \boldsymbol{v}'\right] = 0. \tag{4.176}$$

Mittelung dieser Gleichung ergibt in Indexschreibweise mit den Regeln (4.171), (4.172) und (4.174)

$$\langle\, [\langle v_i\rangle + v_i'],_i \,\rangle = \langle\langle v_i\rangle\rangle,_i + \langle v_i'\rangle,_i = \langle v_i\rangle,_i = 0, \tag{4.177}$$

bzw. wieder symbolisch

$$\operatorname{div}\langle \boldsymbol{v}\rangle = 0. \tag{4.178}$$

Diese Mittelwerts-Massenbilanz hat also die gleiche Form wie die ursprüngliche Massenbilanz für die gesamte Geschwindigkeit, beide Felder sind divergenzfrei. Aus Subtraktion von (4.176) und (4.178) folgt weiter

$$\operatorname{div}\boldsymbol{v}' = 0, \tag{4.179}$$

d. h., auch die turbulente Geschwindigkeitsfluktuation ist divergenzfrei.

Einführung von Mittelwerten und Fluktuationen der Geschwindigkeit und des Drucks ergibt für die Navier-Stokes-Gleichung (4.119)

$$\begin{aligned}\rho\Big(\frac{\partial[\langle\boldsymbol{v}\rangle+\boldsymbol{v}']}{\partial t} &+ \operatorname{grad}[\langle\boldsymbol{v}\rangle+\boldsymbol{v}']\cdot[\langle\boldsymbol{v}\rangle+\boldsymbol{v}']\Big)\\ &= -\operatorname{grad}[\langle p\rangle+p'] + \eta\,\nabla^2[\langle\boldsymbol{v}\rangle+\boldsymbol{v}'] + \rho\boldsymbol{f}_s.\end{aligned} \tag{4.180}$$

Für die Mittelung dieser Gleichung (ρ und $\boldsymbol{f}_s$ als Konstanten davon nicht betroffen) rechnen wir mit (4.171) – (4.174) in Indexschreibweise

$$\begin{aligned}
&\rho\,\langle\Big(\frac{\partial[\langle v_i\rangle+v_i']}{\partial t} + [\langle v_i\rangle+v_i'],_j\,[\langle v_j\rangle+v_j']\Big)\rangle\\
&\qquad = -\langle\,[\langle p\rangle+p'],_i\,\rangle + \eta\,\langle[\langle v_i\rangle+v_i'],_{jj}\rangle + \rho(f_s)_i\\
&\Rightarrow\ \rho\Big(\frac{\partial\langle\langle v_i\rangle\rangle}{\partial t} + \frac{\partial\langle v_i'\rangle}{\partial t}\\
&\qquad +\langle\,\langle v_i\rangle,_j\langle v_j\rangle\,\rangle + \langle\,\langle v_i\rangle,_j v_j'\,\rangle + \langle\, v_{i,j}'\langle v_j\rangle\,\rangle + \langle\, v_{i,j}'v_j'\,\rangle\Big)\\
&\quad = -\langle\langle p\rangle\rangle,_i - \langle p'\rangle,_i + \eta\langle\langle v_i\rangle\rangle,_{jj} + \eta\langle v_i'\rangle,_{jj} + \rho(f_s)_i\\
&\Rightarrow\ \rho\Big(\frac{\partial\langle\langle v_i\rangle\rangle}{\partial t} + \frac{\partial\langle v_i'\rangle}{\partial t}\\
&\qquad +\langle v_i\rangle,_j\langle v_j\rangle + \langle v_i\rangle,_j\langle v_j'\rangle + \langle v_i'\rangle,_j\langle v_j\rangle + \langle\, v_{i,j}'v_j'\,\rangle\Big)\\
&\quad = -\langle\langle p\rangle\rangle,_i - \langle p'\rangle,_i + \eta\langle\langle v_i\rangle\rangle,_{jj} + \eta\langle v_i'\rangle,_{jj} + \rho(f_s)_i\\
&\Rightarrow\ \rho\Big(\frac{\partial\langle v_i\rangle}{\partial t} + \langle v_i\rangle,_j\langle v_j\rangle + \langle\, v_{i,j}'v_j'\,\rangle\Big)\\
&\qquad\qquad = -\langle p\rangle,_i + \eta\langle v_i\rangle,_{jj} + \rho(f_s)_i\\
&\overset{(4.179)}{\Longrightarrow}\ \rho\Big(\frac{\partial\langle v_i\rangle}{\partial t} + \langle v_i\rangle,_j\langle v_j\rangle + \langle\, v_i'v_j'\,\rangle,_j\Big)\\
&\qquad\qquad = -\langle p\rangle,_i + \eta\langle v_i\rangle,_{jj} + \rho(f_s)_i.
\end{aligned} \tag{4.181}$$

Symbolisch und mit der materiellen Zeitableitung (die hier nur der mittleren Strömung $\langle\boldsymbol{v}\rangle$ folgen soll) lautet das

$$\rho \frac{\mathrm{d}\langle \boldsymbol{v} \rangle}{\mathrm{d}t} = -\mathrm{grad}\,\langle p \rangle + \eta\,\nabla^2 \langle \boldsymbol{v} \rangle - \rho\,\mathrm{div}\,\langle \boldsymbol{v}'\,\boldsymbol{v}' \rangle + \rho \boldsymbol{f}_s. \tag{4.182}$$

Wir führen noch den *Reynoldsspannungstensor* $\boldsymbol{t}^{\mathrm{R}}$ gemäß

$$\boldsymbol{t}^{\mathrm{R}} = -\rho\,\langle \boldsymbol{v}'\,\boldsymbol{v}' \rangle \tag{4.183}$$

ein und erhalten

$$\rho \frac{\mathrm{d}\langle \boldsymbol{v} \rangle}{\mathrm{d}t} = -\mathrm{grad}\,\langle p \rangle + \eta\,\nabla^2 \langle \boldsymbol{v} \rangle + \mathrm{div}\,\boldsymbol{t}^{\mathrm{R}} + \rho \boldsymbol{f}_s. \tag{4.184}$$

Diese Mittelwerts-Navier-Stokes-Gleichung ist formal weitgehend identisch zur ursprünglichen Navier-Stokes-Gleichung (4.119). Es tritt jedoch als zusätzlicher Term die Divergenz des Reynoldsspannungstensors auf.

Um aus der Mittelwerts-Massenbilanz (4.178) und der Mittelwerts-Navier-Stokes-Gleichung (4.184) ein geschlossenes System von Feldgleichungen zu erhalten, muss für den Reynoldsspannungstensor $\boldsymbol{t}^{\mathrm{R}}$ eine Schließbedingung, entsprechend der Materialgleichung für den eigentlichen Spannungstensor $\boldsymbol{t}$, formuliert werden. Mit der turbulenten kinetischen Energiedichte

$$k = \frac{\rho\,\langle (v')^2 \rangle}{2} \tag{4.185}$$

finden wir für die Spur des Reynoldsspannungstensors

$$\mathrm{tr}\,\boldsymbol{t}^{\mathrm{R}} = -\rho\,\langle v_i'\,v_i' \rangle = -\rho\,\langle (v')^2 \rangle = -2k. \tag{4.186}$$

Die einfachste Schließbedingung besteht in dem *Konzept der Eddy-Viskosität*, welches

$$\boldsymbol{t}^{\mathrm{R}} = -\frac{2}{3} k\,\mathbf{1} + 2\eta_{\mathrm{turb}} \langle \boldsymbol{D} \rangle \tag{4.187}$$

ansetzt, wobei der erste Term auf der rechten Seite der nichtverschwindenden Spur (4.186) Rechnung trägt, und der zweite Term in Analogie zur eigentlichen Materialgleichung (4.117) gewählt ist. Der Parameter η_{turb} heißt *Eddy-Viskosität* oder *turbulente Viskosität.*

Einsetzen der Schließbedingung (4.187) in (4.184) ergibt analog zur Herleitung der Navier-Stokes-Gleichung (4.119)

$$\rho \frac{\mathrm{d}\langle \boldsymbol{v} \rangle}{\mathrm{d}t} = -\mathrm{grad}\left(\langle p \rangle + \frac{2}{3} k\right) + (\eta + \eta_{\mathrm{turb}})\,\nabla^2 \langle \boldsymbol{v} \rangle + \rho \boldsymbol{f}_s. \tag{4.188}$$

Mit dem effektiven Druck

$$p_{\mathrm{eff}} = \langle p \rangle + \frac{2}{3} k \tag{4.189}$$

folgt schließlich

$$\rho \frac{\mathrm{d}\langle \boldsymbol{v} \rangle}{\mathrm{d}t} = -\mathrm{grad}\,p_{\mathrm{eff}} + (\eta + \eta_{\mathrm{turb}})\,\nabla^2 \langle \boldsymbol{v} \rangle + \rho \boldsymbol{f}_s. \tag{4.190}$$

Mit (4.178) und (4.190) haben wir nun vier Feldgleichungen für die vier Mittelwerts-Feldgrößen $\langle \boldsymbol{v} \rangle$ und p_{eff} erhalten. Es verbleibt allerdings noch das Problem der Bestimmung der Eddy-Viskosität η_{turb}. Im einfachsten Fall wird diese direkt an Messdaten angepasst. Das ist jedoch problematisch, da die Eddy-Viskosität im Gegensatz zur eigentlichen Viskosität kein Materialparameter ist, sondern von der Strömung selbst abhängen kann. Modelle höherer Ordnung wie das k-ϵ-Modell und das k-ω-Modell versuchen daher, die Eddy-Viskosität aus Eigenschaften der turbulenten Strömung wie der turbulenten kinetischen Energiedichte (4.185) und weiterer Größen abzuleiten. Im Rahmen dieser kurzen Einführung in das Problem der Turbulenz soll hierauf nicht näher eingegangen werden.

5. Materialtheorie

Nachdem in den beiden vorigen Kapiteln mit dem linear-elastischen Festkörper, dem idealen Fluid und dem Newtonschen Fluid drei für die Anwendung wichtige spezielle Materialien vorgestellt und besprochen wurden, kommen wir nun zur allgemeinen Theorie der Formulierung von Materialgleichungen.

5.1 Allgemeine Materialgleichung

5.1.1 Problemstellung

Zur Erinnerung noch einmal die Problematik: Die Bilanzgleichungen für Masse, Impuls und innere Energie, welche z. B. in der Momentankonfiguration die Form

$$\frac{\mathrm{d}\rho}{\mathrm{d}t} = -\rho \operatorname{div} \boldsymbol{v}, \tag{5.1}$$

$$\rho\frac{\mathrm{d}\boldsymbol{v}}{\mathrm{d}t} = \operatorname{div} \boldsymbol{t} + \rho \boldsymbol{f}_s, \tag{5.2}$$

$$\rho\frac{\mathrm{d}u}{\mathrm{d}t} = -\operatorname{div} \boldsymbol{q} + \operatorname{tr}(\boldsymbol{t} \cdot \boldsymbol{D}) + \rho r \tag{5.3}$$

haben, stellen fünf Gleichungen für die 15 unbekannten Größen

- Dichte $\rho(\boldsymbol{X}, t)$,
- Bewegung $\boldsymbol{x}(\boldsymbol{X}, t)$,
- Temperatur $\theta(\boldsymbol{X}, t)$,
- Spannungstensor $\boldsymbol{t}(\boldsymbol{X}, t)$,
- Wärmefluss $\boldsymbol{q}(\boldsymbol{X}, t)$,
- innere Energie $u(\boldsymbol{X}, t)$

dar (die Temperatur θ kommt in den Bilanzgleichungen nicht explizit vor, soll aber mit berechnet werden; des weiteren kommt die Bewegung nur in Form ihrer Zeitableitung $\boldsymbol{v} = \dot{\boldsymbol{x}}$ vor). Es werden also zusätzliche Relationen zwischen diesen Unbekannten benötigt, um das Gleichungssystem zu schließen. Diese Relationen kennzeichnen im Gegensatz zu den allgemeingültigen Bilanzgleichungen das spezifische Verhalten der verschiedenen Materialien und heißen daher *Konstitutiv-* oder *Materialgleichungen.* Mit dem Hookeschen Gesetz (3.4) bzw. (3.26) haben wir bereits eine spezielle (sehr einfache) Materialgleichung kennengelernt.

5.1.2 Formulierung der allgemeinen Materialgleichung

In vollster Allgemeinheit stellt eine für den Zeitpunkt t gültige Materialgleichung eine implizite Verknüpfung der oben aufgelisteten 15 unbekannten Größen für *alle* Teilchen $\boldsymbol{Y} \in \kappa_r$ des Körpers $\mathcal{B}$ (bzw. dessen Referenzkonfiguration κ_r) zu *allen* vergangenen Zeiten $t' = t - s$ $(s \geq 0)$ dar,

$$\check{f}_{\substack{s=0\ldots\infty \\ \boldsymbol{Y}\in\kappa_r}} [\rho(\boldsymbol{Y}, t-s),\, \boldsymbol{x}(\boldsymbol{Y}, t-s),\, \theta(\boldsymbol{Y}, t-s),\, \boldsymbol{t}(\boldsymbol{Y}, t-s),\, \boldsymbol{q}(\boldsymbol{Y}, t-s),\, u(\boldsymbol{Y}, t-s);\, \boldsymbol{X}] = 0. \qquad (5.4)$$

Dabei ist $\check{f}$ offensichtlich ein *Funktional*, denn es enthält komplette Funktionen als Argumente. Der Grund für die Beschränkung $s \geq 0$ liegt im *Prinzip des Determinismus*, welches besagt, dass das Materialverhalten nur von der Vergangenheit und der Gegenwart, nicht aber von der Zukunft beeinflusst werden darf.

Wir werden uns im folgenden auf solche Materialien beschränken, bei denen die Materialgleichungen in expliziter Form geschrieben werden können, und zwar dergestalt, dass jeweils ein Funktional für den Spannungstensor $\boldsymbol{t}$, den Wärmefluss $\boldsymbol{q}$ und die innere Energie u des Teilchens $\boldsymbol{X} \in \kappa_r$ zur Zeit t existiert,

$$\begin{aligned}
\boldsymbol{t}(\boldsymbol{X}, t) &= \check{\boldsymbol{t}}_{\substack{s=0\ldots\infty \\ \boldsymbol{Y}\in\kappa_r}} [\rho(\boldsymbol{Y}, t-s),\, \boldsymbol{x}(\boldsymbol{Y}, t-s),\, \theta(\boldsymbol{Y}, t-s);\, \boldsymbol{X}], \\
\boldsymbol{q}(\boldsymbol{X}, t) &= \check{\boldsymbol{q}}_{\substack{s=0\ldots\infty \\ \boldsymbol{Y}\in\kappa_r}} [\rho(\boldsymbol{Y}, t-s),\, \boldsymbol{x}(\boldsymbol{Y}, t-s),\, \theta(\boldsymbol{Y}, t-s);\, \boldsymbol{X}], \\
u(\boldsymbol{X}, t) &= \check{u}_{\substack{s=0\ldots\infty \\ \boldsymbol{Y}\in\kappa_r}} [\rho(\boldsymbol{Y}, t-s),\, \boldsymbol{x}(\boldsymbol{Y}, t-s),\, \theta(\boldsymbol{Y}, t-s);\, \boldsymbol{X}].
\end{aligned} \qquad (5.5)$$

Wie bereits in (5.4) bezeichnen $\check{\boldsymbol{t}}$, $\check{\boldsymbol{q}}$ und $\check{u}$ Funktionale über die gesamte Referenzkonfiguration κ_r des Körpers $\mathcal{B}$ und über die gesamte Geschichte $s = 0 \ldots \infty$. Die genaue Form dieser Funktionale, welche *Materialfunktionale* genannt werden, ist dabei charakteristisch für das jeweilige Material, das beschrieben werden soll. Die Größen $\boldsymbol{t}$, $\boldsymbol{q}$ und u, welche durch die Materialgleichungen (5.5) explizit bestimmt sind, heißen *Materialgrößen*, und die Unabhängigen in den Materialfunktionalen werden als *Konstitutivvariablen* bezeichnet.

Beispielsweise könnte ein derartiges Materialfunktional für den Spannungstensor mit lokaler Ortsabhängigkeit, aber voller Geschichtsabhängigkeit vom Verzerrungsgeschwindigkeitstensor

$$\boldsymbol{t}(\boldsymbol{X}, t) = \int_0^\infty G(s)\boldsymbol{D}(\boldsymbol{X}, t-s)\,\mathrm{d}s \qquad (5.6)$$

(mit vorzugebender Relaxationsfunktion $G(s)$) lauten. Solche Materialfunktionale werden zur Beschreibung viskoelastischer Fluide verwendet.

Die Materialfunktionale hängen im allgemeinen von der Wahl der Referenzkonfiguration κ_r für den Körpers $\mathcal{B}$ ab. Wir haben aus Gründen der Einfachheit der Notation darauf verzichtet, das bei der Bezeichnung der Materialfunktionale extra deutlich zu machen (z. B. durch einen zusätzlichen Index κ_r); die Tatsache sollte dennoch im Kopf behalten werden, da sie später bei der Einführung der Isotropie wichtig werden wird.

Eine explizite Abhängigkeit der Materialfunktionale von $\boldsymbol{X}$, wie in (5.4) und (5.5) zugelassen, bedeutet anschaulich, dass sich die Materialeigenschaften an verschiedenen Orten des betrachteten Materials voneinander unterscheiden. Ein solches Material wird als *heterogen* bezeichnet. Tritt dagegen diese explizite Abhängigkeit nicht auf, verhält sich das Material überall gleich, es ist *homogen.*

Es wäre weiterhin denkbar, dass die Materialfunktionale auch explizit von t abhängen. Damit ließe sich beispielsweise Materialalterung aufgrund von chemischen Veränderungen des Materials beschreiben. Diese Möglichkeit wird hier jedoch nicht berücksichtigt.

Offensichtlich handelt es sich bei den Materialgleichungen (5.5) um zehn Gleichungen, sodass nun zusammen mit den fünf Bilanzgleichungen (5.1) - (5.3) 15 Gleichungen für die 15 Unbekannten zur Verfügung stehen. Aufgrund der Tatsache, dass die Materialgrößen $\boldsymbol{t}$, $\boldsymbol{q}$ und u in (5.5) explizit ausgedrückt sind, können diese prinzipiell auch aus den Bilanzgleichungen (5.1) - (5.3) eliminiert werden; es verbleiben dann fünf Gleichungen („Feldgleichungen der Thermodynamik“) für die fünf unbekannten Feldgrößen

- Dichte $\rho(\boldsymbol{X}, t)$,
- Bewegung $\boldsymbol{x}(\boldsymbol{X}, t)$,
- Temperatur $\theta(\boldsymbol{X}, t)$.

Jede Lösung der Feldgleichungen der Thermodynamik für das betreffende Material heißt *thermodynamischer Prozess.*

5.1.3 Einfache Körper

Ein *einfacher Körper* ist dadurch definiert, dass die Materialgrößen $\boldsymbol{t}$, $\boldsymbol{q}$ und u für ein Teilchen $\boldsymbol{X}$ zur Zeit t nicht wie in (5.5) von den Geschichten der Dichte, Bewegung und Temperatur im ganzen Körper abhängen, sondern nur von den Geschichten dieser Größen am Ort des Teilchens $\boldsymbol{X}$ selbst sowie in dessen unmittelbarer Nachbarschaft („Prinzip der Lokalität“). Da das Verhalten einer differenzierbaren Feldgröße in der Umgebung eines Punktes $\boldsymbol{X}$ im Sinne einer linearen Taylor-Approximation durch den Funktionswert und den Gradienten an dieser Stelle bestimmt ist, lauten die allgemeinen Materialgleichungen für einen einfachen Körper (mit $\boldsymbol{F} = \operatorname{Grad} \boldsymbol{x}$ und der Abkürzung $\boldsymbol{G}_\theta = \operatorname{Grad} \theta$)

$$\begin{aligned}
\boldsymbol{t}(\boldsymbol{X},t) &= \check{\boldsymbol{t}}_{s=0\ldots\infty}[\rho(\boldsymbol{X},t-s),\ \operatorname{Grad}\rho(\boldsymbol{X},t-s),\ \boldsymbol{x}(\boldsymbol{X},t-s),\\
&\qquad \boldsymbol{F}(\boldsymbol{X},t-s),\ \theta(\boldsymbol{X},t-s),\ \boldsymbol{G}_\theta(\boldsymbol{X},t-s);\ \boldsymbol{X}],\\
\boldsymbol{q}(\boldsymbol{X},t) &= \check{\boldsymbol{q}}_{s=0\ldots\infty}[\rho(\boldsymbol{X},t-s),\ \operatorname{Grad}\rho(\boldsymbol{X},t-s),\ \boldsymbol{x}(\boldsymbol{X},t-s),\\
&\qquad \boldsymbol{F}(\boldsymbol{X},t-s),\ \theta(\boldsymbol{X},t-s),\ \boldsymbol{G}_\theta(\boldsymbol{X},t-s);\ \boldsymbol{X}],\\
u(\boldsymbol{X},t) &= \check{u}_{s=0\ldots\infty}[\rho(\boldsymbol{X},t-s),\ \operatorname{Grad}\rho(\boldsymbol{X},t-s),\ \boldsymbol{x}(\boldsymbol{X},t-s),\\
&\qquad \boldsymbol{F}(\boldsymbol{X},t-s),\ \theta(\boldsymbol{X},t-s),\ \boldsymbol{G}_\theta(\boldsymbol{X},t-s);\ \boldsymbol{X}].
\end{aligned} \tag{5.7}$$

Das kann jedoch ohne Beschränkung der Allgemeinheit ein wenig vereinfacht werden. Wir wissen bereits (siehe (2.51)), dass die Dichte ρ in der Momentankonfiguration κ_t mit der Dichte ρ_0 in der Referenzkonfiguration κ_r gemäß

$$\rho_0 = \rho J = \rho \det \boldsymbol{F} \quad \Rightarrow \rho(\boldsymbol{X},t-s) = \frac{\rho_0(\boldsymbol{X})}{\det \boldsymbol{F}(\boldsymbol{X},t-s)} \tag{5.8}$$

zusammenhängt. Die Abhängigkeit von $\rho(\boldsymbol{X},t-s)$ kann daher weggelassen werden, denn sie ist nur eine spezielle Form der sowieso berücksichtigten Abhängigkeit von $\boldsymbol{F}(\boldsymbol{X},t-s)$ (der Faktor $\rho_0(\boldsymbol{X})$ ist für eine gegebene Referenzkonfiguration κ_r lediglich ein konstanter Ausdruck). Man sieht ferner durch Gradientenbildung von (5.8), dass der Ausdruck $\operatorname{Grad}\rho(\boldsymbol{X},t-s)$ Terme der Form

$$\frac{\partial F_{iA}}{\partial X_B} \quad \text{bzw.} \quad \frac{\partial^2 x_i}{\partial X_A \partial X_B}, \tag{5.9}$$

also zweite räumliche Ableitungen der Bewegung $\boldsymbol{x}(\boldsymbol{X},t-s)$ enthält, wohingegen in einem einfachen Körper nach Definition nur Abhängigkeiten von ersten räumlichen Ableitungen auftreten sollen. Es folgt, dass auch die Abhängigkeit von $\operatorname{Grad}\rho(\boldsymbol{X},t-s)$ in (5.7) entfällt. Es verbleiben somit

$$\begin{aligned}
\boldsymbol{t}(\boldsymbol{X},t) &= \check{\boldsymbol{t}}_{s=0\ldots\infty}[\boldsymbol{x}(\boldsymbol{X},t-s),\ \boldsymbol{F}(\boldsymbol{X},t-s),\ \theta(\boldsymbol{X},t-s),\\
&\qquad \boldsymbol{G}_\theta(\boldsymbol{X},t-s);\ \boldsymbol{X}],\\
\boldsymbol{q}(\boldsymbol{X},t) &= \check{\boldsymbol{q}}_{s=0\ldots\infty}[\boldsymbol{x}(\boldsymbol{X},t-s),\ \boldsymbol{F}(\boldsymbol{X},t-s),\ \theta(\boldsymbol{X},t-s),\\
&\qquad \boldsymbol{G}_\theta(\boldsymbol{X},t-s);\ \boldsymbol{X}],\\
u(\boldsymbol{X},t) &= \check{u}_{s=0\ldots\infty}[\boldsymbol{x}(\boldsymbol{X},t-s),\ \boldsymbol{F}(\boldsymbol{X},t-s),\ \theta(\boldsymbol{X},t-s),\\
&\qquad \boldsymbol{G}_\theta(\boldsymbol{X},t-s);\ \boldsymbol{X}]
\end{aligned} \tag{5.10}$$

als allgemeine Materialgleichungen für die Materialklasse der einfachen Körper, welche im folgenden stets zugrunde gelegt wird, falls nicht ausdrücklich anders erwähnt.

5.2 Materielle Objektivität

5.2.1 Prinzip der materiellen Objektivität

In Kapitel 2 haben wir uns mit dem Verhalten der Bilanzgleichungen (5.1) - (5.3) unter Euklidischen Transformationen

$$x_i^\star = O_{ij}^\star(t)x_j + b_i^\star(t) \tag{5.11}$$

befasst. Dabei haben wir festgestellt, dass alle drei Bilanzgleichungen in dieser Form invariant gegen Euklidische Transformationen sind. Darüberhinaus sind die Massen- und Energiebilanz sogar systemunabhängig, die Impulsbilanz aber nicht. Bei letzterer enthält nämlich in beschleunigten oder rotierenden Bezugssystemen die spezifische äußere Kraft $\boldsymbol{f}_s$ einen Anteil der spezifischen Trägheitskraft $\boldsymbol{i}_s$, und diese hängt explizit von der Winkelgeschwindigkeit $\boldsymbol{\Omega}(t)$ und der Führungsbeschleunigung $\ddot{\boldsymbol{b}}(t)$ des beschleunigten Systems ab (vgl. (2.88)).

Es stellt sich nun die Frage, wie sich die Materialgleichungen (5.10) bezüglich Euklidischer Transformationen verhalten. Es wäre denkbar, dass, ähnlich wie die Impulsbilanz, auch die Materialfunktionale systemabhängig sind, also in beschleunigten Bezugssystemen die für das Bezugssystem charakteristischen Funktionen $\boldsymbol{\Omega}(t)$ und $\ddot{\boldsymbol{b}}(t)$ als Parameterfunktionen enthalten. Solche materiellen Systemabhängigkeiten sind jedoch experimentell niemals beobachtet worden, und daher wurde das *Prinzip der materiellen Objektivität* formuliert, welches besagt:

> Die kontinuumsmechanischen Materialfunktionale eines bestimmten Materials haben in jedem Euklidischen System dieselbe Form (Invarianz), und sie sind weiterhin systemunabhängig.

In einem beliebigen gesternten System gilt also anstelle von (5.10)

$$\begin{aligned}
\boldsymbol{t}^\star(\boldsymbol{X},t) &= \check{\boldsymbol{t}}_{s=0\ldots\infty}[\boldsymbol{x}^\star(\boldsymbol{X},t-s),\ \boldsymbol{F}^\star(\boldsymbol{X},t-s),\ \theta^\star(\boldsymbol{X},t-s),\\
&\qquad \boldsymbol{G}_\theta^\star(\boldsymbol{X},t-s);\ \boldsymbol{X}],\\
\boldsymbol{q}^\star(\boldsymbol{X},t) &= \check{\boldsymbol{q}}_{s=0\ldots\infty}[\boldsymbol{x}^\star(\boldsymbol{X},t-s),\ \boldsymbol{F}^\star(\boldsymbol{X},t-s),\ \theta^\star(\boldsymbol{X},t-s),\\
&\qquad \boldsymbol{G}_\theta^\star(\boldsymbol{X},t-s);\ \boldsymbol{X}],\\
u^\star(\boldsymbol{X},t) &= \check{u}_{s=0\ldots\infty}[\boldsymbol{x}^\star(\boldsymbol{X},t-s),\ \boldsymbol{F}^\star(\boldsymbol{X},t-s),\ \theta^\star(\boldsymbol{X},t-s),\\
&\qquad \boldsymbol{G}_\theta^\star(\boldsymbol{X},t-s);\ \boldsymbol{X}],
\end{aligned} \tag{5.12}$$

wobei das Entscheidende ist, dass die Funktionale $\check{\boldsymbol{t}}$, $\check{\boldsymbol{q}}$ und $\check{u}$ kein Sternchen erhalten, da sie ja nach dem Prinzip der materiellen Objektivität invariant unter Euklidischen Transformationen sein sollen. Die Rechenvorschriften, welche aus den Komponenten von $\boldsymbol{x}$, $\boldsymbol{F}$, θ und $\boldsymbol{G}_\theta$ die Komponenten von $\boldsymbol{t}$, $\boldsymbol{q}$ und u produzieren, sind also in allen Euklidischen Systemen dieselben. Eine Kurzfassung des Prinzips der materiellen Objektivität ist daher

$$\check{\boldsymbol{t}}^\star = \check{\boldsymbol{t}}, \quad \check{\boldsymbol{q}}^\star = \check{\boldsymbol{q}}, \quad \check{u}^\star = \check{u}. \tag{5.13}$$

In diesem Zusammenhang ist wichtig, dass klar unterschieden wird zwischen den *Materialfunktionalen* (Rechenvorschriften) $\check{\boldsymbol{t}}$, $\check{\boldsymbol{q}}$ und $\check{u}$ einerseits und den *Materialgrößen* $\boldsymbol{t}$, $\boldsymbol{q}$ und u andererseits. Für die Materialgrößen gilt

(5.13) nämlich nicht, denn deren Komponenten transformieren sich bekanntlich gemäß den Transformationsregeln objektiver Tensoren, Vektoren bzw. Skalare wie

$$\boldsymbol{t}^\star = \boldsymbol{O}^\star(t) \cdot \boldsymbol{t} \cdot \boldsymbol{O}^{\star\mathrm{T}}(t), \quad \boldsymbol{q}^\star = \boldsymbol{O}^\star(t) \cdot \boldsymbol{q}, \quad u^\star = u. \tag{5.14}$$

Während die Richtigkeit des Prinzips der materiellen Objektivität für die Klasse der Inertialsysteme unmittelbar einleuchtet, ist die Richtigkeit für die volle Klasse der Euklidischen Systeme keineswegs selbstverständlich. Aus diesem Grund gibt es bis zum heutigen Tag Diskussionen um die universelle Gültigkeit. Auf jeden Fall sind keine Materialien bekannt, welche dieses Prinzip verletzen, und daher kann man es vom pragmatischen Standpunkt aus als Arbeitshypothese ansehen, die sich in der Praxis bei der Formulierung von Materialgleichungen für reale Materialien gut bewährt hat.

5.2.2 Explizite Form des Prinzips der materiellen Objektivität

Wir untersuchen nun konkret, welche Bedingungen an Materialfunktionale zu stellen sind, die dem Prinzip der materiellen Objektivität genügen. Dazu verwenden wir die Transformationsregeln der Materialgrößen (5.14) und setzen für die Materialgrößen im ungesternten und gesternten System die zugehörigen Materialgleichungen (5.10) und (5.12) ein. Das ergibt die recht länglichen Beziehungen

$$\begin{aligned}
&\check{\boldsymbol{t}}_{s=0\ldots\infty}[\boldsymbol{x}^\star(\boldsymbol{X},t-s),\, \boldsymbol{F}^\star(\boldsymbol{X},t-s),\, \theta^\star(\boldsymbol{X},t-s),\\
&\qquad \boldsymbol{G}^\star_\theta(\boldsymbol{X},t-s);\, \boldsymbol{X}]\\
&= \boldsymbol{O}^\star(t)\cdot\{\check{\boldsymbol{t}}_{s=0\ldots\infty}[\boldsymbol{x}(\boldsymbol{X},t-s),\, \boldsymbol{F}(\boldsymbol{X},t-s),\, \theta(\boldsymbol{X},t-s),\\
&\qquad \boldsymbol{G}_\theta(\boldsymbol{X},t-s);\, \boldsymbol{X}]\}\cdot \boldsymbol{O}^{\star\mathrm{T}}(t),\\
&\check{\boldsymbol{q}}_{s=0\ldots\infty}[\boldsymbol{x}^\star(\boldsymbol{X},t-s),\, \boldsymbol{F}^\star(\boldsymbol{X},t-s),\, \theta^\star(\boldsymbol{X},t-s),\\
&\qquad \boldsymbol{G}^\star_\theta(\boldsymbol{X},t-s);\, \boldsymbol{X}]\\
&= \boldsymbol{O}^\star(t)\cdot\{\check{\boldsymbol{q}}_{s=0\ldots\infty}[\boldsymbol{x}(\boldsymbol{X},t-s),\, \boldsymbol{F}(\boldsymbol{X},t-s),\, \theta(\boldsymbol{X},t-s),\\
&\qquad \boldsymbol{G}_\theta(\boldsymbol{X},t-s);\, \boldsymbol{X}]\},\\
&\check{u}_{s=0\ldots\infty}[\boldsymbol{x}^\star(\boldsymbol{X},t-s),\, \boldsymbol{F}^\star(\boldsymbol{X},t-s),\, \theta^\star(\boldsymbol{X},t-s),\\
&\qquad \boldsymbol{G}^\star_\theta(\boldsymbol{X},t-s);\, \boldsymbol{X}]\\
&= \check{u}_{s=0\ldots\infty}[\boldsymbol{x}(\boldsymbol{X},t-s),\, \boldsymbol{F}(\boldsymbol{X},t-s),\, \theta(\boldsymbol{X},t-s),\\
&\qquad \boldsymbol{G}_\theta(\boldsymbol{X},t-s);\, \boldsymbol{X}].
\end{aligned} \tag{5.15}$$

Dabei transformieren sich die Konstitutivvariablen gemäß

$$\begin{aligned}
\boldsymbol{x}^\star(\boldsymbol{X},t-s) &= \boldsymbol{O}^\star(t-s)\cdot \boldsymbol{x}(\boldsymbol{X},t-s) + \boldsymbol{b}^\star(t-s),\\
\boldsymbol{F}^\star(\boldsymbol{X},t-s) &= \boldsymbol{O}^\star(t-s)\cdot \boldsymbol{F}(\boldsymbol{X},t-s),\\
\theta^\star(\boldsymbol{X},t-s) &= \theta(\boldsymbol{X},t-s),\\
\boldsymbol{G}^\star_\theta(\boldsymbol{X},t-s) &= \boldsymbol{G}_\theta(\boldsymbol{X},t-s),
\end{aligned} \tag{5.16}$$

sodass schließlich folgt

$$
\begin{aligned}
&\check{\boldsymbol{t}}_{s=0\ldots\infty}[\boldsymbol{O}^\star(t-s)\cdot\boldsymbol{x}(\boldsymbol{X},t-s)+\boldsymbol{b}^\star(t-s),\,\boldsymbol{O}^\star(t-s)\cdot\boldsymbol{F}(\boldsymbol{X},t-s),\\
&\qquad\theta(\boldsymbol{X},t-s),\,\boldsymbol{G}_\theta(\boldsymbol{X},t-s);\,\boldsymbol{X}]\\
&=\boldsymbol{O}^\star(t)\cdot\{\check{\boldsymbol{t}}_{s=0\ldots\infty}[\boldsymbol{x}(\boldsymbol{X},t-s),\,\boldsymbol{F}(\boldsymbol{X},t-s),\,\theta(\boldsymbol{X},t-s),\\
&\qquad\boldsymbol{G}_\theta(\boldsymbol{X},t-s);\,\boldsymbol{X}]\}\cdot\boldsymbol{O}^{\star\mathrm{T}}(t),\\
&\check{\boldsymbol{q}}_{s=0\ldots\infty}[\boldsymbol{O}^\star(t-s)\cdot\boldsymbol{x}(\boldsymbol{X},t-s)+\boldsymbol{b}^\star(t-s),\,\boldsymbol{O}^\star(t-s)\cdot\boldsymbol{F}(\boldsymbol{X},t-s),\\
&\qquad\theta(\boldsymbol{X},t-s),\,\boldsymbol{G}_\theta(\boldsymbol{X},t-s);\,\boldsymbol{X}]\\
&=\boldsymbol{O}^\star(t)\cdot\{\check{\boldsymbol{q}}_{s=0\ldots\infty}[\boldsymbol{x}(\boldsymbol{X},t-s),\,\boldsymbol{F}(\boldsymbol{X},t-s),\,\theta(\boldsymbol{X},t-s),\\
&\qquad\boldsymbol{G}_\theta(\boldsymbol{X},t-s);\,\boldsymbol{X}]\},\\
&\check{u}_{s=0\ldots\infty}[\boldsymbol{O}^\star(t-s)\cdot\boldsymbol{x}(\boldsymbol{X},t-s)+\boldsymbol{b}^\star(t-s),\,\boldsymbol{O}^\star(t-s)\cdot\boldsymbol{F}(\boldsymbol{X},t-s),\\
&\qquad\theta(\boldsymbol{X},t-s),\,\boldsymbol{G}_\theta(\boldsymbol{X},t-s);\,\boldsymbol{X}]\\
&=\check{u}_{s=0\ldots\infty}[\boldsymbol{x}(\boldsymbol{X},t-s),\,\boldsymbol{F}(\boldsymbol{X},t-s),\,\theta(\boldsymbol{X},t-s),\\
&\qquad\boldsymbol{G}_\theta(\boldsymbol{X},t-s);\,\boldsymbol{X}].
\end{aligned}
\tag{5.17}
$$

Diese Bedingung muss von den Materialfunktionalen $\check{\boldsymbol{t}}$, $\check{\boldsymbol{q}}$ und $\check{u}$ für *alle* Funktionen $\boldsymbol{O}^\star(t)$ und $\boldsymbol{b}^\star(t)$ erfüllt werden, damit sie dem Prinzip der materiellen Objektivität genügen.

5.2.3 Folgerungen

Die eben abgeleitete explizite Form (5.17) des Prinzips der materiellen Objektivität gestattet es, durch geschickte spezielle Wahl von $\boldsymbol{O}^\star(t)$ und $\boldsymbol{b}^\star(t)$ die allgemeine Materialgleichung (5.10) zu vereinfachen. Wir setzen zunächst

$$
\boldsymbol{O}^\star(t)=\mathbf{1},\quad \boldsymbol{b}^\star(t)=-\boldsymbol{x}(\boldsymbol{X}_0,t),
\tag{5.18}
$$

wobei $\boldsymbol{X}_0$ ein bestimmtes, festgehaltenes Teilchen bedeutet. Aus (5.17), ausgewertet für $\boldsymbol{X}=\boldsymbol{X}_0$, folgt dann

$$
\begin{aligned}
&\check{\boldsymbol{t}}_{s=0\ldots\infty}[\boldsymbol{x}(\boldsymbol{X}_0,t-s),\,\boldsymbol{F}(\boldsymbol{X}_0,t-s),\,\theta(\boldsymbol{X}_0,t-s),\,\boldsymbol{G}_\theta(\boldsymbol{X}_0,t-s);\,\boldsymbol{X}_0]\\
&=\check{\boldsymbol{t}}_{s=0\ldots\infty}[\mathbf{0},\,\boldsymbol{F}(\boldsymbol{X}_0,t-s),\,\theta(\boldsymbol{X}_0,t-s),\,\boldsymbol{G}_\theta(\boldsymbol{X}_0,t-s);\,\boldsymbol{X}_0],\\
&\check{\boldsymbol{q}}_{s=0\ldots\infty}[\boldsymbol{x}(\boldsymbol{X}_0,t-s),\,\boldsymbol{F}(\boldsymbol{X}_0,t-s),\,\theta(\boldsymbol{X}_0,t-s),\,\boldsymbol{G}_\theta(\boldsymbol{X}_0,t-s);\,\boldsymbol{X}_0]\\
&=\check{\boldsymbol{q}}_{s=0\ldots\infty}[\mathbf{0},\,\boldsymbol{F}(\boldsymbol{X}_0,t-s),\,\theta(\boldsymbol{X}_0,t-s),\,\boldsymbol{G}_\theta(\boldsymbol{X}_0,t-s);\,\boldsymbol{X}_0],\\
&\check{u}_{s=0\ldots\infty}[\boldsymbol{x}(\boldsymbol{X}_0,t-s),\,\boldsymbol{F}(\boldsymbol{X}_0,t-s),\,\theta(\boldsymbol{X}_0,t-s),\,\boldsymbol{G}_\theta(\boldsymbol{X}_0,t-s);\,\boldsymbol{X}_0]\\
&=\check{u}_{s=0\ldots\infty}[\mathbf{0},\,\boldsymbol{F}(\boldsymbol{X}_0,t-s),\,\theta(\boldsymbol{X}_0,t-s),\,\boldsymbol{G}_\theta(\boldsymbol{X}_0,t-s);\,\boldsymbol{X}_0].
\end{aligned}
\tag{5.19}
$$

Das bedeutet, dass die Materialfunktionale nicht von der Bewegungsgeschichte des Teilchens $\boldsymbol{X}_0$ abhängen können. Da $\boldsymbol{X}_0$ aber beliebig war, folgt daraus, dass die Materialfunktionale von der Bewegungsgeschichte keines Teilchens abhängen dürfen. Mit anderen Worten heißt das, dass in der allgemeinen Materialgleichung (5.10) die Abhängigkeit von der Bewegungsgeschichte $\boldsymbol{x}(\boldsymbol{X}, t-s)$ komplett entfällt, und es verbleibt

$$\begin{aligned} \boldsymbol{t}(\boldsymbol{X}, t) &= \underset{s=0\ldots\infty}{\check{\boldsymbol{t}}}[\boldsymbol{F}(\boldsymbol{X}, t-s),\ \theta(\boldsymbol{X}, t-s),\ \boldsymbol{G}_\theta(\boldsymbol{X}, t-s);\ \boldsymbol{X}], \\ \boldsymbol{q}(\boldsymbol{X}, t) &= \underset{s=0\ldots\infty}{\check{\boldsymbol{q}}}[\boldsymbol{F}(\boldsymbol{X}, t-s),\ \theta(\boldsymbol{X}, t-s),\ \boldsymbol{G}_\theta(\boldsymbol{X}, t-s);\ \boldsymbol{X}], \\ u(\boldsymbol{X}, t) &= \underset{s=0\ldots\infty}{\check{u}}[\boldsymbol{F}(\boldsymbol{X}, t-s),\ \theta(\boldsymbol{X}, t-s),\ \boldsymbol{G}_\theta(\boldsymbol{X}, t-s);\ \boldsymbol{X}]. \end{aligned} \tag{5.20}$$

Für die zweite spezielle Wahl erinnern wir uns an die polare Zerlegung des Deformationsgradienten $\boldsymbol{F} = \boldsymbol{R} \cdot \boldsymbol{U}$, mit $\boldsymbol{R}$ eigentlich orthogonal und $\boldsymbol{U}$ symmetrisch und positiv definit, und setzen

$$\boldsymbol{O}^\star(t) = \boldsymbol{R}^{\mathrm{T}}(\boldsymbol{X}_0, t), \quad \boldsymbol{b}^\star(t) = \boldsymbol{0}; \tag{5.21}$$

$\boldsymbol{X}_0$ ist wieder ein bestimmtes, festgehaltenes Teilchen. Auswertung von (5.17) für $\boldsymbol{X} = \boldsymbol{X}_0$ ergibt dann, unter Berücksichtigung der bereits erkannten nicht vorhandenen Abhängigkeit von der Bewegungsgeschichte,

$$\begin{aligned} &\underset{s=0\ldots\infty}{\check{\boldsymbol{t}}}[\boldsymbol{R}^{\mathrm{T}}(\boldsymbol{X}_0, t-s) \cdot \boldsymbol{F}(\boldsymbol{X}_0, t-s),\ \theta(\boldsymbol{X}_0, t-s),\ \boldsymbol{G}_\theta(\boldsymbol{X}_0, t-s);\ \boldsymbol{X}_0] \\ &= \boldsymbol{R}^{\mathrm{T}}(\boldsymbol{X}_0, t) \cdot \{\underset{s=0\ldots\infty}{\check{\boldsymbol{t}}}[\boldsymbol{F}(\boldsymbol{X}_0, t-s),\ \theta(\boldsymbol{X}_0, t-s),\ \boldsymbol{G}_\theta(\boldsymbol{X}_0, t-s);\ \boldsymbol{X}_0]\} \\ &\quad \cdot \boldsymbol{R}(\boldsymbol{X}_0, t), \\ &\underset{s=0\ldots\infty}{\check{\boldsymbol{q}}}[\boldsymbol{R}^{\mathrm{T}}(\boldsymbol{X}_0, t-s) \cdot \boldsymbol{F}(\boldsymbol{X}_0, t-s),\ \theta(\boldsymbol{X}_0, t-s),\ \boldsymbol{G}_\theta(\boldsymbol{X}_0, t-s);\ \boldsymbol{X}_0] \\ &= \boldsymbol{R}^{\mathrm{T}}(\boldsymbol{X}_0, t) \cdot \{\underset{s=0\ldots\infty}{\check{\boldsymbol{q}}}[\boldsymbol{F}(\boldsymbol{X}_0, t-s),\ \theta(\boldsymbol{X}_0, t-s),\ \boldsymbol{G}_\theta(\boldsymbol{X}_0, t-s);\ \boldsymbol{X}_0]\}, \\ &\underset{s=0\ldots\infty}{\check{u}}[\boldsymbol{R}^{\mathrm{T}}(\boldsymbol{X}_0, t-s) \cdot \boldsymbol{F}(\boldsymbol{X}_0, t-s),\ \theta(\boldsymbol{X}_0, t-s),\ \boldsymbol{G}_\theta(\boldsymbol{X}_0, t-s);\ \boldsymbol{X}_0] \\ &= \underset{s=0\ldots\infty}{\check{u}}[\boldsymbol{F}(\boldsymbol{X}_0, t-s),\ \theta(\boldsymbol{X}_0, t-s),\ \boldsymbol{G}_\theta(\boldsymbol{X}_0, t-s);\ \boldsymbol{X}_0], \end{aligned} \tag{5.22}$$

bzw. umgestellt und mit $\boldsymbol{U} = \boldsymbol{R}^{\mathrm{T}} \cdot \boldsymbol{F}$

$$\begin{aligned} &\underset{s=0\ldots\infty}{\check{\boldsymbol{t}}}[\boldsymbol{F}(\boldsymbol{X}_0, t-s),\ \theta(\boldsymbol{X}_0, t-s),\ \boldsymbol{G}_\theta(\boldsymbol{X}_0, t-s);\ \boldsymbol{X}_0] \\ &= \boldsymbol{R}(\boldsymbol{X}_0, t) \cdot \{\underset{s=0\ldots\infty}{\check{\boldsymbol{t}}}[\boldsymbol{U}(\boldsymbol{X}_0, t-s),\ \theta(\boldsymbol{X}_0, t-s),\ \boldsymbol{G}_\theta(\boldsymbol{X}_0, t-s);\ \boldsymbol{X}_0]\} \\ &\quad \cdot \boldsymbol{R}^{\mathrm{T}}(\boldsymbol{X}_0, t), \\ &\underset{s=0\ldots\infty}{\check{\boldsymbol{q}}}[\boldsymbol{F}(\boldsymbol{X}_0, t-s),\ \theta(\boldsymbol{X}_0, t-s),\ \boldsymbol{G}_\theta(\boldsymbol{X}_0, t-s);\ \boldsymbol{X}_0] \\ &= \boldsymbol{R}(\boldsymbol{X}_0, t) \cdot \{\underset{s=0\ldots\infty}{\check{\boldsymbol{q}}}[\boldsymbol{U}(\boldsymbol{X}_0, t-s),\ \theta(\boldsymbol{X}_0, t-s),\ \boldsymbol{G}_\theta(\boldsymbol{X}_0, t-s);\ \boldsymbol{X}_0]\}, \\ &\underset{s=0\ldots\infty}{\check{u}}[\boldsymbol{F}(\boldsymbol{X}_0, t-s),\ \theta(\boldsymbol{X}_0, t-s),\ \boldsymbol{G}_\theta(\boldsymbol{X}_0, t-s);\ \boldsymbol{X}_0] \\ &= \underset{s=0\ldots\infty}{\check{u}}[\boldsymbol{U}(\boldsymbol{X}_0, t-s),\ \theta(\boldsymbol{X}_0, t-s),\ \boldsymbol{G}_\theta(\boldsymbol{X}_0, t-s);\ \boldsymbol{X}_0]. \end{aligned} \tag{5.23}$$

Wie gehabt war dabei $\boldsymbol{X}_0$ beliebig, sodass das für alle Teilchen $\boldsymbol{X}$ gelten muss. Die allgemeine Materialgleichung (5.20) vereinfacht sich also weiter zu

$$
\begin{aligned}
\boldsymbol{t}(\boldsymbol{X},t) &= \boldsymbol{R}(\boldsymbol{X},t) \\
&\quad \cdot \{\check{\boldsymbol{t}}_{s=0\dots\infty}[\boldsymbol{U}(\boldsymbol{X},t-s),\, \theta(\boldsymbol{X},t-s),\, \boldsymbol{G}_\theta(\boldsymbol{X},t-s);\, \boldsymbol{X}]\} \\
&\quad \cdot \boldsymbol{R}^{\mathrm{T}}(\boldsymbol{X},t), \\
\boldsymbol{q}(\boldsymbol{X},t) &= \boldsymbol{R}(\boldsymbol{X},t) \\
&\quad \cdot \{\check{\boldsymbol{q}}_{s=0\dots\infty}[\boldsymbol{U}(\boldsymbol{X},t-s),\, \theta(\boldsymbol{X},t-s),\, \boldsymbol{G}_\theta(\boldsymbol{X},t-s);\, \boldsymbol{X}]\}, \\
u(\boldsymbol{X},t) &= \check{u}_{s=0\dots\infty}[\boldsymbol{U}(\boldsymbol{X},t-s),\, \theta(\boldsymbol{X},t-s),\, \boldsymbol{G}_\theta(\boldsymbol{X},t-s);\, \boldsymbol{X}].
\end{aligned}
\tag{5.24}
$$

Das bedeutet in Worten, dass die Materialgleichungen nur explizit vom rotatorischen Anteil des Deformationsgradienten $\boldsymbol{R}$ (Drehtensor) zur aktuellen Zeit t abhängen können, dagegen eine beliebige Abhängigkeit von der Geschichte des Verzerrungsanteils $\boldsymbol{U}$ (Rechts-Streck-Tensor) möglich ist.

Wir haben die *reduzierten Materialgleichungen* (5.24) durch zwei spezielle Wahlen für $\boldsymbol{O}^\star(t)$ und $\boldsymbol{b}^\star(t)$ aus dem Prinzip der materiellen Objektivität in der Form (5.17) erhalten. Das bedeutet, dass (5.24) eine notwendige Bedingung zur Erfüllung des Prinzips der materiellen Objektivität ist. Darüberhinaus gilt der folgende

Satz 5.1 *Objektivität der reduzierten Materialgleichungen.*

Die reduzierten Materialgleichungen (5.24) sind notwendige und hinreichende Bedingung für die Erfüllung des Prinzips der materiellen Objektivität.

Beweis. Die Notwendigkeit ist nach dem oben Gesagten bereits bewiesen. Zum Beweis, dass (5.24) auch hinreichend ist, also jede Materialgleichung der Form (5.24) tatsächlich objektiv ist, nehmen wir an, dass in einem gesternten System andere Funktionale $\check{\boldsymbol{t}}^\star$, $\check{\boldsymbol{q}}^\star$ und $\check{u}^\star$ vorliegen, also

$$
\begin{aligned}
\boldsymbol{t}^\star(\boldsymbol{X},t) &= \boldsymbol{R}^\star(\boldsymbol{X},t) \\
&\quad \cdot \{\check{\boldsymbol{t}}^\star_{s=0\dots\infty}[\boldsymbol{U}^\star(\boldsymbol{X},t-s),\, \theta^\star(\boldsymbol{X},t-s),\, \boldsymbol{G}^\star_\theta(\boldsymbol{X},t-s);\, \boldsymbol{X}]\} \\
&\quad \cdot \boldsymbol{R}^{\star\mathrm{T}}(\boldsymbol{X},t),
\end{aligned}
\tag{5.25}
$$

gilt (entsprechend für $\boldsymbol{q}$ und u). Einsetzen von $(5.24)_1$ und (5.25) in die Transformationsregel $\boldsymbol{t}^\star = \boldsymbol{O}^\star \cdot \boldsymbol{t} \cdot \boldsymbol{O}^{\star\mathrm{T}}$ ergibt

$$
\begin{aligned}
&\boldsymbol{R}^\star(\boldsymbol{X},t) \cdot \{\check{\boldsymbol{t}}^\star_{s=0\dots\infty}[\boldsymbol{U}^\star(\boldsymbol{X},t-s),\, \theta^\star(\boldsymbol{X},t-s),\, \boldsymbol{G}^\star_\theta(\boldsymbol{X},t-s);\, \boldsymbol{X}]\} \\
&\cdot \boldsymbol{R}^{\star\mathrm{T}}(\boldsymbol{X},t), \\
&= \boldsymbol{O}^\star(t) \cdot \boldsymbol{R}(\boldsymbol{X},t) \cdot \{\check{\boldsymbol{t}}_{s=0\dots\infty}[\boldsymbol{U}(\boldsymbol{X},t-s),\, \theta(\boldsymbol{X},t-s),\, \boldsymbol{G}_\theta(\boldsymbol{X},t-s);\, \boldsymbol{X}]\} \\
&\quad \cdot \boldsymbol{R}^{\mathrm{T}}(\boldsymbol{X},t) \cdot \boldsymbol{O}^{\star\mathrm{T}}(t),
\end{aligned}
\tag{5.26}
$$

was wegen

$$
\boldsymbol{R}^\star = \boldsymbol{O}^\star \cdot \boldsymbol{R}, \quad \boldsymbol{U}^\star = \boldsymbol{U}, \quad \theta^\star = \theta, \quad \boldsymbol{G}^\star_\theta = \boldsymbol{G}_\theta \tag{5.27}
$$

auf

$$\begin{aligned}&\check{\boldsymbol{t}}^{\star}_{s=0\ldots\infty}[\boldsymbol{U}(\boldsymbol{X},t-s),\ \theta(\boldsymbol{X},t-s),\ \boldsymbol{G}_\theta(\boldsymbol{X},t-s);\ \boldsymbol{X}]\\&=\check{\boldsymbol{t}}_{s=0\ldots\infty}[\boldsymbol{U}(\boldsymbol{X},t-s),\ \theta(\boldsymbol{X},t-s),\ \boldsymbol{G}_\theta(\boldsymbol{X},t-s);\ \boldsymbol{X}]\end{aligned}\tag{5.28}$$

führt. Die Funktionale für den Spannungstensor sind also im ungesternten und im gesternten System dieselben, was zu beweisen war. Für den Wärmefluss und die innere Energie geht der Beweis mit den entsprechenden Transformationsregeln $\boldsymbol{q}^\star = \boldsymbol{O}^\star \cdot \boldsymbol{q}$ bzw. $u^\star = u$ analog.

■

Üblicherweise stellt man die reduzierten Materialgleichungen (5.24) nicht als Funktionale des Rechts-Streck-Tensors $\boldsymbol{U}$, sondern des Rechts-Cauchy-Green-Tensors $\boldsymbol{C} = \boldsymbol{U}^2$ dar. Das ist wegen des ein-eindeutigen Zusammenhangs zwischen $\boldsymbol{C}$ und $\boldsymbol{U}$ immer möglich, und sie lauten dann

$$\begin{aligned}\boldsymbol{t}(\boldsymbol{X},t) &= \boldsymbol{R}(\boldsymbol{X},t)\\&\quad\cdot\{\check{\boldsymbol{t}}_{s=0\ldots\infty}[\boldsymbol{C}(\boldsymbol{X},t-s),\ \theta(\boldsymbol{X},t-s),\ \boldsymbol{G}_\theta(\boldsymbol{X},t-s);\ \boldsymbol{X}]\}\\&\quad\cdot\boldsymbol{R}^{\mathrm{T}}(\boldsymbol{X},t),\\\boldsymbol{q}(\boldsymbol{X},t) &= \boldsymbol{R}(\boldsymbol{X},t)\\&\quad\cdot\{\check{\boldsymbol{q}}_{s=0\ldots\infty}[\boldsymbol{C}(\boldsymbol{X},t-s),\ \theta(\boldsymbol{X},t-s),\ \boldsymbol{G}_\theta(\boldsymbol{X},t-s);\ \boldsymbol{X}]\},\\u(\boldsymbol{X},t) &= \check{u}_{s=0\ldots\infty}[\boldsymbol{C}(\boldsymbol{X},t-s),\ \theta(\boldsymbol{X},t-s),\ \boldsymbol{G}_\theta(\boldsymbol{X},t-s);\ \boldsymbol{X}].\end{aligned}\tag{5.29}$$

Die Bedeutung der reduzierten Materialgleichungen liegt zusammenfassend darin, dass sie die allgemeinen Materialgleichungen für die Materialklasse der einfachen Körper darstellen, welche mit dem Prinzip der materiellen Objektivität verträglich sind.

Problem 5.1 *Reduzierte Materialgleichungen in der Referenzkonfiguration.*

Man zeige, dass in der Referenzkonfiguration für die Materialgrößen $\boldsymbol{T}$ (erster Piola-Kirchhoffscher Spannungstensor), $\boldsymbol{Q}$ (materieller Wärmefluss) und u (spezifische innere Energie, dieselbe wie in der Momentankonfiguration) die reduzierten Materialgleichungen

$$\begin{aligned}\boldsymbol{T}(\boldsymbol{X},t) &= \boldsymbol{R}(\boldsymbol{X},t)\\&\quad\cdot\{\check{\boldsymbol{T}}_{s=0\ldots\infty}[\boldsymbol{C}(\boldsymbol{X},t-s),\ \theta(\boldsymbol{X},t-s),\ \boldsymbol{G}_\theta(\boldsymbol{X},t-s);\ \boldsymbol{X}]\},\\\boldsymbol{Q}(\boldsymbol{X},t) &= \check{\boldsymbol{Q}}_{s=0\ldots\infty}[\boldsymbol{C}(\boldsymbol{X},t-s),\ \theta(\boldsymbol{X},t-s),\ \boldsymbol{G}_\theta(\boldsymbol{X},t-s);\ \boldsymbol{X}],\\u(\boldsymbol{X},t) &= \check{u}_{s=0\ldots\infty}[\boldsymbol{C}(\boldsymbol{X},t-s),\ \theta(\boldsymbol{X},t-s),\ \boldsymbol{G}_\theta(\boldsymbol{X},t-s);\ \boldsymbol{X}]\end{aligned}\tag{5.30}$$

gelten.

Beweis. Wir gehen aus von den reduzierten Materialgleichungen (5.29) in der Momentankonfiguration. Unter Verwendung von $(2.90)_4$ folgt aus $(5.29)_1$

$$
\begin{aligned}
\boldsymbol{T}(\boldsymbol{X},t) &= J(\boldsymbol{X},t)\,\boldsymbol{t}(\boldsymbol{X},t)\cdot\boldsymbol{F}^{-\mathrm{T}}(\boldsymbol{X},t) \\
&= J(\boldsymbol{X},t)\,\boldsymbol{R}(\boldsymbol{X},t) \\
&\quad\cdot\{\check{\boldsymbol{t}}_{s=0\ldots\infty}[\boldsymbol{C}(\boldsymbol{X},t-s),\ \theta(\boldsymbol{X},t-s),\ \boldsymbol{G}_\theta(\boldsymbol{X},t-s);\ \boldsymbol{X}]\} \\
&\quad\cdot\boldsymbol{R}^{\mathrm{T}}(\boldsymbol{X},t)\cdot\boldsymbol{F}^{-\mathrm{T}}(\boldsymbol{X},t).
\end{aligned} \tag{5.31}
$$

Aus der polaren Zerlegung (1.67) folgt

$$
\begin{aligned}
&\boldsymbol{U}=\boldsymbol{R}^{\mathrm{T}}\cdot\boldsymbol{F} \quad\Rightarrow\quad \boldsymbol{U}^{\mathrm{T}}=\boldsymbol{U}=\boldsymbol{F}^{\mathrm{T}}\cdot\boldsymbol{R} \\
&\Rightarrow\ \boldsymbol{C}^{-1/2}=\boldsymbol{U}^{-1}=\boldsymbol{R}^{\mathrm{T}}\cdot\boldsymbol{F}^{-\mathrm{T}}
\end{aligned} \tag{5.32}
$$

sowie

$$
\begin{aligned}
J &= \det\boldsymbol{F}=\det(\boldsymbol{R}\cdot\boldsymbol{U})=\det\boldsymbol{R}\,\det\boldsymbol{U}=\det\boldsymbol{U}=\det\boldsymbol{C}^{1/2} \\
&= (\det\boldsymbol{C})^{1/2},
\end{aligned} \tag{5.33}
$$

sodass

$$
\begin{aligned}
\boldsymbol{T}(\boldsymbol{X},t) &= \boldsymbol{R}(\boldsymbol{X},t) \\
&\quad\cdot\{\check{\boldsymbol{t}}_{s=0\ldots\infty}[\boldsymbol{C}(\boldsymbol{X},t-s),\ \theta(\boldsymbol{X},t-s),\ \boldsymbol{G}_\theta(\boldsymbol{X},t-s);\ \boldsymbol{X}]\} \\
&\quad\cdot[\det\boldsymbol{C}(\boldsymbol{X},t)]^{1/2}\,\boldsymbol{C}^{-1/2}(\boldsymbol{X},t).
\end{aligned} \tag{5.34}
$$

Setzen wir

$$
\begin{aligned}
&\check{\boldsymbol{T}}_{s=0\ldots\infty}[\boldsymbol{C}(\boldsymbol{X},t-s),\ \theta(\boldsymbol{X},t-s),\ \boldsymbol{G}_\theta(\boldsymbol{X},t-s);\ \boldsymbol{X}] \\
&= \{\check{\boldsymbol{t}}_{s=0\ldots\infty}[\boldsymbol{C}(\boldsymbol{X},t-s),\ \theta(\boldsymbol{X},t-s),\ \boldsymbol{G}_\theta(\boldsymbol{X},t-s);\ \boldsymbol{X}]\} \\
&\quad\cdot[\det\boldsymbol{C}(\boldsymbol{X},t)]^{1/2}\,\boldsymbol{C}^{-1/2}(\boldsymbol{X},t),
\end{aligned} \tag{5.35}
$$

so folgt die Behauptung $(5.30)_1$. In entsprechender Weise ergibt sich mit (2.143) aus $(5.29)_2$

$$
\begin{aligned}
\boldsymbol{Q}(\boldsymbol{X},t) &= J(\boldsymbol{X},t)\,\boldsymbol{q}(\boldsymbol{X},t)\cdot\boldsymbol{F}^{-\mathrm{T}}(\boldsymbol{X},t) \\
&= J(\boldsymbol{X},t)\,\boldsymbol{R}(\boldsymbol{X},t) \\
&\quad\cdot\{\check{\boldsymbol{q}}_{s=0\ldots\infty}[\boldsymbol{C}(\boldsymbol{X},t-s),\ \theta(\boldsymbol{X},t-s),\ \boldsymbol{G}_\theta(\boldsymbol{X},t-s);\ \boldsymbol{X}]\} \\
&\quad\cdot\boldsymbol{F}^{-\mathrm{T}}(\boldsymbol{X},t) \\
&= J(\boldsymbol{X},t) \\
&\quad\cdot\{\check{\boldsymbol{q}}_{s=0\ldots\infty}[\boldsymbol{C}(\boldsymbol{X},t-s),\ \theta(\boldsymbol{X},t-s),\ \boldsymbol{G}_\theta(\boldsymbol{X},t-s);\ \boldsymbol{X}]\} \\
&\quad\cdot\boldsymbol{R}^{\mathrm{T}}(\boldsymbol{X},t)\cdot\boldsymbol{F}^{-\mathrm{T}}(\boldsymbol{X},t) \\
&= \{\check{\boldsymbol{q}}_{s=0\ldots\infty}[\boldsymbol{C}(\boldsymbol{X},t-s),\ \theta(\boldsymbol{X},t-s),\ \boldsymbol{G}_\theta(\boldsymbol{X},t-s);\ \boldsymbol{X}]\} \\
&\quad\cdot[\det\boldsymbol{C}(\boldsymbol{X},t)]^{1/2}\,\boldsymbol{C}^{-1/2}(\boldsymbol{X},t),
\end{aligned} \tag{5.36}
$$

was mit der Identifikation

$$\begin{aligned}
&\check{\boldsymbol{Q}}_{s=0\ldots\infty}[\boldsymbol{C}(\boldsymbol{X},t-s),\,\theta(\boldsymbol{X},t-s),\,\boldsymbol{G}_\theta(\boldsymbol{X},t-s);\,\boldsymbol{X}] \\
&= \{\check{\boldsymbol{q}}_{s=0\ldots\infty}[\boldsymbol{C}(\boldsymbol{X},t-s),\,\theta(\boldsymbol{X},t-s),\,\boldsymbol{G}_\theta(\boldsymbol{X},t-s);\,\boldsymbol{X}]\} \\
&\quad\cdot [\det \boldsymbol{C}(\boldsymbol{X},t)]^{1/2}\, \boldsymbol{C}^{-1/2}(\boldsymbol{X},t)
\end{aligned} \tag{5.37}$$

auf $(5.30)_2$ führt. Die reduzierte Materialgleichung $(5.30)_3$ muss nicht gesondert bewiesen werden, denn sie ist bereits identisch mit $(5.29)_3$. ∎

5.3 Materielle Symmetrie

5.3.1 Homogenität

Für das weitere setzen wir voraus, dass die betrachteten Körper homogen sind. Die Bedeutung dieses Begriffs wurde in Abschn. 5.1.2 bereits angesprochen; die genaue Definition lautet:

> Ein Körper ist *homogen*, wenn es mindestens eine Referenzkonfiguration gibt, in der die Materialfunktionale für alle Teilchen die gleiche Form besitzen (also nicht explizit von $\boldsymbol{X}$ abhängen). Eine solche Referenzkonfiguration heißt *homogene Konfiguration.*

Zur Illustration denke man sich einen ursprünglich geraden Gummistab in der Mitte verbogen (Abb. 5.1) und wähle diese verbogene Konfiguration als Referenzkonfiguration, sodass der Deformationsgradient überall gleich $\mathbf{1}$ ist. Offenbar ist aber die Spannung nicht für jedes Teilchen gleich, sodass auch die funktionale Abhängigkeit zwischen Spannung und Deformationsgradient (Materialgleichung für den Spannungstensor) je nach Teilchen verschieden ist. Die verbogene Konfiguration ist also keine homogene Konfiguration. Wählen wir dagegen den unverbogenen, entspannten Zustand als Referenzkonfiguration, dann sind alle Teilchen äquivalent, und die Materialfunktionale sind für alle Teilchen gleich. Der unverbogene Zustand ist daher eine homogene Konfiguration, und somit ist der Gummistab nach Definition ein homogener Körper.

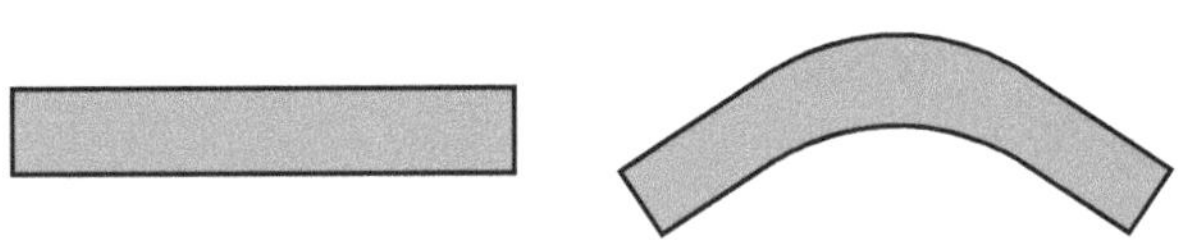

Abb. 5.1. Homogene (entspannte) und nichthomogene (verbogene) Referenzkonfiguration eines homogenen Körpers (Gummistab).

Es ist natürlich sinnvoll, Materialfunktionale homogener Körper auf homogene Referenzkonfigurationen zu beziehen, und wir werden dies im folgenden auch stets tun. Die allgemeinen Materialgleichungen eines einfachen, homogenen Körpers bezüglich einer homogenen Referenzkonfiguration lauten somit

$$
\begin{aligned}
\boldsymbol{t}(\boldsymbol{X},t) &= \check{\boldsymbol{t}}_{s=0\ldots\infty}[\boldsymbol{F}(\boldsymbol{X},t-s),\, \theta(\boldsymbol{X},t-s),\, \boldsymbol{G}_\theta(\boldsymbol{X},t-s)], \\
\boldsymbol{q}(\boldsymbol{X},t) &= \check{\boldsymbol{q}}_{s=0\ldots\infty}[\boldsymbol{F}(\boldsymbol{X},t-s),\, \theta(\boldsymbol{X},t-s),\, \boldsymbol{G}_\theta(\boldsymbol{X},t-s)], \\
u(\boldsymbol{X},t) &= \check{u}_{s=0\ldots\infty}[\boldsymbol{F}(\boldsymbol{X},t-s),\, \theta(\boldsymbol{X},t-s),\, \boldsymbol{G}_\theta(\boldsymbol{X},t-s)].
\end{aligned}
\tag{5.38}
$$

Aufgrund der einfacheren Darstellung sind wir hierfür von der Form (5.20) ausgegangen, welche allerdings das Prinzip der materiellen Objektivität nicht voll berücksichtigt. Man sollte daher im Hinterkopf behalten, dass die Abhängigkeit von der Geschichte des Deformationsgradienten $\boldsymbol{F}$ nur in der speziellen Weise, wie sie in (5.29) angegeben ist, bestehen kann.

5.3.2 Isotropie

Wir betrachten nun für einen einfachen homogenen Körper eine homogene Referenzkonfiguration κ_r mit den zugehörigen Ortsvektoren $\boldsymbol{X}$, und eine beliebige weitere Referenzkonfiguration $\tilde{\kappa}_r$ mit den Ortsvektoren $\tilde{\boldsymbol{X}}$. Die eineindeutige Abbildung von κ_r nach $\tilde{\kappa}_r$ sei durch

$$
\tilde{\boldsymbol{X}} = \tilde{\boldsymbol{X}}(\boldsymbol{X}) \tag{5.39}
$$

gegeben, wobei wir uns darunter eine reale Bewegung des Körpers (aktive Transformation) in einer hinreichend fernen Vergangenheit vorstellen, sodass sich der Körper zur aktuellen Zeit t nicht mehr daran erinnert (sofern in den Materialfunktionalen überhaupt eine Geschichtsabhängigkeit besteht). Die Funktionalmatrix (Deformationsgradient) von (5.39) sei

$$
\boldsymbol{P} = \operatorname{Grad}\tilde{\boldsymbol{X}}, \quad \text{bzw.} \quad P_{AB} = \frac{\partial \tilde{X}_A}{\partial X_B}, \tag{5.40}
$$

wobei wir uns auf physikalisch mögliche, orientierungserhaltende Bewegungen beschränken, d. h.,

$$
\det \boldsymbol{P} > 0 \tag{5.41}
$$

(in der Kristallographie werden auch Abbildungen mit Spiegelungsanteil, d. h., $\det \boldsymbol{P} < 0$, betrachtet). In Abschn. 5.1.2 wurde bereits darauf hingewiesen, dass die Materialfunktionale von der speziellen Wahl der Referenzkonfiguration abhängen, d. h., bezüglich κ_r gilt

$$
\begin{aligned}
\boldsymbol{t}(\boldsymbol{X},t) &= \check{\boldsymbol{t}}^{\kappa_r}_{s=0\ldots\infty}[\boldsymbol{F}^{\kappa_r}(\boldsymbol{X},t-s),\, \theta^{\kappa_r}(\boldsymbol{X},t-s),\, \boldsymbol{G}^{\kappa_r}_\theta(\boldsymbol{X},t-s)], \\
\boldsymbol{q}(\boldsymbol{X},t) &= \check{\boldsymbol{q}}^{\kappa_r}_{s=0\ldots\infty}[\boldsymbol{F}^{\kappa_r}(\boldsymbol{X},t-s),\, \theta^{\kappa_r}(\boldsymbol{X},t-s),\, \boldsymbol{G}^{\kappa_r}_\theta(\boldsymbol{X},t-s)], \\
u(\boldsymbol{X},t) &= \check{u}^{\kappa_r}_{s=0\ldots\infty}[\boldsymbol{F}^{\kappa_r}(\boldsymbol{X},t-s),\, \theta^{\kappa_r}(\boldsymbol{X},t-s),\, \boldsymbol{G}^{\kappa_r}_\theta(\boldsymbol{X},t-s)],
\end{aligned}
\tag{5.42}
$$

und bezüglich $\tilde{\kappa}_r$ ist

$$\begin{aligned}
\boldsymbol{t}(\tilde{\boldsymbol{X}},t) &= \check{\boldsymbol{t}}^{\tilde{\kappa}_r}_{s=0\ldots\infty}[\boldsymbol{F}^{\tilde{\kappa}_r}(\tilde{\boldsymbol{X}},t-s),\ \theta^{\tilde{\kappa}_r}(\tilde{\boldsymbol{X}},t-s),\ \boldsymbol{G}_\theta^{\tilde{\kappa}_r}(\tilde{\boldsymbol{X}},t-s);\ \tilde{\boldsymbol{X}}],\\
\boldsymbol{q}(\tilde{\boldsymbol{X}},t) &= \check{\boldsymbol{q}}^{\tilde{\kappa}_r}_{s=0\ldots\infty}[\boldsymbol{F}^{\tilde{\kappa}_r}(\tilde{\boldsymbol{X}},t-s),\ \theta^{\tilde{\kappa}_r}(\tilde{\boldsymbol{X}},t-s),\ \boldsymbol{G}_\theta^{\tilde{\kappa}_r}(\tilde{\boldsymbol{X}},t-s);\ \tilde{\boldsymbol{X}}],\\
u(\tilde{\boldsymbol{X}},t) &= \check{u}^{\tilde{\kappa}_r}_{s=0\ldots\infty}[\boldsymbol{F}^{\tilde{\kappa}_r}(\tilde{\boldsymbol{X}},t-s),\ \theta^{\tilde{\kappa}_r}(\tilde{\boldsymbol{X}},t-s),\ \boldsymbol{G}_\theta^{\tilde{\kappa}_r}(\tilde{\boldsymbol{X}},t-s);\ \tilde{\boldsymbol{X}}].
\end{aligned} \tag{5.43}$$

Dabei ergibt sich der Zusammenhang zwischen den Unabhängigen aus

$$\begin{aligned}
F_{iA}^{\kappa_r} &= \frac{\partial x_i}{\partial X_A} = \frac{\partial x_i}{\partial \tilde{X}_B}\frac{\partial \tilde{X}_B}{\partial X_A} = F_{iB}^{\tilde{\kappa}_r} P_{BA},\\
(G_\theta^{\kappa_r})_A &= \frac{\partial \theta}{\partial X_A} = \frac{\partial \theta}{\partial \tilde{X}_B}\frac{\partial \tilde{X}_B}{\partial X_A} = (G_\theta^{\tilde{\kappa}_r})_B P_{BA},
\end{aligned} \tag{5.44}$$

zu

$$\boldsymbol{F}^{\kappa_r} = \boldsymbol{F}^{\tilde{\kappa}_r}\cdot \boldsymbol{P}, \quad \theta^{\kappa_r} = \theta^{\tilde{\kappa}_r}, \quad \boldsymbol{G}_\theta^{\kappa_r} = \boldsymbol{G}_\theta^{\tilde{\kappa}_r}\cdot \boldsymbol{P}. \tag{5.45}$$

Wir untersuchen jetzt ein bestimmtes Teilchen $\mathcal{X}_0 \in \mathcal{B}$, welches sich in κ_r bei $\boldsymbol{X}_0$ und in $\tilde{\kappa}_r$ bei $\tilde{\boldsymbol{X}}_0$ befinde (wobei $\tilde{\boldsymbol{X}}_0 = \tilde{\boldsymbol{X}}(\boldsymbol{X}_0)$), und definieren folgendes:

> Ein Teilchen $\mathcal{X}_0$ ist *isotrop bezüglich der Transformation von κ_r nach $\tilde{\kappa}_r$*, wenn die resultierenden Materialgrößen bei Auferlegung derselben beliebigen Geschichten $\boldsymbol{F}(t-s)$, $\theta(t-s)$ und $\boldsymbol{G}_\theta(t-s)$ nicht davon abhängen, ob die Bewegung von κ_r oder von $\tilde{\kappa}_r$ ausgeht.

Da sich diese Definition zunächst nur auf ein einzelnes Teilchen bezieht, erscheinen $\boldsymbol{F}$, θ und $\boldsymbol{G}_\theta$ hier nur mit Zeit-, jedoch ohne Ortsabhängigkeit. Der Sachverhalt ist in Abb. 5.2 illustriert.

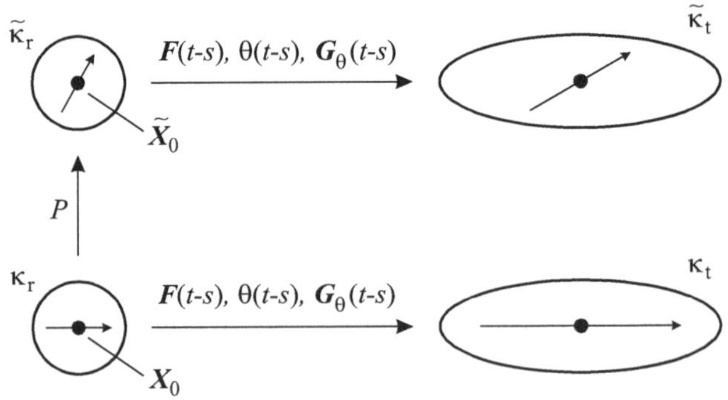

Abb. 5.2. Zur Definition des Isotropiebegriffs eines Teilchens. Beide Wege sollen für das Teilchen $\boldsymbol{X}_0$ bzw. $\tilde{\boldsymbol{X}}_0$ auf dieselben Materialgrößen führen.

Wir fassen obige Definition nun in Formeln. Für den unteren Weg in Abb. 5.2 ist

$$\begin{aligned} \boldsymbol{F}^{\kappa_r}(\boldsymbol{X}_0, t-s) &= \boldsymbol{F}(t-s), \\ \theta^{\kappa_r}(\boldsymbol{X}_0, t-s) &= \theta(t-s), \\ \boldsymbol{G}_\theta^{\kappa_r}(\boldsymbol{X}_0, t-s) &= \boldsymbol{G}_\theta(t-s), \end{aligned} \tag{5.46}$$

und für den oberen Weg gilt

$$\begin{aligned} \boldsymbol{F}^{\tilde{\kappa}_r}(\tilde{\boldsymbol{X}}_0, t-s) &= \boldsymbol{F}(t-s), \\ \theta^{\tilde{\kappa}_r}(\tilde{\boldsymbol{X}}_0, t-s) &= \theta(t-s), \\ \boldsymbol{G}_\theta^{\tilde{\kappa}_r}(\tilde{\boldsymbol{X}}_0, t-s) &= \boldsymbol{G}_\theta(t-s), \\ \Rightarrow \quad \boldsymbol{F}^{\kappa_r}(\boldsymbol{X}_0, t-s) &= \boldsymbol{F}(t-s) \cdot \boldsymbol{P}, \\ \theta^{\kappa_r}(\boldsymbol{X}_0, t-s) &= \theta(t-s), \\ \boldsymbol{G}_\theta^{\kappa_r}(\boldsymbol{X}_0, t-s) &= \boldsymbol{G}_\theta(t-s) \cdot \boldsymbol{P}. \end{aligned} \tag{5.47}$$

Mit den Materialgleichungen (5.42) und (5.43) lautet die formelmäßige Definition der Isotropie des Teilchens $\mathcal{X}_0$ bzgl. der Transformation von κ_r nach $\tilde{\kappa}_r$ also

$$\begin{aligned} &\underset{s=0\ldots\infty}{\check{\boldsymbol{t}}^{\kappa_r}}[\boldsymbol{F}(t-s),\, \theta(t-s),\, \boldsymbol{G}_\theta(t-s)] \\ &= \underset{s=0\ldots\infty}{\check{\boldsymbol{t}}^{\tilde{\kappa}_r}}[\boldsymbol{F}(t-s),\, \theta(t-s),\, \boldsymbol{G}_\theta(t-s);\, \tilde{\boldsymbol{X}}_0], \\ &\underset{s=0\ldots\infty}{\check{\boldsymbol{q}}^{\kappa_r}}[\boldsymbol{F}(t-s),\, \theta(t-s),\, \boldsymbol{G}_\theta(t-s)] \\ &= \underset{s=0\ldots\infty}{\check{\boldsymbol{q}}^{\tilde{\kappa}_r}}[\boldsymbol{F}(t-s),\, \theta(t-s),\, \boldsymbol{G}_\theta(t-s);\, \tilde{\boldsymbol{X}}_0], \\ &\underset{s=0\ldots\infty}{\check{u}^{\kappa_r}}[\boldsymbol{F}(t-s),\, \theta(t-s),\, \boldsymbol{G}_\theta(t-s)] \\ &= \underset{s=0\ldots\infty}{\check{u}^{\tilde{\kappa}_r}}[\boldsymbol{F}(t-s),\, \theta(t-s),\, \boldsymbol{G}_\theta(t-s);\, \tilde{\boldsymbol{X}}_0], \end{aligned} \tag{5.48}$$

d. h., die Materialfunktionale bezüglich κ_r und bezüglich $\tilde{\kappa}_r$ müssen für das Teilchen $\mathcal{X}_0$ den gleichen Wert ergeben. Drückt man das vermittels (5.47) nur mit den Funktionalen für κ_r aus, so lautet die Isotropiebedingung

$$\begin{aligned} &\underset{s=0\ldots\infty}{\check{\boldsymbol{t}}^{\kappa_r}}[\boldsymbol{F}(t-s),\, \theta(t-s),\, \boldsymbol{G}_\theta(t-s)] \\ &= \underset{s=0\ldots\infty}{\check{\boldsymbol{t}}^{\kappa_r}}[\boldsymbol{F}(t-s)\cdot\boldsymbol{P},\, \theta(t-s),\, \boldsymbol{G}_\theta(t-s)\cdot\boldsymbol{P}], \\ &\underset{s=0\ldots\infty}{\check{\boldsymbol{q}}^{\kappa_r}}[\boldsymbol{F}(t-s),\, \theta(t-s),\, \boldsymbol{G}_\theta(t-s)] \\ &= \underset{s=0\ldots\infty}{\check{\boldsymbol{q}}^{\kappa_r}}[\boldsymbol{F}(t-s)\cdot\boldsymbol{P},\, \theta(t-s),\, \boldsymbol{G}_\theta(t-s)\cdot\boldsymbol{P}], \\ &\underset{s=0\ldots\infty}{\check{u}^{\kappa_r}}[\boldsymbol{F}(t-s),\, \theta(t-s),\, \boldsymbol{G}_\theta(t-s)] \\ &= \underset{s=0\ldots\infty}{\check{u}^{\kappa_r}}[\boldsymbol{F}(t-s)\cdot\boldsymbol{P},\, \theta(t-s),\, \boldsymbol{G}_\theta(t-s)\cdot\boldsymbol{P}]. \end{aligned} \tag{5.49}$$

Wie man sieht, hängt die Isotropiebedingung (5.49) lediglich von der Transformationsmatrix $\boldsymbol{P}$ (Deformationsgradient der Abbildung von κ_r nach $\tilde{\kappa}_r$), nicht aber explizit von dem Teilchen $\mathcal{X}_0$ bzw. $\boldsymbol{X}_0$ ab. Bei gegebenem $\boldsymbol{P}$ ist (5.49) also entweder für alle oder für kein Teilchen des Körpers erfüllt. Man bezeichnet daher Matrizen $\boldsymbol{P}$, welche die Isotropiebedingung (5.49) erfüllen, als *Symmetrietransformationen* (auch: Isotropietransformationen) der Referenzkonfiguration κ_r.

Satz 5.2 *Symmetriegruppe.*

Die Menge der Symmetrietransformationen $\boldsymbol{P}$ der Referenzkonfiguration κ_r mit der Verknüpfung $\circ$ (Hintereinanderausführung) bilden eine Gruppe, die *Symmetriegruppe* g_{κ_r}.

Beweis. Wir überprüfen die Gültigkeit der vier Gruppenaxiome (innere Verknüpfung, Assoziativität, Existenz des neutralen Elementes, Existenz des inversen Elements).

(Inn) Seien $\boldsymbol{P}_1$ und $\boldsymbol{P}_2$ zwei Symmetrietransformationen, d. h., sie erfüllen die Isotropiebedingung (5.49). Dann folgt für die Verknüpfung $\boldsymbol{P}_1 \cdot \boldsymbol{P}_2$

$$\begin{aligned}
&\check{\boldsymbol{t}}^{\kappa_r}_{s=0\ldots\infty}[\boldsymbol{F}(t-s)\cdot(\boldsymbol{P}_1\cdot\boldsymbol{P}_2),\, \theta(t-s),\, \boldsymbol{G}_\theta(t-s)\cdot(\boldsymbol{P}_1\cdot\boldsymbol{P}_2)] \\
&= \check{\boldsymbol{t}}^{\kappa_r}_{s=0\ldots\infty}[(\boldsymbol{F}(t-s)\cdot\boldsymbol{P}_1)\cdot\boldsymbol{P}_2,\, \theta(t-s),\, (\boldsymbol{G}_\theta(t-s)\cdot\boldsymbol{P}_1)\cdot\boldsymbol{P}_2] \\
&= \check{\boldsymbol{t}}^{\kappa_r}_{s=0\ldots\infty}[\boldsymbol{F}(t-s)\cdot\boldsymbol{P}_1,\, \theta(t-s),\, \boldsymbol{G}_\theta(t-s)\cdot\boldsymbol{P}_1] \\
&= \check{\boldsymbol{t}}^{\kappa_r}_{s=0\ldots\infty}[\boldsymbol{F}(t-s),\, \theta(t-s),\, \boldsymbol{G}_\theta(t-s)]
\end{aligned} \tag{5.50}$$

[analog für $(5.49)_{2,3}$], sodass auch $\boldsymbol{P}_1 \cdot \boldsymbol{P}_2$ die Isotropiebedingung erfüllt.

(Ass) Für drei Symmetrietransformationen $\boldsymbol{P}_1$, $\boldsymbol{P}_2$ und $\boldsymbol{P}_3$ folgt

$$(\boldsymbol{P}_1\cdot\boldsymbol{P}_2)\cdot\boldsymbol{P}_3 = \boldsymbol{P}_1\cdot(\boldsymbol{P}_2\cdot\boldsymbol{P}_3) \tag{5.51}$$

unmittelbar aus der Assoziativität der Matrizenmultiplikation.

(Neu) Das neutrale Element $\mathbf{1}$ der Matrizenmultiplikation hat die benötigte Eigenschaft

$$\boldsymbol{P}\cdot\mathbf{1} = \mathbf{1}\cdot\boldsymbol{P} = \boldsymbol{P} \tag{5.52}$$

und erfüllt die Isotropiebedingung (5.49), ist also auch neutrales Element der Symmetriegruppe.

(Inv) Die zu $\boldsymbol{P}$ inverse Transformation $\boldsymbol{P}^{-1}$ mit der Eigenschaft

$$\boldsymbol{P}\cdot\boldsymbol{P}^{-1} = \boldsymbol{P}^{-1}\cdot\boldsymbol{P} = \mathbf{1} \tag{5.53}$$

erfüllt mit $\boldsymbol{P}$ die Isotropiebedingung (5.49), denn

$$\begin{aligned}
&\check{\boldsymbol{t}}^{\kappa_r}_{s=0\ldots\infty}[\boldsymbol{F}(t-s),\, \theta(t-s),\, \boldsymbol{G}_\theta(t-s)] \\
&= \check{\boldsymbol{t}}^{\kappa_r}_{s=0\ldots\infty}[\boldsymbol{F}(t-s)\cdot(\boldsymbol{P}^{-1}\cdot\boldsymbol{P}),\, \theta(t-s),\, \boldsymbol{G}_\theta(t-s)\cdot(\boldsymbol{P}^{-1}\cdot\boldsymbol{P})] \\
&= \check{\boldsymbol{t}}^{\kappa_r}_{s=0\ldots\infty}[(\boldsymbol{F}(t-s)\cdot\boldsymbol{P}^{-1})\cdot\boldsymbol{P},\, \theta(t-s),\, (\boldsymbol{G}_\theta(t-s)\cdot\boldsymbol{P}^{-1})\cdot\boldsymbol{P}] \\
&= \check{\boldsymbol{t}}^{\kappa_r}_{s=0\ldots\infty}[\boldsymbol{F}(t-s)\cdot\boldsymbol{P}^{-1},\, \theta(t-s),\, \boldsymbol{G}_\theta(t-s)\cdot\boldsymbol{P}^{-1}]
\end{aligned} \tag{5.54}$$

[analog für $(5.49)_{2,3}$], und ist daher das inverse Element der Symmetriegruppe.

∎

Bei der Untersuchung von Isotropieeigenschaften beschränkt man sich darauf, $\boldsymbol{P}$ aus der Gruppe der *speziellen unimodularen Transformationen* SU(3) zu wählen (d. h., $\det \boldsymbol{P} = 1$, orientierungs- und volumenerhaltende Transformationen). Diese Gruppe umfasst die Gruppe der eigentlich orthogonalen Transformationen SO(3) (Drehungen), enthält aber auch nicht-orthogonale volumenerhaltende Transformationen wie Scherungen. Im Prinzip kann man natürlich auch darüber hinausgehen, aber es sind keine Materialien bekannt, bei denen nicht-unimodulare Transformationen die Isotropiebedingung erfüllen.

Wir sind nun in der Lage, den Begriff der Isotropie eines Körpers zu definieren:

> Ein homogener Körper heißt *isotrop*, wenn er mindestens eine homogene Referenzkonfiguration κ_r besitzt, deren zugehörige Symmetriegruppe alle eigentlich orthogonalen Transformationen enthält:
>
> $$\mathsf{g}_{\kappa_r} \supset \mathrm{SO}(3). \tag{5.55}$$
>
> Referenzkonfigurationen eines isotropen Körpers, für welche das erfüllt ist, werden als *ungestörte Konfigurationen* bezeichnet.

Die ungestörten Konfigurationen sind die natürlichen Referenzkonfigurationen isotroper Körper, und wir werden daher Materialfunktionale isotroper Körper immer auf solche Referenzkonfigurationen beziehen.

Aufgrund dieser Definition und der Einschränkung der Symmetrietransformationen auf spezielle unimodulare Transformationen haben wir für isotrope Körper

$$\mathrm{SO}(3) \subset \mathsf{g}_{\kappa_r} \subset \mathrm{SU}(3). \tag{5.56}$$

Weiterhin wissen wir, dass g_{κ_r} selbst eine Gruppe ist. Nun lehrt die Gruppentheorie, dass es nur zwei Gruppen gibt, die (5.56) erfüllen, nämlich die spezielle orthogonale und die spezielle unimodulare Gruppe; dazwischen existiert nichts. Offensichtlich gibt es also zwei Arten von isotropen Körpern, solche mit $\mathsf{g}_{\kappa_r} = \mathrm{SO}(3)$ und solche mit $\mathsf{g}_{\kappa_r} = \mathrm{SU}(3)$. Wir werden unten darauf zurückkommen.

5.3.3 Isotrope Funktionale

Gemäß der eben getroffenen Definition ist ein Körper isotrop, wenn er eine Konfiguration besitzt, in der die Isotropiebedingung (5.49) für alle Transformationen $\boldsymbol{P} = \boldsymbol{Q} \in \mathrm{SO}(3)$ erfüllt ist, also für alle $\boldsymbol{Q} \in \mathrm{SO}(3)$ gilt

$$\begin{aligned}
&\check{\boldsymbol{t}}_{s=0\ldots\infty}[\boldsymbol{F}(t-s),\,\theta(t-s),\,\boldsymbol{G}_\theta(t-s)] \\
&= \check{\boldsymbol{t}}_{s=0\ldots\infty}[\boldsymbol{F}(t-s)\cdot\boldsymbol{Q},\,\theta(t-s),\,\boldsymbol{G}_\theta(t-s)\cdot\boldsymbol{Q}], \\
&\check{\boldsymbol{q}}_{s=0\ldots\infty}[\boldsymbol{F}(t-s),\,\theta(t-s),\,\boldsymbol{G}_\theta(t-s)] \\
&= \check{\boldsymbol{q}}_{s=0\ldots\infty}[\boldsymbol{F}(t-s)\cdot\boldsymbol{Q},\,\theta(t-s),\,\boldsymbol{G}_\theta(t-s)\cdot\boldsymbol{Q}], \\
&\check{u}_{s=0\ldots\infty}[\boldsymbol{F}(t-s),\,\theta(t-s),\,\boldsymbol{G}_\theta(t-s)] \\
&= \check{u}_{s=0\ldots\infty}[\boldsymbol{F}(t-s)\cdot\boldsymbol{Q},\,\theta(t-s),\,\boldsymbol{G}_\theta(t-s)\cdot\boldsymbol{Q}].
\end{aligned} \tag{5.57}$$

Auf die Kennzeichnung der Materialfunktionale mit dem hochgestellten Index κ_r wurde dabei und wird im folgenden wieder verzichtet, da nicht mehr mit mehreren Referenzkonfigurationen umgegangen werden muss.

Außerdem muss die Objektivitätsbedingung (5.17) erfüllt sein. Nutzt man dabei die bereits bekannte Tatsache aus, dass die Bewegung nicht als Argument auftritt, schreibt (5.17) mit den Geschichten $\boldsymbol{F}(t-s)$, $\theta(t-s)$ und $\boldsymbol{G}_\theta(t-s)$ aus der Isotropiebedingung (5.57) an und setzt weiterhin speziell $\boldsymbol{O}^\star(t-s) = \boldsymbol{Q}$, dann folgt

$$\begin{aligned}
&\check{\boldsymbol{t}}_{s=0\ldots\infty}[\boldsymbol{Q}\cdot\boldsymbol{F}(t-s),\,\theta(t-s),\,\boldsymbol{G}_\theta(t-s)] \\
&= \boldsymbol{Q}\cdot\{\check{\boldsymbol{t}}_{s=0\ldots\infty}[\boldsymbol{F}(t-s),\,\theta(t-s),\,\boldsymbol{G}_\theta(t-s)]\}\cdot\boldsymbol{Q}^{\mathrm{T}}, \\
&\check{\boldsymbol{q}}_{s=0\ldots\infty}[\boldsymbol{Q}\cdot\boldsymbol{F}(t-s),\,\theta(t-s),\,\boldsymbol{G}_\theta(t-s)] \\
&= \boldsymbol{Q}\cdot\{\check{\boldsymbol{q}}_{s=0\ldots\infty}[\boldsymbol{F}(t-s),\,\theta(t-s),\,\boldsymbol{G}_\theta(t-s)]\}, \\
&\check{u}_{s=0\ldots\infty}[\boldsymbol{Q}\cdot\boldsymbol{F}(t-s),\,\theta(t-s),\,\boldsymbol{G}_\theta(t-s)] \\
&= \check{u}_{s=0\ldots\infty}[\boldsymbol{F}(t-s),\,\theta(t-s),\,\boldsymbol{G}_\theta(t-s)].
\end{aligned} \tag{5.58}$$

Einsetzen von (5.57) in (5.58) ergibt mit den Ersetzungen $\boldsymbol{F} \to \boldsymbol{F}'$, $\boldsymbol{G}_\theta \to \boldsymbol{G}'_\theta$

$$\begin{aligned}
&\check{\boldsymbol{t}}_{s=0\ldots\infty}[\boldsymbol{Q}\cdot\boldsymbol{F}'(t-s),\,\theta(t-s),\,\boldsymbol{G}'_\theta(t-s)] \\
&= \boldsymbol{Q}\cdot\{\check{\boldsymbol{t}}_{s=0\ldots\infty}[\boldsymbol{F}'(t-s)\cdot\boldsymbol{Q},\,\theta(t-s),\,\boldsymbol{G}'_\theta(t-s)\cdot\boldsymbol{Q}]\}\cdot\boldsymbol{Q}^{\mathrm{T}}, \\
&\check{\boldsymbol{q}}_{s=0\ldots\infty}[\boldsymbol{Q}\cdot\boldsymbol{F}'(t-s),\,\theta(t-s),\,\boldsymbol{G}'_\theta(t-s)] \\
&= \boldsymbol{Q}\cdot\{\check{\boldsymbol{q}}_{s=0\ldots\infty}[\boldsymbol{F}'(t-s)\cdot\boldsymbol{Q},\,\theta(t-s),\,\boldsymbol{G}'_\theta(t-s)\cdot\boldsymbol{Q}]\}, \\
&\check{u}_{s=0\ldots\infty}[\boldsymbol{Q}\cdot\boldsymbol{F}'(t-s),\,\theta(t-s),\,\boldsymbol{G}'_\theta(t-s)] \\
&= \check{u}_{s=0\ldots\infty}[\boldsymbol{F}'(t-s)\cdot\boldsymbol{Q},\,\theta(t-s),\,\boldsymbol{G}'_\theta(t-s)\cdot\boldsymbol{Q}].
\end{aligned} \tag{5.59}$$

Dies muss für alle Geschichten $\boldsymbol{F}'(t-s)$, $\theta(t-s)$, $\boldsymbol{G}'_\theta(t-s)$ erfüllt sein, also auch für alle $\boldsymbol{F}(t-s)$ und $\boldsymbol{G}_\theta(t-s)$ mit

$$\begin{aligned}
\boldsymbol{F}(t-s) &= \boldsymbol{F}'(t-s)\cdot\boldsymbol{Q}, \\
\boldsymbol{G}_\theta(t-s) &= \boldsymbol{G}'_\theta(t-s)\cdot\boldsymbol{Q} = \boldsymbol{Q}^{\mathrm{T}}\cdot\boldsymbol{G}'_\theta(t-s).
\end{aligned} \tag{5.60}$$

Damit erhält man schließlich für Materialgesetze der Form (5.38),

$$
\begin{aligned}
\boldsymbol{t}(\boldsymbol{X},t) &= \underset{s=0\ldots\infty}{\check{\boldsymbol{t}}}[\boldsymbol{F}(\boldsymbol{X},t-s),\, \theta(\boldsymbol{X},t-s),\, \boldsymbol{G}_\theta(\boldsymbol{X},t-s)], \\
\boldsymbol{q}(\boldsymbol{X},t) &= \underset{s=0\ldots\infty}{\check{\boldsymbol{q}}}[\boldsymbol{F}(\boldsymbol{X},t-s),\, \theta(\boldsymbol{X},t-s),\, \boldsymbol{G}_\theta(\boldsymbol{X},t-s)], \\
u(\boldsymbol{X},t) &= \underset{s=0\ldots\infty}{\check{u}}[\boldsymbol{F}(\boldsymbol{X},t-s),\, \theta(\boldsymbol{X},t-s),\, \boldsymbol{G}_\theta(\boldsymbol{X},t-s)],
\end{aligned}
\tag{5.61}
$$

falls sie einen isotropen Körper beschreiben sollen, die Bedingungen

$$
\begin{aligned}
&\underset{s=0\ldots\infty}{\check{\boldsymbol{t}}}[\boldsymbol{Q}\cdot\boldsymbol{F}(t-s)\cdot\boldsymbol{Q}^{\mathrm{T}},\, \theta(t-s),\, \boldsymbol{Q}\cdot\boldsymbol{G}_\theta(t-s)] \\
&= \boldsymbol{Q}\cdot\{\underset{s=0\ldots\infty}{\check{\boldsymbol{t}}}[\boldsymbol{F}(t-s),\, \theta(t-s),\, \boldsymbol{G}_\theta(t-s)]\}\cdot\boldsymbol{Q}^{\mathrm{T}}, \\
&\underset{s=0\ldots\infty}{\check{\boldsymbol{q}}}[\boldsymbol{Q}\cdot\boldsymbol{F}(t-s)\cdot\boldsymbol{Q}^{\mathrm{T}},\, \theta(t-s),\, \boldsymbol{Q}\cdot\boldsymbol{G}_\theta(t-s)] \\
&= \boldsymbol{Q}\cdot\{\underset{s=0\ldots\infty}{\check{\boldsymbol{q}}}[\boldsymbol{F}(t-s),\, \theta(t-s),\, \boldsymbol{G}_\theta(t-s)]\,\}, \\
&\underset{s=0\ldots\infty}{\check{u}}[\boldsymbol{Q}\cdot\boldsymbol{F}(t-s)\cdot\boldsymbol{Q}^{\mathrm{T}},\, \theta(t-s),\, \boldsymbol{Q}\cdot\boldsymbol{G}_\theta(t-s)] \\
&= \underset{s=0\ldots\infty}{\check{u}}[\boldsymbol{F}(t-s),\, \theta(t-s),\, \boldsymbol{G}_\theta(t-s)].
\end{aligned}
\tag{5.62}
$$

Funktionale, die diesen Bedingungen für alle Geschichten $\boldsymbol{F}(t-s)$, $\theta(t-s)$ und $\boldsymbol{G}_\theta(t-s)$ und für alle eigentlich orthogonalen Transformationen $\boldsymbol{Q}$ genügen, heißen tensorielle, vektorielle bzw. skalare *isotrope Funktionale* von $\boldsymbol{F}(t-s)$, $\theta(t-s)$ und $\boldsymbol{G}_\theta(t-s)$. Die Materialfunktionale isotroper Körper müssen daher solche isotropen Funktionale sein. Die Objektivität ist allerdings nicht notwendig gewährleistet, denn zur Herleitung von (5.62) wurde das Prinzip der materiellen Objektivität nur für spezielle, konstante $\boldsymbol{O}^\star(t-s) = \boldsymbol{Q}$ verwendet.

5.3.4 Isotrope Funktionale in relativer Darstellung

Wir kehren zurück zu den reduzierten Materialgleichungen (5.29), welche automatisch objektiv sind, wie wir gezeigt haben. Im folgenden sei eine abkürzende Notation verwendet, welche darin besteht, dass eine einfache Abhängigkeit von $(\boldsymbol{X},t)$ bzw. $(\boldsymbol{x},t)$ nicht extra angegeben wird, und eine Abhängigkeit von $(\boldsymbol{X},t-s)$ bzw. $(\boldsymbol{x},t-s)$ kurz als Abhängigkeit (s) geschrieben wird. Außerdem sei der Index $s = 0\ldots\infty$ zur Kenntlichmachung der vollen Geschichtsabhängigkeit der Funktionale kurz als Index s geschrieben. Die Materialgleichungen (5.29) lauten dann für eine homogene Konfiguration

$$
\begin{aligned}
\boldsymbol{t} &= \boldsymbol{R}\cdot\check{\boldsymbol{t}}_s[\boldsymbol{C}(s),\, \theta(s),\, \boldsymbol{G}_\theta(s)]\cdot\boldsymbol{R}^{\mathrm{T}}, \\
\boldsymbol{q} &= \boldsymbol{R}\cdot\check{\boldsymbol{q}}_s[\boldsymbol{C}(s),\, \theta(s),\, \boldsymbol{G}_\theta(s)], \\
u &= \check{u}_s[\boldsymbol{C}(s),\, \theta(s),\, \boldsymbol{G}_\theta(s)].
\end{aligned}
\tag{5.63}
$$

Wir führen nun eine relative Darstellung der Bewegung ein (vgl. Abschn. 1.3), wobei die Momentankonfiguration κ_t zur Zeit t als Referenzkonfiguration und die Momentankonfiguration κ_{t-s} zur Zeit $t-s$ als Momentankonfiguration gewählt wird. Dem entspricht ein relativer Deformationsgradient $\boldsymbol{F}_{\tau=t}(\boldsymbol{x},t-s)$ (kurz $\boldsymbol{F}_t(s)$) und ein relativer Temperaturgradient

$\boldsymbol{g}_\theta(\boldsymbol{x}, t-s) = \operatorname{grad}\theta(\boldsymbol{x}, t-s)$ (kurz $\boldsymbol{g}_\theta(s)$), wobei sich die Ortsvariable $\boldsymbol{x}$ jeweils auf die aktuelle Zeit t bezieht. Man rechnet

$$\begin{aligned}(F_t)_{ij}(s) &= \frac{\partial x_i(s)}{\partial x_j} = \frac{\partial x_i(s)}{\partial X_A}\frac{\partial X_A}{\partial x_j} = F_{iA}(s)F^{-1}_{Aj},\\ (g_\theta)_i(s) &= \frac{\partial \theta(s)}{\partial x_i} = \frac{\partial \theta(s)}{\partial X_A}\frac{\partial X_A}{\partial x_i} = (G_\theta)_A(s)F^{-1}_{Ai},\end{aligned} \tag{5.64}$$

also

$$\boldsymbol{F}(s) = \boldsymbol{F}_t(s)\cdot\boldsymbol{F}, \quad \boldsymbol{G}_\theta(s) = \boldsymbol{g}_\theta(s)\cdot\boldsymbol{F}. \tag{5.65}$$

Mit $\boldsymbol{C} = \boldsymbol{F}^{\mathrm{T}}\cdot\boldsymbol{F}$ und der Polarzerlegung $\boldsymbol{F} = \boldsymbol{R}\cdot\boldsymbol{U}$ (entsprechend für die relative Darstellung) folgt daraus

$$\begin{aligned}\boldsymbol{C}(s) &= \boldsymbol{F}^{\mathrm{T}}(s)\cdot\boldsymbol{F}(s) = \boldsymbol{F}^{\mathrm{T}}\cdot\boldsymbol{F}_t^{\mathrm{T}}(s)\cdot\boldsymbol{F}_t(s)\cdot\boldsymbol{F} = \boldsymbol{F}^{\mathrm{T}}\cdot\boldsymbol{C}_t(s)\cdot\boldsymbol{F}\\ &= \boldsymbol{U}\cdot\boldsymbol{R}^{\mathrm{T}}\cdot\boldsymbol{C}_t(s)\cdot\boldsymbol{R}\cdot\boldsymbol{U},\\ \boldsymbol{G}_\theta(s) &= \boldsymbol{g}_\theta(s)\cdot\boldsymbol{R}\cdot\boldsymbol{U}.\end{aligned} \tag{5.66}$$

Einsetzen dieses Ergebnisses in (5.63) ergibt mit $\boldsymbol{C} = \boldsymbol{U}^2$

$$\begin{aligned}\boldsymbol{t} &= \boldsymbol{R}\cdot\check{\boldsymbol{t}}_s[\sqrt{\boldsymbol{C}}\cdot\boldsymbol{R}^{\mathrm{T}}\cdot\boldsymbol{C}_t(s)\cdot\boldsymbol{R}\cdot\sqrt{\boldsymbol{C}},\,\theta(s),\,\boldsymbol{g}_\theta(s)\cdot\boldsymbol{R}\cdot\sqrt{\boldsymbol{C}}]\cdot\boldsymbol{R}^{\mathrm{T}},\\ \boldsymbol{q} &= \boldsymbol{R}\cdot\check{\boldsymbol{q}}_s[\sqrt{\boldsymbol{C}}\cdot\boldsymbol{R}^{\mathrm{T}}\cdot\boldsymbol{C}_t(s)\cdot\boldsymbol{R}\cdot\sqrt{\boldsymbol{C}},\,\theta(s),\,\boldsymbol{g}_\theta(s)\cdot\boldsymbol{R}\cdot\sqrt{\boldsymbol{C}}],\\ u &= \check{u}_s[\sqrt{\boldsymbol{C}}\cdot\boldsymbol{R}^{\mathrm{T}}\cdot\boldsymbol{C}_t(s)\cdot\boldsymbol{R}\cdot\sqrt{\boldsymbol{C}},\,\theta(s),\,\boldsymbol{g}_\theta(s)\cdot\boldsymbol{R}\cdot\sqrt{\boldsymbol{C}}],\end{aligned} \tag{5.67}$$

was sich unter Inkaufnahme eines gewissen Informationsverlustes als

$$\begin{aligned}\boldsymbol{t} &= \boldsymbol{R}\cdot\check{\boldsymbol{t}}_s[\boldsymbol{R}^{\mathrm{T}}\cdot\boldsymbol{C}_t(s)\cdot\boldsymbol{R},\,\theta(s),\,\boldsymbol{g}_\theta(s)\cdot\boldsymbol{R};\,\boldsymbol{C}]\cdot\boldsymbol{R}^{\mathrm{T}},\\ \boldsymbol{q} &= \boldsymbol{R}\cdot\check{\boldsymbol{q}}_s[\boldsymbol{R}^{\mathrm{T}}\cdot\boldsymbol{C}_t(s)\cdot\boldsymbol{R},\,\theta(s),\,\boldsymbol{g}_\theta(s)\cdot\boldsymbol{R};\,\boldsymbol{C}],\\ u &= \check{u}_s[\boldsymbol{R}^{\mathrm{T}}\cdot\boldsymbol{C}_t(s)\cdot\boldsymbol{R},\,\theta(s),\,\boldsymbol{g}_\theta(s)\cdot\boldsymbol{R};\,\boldsymbol{C}]\end{aligned} \tag{5.68}$$

darstellen lässt. Da (5.68) weniger speziell als (5.67) ist, sind Materialgleichungen der Form (5.68) nicht mehr notwendig objektiv. Wir werden aus rechentechnischen Gründen dennoch mit der Form (5.68) weiterarbeiten, behalten das aber im Hinterkopf.

Wir suchen nun nach Materialgesetzen der Form (5.68) für isotrope Körper. In diesem Fall müssen die Funktionale $\check{\boldsymbol{t}}$, $\check{\boldsymbol{q}}$ und $\check{u}$ der Bedingung (5.62) für isotrope Funktionale unterliegen. Die Transformationen

$$\boldsymbol{F}(s)\to\boldsymbol{Q}\cdot\boldsymbol{F}(s)\cdot\boldsymbol{Q}^{\mathrm{T}}, \quad \boldsymbol{G}_\theta(s)\to\boldsymbol{Q}\cdot\boldsymbol{G}_\theta(s), \tag{5.69}$$

die in (5.62) auf der jeweils linken Seite in den Argumenten der Funktionale stehen, ziehen die Transformationen

$$\begin{aligned}&\boldsymbol{R}\to\boldsymbol{Q}\cdot\boldsymbol{R}\cdot\boldsymbol{Q}^{\mathrm{T}}, \quad \boldsymbol{C}\to\boldsymbol{Q}\cdot\boldsymbol{C}\cdot\boldsymbol{Q}^{\mathrm{T}},\\ &\boldsymbol{C}_t(s)\to\boldsymbol{Q}\cdot\boldsymbol{C}_t(s)\cdot\boldsymbol{Q}^{\mathrm{T}}, \quad \boldsymbol{g}_\theta(s)\to\boldsymbol{Q}\cdot\boldsymbol{g}_\theta(s)\end{aligned} \tag{5.70}$$

nach sich. Bedingung $(5.62)_1$ lautet daher, angewendet auf das Spannungsfunktional $(5.68)_1$ (für Wärmefluss und innere Energie analog),

$$\begin{aligned}(\boldsymbol{Q}\cdot\boldsymbol{R}\cdot\boldsymbol{Q}^{\mathrm{T}})\cdot\check{\boldsymbol{t}}_s[(\boldsymbol{Q}\cdot\boldsymbol{R}^{\mathrm{T}}\cdot\boldsymbol{Q}^{\mathrm{T}})\cdot(\boldsymbol{Q}\cdot\boldsymbol{C}_t(s)\cdot\boldsymbol{Q}^{\mathrm{T}})\cdot(\boldsymbol{Q}\cdot\boldsymbol{R}\cdot\boldsymbol{Q}^{\mathrm{T}}),\ \theta(s),\\ \boldsymbol{Q}\cdot\boldsymbol{g}_\theta(s)\cdot(\boldsymbol{Q}\cdot\boldsymbol{R}\cdot\boldsymbol{Q}^{\mathrm{T}});\ (\boldsymbol{Q}\cdot\boldsymbol{C}\cdot\boldsymbol{Q}^{\mathrm{T}})]\cdot(\boldsymbol{Q}\cdot\boldsymbol{R}^{\mathrm{T}}\cdot\boldsymbol{Q}^{\mathrm{T}})\\ =\boldsymbol{Q}\cdot\{\boldsymbol{R}\cdot\check{\boldsymbol{t}}_s[\boldsymbol{R}^{\mathrm{T}}\cdot\boldsymbol{C}_t(s)\cdot\boldsymbol{R},\ \theta(s),\ \boldsymbol{g}_\theta(s)\cdot\boldsymbol{R};\ \boldsymbol{C}]\cdot\boldsymbol{R}^{\mathrm{T}}\}\cdot\boldsymbol{Q}^{\mathrm{T}}.\end{aligned}\tag{5.71}$$

Wir stellen uns nun $\boldsymbol{x}$ bzw. $\boldsymbol{X}$ und t als festgehalten vor und wählen speziell $\boldsymbol{Q}=\boldsymbol{R}(\boldsymbol{X},t)$. Mit der Orthogonaliätsbeziehung $\boldsymbol{R}\cdot\boldsymbol{R}^{\mathrm{T}}=\boldsymbol{R}^{\mathrm{T}}\cdot\boldsymbol{R}=\mathbf{1}$ und $\boldsymbol{B}=\boldsymbol{R}\cdot\boldsymbol{C}\cdot\boldsymbol{R}^{\mathrm{T}}$ (Links-Cauchy-Green-Tensor) folgt dann

$$\begin{aligned}&\boldsymbol{R}\cdot\check{\boldsymbol{t}}_s[\boldsymbol{C}_t(s),\ \theta(s),\ \boldsymbol{g}_\theta(s);\ \boldsymbol{B}]\cdot\boldsymbol{R}^{\mathrm{T}}\\ &=\boldsymbol{R}^2\cdot\check{\boldsymbol{t}}_s[\boldsymbol{R}^{\mathrm{T}}\cdot\boldsymbol{C}_t(s)\cdot\boldsymbol{R},\ \theta(s),\ \boldsymbol{g}_\theta(s)\cdot\boldsymbol{R};\ \boldsymbol{C}]\cdot(\boldsymbol{R}^{\mathrm{T}})^2,\end{aligned}\tag{5.72}$$

bzw. nach Multiplikation mit $\boldsymbol{R}^{\mathrm{T}}$ von links und $\boldsymbol{R}$ von rechts

$$\begin{aligned}\boldsymbol{t}&=\boldsymbol{R}\cdot\check{\boldsymbol{t}}_s[\boldsymbol{R}^{\mathrm{T}}\cdot\boldsymbol{C}_t(s)\cdot\boldsymbol{R},\ \theta(s),\ \boldsymbol{g}_\theta(s)\cdot\boldsymbol{R};\ \boldsymbol{C}]\cdot\boldsymbol{R}^{\mathrm{T}}\\ &=\check{\boldsymbol{t}}_s[\boldsymbol{C}_t(s),\ \theta(s),\ \boldsymbol{g}_\theta(s);\ \boldsymbol{B}].\end{aligned}\tag{5.73}$$

Eine analoge Rechnung kann auch für den Wärmefluss und die innere Energie durchgeführt werden, sodass wir als *allgemeine Materialgleichungen eines einfachen homogenen isotropen Körpers in relativer Darstellung*

$$\begin{aligned}\boldsymbol{t}&=\check{\boldsymbol{t}}_s[\boldsymbol{C}_t(s),\ \theta(s),\ \boldsymbol{g}_\theta(s);\ \boldsymbol{B}],\\ \boldsymbol{q}&=\check{\boldsymbol{q}}_s[\boldsymbol{C}_t(s),\ \theta(s),\ \boldsymbol{g}_\theta(s);\ \boldsymbol{B}],\\ u&=\check{u}_s[\boldsymbol{C}_t(s),\ \theta(s),\ \boldsymbol{g}_\theta(s);\ \boldsymbol{B}]\end{aligned}\tag{5.74}$$

erhalten. Dass (5.74) auch tatsächlich automatisch einen isotropen Körper beschreibt, ist allerdings noch zu zeigen, denn wir haben die Bedingung (5.62) nur für die spezielle Wahl $\boldsymbol{Q}=\boldsymbol{R}(\boldsymbol{X},t)$ ausgewertet, obwohl sie für alle eigentlich orthogonalen $\boldsymbol{Q}$ erfüllt sein muss. Man kann sich das anhand der ursprünglichen Isotropiebedingung (5.57) klar machen, welche in Worten besagt, dass die Materialfunktionale isotroper Körper invariant gegen orthogonale Transformationen $\boldsymbol{Q}$ der Referenzkonfiguration κ_r (d. h., $\boldsymbol{F}(s)\rightarrow\boldsymbol{F}(s)\cdot\boldsymbol{Q}$ und $\boldsymbol{G}_\theta(s)\rightarrow\boldsymbol{G}_\theta(s)\cdot\boldsymbol{Q}$) sein müssen. Nun sind in (5.74) die Argumente $\boldsymbol{C}_t(s)$ und $\boldsymbol{g}_\theta(s)$ relative Bewegungsgrößen, haben also mit κ_r überhaupt nichts zu tun, und die Temperatur $\theta(s)$ ist sowieso als skalare Größe invariant. Die einzige von κ_r abhängige Größe in (5.74) ist also der Links-Cauchy-Green-Tensor $\boldsymbol{B}$ (ausführlich $\boldsymbol{B}(\boldsymbol{x},t)$, keine Geschichtsabhängigkeit enthalten), und für diesen gilt

$$\begin{aligned}&\boldsymbol{B}=\boldsymbol{F}\cdot\boldsymbol{F}^{\mathrm{T}}\\ &\rightarrow(\boldsymbol{F}\cdot\boldsymbol{Q})\cdot(\boldsymbol{F}\cdot\boldsymbol{Q})^{\mathrm{T}}=\boldsymbol{F}\cdot\boldsymbol{Q}\cdot\boldsymbol{Q}^{\mathrm{T}}\cdot\boldsymbol{F}^{\mathrm{T}}=\boldsymbol{F}\cdot\boldsymbol{F}^{\mathrm{T}}=\boldsymbol{B}.\end{aligned}\tag{5.75}$$

Somit bleibt auch $\boldsymbol{B}$ von orthogonalen Transformationen der Referenzkonfiguration unbeeinflusst, sodass die Materialgleichungen (5.74) folglich als Ganzes invariant gegenüber solchen Transformationen sind, was zu zeigen war.

Nach Konstruktion sind die Materialgleichungen (5.74) nicht automatisch objektiv. Aufgrund der Transformationseigenschaften (vgl. Abschn. 1.4)

$$\begin{aligned} \boldsymbol{C}_t^\star(s) &= \boldsymbol{O}^\star(t)\cdot\boldsymbol{C}_t(s)\cdot\boldsymbol{O}^{\star\mathrm{T}}(t), \\ \theta^\star(s) &= \theta(s), \\ \boldsymbol{g}_\theta^\star(s) &= \boldsymbol{O}^\star(t)\cdot\boldsymbol{g}_\theta(s), \\ \boldsymbol{B}^\star &= \boldsymbol{O}^\star(t)\cdot\boldsymbol{B}\cdot\boldsymbol{O}^{\star\mathrm{T}}(t) \end{aligned} \tag{5.76}$$

bezüglich Euklidischer Transformationen der Momentankonfiguration lautet die explizite Form des Prinzips der materiellen Objektivität analog zu (5.17)

$$\begin{aligned} &\check{\boldsymbol{t}}_s[\boldsymbol{O}^\star(t)\cdot\boldsymbol{C}_t(s)\cdot\boldsymbol{O}^{\star\mathrm{T}}(t),\,\theta(s),\,\boldsymbol{O}^\star(t)\cdot\boldsymbol{g}_\theta(s);\,\boldsymbol{O}^\star(t)\cdot\boldsymbol{B}\cdot\boldsymbol{O}^{\star\mathrm{T}}(t)] \\ &= \boldsymbol{O}^\star(t)\cdot\{\check{\boldsymbol{t}}_s[\boldsymbol{C}_t(s),\,\theta(s),\,\boldsymbol{g}_\theta(s);\,\boldsymbol{B}]\}\cdot\boldsymbol{O}^{\star\mathrm{T}}(t), \\ &\check{\boldsymbol{q}}_s[\boldsymbol{O}^\star(t)\cdot\boldsymbol{C}_t(s)\cdot\boldsymbol{O}^{\star\mathrm{T}}(t),\,\theta(s),\,\boldsymbol{O}^\star(t)\cdot\boldsymbol{g}_\theta(s);\,\boldsymbol{O}^\star(t)\cdot\boldsymbol{B}\cdot\boldsymbol{O}^{\star\mathrm{T}}(t)] \\ &= \boldsymbol{O}^\star(t)\cdot\{\check{\boldsymbol{q}}_s[\boldsymbol{C}_t(s),\,\theta(s),\,\boldsymbol{g}_\theta(s);\,\boldsymbol{B}]\}, \\ &\check{u}_s[\boldsymbol{O}^\star(t)\cdot\boldsymbol{C}_t(s)\cdot\boldsymbol{O}^{\star\mathrm{T}}(t),\,\theta(s),\,\boldsymbol{O}^\star(t)\cdot\boldsymbol{g}_\theta(s);\,\boldsymbol{O}^\star(t)\cdot\boldsymbol{B}\cdot\boldsymbol{O}^{\star\mathrm{T}}(t)] \\ &= \check{u}_s[\boldsymbol{C}_t(s),\,\theta(s),\,\boldsymbol{g}_\theta(s);\,\boldsymbol{B}]. \end{aligned} \tag{5.77}$$

Schreibt man das für den Spezialfall $\boldsymbol{O}^\star(t) = \boldsymbol{Q}$ an, so folgt die Bedingung

$$\begin{aligned} &\check{\boldsymbol{t}}_s[\boldsymbol{Q}\cdot\boldsymbol{C}_t(s)\cdot\boldsymbol{Q}^{\mathrm{T}},\,\theta(s),\,\boldsymbol{Q}\cdot\boldsymbol{g}_\theta(s);\,\boldsymbol{Q}\cdot\boldsymbol{B}\cdot\boldsymbol{Q}^{\mathrm{T}}] \\ &= \boldsymbol{Q}\cdot\{\check{\boldsymbol{t}}_s[\boldsymbol{C}_t(s),\,\theta(s),\,\boldsymbol{g}_\theta(s);\,\boldsymbol{B}]\}\cdot\boldsymbol{Q}^{\mathrm{T}}, \\ &\check{\boldsymbol{q}}_s[\boldsymbol{Q}\cdot\boldsymbol{C}_t(s)\cdot\boldsymbol{Q}^{\mathrm{T}},\,\theta(s),\,\boldsymbol{Q}\cdot\boldsymbol{g}_\theta(s);\,\boldsymbol{Q}\cdot\boldsymbol{B}\cdot\boldsymbol{Q}^{\mathrm{T}}] \\ &= \boldsymbol{Q}\cdot\{\check{\boldsymbol{q}}_s[\boldsymbol{C}_t(s),\,\theta(s),\,\boldsymbol{g}_\theta(s);\,\boldsymbol{B}]\}, \\ &\check{u}_s[\boldsymbol{Q}\cdot\boldsymbol{C}_t(s)\cdot\boldsymbol{Q}^{\mathrm{T}},\,\theta(s),\,\boldsymbol{Q}\cdot\boldsymbol{g}_\theta(s);\,\boldsymbol{Q}\cdot\boldsymbol{B}\cdot\boldsymbol{Q}^{\mathrm{T}}] \\ &= \check{u}_s[\boldsymbol{C}_t(s),\,\theta(s),\,\boldsymbol{g}_\theta(s);\,\boldsymbol{B}], \end{aligned} \tag{5.78}$$

welche besagt, dass die Materialfunktionale in den Materialgleichungen (5.74) auf jeden Fall isotrope Funktionale von $\boldsymbol{C}_t(s)$, $\theta(t-s)$ und $\boldsymbol{g}_\theta(s)$ sowie isotrope Funktionen von $\boldsymbol{B}$ sein müssen.

Wir werden in Kürze sehen, dass die hart erarbeitete relative Darstellung (5.74) besonders zur Beschreibung von Fluiden geeignet ist, wohingegen die bisherige Darstellung (5.61) eher für Festkörper angemessen ist.

5.3.5 Festkörper und Fluide

Im Verlauf der bisherigen Betrachtungen sind bereits mehrfach die Begriffe „Festkörper“ und „Fluid“ gefallen, wobei deren Bedeutung noch nicht klar definiert wurde. Das kann nun nachgeholt werden, wobei der intuitiven Vorstellung davon Rechnung getragen werden soll.

Die typische Eigenschaft eines Festkörpers besteht darin, dass seine Molekularstruktur eine gewisse Regelmäßigkeit (Kristallstruktur) aufweist. Makroskopisch äußert sich das darin, dass ein solcher Körper Isotropie bezüglich spezieller Drehungen (und Spiegelungen) besitzt, welche die molekulare Struktur auf sich selbst abbilden. Beispielsweise wird sich ein Körper mit kubischer Kristallstruktur isotrop gegenüber Drehungen in den Kristallebenen um 90° verhalten, aber nicht gegenüber Drehungen um 45° (Abb. 5.3).

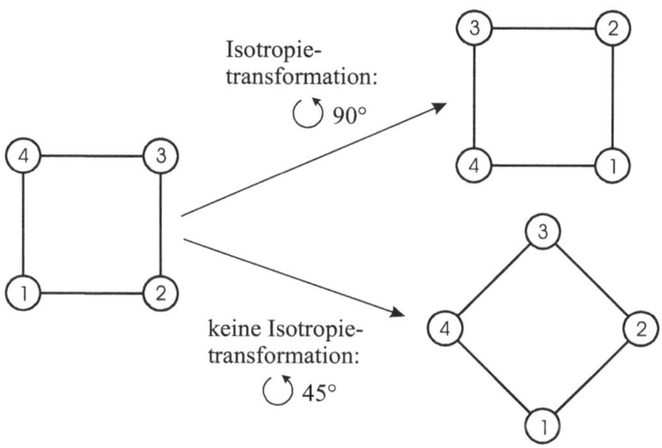

Abb. 5.3. Isotropieverhalten von Festkörpern mit kubischer Kristallstruktur.

Besteht der Festkörper dagegen aus vielen, mikroskopisch kleinen Kristalliten mit wahlloser Verteilung der Orientierung, ist zu erwarten, dass alle orthogonalen Transformationen Symmetrietransformationen sind, da dann makroskopisch keine Regelmäßigkeit des molekularen Aufbaus mehr vorhanden ist. Keinesfalls sollten aber nicht-orthogonale Transformationen Symmetrietransformationen sein, denn es entspricht nicht der Anschauung, dass ein Festkörper z. B. von einer Scherdeformation unbeeinflusst bleibt.

Fluide (Flüssigkeiten und Gase) sind im Gegensatz dazu durch völlige Unordnung ihrer molekularen Struktur ausgezeichnet. Man erwartet, dass selbst eine sehr komplizierte volumenerhaltende Transformation wie etwa Umrühren das Verhalten des Fluides bei nachfolgenden Prozessen nicht ändert. In der Sprache unserer Theorie heißt das, dass alle speziellen unimodularen Transformationen Symmetrietransformationen sind.

Diese Betrachtungen motivieren die folgenden *Nollschen Definitionen*:

- Ein *Festkörper* ist ein Körper, dessen Symmetriegruppe Teilmenge der speziellen orthogonalen Gruppe ist:

$$\mathfrak{g}_{\mathcal{K}_r} \subset \mathrm{SO}(3). \tag{5.79}$$

- Ein *isotroper Festkörper* ist demzufolge ein Körper, dessen Symmetriegruppe die spezielle orthogonale Gruppe ist:

$$\mathfrak{g}_{\kappa_r} = \mathrm{SO}(3). \tag{5.80}$$

- Ein *Fluid* ist ein Körper, dessen Symmetriegruppe die spezielle unimodulare Gruppe ist:

$$\mathfrak{g}_{\kappa_r} = \mathrm{SU}(3). \tag{5.81}$$

Nach dieser Definition sind Fluide automatisch isotrop. Weiterhin ist in Fluiden die Heraushebung von ungestörten Konfigurationen nicht erforderlich, da ja alle durch unimodulare Abbildungen verknüpften möglichen Konfigurationen von der Symmetriegruppe (5.81) erfasst werden. Auch das ist eine Eigenschaft, die der Anschauung entspricht.

Es gibt Materialien, die nach dieser Klassifikation weder Festkörper noch Fluide sind. Beispielsweise besteht Eis aus hexagonalen Kristallen (übereinandergeschichtete Ebenen aus Sechseck-Strukturen), welche die Eigenschaft haben, bei Scherbelastung parallel zu den Kristallebenen („Gleitebenen") merklich zu fließen. Die zugehörige Symmetriegruppe enthält daher außer den Drehungen um ein Vielfaches von 60° in den Gleitebenen, die die Symmetrie der hexagonalen Kristallstruktur wiedergeben, auch bestimmte unimodulare, nicht-orthogonale Transformationen, nämlich die Scherungen längs der Gleitebenen. Derartige Materialien bezeichnet man als *anisotrope Fluide*, *Subfluide* oder auch *fluide Kristalle* (wobei man sich darüber klar sein sollte, dass ein solches Material im Nollschen Sinne kein Fluid ist).

Eis in Gletschern besteht typischerweise aus vielen, millimeter- bis zentimetergroßen Kristalliten. Nahe der Gletscheroberfläche ist deren Orientierung stets statistisch verteilt, sodass sich makroskopisch das Verhalten eines echten, isotropen Fluids ergibt. Man beobachtet jedoch in größeren Tiefen häufig, dass die Kristallite ausgerichtet sind, derart dass ihre Gleitebenen weitgehend parallel zum Felsbett des Gletschers verlaufen. In diesem Fall kommt die Anisotropie der Kristallite auch makroskopisch zum Tragen, sodass Gletschereis dieser Gestalt als anisotropes Fluid beschrieben werden muss.

Problem 5.2 *Transversale Isotropie in Flüssigkristallen.*

Flüssigkristalle sind organische Verbindungen aus lang gestreckten Molekülen, die sich in verschiedenartigen Strukturen ausrichten können. Ihre Verwendung in Flüssigkristallanzeigen (LCDs) beruht darauf, dass die Orientierung der Moleküle einer dünnen Schicht von Flüssigkristallen von einem äußeren elektrischen Feld beeinflusst werden kann, wodurch sich die optischen Eigenschaften der Schicht, insbesondere die Transparenz, ändern.

Eine spezielle Struktur von Flüssigkristallen ist die nematische Phase, welche dadurch gekennzeichnet ist, dass die Moleküle längs ihrer Achse ausgerichtet sind. Diese Richtung sei mit dem Einheitsvektor $\boldsymbol{n}$ gekennzeichnet

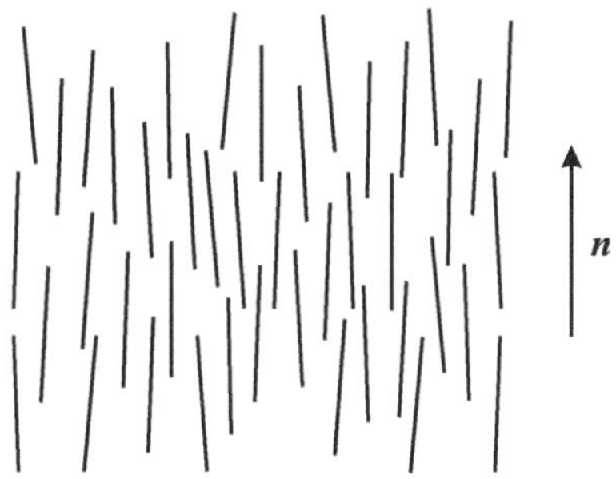

Abb. 5.4. Nematische Phase von Flüssigkristallen.

(Abb. 5.4). In diesem Zustand verhalten sich die Flüssigkristalle als anisotropes Fluid, wobei Scherungen parallel zur Ausrichtungsachse $\boldsymbol{n}$ bei gleicher Schergeschwindigkeit eine geringere Schubspannung benötigen als Scherungen senkrecht dazu. Dies kann im angenommenen Fall von Dichtebeständigkeit [Aufspaltung $\boldsymbol{t} = -p\,\mathbf{1} + \boldsymbol{t}^{\mathrm{D}}$ mit dem Druck p als freier Feldgröße, vgl. Abschn. 4.1] durch das Materialgesetz

$$\boldsymbol{t}^{\mathrm{D}} = \eta_1 \boldsymbol{D} + \eta_2 \boldsymbol{A}^{\mathrm{D}} + \eta_3 (\boldsymbol{D} \cdot \boldsymbol{A} + \boldsymbol{A} \cdot \boldsymbol{D})^{\mathrm{D}} \tag{5.82}$$

beschrieben werden, welches eine Erweiterung von (4.117) darstellt. Dabei ist der *Richtungstensor* $\boldsymbol{A}$ durch

$$\boldsymbol{A} = \boldsymbol{n}\,\boldsymbol{n}, \quad \text{bzw.} \quad A_{ij} = n_i\, n_j, \tag{5.83}$$

definiert. Die Koeffizienten η_1, η_2 und η_3 seien konstant. Wie lautet die zugehörige Symmetriegruppe g_{κ_r} bezüglich einer homogenen Referenzkonfiguration κ_r?

Lösung. Sei $\boldsymbol{N}$ die entsprechende Ausrichtungsachse in der Referenzkonfiguration κ_r, welche mit $\boldsymbol{n}$ aufgrund von (1.48) gemäß

$$\boldsymbol{n} = \frac{\boldsymbol{F} \cdot \boldsymbol{N}}{\|\boldsymbol{F} \cdot \boldsymbol{N}\|} \tag{5.84}$$

verknüpft ist. Die Normierung ist dabei erforderlich, da sowohl $\boldsymbol{N}$ als auch $\boldsymbol{n}$ Einheitsvektoren sein sollen. Zur rechnerischen Vereinfachung legen wir ohne Beschränkung der Allgemeinheit die Achsen $\boldsymbol{E}_A$ in κ_r so, dass $\boldsymbol{N} = \boldsymbol{E}_Z$.

Es ist klar, dass eine beliebige unimodulare Symmetrietransformation der Referenzkonfiguration nur via den Richtungstensor $\boldsymbol{A}$ eine Auswirkung auf die Materialgleichung (5.82) haben kann, denn der Verzerrungsgeschwindigkeitstensor $\boldsymbol{D}$ bezieht sich als symmetrisierter räumlicher Geschwindigkeitsgradient ausschließlich auf die Momentankonfiguration. Die Symmetriegruppe g_{κ_r} besteht daher aus genau denjenigen Transformationen $\boldsymbol{P}$, die die Ausrichtungsachse $\boldsymbol{N} = \boldsymbol{E}_Z$ nicht verändern, denn dann ergibt sich bei gleicher

Deformationsgeschichte $\boldsymbol{F}(t-s)$ die gleiche Ausrichtungsachse $\boldsymbol{n}$ in der Momentankonfiguration, somit der gleiche Richtungstensor $\boldsymbol{A}$ und nach (5.82) die gleiche Materialgröße $\boldsymbol{t}^{\mathrm{D}}$. Da (5.82) keine Temperatureffekte enthält, liegt ein rein mechanisches Problem vor, sodass die thermodynamischen Materialgrößen $\boldsymbol{q}$ und u nicht betrachtet werden müssen.

Unimodulare Transformationen $\boldsymbol{P}$, welche $\boldsymbol{N} = \boldsymbol{E}_Z$ nicht verändern, müssen in der dritten Spalte wieder $\boldsymbol{E}_Z$ enthalten, haben also die allgemeine Form

$$\boldsymbol{P} = \left(\begin{array}{c|c} \boldsymbol{P}_2 & \begin{matrix} 0 \\ 0 \end{matrix} \\ \hline \boldsymbol{p}_2 & 1 \end{array}\right), \tag{5.85}$$

wobei $\boldsymbol{P}_2$ eine 2×2-Matrix mit $\det \boldsymbol{P}_2 = 1$ und $\boldsymbol{p}_2$ ein beliebiges Zahlenpaar ist. Hierzu gehören mit

$$\boldsymbol{P}_2 = \begin{pmatrix} \cos\phi & -\sin\phi \\ \sin\phi & \cos\phi \end{pmatrix}, \quad \boldsymbol{p}_2 = (0,\ 0) \tag{5.86}$$

alle Drehungen um den Winkel ϕ um $\boldsymbol{E}_Z$, mit

$$\boldsymbol{P}_2 = \begin{pmatrix} 1 & \tan\gamma \\ 0 & 1 \end{pmatrix}, \quad \boldsymbol{p}_2 = (0,\ 0), \tag{5.87}$$

$$\boldsymbol{P}_2 = \begin{pmatrix} 1 & 0 \\ \tan\gamma & 1 \end{pmatrix}, \quad \boldsymbol{p}_2 = (0,\ 0), \tag{5.88}$$

$$\boldsymbol{P}_2 = \begin{pmatrix} 1 & 0 \\ 0 & 1 \end{pmatrix}, \quad \boldsymbol{p}_2 = (\tan\gamma,\ 0) \tag{5.89}$$

oder

$$\boldsymbol{P}_2 = \begin{pmatrix} 1 & 0 \\ 0 & 1 \end{pmatrix}, \quad \boldsymbol{p}_2 = (0,\ \tan\gamma) \tag{5.90}$$

alle einfachen Scherungen mit Scherwinkel γ, welche die Z-Achse nicht beeinflussen [vgl. (1.81)], sowie beliebige Kombinationen davon.

Somit umfasst die Symmetriegruppe der nematischen Phase von Flüssigkristallen auf der einen Seite nicht alle orthogonalen Transformationen, aber auf der anderen Seite auch bestimmte nicht-orthogonale Transformationen, und im Sinne Nolls liegt ein anisotropes Fluid vor. Allgemein spricht man bei anisotropen Fluiden mit einer ausgezeichneten Richtung, was sich in einer aus den Transformationen (5.85) bestehenden Symmetriegruppe äußert, von *transversaler Isotropie*.

■

5.3.6 Eine allgemeine Materialgleichung für Fluide

Wir kommen zurück auf die allgemeine Materialgleichung (5.74), von der wir behauptet haben, dass sie sich besonders zur Beschreibung von Fluiden eignet. Diese Materialgleichung erfüllt, wie wir uns überlegt haben, automatisch die Isotropiebedingung (5.57) für alle eigentlich orthogonalen Transformationen der Referenzkonfiguration. Mit der zusätzlichen Forderung, dass (5.57) sogar für alle speziellen unimodularen Transformationen gelten soll, ist jedoch eine weitere Vereinfachung möglich. Dazu denken wir uns $\boldsymbol{X}$ bzw. $\boldsymbol{x}$ und t als festgehalten und setzen speziell

$$\boldsymbol{P} = \sqrt[3]{\det \boldsymbol{F}}\, \boldsymbol{F}^{-1}. \tag{5.91}$$

Diese Transformation ist tatsächlich unimodular, denn

$$\det \boldsymbol{P} = \left(\sqrt[3]{\det \boldsymbol{F}}\right)^3 \det \boldsymbol{F}^{-1} = \det \boldsymbol{F}\, \frac{1}{\det \boldsymbol{F}} = 1. \tag{5.92}$$

Unter dieser Transformation folgt für $\boldsymbol{B}$ (mit $\rho_0 = \rho J = \rho \det \boldsymbol{F}$)

$$\begin{aligned} &\boldsymbol{B} = \boldsymbol{F} \cdot \boldsymbol{F}^{\mathrm{T}} \\ &\to (\boldsymbol{F} \cdot \boldsymbol{P}) \cdot (\boldsymbol{F} \cdot \boldsymbol{P})^{\mathrm{T}} = \boldsymbol{F} \cdot \boldsymbol{P} \cdot \boldsymbol{P}^{\mathrm{T}} \cdot \boldsymbol{F}^{\mathrm{T}} = (\det \boldsymbol{F})^{2/3}\, \boldsymbol{F} \cdot \boldsymbol{F}^{-1} \cdot \boldsymbol{F}^{-\mathrm{T}} \cdot \boldsymbol{F}^{\mathrm{T}} \\ &\quad = (\det \boldsymbol{F})^{2/3}\, \mathbf{1} = \left(\frac{\rho_0}{\rho}\right)^{2/3} \mathbf{1}, \end{aligned} \tag{5.93}$$

sodass Anwendung der Isotropiebedingung (5.57) auf (5.74) für diese spezielle Transformation

$$\begin{aligned} \check{\boldsymbol{t}}_s[\boldsymbol{C}_t(s),\, \theta(s),\, \boldsymbol{g}_\theta(s);\, \boldsymbol{B}] &= \check{\boldsymbol{t}}_s[\boldsymbol{C}_t(s),\, \theta(s),\, \boldsymbol{g}_\theta(s);\, \left(\frac{\rho_0}{\rho}\right)^{2/3} \mathbf{1}], \\ \check{\boldsymbol{q}}_s[\boldsymbol{C}_t(s),\, \theta(s),\, \boldsymbol{g}_\theta(s);\, \boldsymbol{B}] &= \check{\boldsymbol{q}}_s[\boldsymbol{C}_t(s),\, \theta(s),\, \boldsymbol{g}_\theta(s);\, \left(\frac{\rho_0}{\rho}\right)^{2/3} \mathbf{1}], \\ \check{u}_s[\boldsymbol{C}_t(s),\, \theta(s),\, \boldsymbol{g}_\theta(s);\, \boldsymbol{B}] &= \check{u}_s[\boldsymbol{C}_t(s),\, \theta(s),\, \boldsymbol{g}_\theta(s);\, \left(\frac{\rho_0}{\rho}\right)^{2/3} \mathbf{1}] \end{aligned} \tag{5.94}$$

ergibt. Da die Dichte in der Referenzkonfiguration $\rho_0(\boldsymbol{X})$ lediglich eine konstante Funktion ist, die sich unter unimodularen Transformationen nicht ändert, braucht die Abhängigkeit davon nicht extra aufgeführt zu werden. Somit folgen als *allgemeine Materialgleichungen eines einfachen homogenen Fluides* die Beziehungen

$$\begin{aligned} \boldsymbol{t} &= \check{\boldsymbol{t}}_s[\boldsymbol{C}_t(s),\, \theta(s),\, \boldsymbol{g}_\theta(s);\, \rho], \\ \boldsymbol{q} &= \check{\boldsymbol{q}}_s[\boldsymbol{C}_t(s),\, \theta(s),\, \boldsymbol{g}_\theta(s);\, \rho], \\ u &= \check{u}_s[\boldsymbol{C}_t(s),\, \theta(s),\, \boldsymbol{g}_\theta(s);\, \rho]. \end{aligned} \tag{5.95}$$

Da sich keines der Argumente $\boldsymbol{C}_t(s)$, $\theta(s)$, $\boldsymbol{g}_\theta(s)$, ρ in irgendeiner Weise auf die Referenzkonfiguration bezieht, erfüllt (5.95) trivialerweise automatisch die Forderung $\mathsf{g}_{\kappa_r} = \mathrm{SU}(3)$. Offensichtlich ist für Fluide die Festlegung einer absoluten Referenzkonfiguration κ_r gänzlich unnötig; die einzige relevante Konfiguration ist nach (5.95) die jeweils aktuelle Momentankonfiguration. Des weiteren müssen analog zu (5.74) aufgrund des Prinzips der materiellen Objektivität auch die Materialfunktionale in (5.95) isotrope Funktionale der Argumente sein.

5.4 Materialien mit begrenztem Gedächtnis

5.4.1 Definition der Materialien mit begrenztem Gedächtnis

Wir haben bis jetzt in den Materialgleichungen stets eine Abhängigkeit von der gesamten Geschichte der unabhängigen Größen zugelassen, und die Theorie auf diesem allgemeinen Level entwickelt. Üblicherweise ist es jedoch ausreichend, die Geschichtsabhängigkeit in einer abgeschwächten Form zu berücksichtigen, welche das zeitliche Analogon zur Definition des einfachen Körpers (Abschn. 5.1.3) darstellt.

Dazu betrachten wir eine beliebige analytische Funktion $h(\boldsymbol{X}, t-s)$, die die Geschichte einer kontinuumsmechanischen Feldgröße repräsentiere, und approximieren diese durch eine nach dem $(N+1)$-ten Glied abgebrochene Taylorreihe um $s=0$:

$$h(\boldsymbol{X}, t-s) = \sum_{n=0}^{N} \frac{(-1)^n s^n}{n!} \left. \frac{\partial^n h(\boldsymbol{X}, t-s)}{\partial s^n} \right|_{s=0} . \tag{5.96}$$

Wenn nun das Gedächtnis des betreffenden Materials nur so weit zurückreicht, dass (5.96) die Geschichte von h hinreichend gut darstellt, dann kann in den Materialgleichungen die Abhängigkeit von der vollen Geschichte $h(\boldsymbol{X}, t-s)$ durch eine Abhängigkeit von den Entwicklungskoeffizienten

$$(-1)^n \left. \frac{\partial^n h(\boldsymbol{X}, t-s)}{\partial s^n} \right|_{s=0} = \overset{(n)}{h} (\boldsymbol{X}, t) \qquad (n = 0, 1, \ldots, N) \tag{5.97}$$

($\overset{(n)}{h}$: n-te materielle Zeitableitung von h) ersetzt werden, und man sagt, das Material sei vom Grade N bezüglich h. Wenn diese Ersetzung für alle auftretenden unabhängigen Feldgrößen in den Materialgleichungen möglich ist, sprechen wir von einem *Material mit begrenztem Gedächtnis*. Die Materialfunktionale gehen dann in Materialfunktionen dieser Größen über.

5.4.2 Klassifizierung

Die Klassifizierung von Materialien mit begrenztem Gedächtnis erfolgt nach der Anzahl von Zeitableitungen, die für die unabhängigen Feldgrößen in dem zugehörigen Satz von Materialgleichungen berücksichtigt werden. Ein durch (5.38) beschriebenes Material mit begrenztem Gedächtnis, dessen Materialgrößen also im Allgemeinfall von den Geschichten $\boldsymbol{F}(s)$, $\theta(s)$ und $\boldsymbol{G}_\theta(s)$ abhängen, ist vom Grad N_F bezüglich $\boldsymbol{F}$, vom Grad N_θ bezüglich θ und vom Grad N_G bezüglich $\boldsymbol{G}_\theta$, wenn die Materialgleichungen die Form

$$\begin{aligned} \boldsymbol{t} &= \check{\boldsymbol{t}}\,(\boldsymbol{F}, \dot{\boldsymbol{F}}, \ldots, \overset{(N_F)}{\boldsymbol{F}}, \theta, \dot{\theta}, \ldots, \overset{(N_\theta)}{\theta}, \boldsymbol{G}_\theta, \dot{\boldsymbol{G}}_\theta, \ldots, \overset{(N_G)}{\boldsymbol{G}_\theta}), \\ \boldsymbol{q} &= \check{\boldsymbol{q}}\,(\boldsymbol{F}, \dot{\boldsymbol{F}}, \ldots, \overset{(N_F)}{\boldsymbol{F}}, \theta, \dot{\theta}, \ldots, \overset{(N_\theta)}{\theta}, \boldsymbol{G}_\theta, \dot{\boldsymbol{G}}_\theta, \ldots, \overset{(N_G)}{\boldsymbol{G}_\theta}), \\ u &= \check{u}\,(\boldsymbol{F}, \dot{\boldsymbol{F}}, \ldots, \overset{(N_F)}{\boldsymbol{F}}, \theta, \dot{\theta}, \ldots, \overset{(N_\theta)}{\theta}, \boldsymbol{G}_\theta, \dot{\boldsymbol{G}}_\theta, \ldots, \overset{(N_G)}{\boldsymbol{G}_\theta}) \end{aligned} \tag{5.98}$$

annehmen. Entsprechend gilt, unter Verwendung der Definition der Rivlin-Ericksen-Tensoren (vgl. Abschn. 1.3.3)

$$\boldsymbol{A}_n = \overset{(n)}{\boldsymbol{C}}_t, \tag{5.99}$$

für ein Material mit begrenztem Gedächtnis und Materialgleichungen der Form (5.74), dass es vom Grad N_C bezüglich $\boldsymbol{C}_t$, vom Grad N_θ bezüglich θ und vom Grad N_g bezüglich $\boldsymbol{g}_\theta$ ist, wenn seine Materialgleichungen

$$\begin{aligned}
\boldsymbol{t} &= \check{\boldsymbol{t}}\,(\boldsymbol{A}_0, \boldsymbol{A}_1, \ldots, \boldsymbol{A}_{N_C}, \theta, \dot{\theta}, \ldots, \overset{(N_\theta)}{\theta}, \boldsymbol{g}_\theta, \dot{\boldsymbol{g}}_\theta, \ldots, \overset{(N_g)}{\boldsymbol{g}}_\theta, \boldsymbol{B}),\\
\boldsymbol{q} &= \check{\boldsymbol{q}}\,(\boldsymbol{A}_0, \boldsymbol{A}_1, \ldots, \boldsymbol{A}_{N_C}, \theta, \dot{\theta}, \ldots, \overset{(N_\theta)}{\theta}, \boldsymbol{g}_\theta, \dot{\boldsymbol{g}}_\theta, \ldots, \overset{(N_g)}{\boldsymbol{g}}_\theta, \boldsymbol{B}),\\
u &= \check{u}\,(\boldsymbol{A}_0, \boldsymbol{A}_1, \ldots, \boldsymbol{A}_{N_C}, \theta, \dot{\theta}, \ldots, \overset{(N_\theta)}{\theta}, \boldsymbol{g}_\theta, \dot{\boldsymbol{g}}_\theta, \ldots, \overset{(N_g)}{\boldsymbol{g}}_\theta, \boldsymbol{B})
\end{aligned} \tag{5.100}$$

lauten. Wie bereits erwähnt, sind die $\check{\boldsymbol{t}}$, $\check{\boldsymbol{q}}$ und $\check{u}$ nun keine Funktionale mehr, sondern normale Funktionen, d. h., die diversen Unabhängigen sind nur an dem Ort $\boldsymbol{X}$ bzw. $\boldsymbol{x}$ und zu der Zeit t zu nehmen, an denen die Materialgrößen berechnet werden sollen.

Es wäre auch denkbar, die Anzahl der Zeitableitungen in den jeweils drei Materialgleichungen für $\boldsymbol{t}$, $\boldsymbol{q}$ und u unterschiedlich zu wählen, sodass beispielsweise in (5.98) N_F für die Spannung und den Wärmefluss verschieden sein könnte. Es hat sich jedoch bewährt, dies nicht zu tun, und somit in allen Materialgleichungen eines bestimmten Materials denselben Satz von unabhängigen Größen anzusetzen. Das bezeichnet man als *Äquipräsenzregel.*

Abschließend sei noch gesagt, dass nur Materialgleichungen mit $N_\theta = 0$, 1 und $N_G = 0$ bzw. $N_g = 0$ von praktischer Bedeutung sind.

5.4.3 Darstellungssätze für isotrope Funktionen

Wir betrachten nun *isotrope* Materialien mit begrenztem Gedächtnis. In diesem Fall müssen, wie im Fall eines unbegrenzten Gedächtnisses auch, die Materialfunktionen in (5.98) und (5.100) isotrope Funktionen ihrer Argumente sein. Nun lassen sich für isotrope Funktionen allgemeine Darstellungen ermitteln, mit denen wir uns im folgenden beschäftigen werden.

Darstellung skalarer isotroper Funktionen von einem symmetrischen Tensor und einem Vektor

Sei a eine skalare isotrope Funktion von einem symmetrischen Tensor $\boldsymbol{S}$ und einem Vektor $\boldsymbol{v}$. Dann muss a gemäß der Definition isotroper Funktionen für alle eigentlich orthogonalen $\boldsymbol{Q}$ die Bedingung

$$a(\boldsymbol{S}, \boldsymbol{v}) = a(\boldsymbol{Q} \cdot \boldsymbol{S} \cdot \boldsymbol{Q}^{\mathrm{T}}, \boldsymbol{Q} \cdot \boldsymbol{v}) \tag{5.101}$$

erfüllen. Das bedeutet, dass a nicht in beliebiger Weise von den Komponenten S_{ij} und v_i abhängen kann, sondern nur von deren skalaren Invarianten, denn diese sind von $\boldsymbol{Q}$ unabhängig.

Wir müssen daher den vollständigen Satz dieser Invarianten ermitteln. Es gibt drei unabhängige Invarianten der Tensors $\boldsymbol{S}$ (vgl. Abschn. 2.8.2), nämlich

$$I_S = \operatorname{tr}\boldsymbol{S}, \quad II_S = \tfrac{1}{2}((\operatorname{tr}\boldsymbol{S})^2 - \operatorname{tr}(\boldsymbol{S}^2)), \quad III_S = \det\boldsymbol{S}, \tag{5.102}$$

und eine Invariante des Vektors $\boldsymbol{v}$, das Skalarprodukt $\boldsymbol{v}\cdot\boldsymbol{v}$. Aus Kombinationen von $\boldsymbol{S}$ und $\boldsymbol{v}$ lassen sich beliebig viele weitere Invarianten bilden, nämlich

$$\boldsymbol{v}\cdot\boldsymbol{S}\cdot\boldsymbol{v}, \quad \boldsymbol{v}\cdot\boldsymbol{S}^2\cdot\boldsymbol{v}, \quad \boldsymbol{v}\cdot\boldsymbol{S}^3\cdot\boldsymbol{v}, \quad \ldots \quad \boldsymbol{v}\cdot\boldsymbol{S}^n\cdot\boldsymbol{v}, \quad \ldots; \tag{5.103}$$

jedoch sind diese nicht alle unabhängig: Nach dem Satz von Cayley-Hamilton, welcher in Worten besagt, dass jede Matrix ihr eigenes charakteristisches Polynom erfüllt, ist

$$\boldsymbol{S}^3 - I_S\boldsymbol{S}^2 + II_S\boldsymbol{S} - III_S = 0, \tag{5.104}$$

sodass sich alle Invarianten $\boldsymbol{v}\cdot\boldsymbol{S}^n\cdot\boldsymbol{v}$ mit $n \geq 3$ durch $\boldsymbol{v}\cdot\boldsymbol{v}$, $\boldsymbol{v}\cdot\boldsymbol{S}\cdot\boldsymbol{v}$, $\boldsymbol{v}\cdot\boldsymbol{S}^2\cdot\boldsymbol{v}$ sowie die drei Invarianten von $\boldsymbol{S}$ ausdrücken lassen. Ein vollständiger Satz von Invarianten der Komponenten von $\boldsymbol{S}$ und $\boldsymbol{v}$ ist also

$$I_S,\ II_S,\ III_S,\ \boldsymbol{v}\cdot\boldsymbol{v},\ \boldsymbol{v}\cdot\boldsymbol{S}\cdot\boldsymbol{v},\ \boldsymbol{v}\cdot\boldsymbol{S}^2\cdot\boldsymbol{v}. \tag{5.105}$$

Somit ist die allgemeine Darstellung der skalaren isotropen Funktion a

$$a(\boldsymbol{S},\boldsymbol{v}) = a(I_S,\ II_S,\ III_S,\ \boldsymbol{v}\cdot\boldsymbol{v},\ \boldsymbol{v}\cdot\boldsymbol{S}\cdot\boldsymbol{v},\ \boldsymbol{v}\cdot\boldsymbol{S}^2\cdot\boldsymbol{v}). \tag{5.106}$$

Falls a darüber hinaus von beliebig vielen skalaren Größen abhängt, finden sich diese auf der rechten Seite von (5.106) als zusätzliche Variable unverändert wieder.

Darstellung vektorieller isotroper Funktionen von einem symmetrischen Tensor und einem Vektor

Sei nun $\boldsymbol{r}$ eine vektorielle isotrope Funktion von einem symmetrischen Tensor $\boldsymbol{S}$ und einem Vektor $\boldsymbol{v}$. Die Bedingung dafür lautet

$$\boldsymbol{Q}\cdot\boldsymbol{r}(\boldsymbol{S},\boldsymbol{v}) = \boldsymbol{r}(\boldsymbol{Q}\cdot\boldsymbol{S}\cdot\boldsymbol{Q}^{\mathrm{T}},\boldsymbol{Q}\cdot\boldsymbol{v}). \tag{5.107}$$

Um hier weiterzukommen, führen wir einen zusätzlichen Vektor $\boldsymbol{c}$ ein, und definieren die Funktion

$$B(\boldsymbol{S},\boldsymbol{v},\boldsymbol{c}) = \boldsymbol{c}\cdot\boldsymbol{r}(\boldsymbol{S},\boldsymbol{v}), \tag{5.108}$$

welche dann offenbar eine skalare isotrope Funktion von $\boldsymbol{S}$, $\boldsymbol{v}$ und $\boldsymbol{c}$ sein muss. Analog zu oben ist

$$\begin{aligned} I_S,\ II_S,\ III_S, \quad & \boldsymbol{v}\cdot\boldsymbol{v}, \quad \boldsymbol{v}\cdot\boldsymbol{S}\cdot\boldsymbol{v}, \quad \boldsymbol{v}\cdot\boldsymbol{S}^2\cdot\boldsymbol{v}, \\ & \boldsymbol{c}\cdot\boldsymbol{v}, \quad \boldsymbol{c}\cdot\boldsymbol{S}\cdot\boldsymbol{v}, \quad \boldsymbol{c}\cdot\boldsymbol{S}^2\cdot\boldsymbol{v}, \\ & \boldsymbol{c}\cdot\boldsymbol{c}, \quad \boldsymbol{c}\cdot\boldsymbol{S}\cdot\boldsymbol{c}, \quad \boldsymbol{c}\cdot\boldsymbol{S}^2\cdot\boldsymbol{c} \end{aligned} \tag{5.109}$$

ein vollständiger Satz von Invarianten dieser drei Größen. Wäre B eine beliebige Funktion von $\boldsymbol{S}$, $\boldsymbol{v}$ und $\boldsymbol{c}$, könnte sie in beliebiger Weise von diesen zwölf Invarianten abhängen. Da B jedoch nach Konstruktion linear in $\boldsymbol{c}$ ist, muss es als Linearkombination der drei in $\boldsymbol{c}$ linearen Invarianten darstellbar sein,

$$B = \alpha\,\boldsymbol{c}\cdot\boldsymbol{v} + \beta\,\boldsymbol{c}\cdot\boldsymbol{S}\cdot\boldsymbol{v} + \gamma\,\boldsymbol{c}\cdot\boldsymbol{S}^2\cdot\boldsymbol{v}, \tag{5.110}$$

wobei die Koeffizientenfunktionen α, β und γ noch von den sechs Invarianten, die $\boldsymbol{c}$ nicht enthalten, abhängen können. Da $\boldsymbol{c}$ ein beliebiger Vektor ist, ergibt sich durch Vergleich von (5.108) und (5.110) die allgemeine Darstellung der vektoriellen isotropen Funktion $\boldsymbol{r}$,

$$\boldsymbol{r}(\boldsymbol{S},\boldsymbol{v}) = \alpha\,\boldsymbol{v} + \beta\,\boldsymbol{S}\cdot\boldsymbol{v} + \gamma\,\boldsymbol{S}^2\cdot\boldsymbol{v}, \tag{5.111}$$

mit

$$\alpha,\ \beta,\ \gamma = \alpha,\ \beta,\ \gamma\,(I_S,\ II_S,\ III_S,\ \boldsymbol{v}\cdot\boldsymbol{v},\ \boldsymbol{v}\cdot\boldsymbol{S}\cdot\boldsymbol{v},\ \boldsymbol{v}\cdot\boldsymbol{S}^2\cdot\boldsymbol{v}). \tag{5.112}$$

Darstellung symmetrischer tensorieller isotroper Funktionen von einem symmetrischen Tensor und einem Vektor

Sei $\boldsymbol{T}$ eine symmetrische tensorielle isotrope Funktion von einem symmetrischen Tensor $\boldsymbol{S}$ und einem Vektor $\boldsymbol{v}$. Dann gilt

$$\boldsymbol{Q}\cdot\boldsymbol{T}(\boldsymbol{S},\boldsymbol{v})\cdot\boldsymbol{Q}^{\mathrm{T}} = \boldsymbol{T}(\boldsymbol{Q}\cdot\boldsymbol{S}\cdot\boldsymbol{Q}^{\mathrm{T}},\boldsymbol{Q}\cdot\boldsymbol{v}). \tag{5.113}$$

Entsprechend der Vorgehensweise bei den vektoriellen isotropen Funktionen führen wir jetzt einen zusätzlichen symmetrischen Tensor $\boldsymbol{A}$ ein, und setzen

$$F(\boldsymbol{S},\boldsymbol{v},\boldsymbol{A}) = \mathrm{tr}\,(\boldsymbol{A}\cdot\boldsymbol{T}(\boldsymbol{S},\boldsymbol{v})), \quad \text{bzw. } F(\boldsymbol{S},\boldsymbol{v},\boldsymbol{A}) = A_{ij}T_{ij}(\boldsymbol{S},\boldsymbol{v}), \tag{5.114}$$

sodass F eine skalare isotrope Funktion wird.

Wir rechnen nun in Indexschreibweise weiter, da sich die folgenden Ausdrücke so einfacher schreiben lassen. Analog zu obiger Argumentation muss sich F darstellen lassen als Linearkombination der in $\boldsymbol{A}$ linearen Invarianten von $\boldsymbol{S}$, $\boldsymbol{v}$ und $\boldsymbol{A}$,

$$A_{ii},\ A_{ij}S_{ij},\ A_{ij}S^2_{ij},\ v_iA_{ij}v_j,\ v_kS_{ki}A_{ij}v_j,\ v_kS^2_{ki}A_{ij}v_j \tag{5.115}$$

($S^2_{ij} = S_{il}S_{lj}$ meint die ij-Komponente von $\boldsymbol{S}^2$; der Beweis, dass es nicht mehr unabhängige derartige Invarianten gibt, ist recht schwierig). Es ist also

$$\begin{aligned} F = {} & a\,A_{ij}\delta_{ij} + b\,A_{ij}S_{ij} + c\,A_{ij}S^2_{ij} + d\,v_iA_{ij}v_j \\ & + e\,v_kS_{ki}A_{ij}v_j + f\,v_kS^2_{ki}A_{ij}v_j; \end{aligned} \tag{5.116}$$

die Koeffizientenfunktionen a-f hängen wiederum von den sechs Invarianten von $\boldsymbol{S}$ und $\boldsymbol{v}$ ab. Durch Vergleich von (5.114) und (5.116) resultiert die allgemeine Darstellung der symmetrischen tensoriellen isotropen Funktion $\boldsymbol{T}$,

$$T_{ij}(\boldsymbol{S},\boldsymbol{v}) = a\,\delta_{ij} + b\,S_{ij} + c\,S^2_{ij} + d\,v_i v_j + e\,v_k S_{k(i}v_{j)} + f\,v_k S^2_{k(i}v_{j)}. \quad (5.117)$$

Dabei bedeuten runde Klammern um Paare von Indices die Symmetrisierung, d. h., $(\cdot)_{(ij)} = \frac{1}{2}[(\cdot)_{ij} + (\cdot)_{ji}]$. In symbolischer Notation haben wir also

$$\begin{aligned} \boldsymbol{T}(\boldsymbol{S},\boldsymbol{v}) &= a\,\mathbf{1} + b\,\boldsymbol{S} + c\,\boldsymbol{S}^2 + d\,\boldsymbol{v}\,\boldsymbol{v} \\ &\quad + e\,\mathrm{sym}\Big(\boldsymbol{v}\cdot(\boldsymbol{S}\,\boldsymbol{v})\Big) + f\,\mathrm{sym}\Big(\boldsymbol{v}\cdot(\boldsymbol{S}^2\,\boldsymbol{v})\Big), \end{aligned} \quad (5.118)$$

mit

$$\begin{aligned} &a,\ b,\ c,\ d,\ e,\ f \\ &= a,\ b,\ c,\ d,\ e,\ f\,(I_S,\ I\!I_S,\ I\!I\!I_S,\ \boldsymbol{v}\cdot\boldsymbol{v},\ \boldsymbol{v}\cdot\boldsymbol{S}\cdot\boldsymbol{v},\ \boldsymbol{v}\cdot\boldsymbol{S}^2\cdot\boldsymbol{v}). \end{aligned} \quad (5.119)$$

5.5 Beispiele für isotrope Materialien mit begrenztem Gedächtnis

5.5.1 Elastischer Festkörper

Unter einem *elastischen Festkörper* versteht man ein Material der Form (5.98), bei dem überhaupt keine Temperaturabhängigkeiten bestehen, und weiterhin $N_F = 0$ gilt. Die Materialgleichungen $(5.98)_{2,3}$ sind daher gänzlich überflüssig, und $(5.98)_1$ lautet einfach

$$\boldsymbol{t} = \check{\boldsymbol{t}}(\boldsymbol{F}); \quad (5.120)$$

vgl. Kap. 3. Wir wissen bereits, dass wegen der Objektivitätsforderung die Abhängigkeit von $\boldsymbol{F}$ nur in der speziellen Form (5.63) bestehen kann, mithin

$$\boldsymbol{t} = \boldsymbol{R}\cdot\check{\boldsymbol{t}}(\boldsymbol{C})\cdot\boldsymbol{R}^{\mathrm{T}} \quad (5.121)$$

folgt. Weiter besagt die Isotropieforderung, dass dieses $\check{\boldsymbol{t}}$ eine isotrope Funktion von $\boldsymbol{C}$ sein muss. Nach obigem Darstellungssatz für symmetrische tensorielle isotrope Funktionen ist daher

$$\boldsymbol{t} = \boldsymbol{R}\cdot\Big(a_0\,\mathbf{1} + a_1\,\boldsymbol{C} + a_2\,\boldsymbol{C}^2\Big)\cdot\boldsymbol{R}^{\mathrm{T}}, \qquad a_i = a_i(I_C,\ I\!I_C,\ I\!I\!I_C), \quad (5.122)$$

und mit $\boldsymbol{B} = \boldsymbol{R}\cdot\boldsymbol{C}\cdot\boldsymbol{R}^{\mathrm{T}}$, woraus auch die Gleichheit der Invarianten von $\boldsymbol{C}$ und $\boldsymbol{B}$ resultiert, folgt weiter

$$\boldsymbol{t} = a_0\,\mathbf{1} + a_1\,\boldsymbol{B} + a_2\,\boldsymbol{B}^2, \qquad a_i = a_i(I_B,\ I\!I_B,\ I\!I\!I_B). \quad (5.123)$$

Das ist also die allgemeine Darstellung der Materialgleichung eines isotropen elastischen Festkörpers, wie bereits am Anfang von Kap. 3 behauptet (vgl. (3.2)).

Man kann das auch erhalten, wenn man anstelle von (5.98) von der relativen Darstellung (5.100) ausgeht, entsprechend $N_C = 0$ wählt und keine Temperaturabhängigkeiten betrachtet. Dann ist nämlich

$$\boldsymbol{t} = \check{\boldsymbol{t}}(\boldsymbol{A}_0, \boldsymbol{B}), \tag{5.124}$$

wobei die Abhängigkeit von $\boldsymbol{A}_0$ wegen $\boldsymbol{A}_0 = \boldsymbol{1}$ redundant ist. Aus den Darstellungssätzen erhalten wir daher sofort die Beziehung (5.123).

Problem 5.3 *Anisotroper linear-elastischer Festkörper in geometrischer Linearisierung.*

Wie betrachten einen anisotropen linear-elastischen Festkörper für kleine Verschiebungen und Verschiebungsgradienten in der Näherung der geometrischen Linearisierung. Dessen Materialgesetz sei in Erweiterung des Hookeschen Gesetzes (3.4)

$$\boldsymbol{t} = \boldsymbol{E} \cdot\cdot\, \boldsymbol{\varepsilon}, \qquad \text{bzw.} \quad t_{ij} = E_{ijkl}\, \varepsilon_{kl}, \tag{5.125}$$

wobei $\boldsymbol{E}$ der Elastizitätstensor 4. Stufe mit $3^4 = 81$ Komponenten ist.

(a) Man zeige, dass sich aufgrund der Symmetrien von $\boldsymbol{t}$ und $\boldsymbol{\varepsilon}$ die Anzahl der unabhängigen Komponenten von $\boldsymbol{E}$ auf 36 verringert („hypoelastisches Material“).

(b) Unter der zusätzlichen Voraussetzung, dass ein skalares Potential $U = \tilde{U}(\boldsymbol{t}) = \hat{U}(\boldsymbol{\varepsilon})$ („Formänderungsenergiedichte“) mit der Eigenschaft

$$\varepsilon_{ij} = \frac{\partial \tilde{U}}{\partial t_{ij}}, \qquad t_{ij} = \frac{\partial \hat{U}}{\partial \varepsilon_{ij}} \tag{5.126}$$

existiert, zeige man, dass noch 21 unabhängige Komponenten von $\boldsymbol{E}$ verbleiben („hyperelastisches Material“).

(c) Welche Form haben der Elastizitätstensor $\boldsymbol{E}$ und das Potential $U = \hat{U}(\boldsymbol{\varepsilon})$ für den isotropen linear-elastischen Festkörper, der durch das Hookesche Gesetz (3.4) beschrieben wird?

Lösung. (a) Aufgrund von $t_{ij} = t_{ji}$ gilt

$$t_{ij} = E_{ijkl}\, \varepsilon_{kl} = t_{ji} = E_{jikl}\, \varepsilon_{kl} \tag{5.127}$$

für beliebige ε_{kl}. Das ist nur möglich, wenn

$$E_{ijkl} = E_{jikl}, \tag{5.128}$$

der Elastizitätstensor ist also symmetrisch bzgl. der beiden vorderen Indices. Wegen $\varepsilon_{ij} = \varepsilon_{ji}$ gilt weiter

$$t_{ij} = E_{ijkl}\, \varepsilon_{kl} = E_{ijkl}\, \varepsilon_{lk} = E_{ijlk}\, \varepsilon_{kl}, \tag{5.129}$$

was für beliebige ε_{kl} nur mit

$$E_{ijkl} = E_{ijlk} \tag{5.130}$$

erfüllbar ist. Der Elastizitätstensor ist also auch symmetrisch bzgl. der beiden hinteren Indices. Da ein symmetrischer Tensor 2. Stufe sechs unabhängige Elemente hat, erhalten wir für $\boldsymbol{E}$ noch $6^2 = 36$ unabhängige Elemente.

(b) Wir haben

$$\frac{\partial \hat{U}}{\partial \varepsilon_{ij}} = t_{ij} = E_{ijkl}\, \varepsilon_{kl}, \tag{5.131}$$

und daher

$$\frac{\partial}{\partial \varepsilon_{mn}} \left(\frac{\partial \hat{U}}{\partial \varepsilon_{ij}} \right) = \frac{\partial}{\partial \varepsilon_{mn}} (E_{ijkl}\, \varepsilon_{kl}) = E_{ijmn}, \tag{5.132}$$

sowie aufgrund der Vertauschbarkeit von mehrfachen partiellen Ableitungen

$$\frac{\partial}{\partial \varepsilon_{mn}} \left(\frac{\partial \hat{U}}{\partial \varepsilon_{ij}} \right) = \frac{\partial}{\partial \varepsilon_{ij}} \left(\frac{\partial \hat{U}}{\partial \varepsilon_{mn}} \right) = \frac{\partial}{\partial \varepsilon_{ij}} (E_{mnkl}\, \varepsilon_{kl}) = E_{mnij}. \tag{5.133}$$

Folglich gilt die Symmetrie

$$E_{ijmn} = E_{mnij}. \tag{5.134}$$

Für die sechs unabhängigen Elemente $E_{1111}, E_{1212}, E_{1313}, E_{2222}, E_{2323}, E_{3333}$ ist das sowieso klar, die anderen 30 Elemente werden durch diese Symmetrie zu 15 unabhängigen Elementen. Folglich verbleiben 21 unabhängigen Elemente.

(c) Wir vergleichen (5.125) mit dem Hookesches Gesetz (3.4),

$$t_{ij} = E_{ijkl}\, \varepsilon_{kl} = \lambda\, \varepsilon_{nn}\, \delta_{ij} + 2\mu\, \varepsilon_{ij} \tag{5.135}$$

(Summation über k, l und n!), und lesen ab

$$\begin{aligned} &E_{iiii} &&= \lambda + 2\mu && \text{(keine Summation)}, \\ &E_{iijj} &&= \lambda && (i \neq j, \text{ keine Summation}), \\ &E_{ijij} = E_{ijji} &&= 2\mu && (i \neq j, \text{ keine Summation}). \end{aligned} \tag{5.136}$$

Alle übrigen Elemente von $\boldsymbol{E}$ sind Null. Damit ist insbesondere die Symmetrie (5.134) erfüllt, sodass ein Potential U existiert. Für dieses gilt in der Darstellung $U = \hat{U}(\boldsymbol{\varepsilon})$ offenbar

$$U = \hat{U}(\boldsymbol{\varepsilon}) = \frac{1}{2} E_{ijkl}\, \varepsilon_{ij}\, \varepsilon_{kl}, \tag{5.137}$$

denn diese Funktion hat wegen

$$\begin{aligned}\frac{\partial \hat{U}}{\partial \varepsilon_{mn}} &= \frac{\partial}{\partial \varepsilon_{mn}}\Big(\frac{1}{2}E_{ijkl}\,\varepsilon_{ij}\,\varepsilon_{kl}\Big)\\ &= \frac{1}{2}E_{ijkl}\,(\delta_{im}\delta_{jn}\,\varepsilon_{kl} + \varepsilon_{ij}\,\delta_{km}\delta_{ln})\\ &= \frac{1}{2}E_{mnkl}\,\varepsilon_{kl} + \frac{1}{2}E_{ijmn}\,\varepsilon_{ij}\\ &= \frac{1}{2}E_{mnkl}\,\varepsilon_{kl} + \frac{1}{2}E_{mnij}\,\varepsilon_{ij} = E_{mnij}\,\varepsilon_{ij} = t_{mn} \qquad (5.138)\end{aligned}$$

die geforderte Eigenschaft $(5.126)_2$. Mit (5.135) und (5.137) erhält man

$$\begin{aligned}U = \hat{U}(\boldsymbol{\varepsilon}) &= \frac{1}{2}\,\varepsilon_{ij}\,(\lambda\,\varepsilon_{nn}\,\delta_{ij} + 2\mu\,\varepsilon_{ij})\\ &= \frac{\lambda}{2}\,\varepsilon_{ii}\,\varepsilon_{nn} + \mu\,\varepsilon_{ij}\,\varepsilon_{ij} = \frac{\lambda}{2}\,(\operatorname{tr}\boldsymbol{\varepsilon})^2 + \mu\operatorname{tr}(\boldsymbol{\varepsilon}^2) \qquad (5.139)\end{aligned}$$

als Potential des isotropen linear-elastischen Festkörpers.

■

5.5.2 Viskoelastischer Festkörper

Unter Viskosität versteht man allgemein eine Abhängigkeit der Materialgrößen von der Geschichte des Deformationsgradienten. Entsprechend ist ein *viskoelastischer Festkörper* definiert durch $N_C = 1$ (wenn man von der relativen Darstellung (5.100) ausgeht); Temperatureffekte bleiben wieder unberücksichtigt. Wegen $\boldsymbol{A}_0 = \mathbf{1}$ und $\boldsymbol{A}_1 = 2\boldsymbol{D}$ lautet die Materialgleichung zunächst

$$\boldsymbol{t} = \check{\boldsymbol{t}}(\boldsymbol{A}_0, \boldsymbol{A}_1, \boldsymbol{B}) = \check{\boldsymbol{t}}(\boldsymbol{B}, \boldsymbol{D}); \qquad (5.140)$$

d. h., $\check{\boldsymbol{t}}$ hängt von zwei symmetrischen Tensoren ab. Da wir für diesen Fall keine Darstellungssätze bewiesen haben, sei auf eine Reduktion dieser Gleichung verzichtet.

5.5.3 Thermoelastischer Festkörper

Ein *klassischer (nicht-klassischer) thermoelastischer Festkörper* ist ein Material mit $N_C = 0$, $N_\theta = 0\,(1)$ und $N_g = 0$ (wir beschränken uns auf die relative Darstellung (5.100)), also

$$\boldsymbol{t} = \check{\boldsymbol{t}}(\theta, (\dot{\theta}), \boldsymbol{g}_\theta, \boldsymbol{B}), \quad \boldsymbol{q} = \check{\boldsymbol{q}}(\theta, (\dot{\theta}), \boldsymbol{g}_\theta, \boldsymbol{B}), \quad u = \check{u}(\theta, (\dot{\theta}), \boldsymbol{g}_\theta, \boldsymbol{B}). \qquad (5.141)$$

Hieraus ergibt sich mit den Darstellungssätzen für isotrope Funktionen

$$\begin{aligned}\boldsymbol{t} &= a_0\,\mathbf{1} + a_1\,\boldsymbol{B} + a_2\,\boldsymbol{B}^2 + a_3\,\boldsymbol{g}_\theta\,\boldsymbol{g}_\theta\\ &\quad + a_4\operatorname{sym}\Big(\boldsymbol{g}_\theta\cdot(\boldsymbol{B}\,\boldsymbol{g}_\theta)\Big) + a_5\operatorname{sym}\Big(\boldsymbol{g}_\theta\cdot(\boldsymbol{B}^2\,\boldsymbol{g}_\theta)\Big),\\ \boldsymbol{q} &= -\kappa\,\boldsymbol{g}_\theta + c_1\,\boldsymbol{B}\cdot\boldsymbol{g}_\theta + c_2\,\boldsymbol{B}^2\cdot\boldsymbol{g}_\theta,\\ u &= \check{u}(\theta,\,(\dot{\theta}),\,I_B,\,II_B,\,III_B,\,\boldsymbol{g}_\theta\cdot\boldsymbol{g}_\theta,\,\boldsymbol{g}_\theta\cdot\boldsymbol{B}\cdot\boldsymbol{g}_\theta,\,\boldsymbol{g}_\theta\cdot\boldsymbol{B}^2\cdot\boldsymbol{g}_\theta),\end{aligned} \qquad (5.142)$$

wobei die skalaren Funktionen a_i, κ und c_i vom gleichen Satz von Argumenten abhängen wie die Materialfunktion $\check{u}$ für die innere Energie. κ wird im übrigen als *Wärmeleitfähigkeit* bezeichnet.

Es wäre noch die Objektivität dieser Darstellung zu zeigen. Wir wollen das nicht explizit durchführen; es folgt aus der Tatsache, dass alle auf den rechten Seiten vorkommenden Größen objektive Tensoren, Vektoren bzw. Skalare sind (siehe unten; Abschn. 5.5.5).

5.5.4 Elastisches (barotropes) Fluid

Analog zum elastischen Festkörper ist ein *elastisches Fluid* (auch als *barotropes Fluid* bezeichnet) ein Material ohne Temperaturabhängigkeiten und mit $N_C = 0$. Wir haben bereits gesehen (vgl. (5.95)), dass sich für Fluide die Abhängigkeit von $\boldsymbol{B}$ in (5.100) auf eine Abhängigkeit von ρ reduziert; es gilt also ($\boldsymbol{A}_0$ wie gehabt weggelassen)

$$\boldsymbol{t} = \check{\boldsymbol{t}}(\rho). \tag{5.143}$$

Nach den Darstellungssätzen folgt daraus

$$\boldsymbol{t} = -p(\rho)\,\mathbf{1}. \tag{5.144}$$

Die skalare Funktion p hat die Bedeutung eines *Druckes*, welcher offenbar nur von der Dichte abhängt. Der Spannungszustand eines elastischen Fluids ist somit stets rein hydrostatisch. Die Objektivität dieser einfachen Materialgleichung ist trivial.

5.5.5 Viskoses Fluid

Für ein *viskoses Fluid* ist $N_C = 1$, sodass analog zum viskoelastischen Festkörper aus (5.100)

$$\boldsymbol{t} = \check{\boldsymbol{t}}(\boldsymbol{A}_0, \boldsymbol{A}_1, \rho) = \check{\boldsymbol{t}}(\boldsymbol{D}, \rho) \tag{5.145}$$

folgt. Mit den Darstellungssätzen reduziert sich das auf

$$\boldsymbol{t} = a_0\,\mathbf{1} + 2\eta\,\boldsymbol{D} + a_2\,\boldsymbol{D}^2, \qquad a_i,\, \eta = a_i,\, \eta(\rho,\, I_D,\, II_D,\, III_D). \tag{5.146}$$

Die Funktion η wird als *(Scher-)Viskosität* bezeichnet. Auch diese Materialgleichung ist nicht automatisch objektiv.

Problem 5.4 *Objektivität der Materialgleichung des viskosen Fluids.*

Man beweise für die Materialgleichung (5.146) des viskosen Fluids explizit, dass diese dem Prinzip der materiellen Objektivität genügt.

Lösung. Zum direkten Beweis der Objektivität von (5.146) multiplizieren wir von links mit $\boldsymbol{O}^\star$ und von rechts mit $\boldsymbol{O}^{\star\mathrm{T}}$,

$$\begin{aligned}\boldsymbol{O}^\star \cdot \boldsymbol{t} \cdot \boldsymbol{O}^{\star\mathrm{T}} &= a_0\, \boldsymbol{O}^\star \cdot \mathbf{1} \cdot \boldsymbol{O}^{\star\mathrm{T}} + 2\eta\, \boldsymbol{O}^\star \cdot \boldsymbol{D} \cdot \boldsymbol{O}^{\star\mathrm{T}} \\ &\quad + a_2\, \boldsymbol{O}^\star \cdot \boldsymbol{D} \cdot \boldsymbol{O}^{\star\mathrm{T}} \cdot \boldsymbol{O}^\star \cdot \boldsymbol{D} \cdot \boldsymbol{O}^{\star\mathrm{T}}, \\ a_i,\, \eta &= a_i,\, \eta(\rho,\, I_D,\, II_D,\, III_D).\end{aligned} \tag{5.147}$$

Nun sind $\boldsymbol{t}$ und $\boldsymbol{D}$ objektive Tensoren und ρ sowie die Invarianten von $\boldsymbol{D}$ objektive Skalare, sodass sich daraus

$$\boldsymbol{t}^\star = a_0\, \mathbf{1} + 2\eta\, \boldsymbol{D}^\star + a_2\, (\boldsymbol{D}^\star)^2, \qquad a_i,\, \eta = a_i,\, \eta(\rho^\star,\, I_D^\star,\, II_D^\star,\, III_D^\star) \tag{5.148}$$

ergibt. Das ist derselbe Funktionszusammenhang wie im ungesternten System, was zu zeigen war.

Dieser einfache Beweis zeigt im Übrigen, dass ein Zusammenhang zwischen der materiellen Objektivität von Materialfunktionen einerseits und der Objektivität von kontinuumsmechanischen Größen andererseits besteht. Materialfunktionen genügen nämlich genau dann dem Prinzip der materiellen Objektivität, wenn sie mit ausschließlich objektiven Größen aufgestellt sind. Bei Materialfunktionalen mit Geschichtsabhängigkeit ist das allerdings nicht mehr automatisch gewährleistet.

■

5.5.6 Dichtebeständiges viskoses Fluid

Die Behandlung dichtebeständiger Materialien wurde bereits in Kap. 3 am Beispiel des linear-elastischen Festkörpers erläutert. Der Clou dabei ist, dass der Spannungstensor additiv in einen isotropen Kugeltensor $-p\,\mathbf{1}$ (p: Druck) und einen Spannungsdeviator $\boldsymbol{t}^{\mathrm{D}}$ zu zerlegen ist,

$$\boldsymbol{t} = -p\,\mathbf{1} + \boldsymbol{t}^{\mathrm{D}}, \tag{5.149}$$

wobei nur $\boldsymbol{t}^{\mathrm{D}}$ durch eine Materialgleichung bestimmt ist. p stellt dagegen eine freie Feldgröße (zusätzliche Unabhängige) dar, ist also keine Materialgröße.

Mit diesen Vorüberlegungen folgt aus (5.146) für die Materialgleichung des dichtebeständigen viskosen Fluids

$$\begin{aligned}\boldsymbol{t}^{\mathrm{D}} &= \Big(a_0\, \mathbf{1} + 2\eta\, \boldsymbol{D} + a_2\, \boldsymbol{D}^2\Big)^{\mathrm{D}} \\ &= a_0\, \mathbf{1} + 2\eta\, \boldsymbol{D} + a_2\, \boldsymbol{D}^2 - \tfrac{1}{3}\mathrm{tr}\,(a_0\, \mathbf{1} + 2\eta\, \boldsymbol{D} + a_2\, \boldsymbol{D}^2)\, \mathbf{1} \\ &= a_0\, \mathbf{1} + 2\eta\, \boldsymbol{D} + a_2\, \boldsymbol{D}^2 - a_0\, \mathbf{1} - \tfrac{1}{3}a_2\, \mathrm{tr}\,(\boldsymbol{D}^2)\, \mathbf{1} \\ &= 2\eta\, \boldsymbol{D} + a_2\, \boldsymbol{D}^2 - \tfrac{1}{3}a_2\, \Big((\mathrm{tr}\, \boldsymbol{D})^2 - 2II_D\Big)\, \mathbf{1}\end{aligned}$$

$$\begin{aligned}\Rightarrow\ \boldsymbol{t}^{\mathrm{D}} &= 2\eta\, \boldsymbol{D} + a_2\, \Big(\boldsymbol{D}^2 + \tfrac{2}{3}II_D\, \mathbf{1}\Big), \\ &\qquad a_2,\, \eta = a_2,\, \eta(II_D,\, III_D).\end{aligned} \tag{5.150}$$

Dabei sind die Abhängigkeiten von ρ und I_D entfallen, denn ρ ist beim dichtebeständigen Material bekannt, und aufgrund der Massenbilanz gilt $I_D = \operatorname{tr} \boldsymbol{D} = \operatorname{div} \boldsymbol{v} = 0$.

5.5.7 Wärmeleitendes Fluid

Ein *klassisches (nicht-klassisches) wärmeleitendes Fluid* ist ein Fluid mit $N_C = 0$, $N_\theta = 0\,(1)$ und $N_g = 0$, also

$$\boldsymbol{t} = \check{\boldsymbol{t}}(\theta, (\dot{\theta}), \boldsymbol{g}_\theta, \rho), \quad \boldsymbol{q} = \check{\boldsymbol{q}}(\theta, (\dot{\theta}), \boldsymbol{g}_\theta, \rho), \quad u = \check{u}(\theta, (\dot{\theta}), \boldsymbol{g}_\theta, \rho), \tag{5.151}$$

was sich mit den Darstellungssätzen zu

$$\begin{aligned} \boldsymbol{t} &= \sigma\,\mathbf{1} + \tau\,\boldsymbol{g}_\theta\,\boldsymbol{g}_\theta, \\ \boldsymbol{q} &= -\kappa\,\boldsymbol{g}_\theta, \\ u &= \check{u}(\rho,\,\theta,\,(\dot{\theta}),\,\boldsymbol{g}_\theta\cdot\boldsymbol{g}_\theta); \qquad \sigma,\,\tau,\,\kappa = \sigma,\,\tau,\,\kappa(\rho,\,\theta,\,(\dot{\theta}),\,\boldsymbol{g}_\theta\cdot\boldsymbol{g}_\theta) \end{aligned} \tag{5.152}$$

vereinfacht. Auch diese Materialgleichungen sind objektiv.

5.5.8 Viskoses wärmeleitendes Fluid

Für ein *klassisches (nicht-klassisches) viskoses wärmeleitendes Fluid* ist $N_C = 1$, $N_\theta = 0\,(1)$ und $N_g = 0$, sodass Auswertung von (5.100)

$$\begin{aligned} &\boldsymbol{t} = \check{\boldsymbol{t}}(\boldsymbol{D}, \theta, (\dot{\theta}), \boldsymbol{g}_\theta, \rho), \quad \boldsymbol{q} = \check{\boldsymbol{q}}(\boldsymbol{D}, \theta, (\dot{\theta}), \boldsymbol{g}_\theta, \rho), \\ &u = \check{u}(\boldsymbol{D}, \theta, (\dot{\theta}), \boldsymbol{g}_\theta, \rho) \end{aligned} \tag{5.153}$$

ergibt. In Analogie zum thermoelastischen Festkörper reduziert sich das mit den Darstellungssätzen zu

$$\begin{aligned} \boldsymbol{t} &= a_0\,\mathbf{1} + 2\eta\,\boldsymbol{D} + a_2\,\boldsymbol{D}^2 + a_3\,\boldsymbol{g}_\theta\,\boldsymbol{g}_\theta \\ &\quad + a_4 \operatorname{sym}\Big(\boldsymbol{g}_\theta\cdot(\boldsymbol{D}\,\boldsymbol{g}_\theta)\Big) + a_5 \operatorname{sym}\Big(\boldsymbol{g}_\theta\cdot(\boldsymbol{D}^2\,\boldsymbol{g}_\theta)\Big), \\ \boldsymbol{q} &= -\kappa\,\boldsymbol{g}_\theta + c_1\,\boldsymbol{D}\cdot\boldsymbol{g}_\theta + c_2\,\boldsymbol{D}^2\cdot\boldsymbol{g}_\theta, \\ u &= \check{u}(\rho,\,\theta,\,(\dot{\theta}),\,I_D,\,I\!I_D,\,I\!I\!I_D,\,\boldsymbol{g}_\theta\cdot\boldsymbol{g}_\theta,\,\boldsymbol{g}_\theta\cdot\boldsymbol{D}\cdot\boldsymbol{g}_\theta,\,\boldsymbol{g}_\theta\cdot\boldsymbol{D}^2\cdot\boldsymbol{g}_\theta). \end{aligned} \tag{5.154}$$

Dabei hängen die Funktionen a_i, η, κ und c_i vom gleichen Satz von Argumenten ab wie die Funktion $\check{u}$. Des weiteren lässt sich wie beim viskosen Fluid auch für diesen Satz von Materialgleichungen die Objektivität zeigen.

Problem 5.5 *Feldgleichungen für ein viskoses wärmeleitendes Fluid.*

Ein viskoses wärmeleitendes Fluid gehorche den Materialgleichungen

$$\begin{aligned} \boldsymbol{t} &= [-p(\rho,\,\theta) + \zeta \operatorname{tr}\boldsymbol{D}]\,\mathbf{1} + 2\eta\,\boldsymbol{D}^{\mathrm{D}}, \\ \boldsymbol{q} &= -\kappa\,\boldsymbol{g}_\theta, \\ u &= u_0 + c_{\mathrm{v}}\,\theta, \end{aligned} \tag{5.155}$$

welche einen Spezialfall von (5.154) darstellen. Dabei seien die Volumen- und Scherviskositäten ζ bzw. η, die Wärmeleitfähigkeit κ, die Referenzenergie u_0 und die spezifische Wärme c_v konstant. Wie lauten die zugehörigen Feldgleichungen der Thermodynamik?

Lösung. Die Massenbilanz (5.1),

$$\frac{\mathrm{d}\rho}{\mathrm{d}t} = -\rho \operatorname{div} \boldsymbol{v}, \tag{5.156}$$

hängt von keiner Materialgröße ab, gilt also für jedes beliebige Material und somit auch für das viskose wärmeleitende Fluid (5.155) als Feldgleichung für die Dichte. Zur Auswertung der Impulsbilanz (5.2) berechnen wir $\operatorname{div} \boldsymbol{t}$ mit $(5.155)_2$ in Indexschreibweise,

$$\begin{aligned}(\operatorname{div} \boldsymbol{t})_i &= [(-p + \zeta v_{k,k})\,\delta_{ij}]_{,j} + 2\eta\,[\tfrac{1}{2}(v_{i,j} + v_{j,i}) - \tfrac{1}{3} v_{k,k}\,\delta_{ij}]_{,j} \\ &= (-p_{,j} + \zeta v_{k,kj})\,\delta_{ij} + \eta v_{i,jj} + \eta v_{j,ij} - \tfrac{2}{3}\eta v_{k,kj}\,\delta_{ij} \\ &= -p_{,i} + \zeta v_{k,ki} + \eta v_{i,jj} + \eta v_{j,ji} - \tfrac{2}{3}\eta v_{k,ki} \\ &= -p_{,i} + (\zeta + \tfrac{1}{3}\eta)\, v_{j,ji} + \eta v_{i,jj},\end{aligned} \tag{5.157}$$

und erhalten durch Einsetzen in (5.2) die Feldgleichung für die Geschwindigkeit

$$\rho \frac{\mathrm{d}\boldsymbol{v}}{\mathrm{d}t} = -\operatorname{grad} p(\rho,\, \theta) + (\zeta + \tfrac{1}{3}\eta) \operatorname{grad} \operatorname{div} \boldsymbol{v} + \eta\, \nabla^2 \boldsymbol{v} + \rho \boldsymbol{f}_s, \tag{5.158}$$

welche die Navier-Stokessche Gleichung eines kompressiblen linear-viskosen Fluids darstellt. Aus den einzelnen Termen der Energiebilanz (5.3) ergibt sich mit (5.155)

$$\frac{\mathrm{d}u}{\mathrm{d}t} = c_\mathrm{v} \frac{\mathrm{d}\theta}{\mathrm{d}t}, \tag{5.159}$$

$$\operatorname{div} \boldsymbol{q} = -\kappa \operatorname{div} \operatorname{grad} \theta = -\kappa\, \nabla^2 \theta, \tag{5.160}$$

sowie

$$\begin{aligned}\operatorname{tr}(\boldsymbol{t} \cdot \boldsymbol{D}) &= (-p + \zeta \operatorname{tr} \boldsymbol{D}) \operatorname{tr}(\boldsymbol{1} \cdot \boldsymbol{D}) + 2\eta \operatorname{tr}(\boldsymbol{D}^\mathrm{D} \cdot \boldsymbol{D}) \\ &= -p \operatorname{tr} \boldsymbol{D} + \zeta (\operatorname{tr} \boldsymbol{D})^2 + 2\eta \operatorname{tr} \{[\boldsymbol{D} - \tfrac{1}{3}(\operatorname{tr} \boldsymbol{D})\, \boldsymbol{1}] \cdot \boldsymbol{D}\} \\ &= -p \operatorname{tr} \boldsymbol{D} + (\zeta - \tfrac{2}{3}\eta)(\operatorname{tr} \boldsymbol{D})^2 + 2\eta \operatorname{tr}(\boldsymbol{D}^2).\end{aligned} \tag{5.161}$$

Wir drücken letzteres noch mit den Invarianten von $\boldsymbol{D}$, welche entsprechend zu (2.171) definiert sind, aus,

$$\begin{aligned}\operatorname{tr}(\boldsymbol{t} \cdot \boldsymbol{D}) &= -p\, I_D + (\zeta - \tfrac{2}{3}\eta)\, I_D^2 + 2\eta\, (I_D^2 - 2 II_D) \\ &= -p\, I_D + (\zeta + \tfrac{4}{3}\eta)\, I_D^2 - 4\eta\, II_D,\end{aligned} \tag{5.162}$$

setzen alles in (5.3) ein und erhalten als Feldgleichung für die Temperatur

$$\rho c_{\mathrm{v}} \frac{\mathrm{d}\theta}{\mathrm{d}t} = \kappa \nabla^2 \theta - p(\rho, \theta)\, I_D + (\zeta + \tfrac{4}{3}\eta)\, I_D^2 - 4\eta\, II_D + \rho r. \tag{5.163}$$

Hierbei handelt es sich um eine Wärmeleitungsgleichung mit zusätzlichen Quelltermen.

Mit (5.156), (5.158) und (5.163) haben wir die gesuchten fünf Feldgleichungen für die fünf Variablen ρ, $\boldsymbol{v}$ und θ gefunden. Offenbar stellen sie ein nichtlineares gekoppeltes Problem dar, d. h., keine dieser Gleichungen kann unabhängig von den anderen gelöst werden. Lösungen des Systems für ein konkretes Anfangsrandwertproblem sind daher im Allgemeinen nur mit Hilfe eines Computers berechenbar, wobei geeignete Verfahren der numerischen Mathematik (finite Differenzen, finite Volumen, finite Elemente) zur Anwendung kommen.

■

Problem 5.6 *Lineare Viskoelastizität: Maxwell-Fluid.*

(a) Wir betrachten gemäß Abb. 5.5 die Reihenschaltung einer Feder und eines Dämpfers unter einer äußeren Kraft F. Dabei gelte für die Kraft an der Feder F_1 bzw. diejenige am Dämpfer F_2

$$F_1 = -K x_1, \qquad F_2 = -D \dot{x}_2, \tag{5.164}$$

wobei K die Federkonstante, x_1 die Auslenkung der Feder, D die Dämpfungskonstante und x_2 die Auslenkung des Dämpfers bezeichnen. Man bestimme den Zusammenhang zwischen Kraft F und Gesamtauslenkung x als Differentialgleichung.

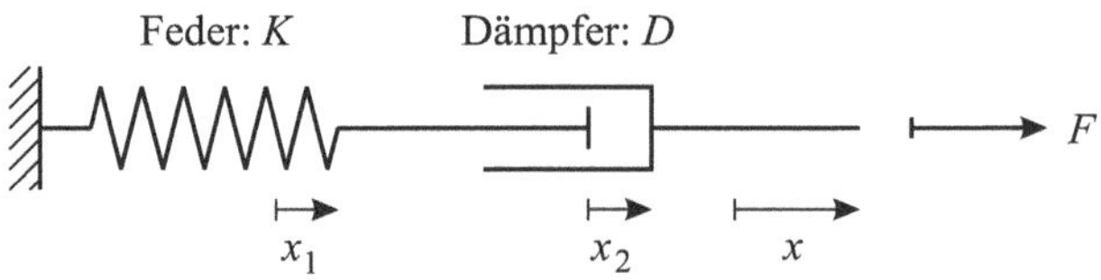

Abb. 5.5. Feder-Dämpfer-Reihenschaltung als rheologisches Modell des Maxwell-Fluids.

(b) Man interpretiere das Feder-Dämpfer-System als *rheologisches Modell* für das Materialverhalten eines kontinuierlichen Körpers („linear-viskoelastisches Fluid“ bzw. „Maxwell-Fluid“), und übersetze den gefundenen Zusammenhang zwischen F und x in einen kontinuumsmechanischen Scherversuch mit folgenden Zuordnungen (vgl. Abschn. 3.1.2, Abb. 3.1):

$$\begin{array}{lcl} \text{Kraft } F & \rightarrow & \text{Schubspannung } t_{xy}, \\ \text{Auslenkung } x & \rightarrow & \text{Scherwinkel } \gamma_{xy}, \\ \text{Federkonstante } K & \rightarrow & \text{Schubmodul } \mu, \\ \text{Dämpfungskonstante } D & \rightarrow & \text{Viskosität } \eta. \end{array} \tag{5.165}$$

Welcher zeitliche Verlauf der Schubspannung stellt sich für einen konstanten Scherwinkel ein?

(c) Die Laplace-Transformation $\mathcal{L}$ einer beliebigen Funktion $f(t)$ ist definiert als

$$\mathcal{L}: \quad \tilde{f}(s) = \int_0^\infty f(t)\,\mathrm{e}^{-st}\,dt, \tag{5.166}$$

wobei $\tilde{f}(s)$ die Laplace-transformierte Funktion zu $f(t)$ ist, welche von der Laplace-Frequenz s abhängt (zu Rechenregeln der Laplace-Transformation siehe z. B. Bronstein *et al.* [4]). Man berechne die Laplace-Transformation der Differentialgleichung für t_{xy} und γ_{xy} und vergleiche das Ergebnis mit dem Hookeschen Gesetz (3.10). Mit Hilfe der inversen Laplace-Transformation stelle man den Zusammenhang zwischen t_{xy} und γ_{xy} als Integralfunktional dar.

(d) Man verallgemeinere dieses Funktional auf ein volles Materialgesetz, das den Cauchyschen Spannungstensor $\boldsymbol{t}$ im Rahmen der geometrischen Linearisierung als Funktional des infinitesimalen Verzerrungstensors $\boldsymbol{\varepsilon}$ darstellt. Dabei nehme man für den volumetrischen Anteil in Analogie zum Hookeschen Gesetz (3.6) einen rein elastischen Beitrag $(\kappa \operatorname{tr} \boldsymbol{\varepsilon})\,\mathbf{1}$ (κ: elastischer Kompressionsmodul) an.

Lösung. (a) In der Reihenschaltung des rheologischen Modells von Abb. 5.5 addieren sich die Auslenkungen,

$$x = x_1 + x_2, \tag{5.167}$$

und die äußere Kraft F egalisiert Feder- und Dämpfungskraft, also

$$F = -F_1 = -F_2. \tag{5.168}$$

Mit (5.164) findet man

$$\frac{\mathrm{d}x}{\mathrm{d}t} = \frac{\mathrm{d}x_1}{\mathrm{d}t} + \frac{\mathrm{d}x_2}{\mathrm{d}t} = \frac{1}{K}\frac{\mathrm{d}F}{\mathrm{d}t} + \frac{1}{D}F \quad \Rightarrow \quad F + \frac{D}{K}\frac{\mathrm{d}F}{\mathrm{d}t} = D\frac{\mathrm{d}x}{\mathrm{d}t}. \tag{5.169}$$

(b) Die Übersetzung von (5.169) auf den kontinuumsmechanischen Scherversuch ergibt

$$t_{xy} + \frac{\eta}{\mu}\frac{\mathrm{d}t_{xy}}{\mathrm{d}t} = \eta\frac{\mathrm{d}\gamma_{xy}}{\mathrm{d}t}. \tag{5.170}$$

Somit relaxiert für konstanten Scherwinkel γ_{xy} ($\mathrm{d}\gamma_{xy}/\mathrm{d}t = 0$) eine initiale Schubspannung $t_{xy}(0) = t^0_{xy}$ exponentiell gemäß

$$\frac{\mathrm{d}t_{xy}}{\mathrm{d}t} + \frac{\mu}{\eta}t_{xy} = 0 \quad \Rightarrow \quad t_{xy}(t) = t^0_{xy}\,\mathrm{e}^{-t/\tau}, \quad \text{mit } \tau = \frac{\eta}{\mu}, \tag{5.171}$$

wobei die hier auftretende Zeitkonstante τ als *Maxwell-Zeit* bezeichnet wird.

(c) Wir führen nun die Laplace-Transformation der Differentialgleichung (5.170) aus. Das ergibt

$$\begin{aligned} &\tilde{t}_{xy}(s) + \tau s \tilde{t}_{xy}(s) = \eta s \tilde{\gamma}_{xy}(s) \\ \Rightarrow\ &\tilde{t}_{xy}(s) = \tilde{m}(s)\, s \tilde{\gamma}_{xy}(s), \quad \text{mit } \tilde{m}(s) = \frac{\eta}{1 + \tau s}. \end{aligned} \tag{5.172}$$

Die hier eingeführte Funktion $\tilde{m}(s)$ ist die Laplace-Transformierte der als *Scherrelaxationsfunktion* bezeichneten Funktion

$$m(t) = \mu \mathrm{e}^{-t/\tau}. \tag{5.173}$$

Fasst man in (5.172) noch das Produkt $s\,\tilde{m}(s)$ zum Laplace-Frequenz-abhängigen Schubmodul $\mu(s) = s\,\tilde{m}(s)$ zusammen, so ist

$$\tilde{t}_{xy}(s) = \mu(s)\, \tilde{\gamma}_{xy}(s), \tag{5.174}$$

was formal dem Hookeschen Gesetz (3.10) im Zeitbereich für den Scherversuch des linear-elastischen Materials entspricht („Korrespondenzprinzip").

Berechnung der inversen Laplace-Transformation von (5.172) ergibt mit der zugehörigen Produktregel (siehe Bronstein *et al.* [4])

$$t_{xy}(t) = m(t) * \frac{\mathrm{d}\gamma_{xy}(t)}{\mathrm{d}t} = \int_0^t m(t - \check{t})\, \frac{\mathrm{d}\gamma_{xy}(\check{t})}{\mathrm{d}\check{t}}\, d\check{t}, \tag{5.175}$$

wobei das Symbol „$*$" die Faltung (Konvolution) bedeutet. Gleichung (5.175) ist die Darstellung des Materialgesetzes des Maxwell-Fluids als Integralfunktional. Da die Laplace-Transformation (5.166) nur für den positiven Zeitbereich definiert ist, muss dabei $\gamma_{xy}(t) \equiv 0$ für $t \leq 0$ gelten.

(d) Gleichung (5.175) ist offenbar die xy-Komponente des deviatorischen Anteils eines allgemeinen Materialgesetzes für das Maxwell-Fluid, welcher mit $\gamma_{xy} = 2\varepsilon_{xy}$ lautet:

$$\boldsymbol{t}^{\mathrm{D}}(\boldsymbol{X}, t) = 2 \int_0^t m(t - \check{t})\, \frac{\mathrm{d}\boldsymbol{\varepsilon}^{\mathrm{D}}(\boldsymbol{X}, t)}{\mathrm{d}\check{t}}\, d\check{t}. \tag{5.176}$$

Ergänzen wir das mit dem rein elastischen Volumenanteil $(\kappa \operatorname{tr} \boldsymbol{\varepsilon})\, \mathbf{1}$, so erhalten wir schließlich als volle Materialgleichung

$$\boldsymbol{t}(\boldsymbol{X}, t) = [\kappa \operatorname{tr} \boldsymbol{\varepsilon}(\boldsymbol{X}, t)]\, \mathbf{1} + 2 \int_0^t m(t - \check{t})\, \frac{\mathrm{d}\boldsymbol{\varepsilon}^{\mathrm{D}}(\boldsymbol{X}, t)}{\mathrm{d}\check{t}}\, d\check{t}. \tag{5.177}$$

Diese Materialgleichung ist allerdings aufgrund der Verwendung des infinitesimalen Verzerrungstensors $\boldsymbol{\varepsilon}$ nur im Gültigkeitsbereich der geometrischen Linearisierung verwendbar. Für eine allgemein gültige Form, die auch große Verzerrungen zulässt, geht man besser von der Differentialgleichung (5.170) aus und verwendet ein objektives Verzerrungsmaß sowie objektive Zeitableitungen, wofür es allerdings mehrere Möglichkeiten gibt.

■

6. Entropieprinzip

Bei der Behandlung der Materialtheorie im letzten Kapitel haben wir gesehen, wie man aus den Bilanzgleichungen für Masse, Impuls und Energie durch Hinzunahme von Materialgleichungen für den Spannungstensor, den Wärmefluss und die innere Energie ein geschlossenes, prinzipiell lösbares Gleichungssystem erhalten kann. Mit Hilfe diverser Prinzipien, zum Teil allgemeingültiger Natur, zum Teil Spezialisierungen (Determinismus, Lokalität, materielle Objektivität, materielle Isotropie...) waren wir in der Lage, weitgehende Einschränkungen für derartige Materialgleichungen zu formulieren. Der Einfluss der Entropiebilanz und des damit zusammenhängenden Zweiten Hauptsatzes der Thermodynamik, welcher dir Irreversibilität vieler thermodynamischer Prozesse zum Ausdruck bringt, wurden dabei jedoch noch ausgeklammert. Damit werden wir uns in diesem Kapitel beschäftigen, und wir werden sehen, dass daraus zusätzliche Restriktionen für die diversen Materialgleichungen resultieren.

6.1 Clausius-Duhem-Ungleichung

6.1.1 Grundlagen

In Abschn. 2.7 hatten wir bereits eine Bilanzgleichung für die Entropie in der Momentankonfiguration, auf welche wir uns wieder beschränken wollen, aufgestellt (2.152),

$$\rho\dot{s} = -\mathrm{div}\,\boldsymbol{\phi}^s + \rho(p^s + z^s) \tag{6.1}$$

(s: spezifische Entropie, $\boldsymbol{\phi}^s$: Entropiefluss, p^s: spezifische Entropieproduktion, z^s: spezifische Entropiezufuhr), und den Zweiten Hauptsatz der Thermodynamik als Nebenbedingung nicht-negativer Entropieproduktion formuliert,

$$p^s \geq 0. \tag{6.2}$$

Damit kann man allerdings noch nichts anfangen, und so sind weitere Annahmen notwendig, um aussagekräftige Folgerungen ziehen zu können. Leider gibt es (noch?) keine Einigkeit darüber, wie die Details des Umgangs mit diesen Gleichungen aussehen müssen (Müller [27] sagt dazu: „Heute gibt es fast so viele Entropieprinzipien wie Autoren auf diesem Gebiet“). In diesem

Abschnitt zeigen wir das heute gebräuchlichste Vorgehen auf, das über die Clausius-Duhem-Ungleichung führt.

Zusätzlich zum bisher Gesagten sei also angenommen:

- s, p^s und z^s sind objektive Skalare, $\boldsymbol{\phi}^s$ ist ein objektiver Vektor.
- s ist eine Materialgröße, deren Materialgleichung dem Prinzip der materiellen Objektivität unterliegt, und die gemäß der Äquipräsenzregel von denselben Variablen abhängt wie die Materialgleichungen für $\boldsymbol{t}$, $\boldsymbol{q}$ und u.
- Es existiert eine stets positiv-wertige *absolute Temperatur* T, und diese ist ein objektiver Skalar.
- Für den Entropiefluss gilt

$$\text{Entropiefluss } \boldsymbol{\phi}^s = \frac{\text{Wärmefluss } \boldsymbol{q}}{\text{absolute Temperatur } T}. \tag{6.3}$$

- Für die Entropiezufuhr gilt

$$\text{Entropiezufuhr } z^s = \frac{\text{Energiezufuhr (Strahlungsleistung) } r}{\text{absolute Temperatur } T}. \tag{6.4}$$

Diese Postulate sind nicht allgemein beweisbar, können aber als Verallgemeinerungen von Ergebnissen für speziellere Probleme (einfache adiabate Systeme, kinetische Gastheorie) motiviert werden. Letztlich wird ihr Wert jedoch daran gemessen werden, ob die daraus resultierenden Aussagen sinnvoll und experimentell bestätigbar sind.

Da in dieser Formulierung die Existenz der absoluten Temperatur T postuliert wird, kann die bisher stets verwendete Temperatur θ, welche auch als *empirische Temperatur* bezeichnet wird, z. B. in Grad Celsius gemessen werden kann und dann auch negative Werte annimmt, von vornherein durch die absolute Temperatur T ersetzt werden.

Es folgt nun aus der Entropiebilanz (6.1) und dem Zweiten Hauptsatz (6.2) die *Clausius-Duhem-Ungleichung*

$$\rho\dot{s} + \operatorname{div}\left(\frac{\boldsymbol{q}}{T}\right) - \frac{\rho r}{T} \geq 0. \tag{6.5}$$

Diese Ungleichung muss allerdings nicht für *alle* Felder der Dichte ρ, Bewegung $\boldsymbol{x}$ und Temperatur T erfüllt sein, sondern nur für die möglichen thermodynamischen Prozesse, also alle Lösungen der um die Materialgleichungen ergänzten Bilanzgleichungen für Masse, Impuls und Energie (Feldgleichungen der Thermodynamik). Es stellt sich daher die Frage, wie man mit diesen Nebenbedingungen umgeht, und auch hier herrscht keine Einigkeit, sondern zwei verschiedene Betrachtungsweisen konkurrieren:

1. Die Bilanzgleichungen des Impulses und der Energie enthalten jeweils einen frei vorgebbaren Zufuhrterm (äußere Kraft $\boldsymbol{f}_s$ bzw. Strahlungsleistung r), welcher bei Vorgabe beliebiger Felder ρ, $\boldsymbol{x}$ und T stets so gewählt werden kann, dass diese beiden Bilanzgleichungen erfüllt sind. Es

verbleibt also nur die Massenbilanz als tatsächlich zu erfüllende Nebenbedingung, welche bei der Auswertung der Clausius-Duhem-Ungleichung eingebaut werden muss (z. B. als $\dot{\rho} + \rho \operatorname{div} \boldsymbol{v} = 0$, oder in der integrierten Form $\rho = \rho_0 / \det \boldsymbol{F}$).

2. Die Zufuhrterme $\boldsymbol{f}_s$ und r sind für konkrete Probleme fest vorgegeben, sodass darüber nicht verfügt werden kann. Daher müssen alle drei Bilanzgleichungen (Masse, Impuls und Energie) als Nebenbedingungen berücksichtigt werden.

Physikalisch gesehen ist der zweite Standpunkt wohl einleuchtender. Jedoch hat die erste Betrachtungsweise den Vorteil einfacherer Handhabung und wird bei der Auswertung der Clausius-Duhem-Ungleichung üblicherweise, und so auch hier, verwendet. Wir werden später noch ein moderneres Entropieprinzip kennenlernen, welches der zweiten Betrachtungsweise folgt.

Mit Hilfe der Energiebilanz (5.3), welche umgestellt

$$\rho r = \rho \dot{u} + \operatorname{div} \boldsymbol{q} - \operatorname{tr}(\boldsymbol{t} \cdot \boldsymbol{D}) \tag{6.6}$$

lautet, kann der Zufuhrterm in der Clausius-Duhem-Ungleichung (6.5) eliminiert werden. Dazu wird (6.5) mit T multipliziert und (6.6) eingesetzt:

$$\begin{aligned}
&\rho(T\dot{s} - \dot{u}) + T \operatorname{div}\left(\frac{\boldsymbol{q}}{T}\right) - \operatorname{div} \boldsymbol{q} + \operatorname{tr}(\boldsymbol{t} \cdot \boldsymbol{D}) \geq 0 \\
\Rightarrow\ &\rho(T\dot{s} - \dot{u}) + T\left(\frac{1}{T}\operatorname{div} \boldsymbol{q} - \boldsymbol{q} \cdot \frac{\boldsymbol{g}_T}{T^2}\right) - \operatorname{div} \boldsymbol{q} + \operatorname{tr}(\boldsymbol{t} \cdot \boldsymbol{D}) \geq 0 \\
\Rightarrow\ &\rho(T\dot{s} - \dot{u}) - \frac{\boldsymbol{q} \cdot \boldsymbol{g}_T}{T} + \operatorname{tr}(\boldsymbol{t} \cdot \boldsymbol{D}) \geq 0 \qquad (6.7)
\end{aligned}$$

(wobei $\boldsymbol{g}_T = \operatorname{grad} T$). Diese Beziehung ist als *reduzierte Entropieungleichung* bekannt. Sie ist zur Clausius-Duhem-Ungleichung äquivalent, hat aber den Vorteil, dass sie (zum Teil via die Materialgleichungen) nur noch die eigentlichen Feldgrößen ρ, $\boldsymbol{x}$ und T enthält, was ihre Auswertung erleichtert. Nach den obigen Ausführungen muss sie für alle Felder ρ, $\boldsymbol{x}$ und T gelten, die der Nebenbedingung $\dot{\rho} + \rho \operatorname{div} \boldsymbol{v} = 0$ genügen.

6.1.2 Auswertung für ein klassisches viskoses wärmeleitendes Fluid

Es soll nun die Auswertung der Clausius-Duhem-Ungleichung explizit für den Fall eines klassischen viskosen wärmeleitenden Fluids durchgeführt werden. Ein solches ist gemäß Abschn. 5.5.8 definiert durch Materialgleichungen der Form

$$\begin{aligned}
\boldsymbol{t} &= \check{\boldsymbol{t}}(\boldsymbol{D}, T, \boldsymbol{g}_T, \rho), \\
\boldsymbol{q} &= \check{\boldsymbol{q}}(\boldsymbol{D}, T, \boldsymbol{g}_T, \rho), \\
u &= \check{u}(\boldsymbol{D}, T, \boldsymbol{g}_T, \rho), \\
s &= \check{s}(\boldsymbol{D}, T, \boldsymbol{g}_T, \rho),
\end{aligned} \tag{6.8}$$

wobei als Temperaturmaß die absolute Temperatur T verwendet wurde. Wir wissen bereits, dass aufgrund von materieller Objektivität und Isotropie die Abhängigkeit von den Variablen nur in der speziellen Form (5.154) auftreten kann, rechnen der Einfachheit halber aber mit dieser allgemeinen Darstellung weiter.

Wir denken uns nun die Materialgleichungen (6.8) in die reduzierte Entropieungleichung (6.7) eingesetzt, und führen die Zeitableitungen $\dot{s}$ und $\dot{u}$ nach der Kettenregel aus. Das ergibt

$$\begin{aligned}&\rho\left\{\left(T\frac{\partial s}{\partial \rho}-\frac{\partial u}{\partial \rho}\right)\dot{\rho}+\left(T\frac{\partial s}{\partial T}-\frac{\partial u}{\partial T}\right)\dot{T}+\operatorname{tr}\left[\left(T\frac{\partial s}{\partial \boldsymbol{D}}-\frac{\partial u}{\partial \boldsymbol{D}}\right)\cdot\dot{\boldsymbol{D}}\right]\right.\\&\left.+\left(T\frac{\partial s}{\partial \boldsymbol{g}_T}-\frac{\partial u}{\partial \boldsymbol{g}_T}\right)\cdot\dot{\boldsymbol{g}}_T\right\}-\frac{\boldsymbol{q}\cdot\boldsymbol{g}_T}{T}+\operatorname{tr}(\boldsymbol{t}\cdot\boldsymbol{D})\geq 0.\end{aligned}\tag{6.9}$$

Die Nebenbedingung der Massenbilanz berücksichtigen wir dadurch, dass wir $\dot{\rho}$ im ersten Summanden wie folgt ersetzen,

$$\dot{\rho}=-\rho\operatorname{div}\boldsymbol{v}=-\rho\operatorname{tr}\boldsymbol{D}=-\rho\operatorname{tr}(\mathbf{1}\cdot\boldsymbol{D}),\tag{6.10}$$

was durch Zusammenfassung des ersten und letzten Gliedes die Relation

$$\begin{aligned}&\rho\left\{\left(T\frac{\partial s}{\partial T}-\frac{\partial u}{\partial T}\right)\dot{T}+\operatorname{tr}\left[\left(T\frac{\partial s}{\partial \boldsymbol{D}}-\frac{\partial u}{\partial \boldsymbol{D}}\right)\cdot\dot{\boldsymbol{D}}\right]\right.\\&\left.+\left(T\frac{\partial s}{\partial \boldsymbol{g}_T}-\frac{\partial u}{\partial \boldsymbol{g}_T}\right)\cdot\dot{\boldsymbol{g}}_T\right\}\\&+\operatorname{tr}\left\{\left[\boldsymbol{t}-\rho^2\left(T\frac{\partial s}{\partial \rho}-\frac{\partial u}{\partial \rho}\right)\mathbf{1}\right]\cdot\boldsymbol{D}\right\}-\frac{\boldsymbol{q}\cdot\boldsymbol{g}_T}{T}\geq 0\end{aligned}\tag{6.11}$$

ergibt. Diese Ungleichung muss nun für alle Felder ρ, $\boldsymbol{x}$ und T ohne einschränkende Nebenbedingungen erfüllt sein.

Da die Größen $\dot{T}$, $\dot{\boldsymbol{D}}$ und $\dot{\boldsymbol{g}}_T$ nicht als Variablen in den Materialgleichungen des hier betrachteten klassischen viskosen wärmeleitenden Fluides auftreten (vgl. (6.8)) und somit nirgends implizit in (6.11) versteckt sind, ist (6.11) aufgrund der ersten drei Summanden linear in diesen drei Größen. Weil weiterhin $\dot{T}$, $\dot{\boldsymbol{D}}$ und $\dot{\boldsymbol{g}}_T$ beliebige Werte annehmen können, ist es bei nichtverschwindenden Vorfaktoren stets möglich, diese Größen so zu wählen, dass (6.11) verletzt wird. Das darf aber nicht sein, und so folgt, dass die in runden Klammern stehenden Vorfaktoren von $\dot{T}$, $\dot{\boldsymbol{D}}$ und $\dot{\boldsymbol{g}}_T$ jeder für sich verschwinden müssen. Es muss also gelten

$$\frac{\partial s}{\partial T}=\frac{1}{T}\frac{\partial u}{\partial T},\quad \frac{\partial s}{\partial \boldsymbol{D}}=\frac{1}{T}\frac{\partial u}{\partial \boldsymbol{D}},\quad \frac{\partial s}{\partial \boldsymbol{g}_T}=\frac{1}{T}\frac{\partial u}{\partial \boldsymbol{g}_T},\tag{6.12}$$

und es bleibt die Restungleichung

$$\operatorname{tr}\left\{\left[\boldsymbol{t}-\rho^2\left(T\frac{\partial s}{\partial \rho}-\frac{\partial u}{\partial \rho}\right)\mathbf{1}\right]\cdot\boldsymbol{D}\right\}-\frac{\boldsymbol{q}\cdot\boldsymbol{g}_T}{T}\geq 0.\tag{6.13}$$

Differentiation von $(6.12)_1$ nach $\boldsymbol{D}$ und von $(6.12)_2$ nach T gibt wegen der Vertauschbarkeit von mehrfachen Ableitungen

$$\begin{aligned}
&\frac{\partial^2 s}{\partial \boldsymbol{D} \partial T} = \frac{1}{T} \frac{\partial^2 u}{\partial \boldsymbol{D} \partial T}, \qquad \frac{\partial^2 s}{\partial T \partial \boldsymbol{D}} = \frac{1}{T} \frac{\partial^2 u}{\partial T \partial \boldsymbol{D}} - \frac{1}{T^2} \frac{\partial u}{\partial \boldsymbol{D}} \\
\Rightarrow\ & \frac{1}{T} \frac{\partial^2 u}{\partial \boldsymbol{D} \partial T} = \frac{1}{T} \frac{\partial^2 u}{\partial T \partial \boldsymbol{D}} - \frac{1}{T^2} \frac{\partial u}{\partial \boldsymbol{D}} \\
\Rightarrow\ & \frac{\partial u}{\partial \boldsymbol{D}} = 0,
\end{aligned} \tag{6.14}$$

und wegen $(6.12)_2$ ist dann auch

$$\frac{\partial s}{\partial \boldsymbol{D}} = 0. \tag{6.15}$$

Durch entsprechende Kreuzdifferentiation von $(6.12)_{1,3}$ nach $\boldsymbol{g}_T$ bzw. T erhält man analog

$$\frac{\partial u}{\partial \boldsymbol{g}_T} = 0, \qquad \frac{\partial s}{\partial \boldsymbol{g}_T} = 0. \tag{6.16}$$

Das ist ein erstes substantielles Resultat der Auswertung des hier formulierten Entropieprinzips; es besagt, dass in den Materialgleichungen $(6.8)_{3,4}$ für u und s die Abhängigkeiten von $\boldsymbol{D}$ und $\boldsymbol{g}_T$ entfallen müssen. Sie reduzieren sich also auf

$$u = \breve{u}(T, \rho), \qquad s = \breve{s}(T, \rho), \tag{6.17}$$

und müssen zusätzlich der Bedingung $(6.12)_1$, also

$$\frac{\partial s}{\partial T} = \frac{1}{T} \frac{\partial u}{\partial T}, \tag{6.18}$$

genügen.

Wir kommen nun zur Auswertung der Restungleichung (6.13). Deren linke Seite ist nach Konstruktion der reduzierten Entropieungleichung (6.7) gleich $\rho T p^s$, wofür wir die Abkürzung Γ verwenden wollen. Dann lautet (6.13) kurz

$$\Gamma(\rho, T, \boldsymbol{D}, \boldsymbol{g}_T) \geq 0 \tag{6.19}$$

lautet, wobei

$$\Gamma(\rho, T, \boldsymbol{D}, \boldsymbol{g}_T) = \operatorname{tr}\left\{\left[\boldsymbol{t} - \rho^2\left(T\frac{\partial s}{\partial \rho} - \frac{\partial u}{\partial \rho}\right)\mathbf{1}\right] \cdot \boldsymbol{D}\right\} - \frac{\boldsymbol{q} \cdot \boldsymbol{g}_T}{T}. \tag{6.20}$$

Wir führen nun den Begriff des *thermodynamischen Gleichgewichts* ein, unter welchem man die thermodynamischen Prozesse mit uniformen (räumlich konstanten) und stationären (zeitlich konstanten) Feldern der Geschwindigkeit und der Temperatur versteht. Das thermodynamische Gleichgewicht ist also in Formeln durch

$$\boldsymbol{v}(\boldsymbol{X},t) = \boldsymbol{v}(\boldsymbol{x},t) = \text{const}, \qquad T(\boldsymbol{X},t) = T(\boldsymbol{x},t) = \text{const} \tag{6.21}$$

definiert, was insbesondere

$$\boldsymbol{D} = \boldsymbol{0}, \qquad \boldsymbol{g}_T = \boldsymbol{0} \tag{6.22}$$

nach sich zieht.

Man sieht sofort mit (6.20), dass im thermodynamischen Gleichgewicht

$$\varGamma(\rho, T, \boldsymbol{0}, \boldsymbol{0}) = 0 \tag{6.23}$$

gilt, und da nach (6.19) allgemein $\varGamma \geq 0$ ist, ist $\varGamma$ folglich im thermodynamischen Gleichgewicht minimal. Notwendige Bedingungen hierfür sind, dass alle ersten Ableitungen nach den Komponenten von $\boldsymbol{D}$ und $\boldsymbol{g}_T$ verschwinden, und die Matrix der zweiten Ableitungen positiv semi-definit ist, also

$$\left.\frac{\partial \varGamma}{\partial \boldsymbol{D}}\right|_{\mathrm{E}} = \boldsymbol{0}, \qquad \left.\frac{\partial \varGamma}{\partial \boldsymbol{g}_T}\right|_{\mathrm{E}} = \boldsymbol{0}, \tag{6.24}$$

sowie

$$\boldsymbol{A} = \begin{pmatrix} \left.\dfrac{\partial^2 \varGamma}{\partial \boldsymbol{D}\, \partial \boldsymbol{D}}\right|_{\mathrm{E}} & \left.\dfrac{\partial^2 \varGamma}{\partial \boldsymbol{D}\, \partial \boldsymbol{g}_T}\right|_{\mathrm{E}} \\ \left.\dfrac{\partial^2 \varGamma}{\partial \boldsymbol{D}\, \partial \boldsymbol{g}_T}\right|_{\mathrm{E}} & \left.\dfrac{\partial^2 \varGamma}{\partial \boldsymbol{g}_T\, \partial \boldsymbol{g}_T}\right|_{\mathrm{E}} \end{pmatrix} \quad \begin{array}{l}\text{positiv}\\ \text{semi-definit.}\end{array} \tag{6.25}$$

Der Index „E“ bezeichnet dabei den Gleichgewichtszustand, d. h., die entsprechende Größe ist für $\boldsymbol{D} = \boldsymbol{0}$ und $\boldsymbol{g}_T = \boldsymbol{0}$ auszuwerten.

Auswertung von $(6.24)_1$ ergibt mit dem Ausdruck (6.20) für $\varGamma$

$$\left.\frac{\partial \varGamma}{\partial \boldsymbol{D}}\right|_{\mathrm{E}} = \boldsymbol{t}|_{\mathrm{E}} - \rho^2 \left(T \frac{\partial s}{\partial \rho} - \frac{\partial u}{\partial \rho} \right) \boldsymbol{1} = \boldsymbol{0}$$

$$\Rightarrow \; \boldsymbol{t}|_{\mathrm{E}} = \rho^2 \left(T \frac{\partial s}{\partial \rho} - \frac{\partial u}{\partial \rho} \right) \boldsymbol{1} = -p(T, \rho)\, \boldsymbol{1}. \tag{6.26}$$

Im Gleichgewicht liegt also ein rein hydrostatischer Spannungszustand vor, dessen Druck durch die in (6.26) definierte Funktion

$$p(T, \rho) = -\rho^2 \left(T \frac{\partial s}{\partial \rho} - \frac{\partial u}{\partial \rho} \right) \tag{6.27}$$

gegeben ist, welche als *thermodynamischer Druck* bezeichnet wird. Da diese Größe von vornherein nicht von $\boldsymbol{D}$ und $\boldsymbol{g}_T$ abhängt, benötigt sie keinen Index „E“ zur Kenntlichmachung des thermodynamischen Gleichgewichts.

Vergleicht man (6.26) mit der in der Materialtheorie abgeleiteten reduzierten Materialgleichung für den Spannungstensor $(5.154)_1$ im thermodynamischen Gleichgewicht,

$$\boldsymbol{t}|_{\mathrm{E}} = a_0|_{\mathrm{E}}\, \boldsymbol{1}, \tag{6.28}$$

so folgt

$$a_0|_{\mathrm{E}}(T,\rho) = -p(T,\rho). \tag{6.29}$$

Daher lässt sich die Funktion a_0 in $(5.154)_1$ aufspalten gemäß

$$\begin{aligned} &a_0(T,\ \rho,\ I_D,\ II_D,\ III_D,\ \ldots) \\ &= -p(T,\rho) + \nu_0(T,\ \rho,\ I_D,\ II_D,\ III_D,\ \ldots), \end{aligned} \tag{6.30}$$

wobei für den so definierten Nichtgleichgewichtsanteil ν_0

$$\nu_0|_{\mathrm{E}} = 0 \tag{6.31}$$

gilt.

Auswertung von $(6.24)_2$ führt auf

$$\left.\frac{\partial \Gamma}{\partial \boldsymbol{g}_T}\right|_{\mathrm{E}} = -\frac{\boldsymbol{q}|_{\mathrm{E}}}{T} = \mathbf{0} \qquad \Rightarrow \boldsymbol{q}|_{\mathrm{E}} = \mathbf{0}. \tag{6.32}$$

Das ist jedoch keine neue Information, denn die reduzierte Materialgleichung für den Wärmefluss $(5.154)_2$ hat diese Eigenschaft bereits.

Wir kommen noch einmal auf (6.27) für den thermodynamischen Druck zurück. Durch Auflösen nach $\partial s/\partial \rho$ erhält man

$$\frac{\partial s}{\partial \rho} = \frac{1}{T}\left(\frac{\partial u}{\partial \rho} - \frac{p}{\rho^2}\right), \tag{6.33}$$

sodass wir mit (6.18) und (6.33) nun für die beiden partiellen Ableitungen der Entropie $s = \check{s}(T,\rho)$ nach T bzw. ρ Ausdrücke gefunden haben. Damit können wir das totale Differential von s angeben,

$$\mathrm{d}s = \frac{1}{T}\frac{\partial u}{\partial T}\,\mathrm{d}T + \frac{1}{T}\left(\frac{\partial u}{\partial \rho} - \frac{p}{\rho^2}\right)\mathrm{d}\rho, \tag{6.34}$$

eine Relation, die als *Gibbs-Gleichung* bekannt ist. Man kann sie noch etwas anders darstellen,

$$\mathrm{d}s = \frac{1}{T}\underbrace{\left(\frac{\partial u}{\partial T}\,\mathrm{d}T + \frac{\partial u}{\partial \rho}\,\mathrm{d}\rho\right)}_{\mathrm{d}u} - \frac{p}{T}\frac{\mathrm{d}\rho}{\rho^2}, \tag{6.35}$$

bzw. mit dem *spezifischen Volumen* $\nu = 1/\rho$ und $\mathrm{d}\nu = -\mathrm{d}\rho/\rho^2$

$$\mathrm{d}s = \frac{1}{T}\,\mathrm{d}u + \frac{p}{T}\,\mathrm{d}\nu \qquad \Leftrightarrow \qquad \mathrm{d}u = T\,\mathrm{d}s - p\,\mathrm{d}\nu. \tag{6.36}$$

Das ist die üblicherweise verwendete Form der Gibbs-Gleichung, in welcher s als Funktion von u und ν, bzw. u als Funktion von s und ν, erscheint.

Aus (6.34) folgt durch Kreuzdifferentiation eine Integrabilitätsbedingung, nämlich

$$\frac{\partial}{\partial \rho}\left(\frac{1}{T}\frac{\partial u}{\partial T}\right) = \frac{\partial}{\partial T}\left(\frac{1}{T}\left(\frac{\partial u}{\partial \rho} - \frac{p}{\rho^2}\right)\right)$$
$$\Rightarrow \frac{1}{T}\frac{\partial^2 u}{\partial \rho \partial T} = \frac{1}{T}\left(\frac{\partial^2 u}{\partial T \partial \rho} - \frac{1}{\rho^2}\frac{\partial p}{\partial T}\right) - \frac{1}{T^2}\left(\frac{\partial u}{\partial \rho} - \frac{p}{\rho^2}\right)$$
$$\Rightarrow T\frac{\partial p(T,\rho)}{\partial T} - p(T,\rho) = -\rho^2 \frac{\partial u(T,\rho)}{\partial \rho}; \tag{6.37}$$

der Übersichtlichkeit halber sind im Ergebnis die genauen Abhängigkeiten angegeben. Im übrigen bezeichnet man die Funktion $p(T,\rho)$ auch als *thermische Zustandsgleichung* und die Funktion $u(T,\rho)$ als *kalorische Zustandsgleichung.* Gleichung (6.37) besagt dann in Worten, dass als Folge des hier ausgewerteten Entropieprinzips diese beiden Zustandsgleichungen nicht unabhängig voneinander sind.

Zusammenfassend lauten die Ergebnisse:

- Die um eine Materialgleichung für die Entropie ergänzten Materialgleichungen (5.154) für ein klassisches viskoses wärmeleitendes Fluid vereinfachen sich aufgrund des Entropieprinzips zu

$$\begin{aligned} \boldsymbol{t} &= (-p + \nu_0)\,\mathbf{1} + 2\mu\,\boldsymbol{D} + a_2\,\boldsymbol{D}^2 + \ldots, \\ \boldsymbol{q} &= -\kappa\,\boldsymbol{g}_T + c_1\,\boldsymbol{D}\cdot\boldsymbol{g}_T + c_2\,\boldsymbol{D}^2\cdot\boldsymbol{g}_T, \\ u &= \check{u}(T,\,\rho), \\ s &= \check{s}(T,\,\rho), \end{aligned} \tag{6.38}$$

  mit

$$\begin{aligned} &p = p(T,\,\rho), \\ &\nu_0,\,\mu,\,a_i,\,\kappa,\,c_i = \nu_0,\,\mu,\,a_i,\,\kappa,\,c_i(T,\,\rho,\,I_D,\,II_D,\,III_D,\,\ldots), \\ &\nu_0|_{\mathrm{E}} = 0. \end{aligned} \tag{6.39}$$

- Dabei bestehen zwischen den Funktionen für p, u und s die folgenden Zusammenhänge:

$$\frac{\partial s}{\partial T} = \frac{1}{T}\frac{\partial u}{\partial T}, \quad \frac{\partial s}{\partial \rho} = \frac{1}{T}\left(\frac{\partial u}{\partial \rho} - \frac{p}{\rho^2}\right), \quad T\frac{\partial p}{\partial T} - p = -\rho^2\frac{\partial u}{\partial \rho}. \tag{6.40}$$

- Weitere Einschränkungen könnten aus der bis jetzt noch nicht verwendeten Bedingung (6.25) gewonnen werden. Da das allerdings mit immensem Rechenaufwand verbunden ist, sei darauf verzichtet.

Wir betrachten nun den Spezialfall eines in $\boldsymbol{D}$ und $\boldsymbol{g}_T$ linearen klassischen viskosen wärmeleitenden Fluides. Dafür gilt nach (6.38)

$$
\begin{aligned}
\boldsymbol{t} &= (-p + \lambda \operatorname{tr} \boldsymbol{D})\, \mathbf{1} + 2\mu\, \boldsymbol{D} = \Big(-p + (\lambda + \tfrac{2}{3}\mu) \operatorname{tr} \boldsymbol{D}\Big)\, \mathbf{1} + 2\mu\, \boldsymbol{D}^{\mathrm{D}} \\
&= (-p + \zeta \operatorname{tr} \boldsymbol{D})\, \mathbf{1} + 2\mu\, \boldsymbol{D}^{\mathrm{D}} \\
&\quad (\text{wobei } \zeta = \lambda + \tfrac{2}{3}\mu, \text{ Volumenviskosität}), \\
\boldsymbol{q} &= -\kappa\, \boldsymbol{g}_T, \\
u &= \breve{u}(T,\, \rho), \\
s &= \breve{s}(T,\, \rho);
\end{aligned}
\tag{6.41}
$$

mit

$$
p,\ \lambda,\ \mu,\ \zeta,\ \kappa = p,\ \lambda,\ \mu,\ \zeta,\ \kappa(T,\, \rho). \tag{6.42}
$$

$(6.41)_1$ heißt *Newtonsches Spannungsgesetz*, $(6.41)_2$ *Fouriersches Wärmeleitgesetz*. Explizites Einsetzen dieser Materialgleichungen in die Restungleichung (6.19), (6.20) ergibt unter Verwendung von (6.27)

$$
\begin{aligned}
\Gamma(\rho, T, \boldsymbol{D}, \boldsymbol{g}_T) &= \operatorname{tr}\left[(\boldsymbol{t} + p\, \mathbf{1}) \cdot \boldsymbol{D}\right] - \frac{\boldsymbol{q} \cdot \boldsymbol{g}_T}{T} \\
&= \operatorname{tr}\left[((\zeta \operatorname{tr} \boldsymbol{D})\, \mathbf{1} + 2\mu\, \boldsymbol{D}^{\mathrm{D}}) \cdot \boldsymbol{D}\right] + \kappa \frac{\boldsymbol{g}_T \cdot \boldsymbol{g}_T}{T} \\
&= \zeta\, (\operatorname{tr} \boldsymbol{D})^2 + 2\mu \operatorname{tr}(\boldsymbol{D}^{\mathrm{D}} \cdot \boldsymbol{D}) + \kappa \frac{\boldsymbol{g}_T \cdot \boldsymbol{g}_T}{T} \\
&= \zeta\, (\operatorname{tr} \boldsymbol{D})^2 + 2\mu \operatorname{tr}(\boldsymbol{D}^{\mathrm{D}})^2 + \kappa \frac{\boldsymbol{g}_T \cdot \boldsymbol{g}_T}{T} \geq 0.
\end{aligned}
\tag{6.43}
$$

Dabei sind $(\operatorname{tr} \boldsymbol{D})^2$, $\operatorname{tr}(\boldsymbol{D}^{\mathrm{D}})^2$ und $\boldsymbol{g}_T \cdot \boldsymbol{g}_T / T$ frei wählbar, jedoch kann keine dieser drei Größen negativ werden. Aus diesem Grund ist die Ungleichung nur dann niemals verletzt, wenn

$$
\zeta \geq 0, \qquad \mu \geq 0, \qquad \kappa \geq 0 \tag{6.44}
$$

gilt. In einem linearen klassischen viskosen wärmeleitenden Fluid gemäß den Materialgleichungen (6.41) sind also die Volumenviskosität ζ, die Scherviskosität μ und die Wärmeleitfähigkeit κ stets nicht-negative Funktionen ihrer Variablen T und ρ.

Es sei noch erwähnt, dass die in der Lösung dieses Problems vorgestellte Methode als *Auswertung der Clausius-Duhem-Ungleichung nach Coleman-Noll* bezeichnet wird.

Problem 6.1 *Clausius-Duhem-Ungleichung für ein dichtebeständiges klassisches viskoses wärmeleitendes Fluid.*

Welche Änderungen im Vergleich zu Abschn. 6.1.2 ergeben sich bei der Auswertung der Clausius-Duhem-Ungleichung nach Coleman-Noll für ein dichtebeständiges klassisches viskoses wärmeleitendes Fluid?

Lösung. Diesen Fall hatten wir in der Materialtheorie nicht explizit besprochen. Bei dichtebeständigen Materialien ist die Dichte konstant und somit bekannt; sie entfällt daher in der Liste der unabängigen Variablen in den Materialgleichungen. Der Spannungstensor wird, wie üblich bei dichtebeständigen Materialien, gemäß

$$\boldsymbol{t} = -p\,\mathbf{1} + \boldsymbol{t}^{\mathrm{D}} \tag{6.45}$$

aufgespalten, wobei nur $\boldsymbol{t}^{\mathrm{D}}$ eine Materialgröße, der Druck p jedoch ein freies Feld ist (im Gegensatz zum thermodynamischen Druck $p(T,\rho)$ von Abschn. 6.1.2). In Analogie zu (6.8) lauten die Materialgleichungen also

$$\begin{aligned} \boldsymbol{t}^{\mathrm{D}} &= \check{\boldsymbol{t}}^{\mathrm{D}}(\boldsymbol{D}, T, \boldsymbol{g}_T), \\ \boldsymbol{q} &= \check{\boldsymbol{q}}(\boldsymbol{D}, T, \boldsymbol{g}_T), \\ u &= \check{u}(\boldsymbol{D}, T, \boldsymbol{g}_T), \\ s &= \check{s}(\boldsymbol{D}, T, \boldsymbol{g}_T), \end{aligned} \tag{6.46}$$

und die Nebenbedingung der Massenbilanz eines dichtebeständigen Materials ist

$$\operatorname{div} \boldsymbol{v} = \operatorname{tr} \boldsymbol{D} = 0. \tag{6.47}$$

Unter Verwendung dieser Nebenbedingung rechnet man

$$\begin{aligned} \operatorname{tr}(\boldsymbol{t} \cdot \boldsymbol{D}) &= \operatorname{tr}[(-p\,\mathbf{1} + \boldsymbol{t}^{\mathrm{D}}) \cdot \boldsymbol{D}] \\ &= -p \operatorname{tr} \boldsymbol{D} + \operatorname{tr}(\boldsymbol{t}^{\mathrm{D}} \cdot \boldsymbol{D}) = \operatorname{tr}(\boldsymbol{t}^{\mathrm{D}} \cdot \boldsymbol{D}), \end{aligned} \tag{6.48}$$

sodass die (6.9) entsprechende, ausdifferenzierte reduzierte Entropieungleichung

$$\begin{aligned} &\rho\left\{\left(T\frac{\partial s}{\partial T} - \frac{\partial u}{\partial T}\right)\dot{T} + \operatorname{tr}\left[\left(T\frac{\partial s}{\partial \boldsymbol{D}} - \frac{\partial u}{\partial \boldsymbol{D}}\right) \cdot \dot{\boldsymbol{D}}\right]\right. \\ &\left. + \left(T\frac{\partial s}{\partial \boldsymbol{g}_T} - \frac{\partial u}{\partial \boldsymbol{g}_T}\right) \cdot \dot{\boldsymbol{g}}_T\right\} \\ &- \frac{\boldsymbol{q} \cdot \boldsymbol{g}_T}{T} + \operatorname{tr}(\boldsymbol{t}^{\mathrm{D}} \cdot \boldsymbol{D}) \geq 0 \end{aligned} \tag{6.49}$$

lautet. Da die Massenbilanz bereits eingebaut ist, unterliegt diese Beziehung keinen Nebenbedingungen mehr.

Mit derselben Argumentation wie oben müssen die Vorfaktoren von $\dot{T}$, $\dot{\boldsymbol{D}}$ und $\dot{\boldsymbol{g}}_T$ verschwinden. Es gilt also auch hier

$$\frac{\partial s}{\partial T} = \frac{1}{T}\frac{\partial u}{\partial T}, \quad \frac{\partial s}{\partial \boldsymbol{D}} = \frac{1}{T}\frac{\partial u}{\partial \boldsymbol{D}}, \quad \frac{\partial s}{\partial \boldsymbol{g}_T} = \frac{1}{T}\frac{\partial u}{\partial \boldsymbol{g}_T}, \tag{6.50}$$

und die Restungleichung ist

$$\Gamma(T, \boldsymbol{D}, \boldsymbol{g}_T) = \operatorname{tr}(\boldsymbol{t}^{\mathrm{D}} \cdot \boldsymbol{D}) - \frac{\boldsymbol{q} \cdot \boldsymbol{g}_T}{T} \geq 0. \tag{6.51}$$

Aus (6.50) folgt durch Kreuzdifferentiation analog zu oben wieder

$$\frac{\partial u}{\partial \boldsymbol{D}} = 0, \qquad \frac{\partial s}{\partial \boldsymbol{D}} = 0, \qquad \frac{\partial u}{\partial \boldsymbol{g}_T} = 0, \qquad \frac{\partial s}{\partial \boldsymbol{g}_T} = 0. \tag{6.52}$$

Somit können u und s nur von der Temperatur abhängen,

$$u = \check{u}(T), \qquad s = \check{s}(T), \tag{6.53}$$

wobei die beiden Funktionen der Bedingung $(6.50)_1$, also

$$\frac{\mathrm{d}s}{\mathrm{d}T} = \frac{1}{T}\frac{\mathrm{d}u}{\mathrm{d}T}, \tag{6.54}$$

genügen müssen. Dabei wurden die partiellen Ableitungen durch totale Ableitungen ersetzt, weil ja nur noch eine Unabhängige vorhanden ist.

Im thermodynamischen Gleichgewicht gilt offenbar wiederum

$$\Gamma(T, \mathbf{0}, \mathbf{0}) = 0, \tag{6.55}$$

sodass die Minimum-Bedingungen (6.24) und (6.25) auch hier gelten. Aus $(6.24)_1$ folgt

$$\left.\frac{\partial \Gamma}{\partial \boldsymbol{D}}\right|_{\mathrm{E}} = \boldsymbol{t}^{\mathrm{D}}|_{\mathrm{E}} = 0 \qquad \Rightarrow \ \boldsymbol{t}|_{\mathrm{E}} = -p\,\mathbf{1}, \tag{6.56}$$

und Auswertung von $(6.24)_2$ ergibt

$$\left.\frac{\partial \Gamma}{\partial \boldsymbol{g}_T}\right|_{\mathrm{E}} = -\frac{\boldsymbol{q}|_{\mathrm{E}}}{T} = \mathbf{0} \qquad \Rightarrow \ \boldsymbol{q}|_{\mathrm{E}} = \mathbf{0}. \tag{6.57}$$

Der Spannungszustand ist also auch in diesem Fall im Gleichgewicht hydrostatisch, und der Gleichgewichts-Wärmefluss verschwindet.

■

Problem 6.2 *Clausius-Duhem-Ungleichung für einen dichtebeständigen klassischen thermoelastischen Festkörper.*

Man führe die Auswertung der Clausius-Duhem-Ungleichung nach Coleman-Noll für einen dichtebeständigen klassischen thermoelastischen Festkörper durch.

Lösung. Gemäß Abschn. 5.5.3 haben wir für diesen Fall T, $\boldsymbol{g}_T$ und $\boldsymbol{B}$ als Konstitutivvariablen. Bezüglich der Dichtebeständigkeit gehen wir hier einen anderen Weg als bei der Lösung von Problem 6.1, der darin besteht, anstelle der A-priori-Aufspaltung (6.45) des Spannungstensors die Massenbilanz $\operatorname{div}\boldsymbol{v} = 0$ mit einem *Lagrange-Multiplikator* λ versehen von der reduzierten Entropieungleichung subtrahiert wird (Subtraktion einer Null). Das ergibt

$$\rho(T\dot{s} - \dot{u}) - \frac{\boldsymbol{q}\cdot\boldsymbol{g}_T}{T} + \operatorname{tr}(\boldsymbol{t}\cdot\boldsymbol{D}) - \lambda \operatorname{div}\boldsymbol{v} \geq 0, \tag{6.58}$$

bzw. mit $\operatorname{div}\boldsymbol{v} = \operatorname{tr}\boldsymbol{L} = \operatorname{tr}(\mathbf{1}\cdot\boldsymbol{L})$ und $\operatorname{tr}(\boldsymbol{t}\cdot\boldsymbol{D}) = \operatorname{tr}(\boldsymbol{t}\cdot\boldsymbol{L})$

$$\rho(T\dot{s} - \dot{u}) + \mathrm{tr}\,[(\boldsymbol{t} - \lambda\,\mathbf{1}) \cdot \boldsymbol{L}] - \frac{1}{T}\boldsymbol{q} \cdot \boldsymbol{g}_T \geq 0. \tag{6.59}$$

Durch Ausdifferenzieren von $\dot{u}$ und $\dot{s}$, wobei zur rechnerischen Vereinfachung die spezielle Abhängigkeit von $\boldsymbol{B}$ durch die etwas allgemeinere Abhängigkeit von $\boldsymbol{F}$ ersetzt wird, erhält man

$$\begin{aligned}&\rho\left\{\left(T\frac{\partial s}{\partial T} - \frac{\partial u}{\partial T}\right)\dot{T} + \left(T\frac{\partial s}{\partial \boldsymbol{g}_T} - \frac{\partial u}{\partial \boldsymbol{g}_T}\right) \cdot \dot{\boldsymbol{g}}_T\right.\\ &\left.+\mathrm{tr}\left(\left(T\frac{\partial s}{\partial \boldsymbol{F}} - \frac{\partial u}{\partial \boldsymbol{F}}\right) \cdot \dot{\boldsymbol{F}}^{\mathrm{T}}\right)\right\} + \mathrm{tr}\,[(\boldsymbol{t} - \lambda\mathbf{1}) \cdot \boldsymbol{L}]\\ &-\frac{1}{T}\boldsymbol{q} \cdot \boldsymbol{g}_T \geq 0.\end{aligned} \tag{6.60}$$

Wegen (1.53) und $\mathrm{tr}\,(\boldsymbol{M} \cdot \boldsymbol{N}) = M_{ij}N_{ji} = M^{\mathrm{T}}_{ji}N^{\mathrm{T}}_{ij} = \mathrm{tr}\,(\boldsymbol{M}^{\mathrm{T}} \cdot \boldsymbol{N}^{\mathrm{T}})$ für beliebige Tensoren $\boldsymbol{M}$, $\boldsymbol{N}$ ist

$$\mathrm{tr}\,[(\boldsymbol{t} - \lambda\mathbf{1}) \cdot \boldsymbol{L}] = \mathrm{tr}\,[(\boldsymbol{t} - \lambda\mathbf{1}) \cdot \dot{\boldsymbol{F}} \cdot \boldsymbol{F}^{-1}] = \mathrm{tr}\,[(\boldsymbol{t} - \lambda\mathbf{1}) \cdot \boldsymbol{F}^{-\mathrm{T}} \cdot \dot{\boldsymbol{F}}^{\mathrm{T}}], \tag{6.61}$$

und daher

$$\begin{aligned}&\rho\left(T\frac{\partial s}{\partial T} - \frac{\partial u}{\partial T}\right)\dot{T} + \rho\left(T\frac{\partial s}{\partial \boldsymbol{g}_T} - \frac{\partial u}{\partial \boldsymbol{g}_T}\right) \cdot \dot{\boldsymbol{g}}_T\\ &+\mathrm{tr}\left(\left[\rho\left(T\frac{\partial s}{\partial \boldsymbol{F}} - \frac{\partial u}{\partial \boldsymbol{F}}\right) + (\boldsymbol{t} - \lambda\mathbf{1}) \cdot \boldsymbol{F}^{-\mathrm{T}}\right] \cdot \dot{\boldsymbol{F}}^{\mathrm{T}}\right)\\ &-\frac{1}{T}\boldsymbol{q} \cdot \boldsymbol{g}_T \geq 0.\end{aligned} \tag{6.62}$$

Diese Ungleichung ist linear in den Größen $\dot{T}$, $\dot{\boldsymbol{g}}_T$ und $\dot{\boldsymbol{F}}^{\mathrm{T}}$, welche keine Konstitutivvariablen sind, und somit müssen deren Vorfaktoren verschwinden. Das führt auf die Beziehungen

$$\frac{\partial s}{\partial T} = \frac{1}{T}\frac{\partial u}{\partial T}, \quad \frac{\partial s}{\partial \boldsymbol{g}_T} = \frac{1}{T}\frac{\partial u}{\partial \boldsymbol{g}_T}, \tag{6.63}$$

$$\rho\left(T\frac{\partial s}{\partial \boldsymbol{F}} - \frac{\partial u}{\partial \boldsymbol{F}}\right) + (\boldsymbol{t} - \lambda\mathbf{1}) \cdot \boldsymbol{F}^{-\mathrm{T}} = 0, \tag{6.64}$$

und die Restungleichung

$$-\frac{1}{T}\boldsymbol{q} \cdot \boldsymbol{g}_T \geq 0. \tag{6.65}$$

Durch Kreuzdifferentiation von $(6.63)_{1,2}$ nach $\boldsymbol{g}_T$ und T analog zu Abschn. 6.1.2 erhalten wir wieder

$$\frac{\partial s}{\partial \boldsymbol{g}_T} = 0, \quad \frac{\partial u}{\partial \boldsymbol{g}_T} = 0, \tag{6.66}$$

sodass folgt:

$$u = \breve{u}(T, \boldsymbol{F}), \qquad s = \breve{s}(T, \boldsymbol{F}). \tag{6.67}$$

Aus (6.64) ergibt sich der Spannungstensor zu

$$\boldsymbol{t} = \breve{\boldsymbol{t}}(\lambda, T, \boldsymbol{F}) = \lambda \mathbf{1} + \rho\Big(T\frac{\partial s}{\partial \boldsymbol{F}} - \frac{\partial u}{\partial \boldsymbol{F}}\Big) \cdot \boldsymbol{F}^{\mathrm{T}}. \tag{6.68}$$

Der Parameter λ ist dabei offensichtlich ein freies Feld, das aus den Randbedingungen bestimmt werden muss. Er entspricht der mittleren Normalspannung σ_m, welche wir bereits in (3.27) für den linear-elastischen Festkörper kennengelernt hatten.

Wir nutzen nun aus, dass die Abhängigkeiten von $\boldsymbol{F}$ nur speziell als Abhängigkeiten von $\boldsymbol{B} = \boldsymbol{F} \cdot \boldsymbol{F}^{\mathrm{T}}$ auftreten können. Für (6.67) ergibt das

$$u = \breve{u}(T, \boldsymbol{B}), \qquad s = \breve{s}(T, \boldsymbol{B}). \tag{6.69}$$

Für (6.68) erhalten wir mit der Nebenrechnung

$$\begin{aligned}
\frac{\partial s}{\partial F_{iA}} &= \frac{\partial s}{\partial B_{kl}}\frac{\partial B_{kl}}{\partial F_{iA}} = \frac{\partial s}{\partial B_{kl}}\frac{\partial (F_{kB}F_{lB})}{\partial F_{iA}} \\
&= \frac{\partial s}{\partial B_{kl}}\left(F_{kB}\frac{\partial F_{lB}}{\partial F_{iA}} + F_{lB}\frac{\partial F_{kB}}{\partial F_{iA}}\right) \\
&= \frac{\partial s}{\partial B_{kl}}(F_{kB}\delta_{il}\delta_{AB} + F_{lB}\delta_{ik}\delta_{AB}) \\
&= \frac{\partial s}{\partial B_{ki}}F_{kA} + \frac{\partial s}{\partial B_{il}}F_{lA} = 2\frac{\partial s}{\partial B_{ik}}F_{kA}
\end{aligned}$$

$$\Rightarrow \quad \frac{\partial s}{\partial \boldsymbol{F}} \cdot \boldsymbol{F}^{\mathrm{T}} = 2\frac{\partial s}{\partial \boldsymbol{B}} \cdot \boldsymbol{F} \cdot \boldsymbol{F}^{\mathrm{T}} = 2\frac{\partial s}{\partial \boldsymbol{B}} \cdot \boldsymbol{B} \tag{6.70}$$

sowie der analogen Relation für u,

$$\frac{\partial u}{\partial \boldsymbol{F}} \cdot \boldsymbol{F}^{\mathrm{T}} = 2\frac{\partial u}{\partial \boldsymbol{B}} \cdot \boldsymbol{B}, \tag{6.71}$$

den Ausdruck

$$\boldsymbol{t} = \breve{\boldsymbol{t}}(\lambda, T, \boldsymbol{B}) = \lambda \mathbf{1} + 2\rho\Big(T\frac{\partial s}{\partial \boldsymbol{B}} - \frac{\partial u}{\partial \boldsymbol{B}}\Big) \cdot \boldsymbol{B}. \tag{6.72}$$

Durch Verwendung der Restriktionen (6.69), (6.72) in der aus den Darstellungssätzen für isotrope Funktionen gewonnenen Form (5.142) der Materialgleichungen vereinfachen sich diese zu

$$\begin{aligned}
\boldsymbol{t} &= \lambda \mathbf{1} + 2\rho\Big(T\frac{\partial s}{\partial \boldsymbol{B}} - \frac{\partial u}{\partial \boldsymbol{B}}\Big) \cdot \boldsymbol{B}, \\
\boldsymbol{q} &= -\kappa\, \boldsymbol{g}_T + c_1\, \boldsymbol{B} \cdot \boldsymbol{g}_T + c_2\, \boldsymbol{B}^2 \cdot \boldsymbol{g}_T, \\
u &= \breve{u}(T,\, I_B,\, I\!I_B), \\
s &= \breve{s}(T,\, I_B,\, I\!I_B),
\end{aligned} \tag{6.73}$$

mit

$$\begin{aligned} a_i &= a_i(T,\, I_B,\, II_B), \\ \{\kappa, c_i\} &= \{\kappa, c_i\}(T,\, I_B,\, II_B,\, \boldsymbol{g}_T \cdot \boldsymbol{g}_T,\, \boldsymbol{g}_T \cdot \boldsymbol{B} \cdot \boldsymbol{g}_T,\, \boldsymbol{g}_T \cdot \boldsymbol{B}^2 \cdot \boldsymbol{g}_T). \end{aligned} \tag{6.74}$$

Abhängigkeiten von III_B treten nicht auf, da wegen der Dichtebeständigkeit $\det \boldsymbol{F} = 1$, und daher $III_B = \det \boldsymbol{B} = \det(\boldsymbol{F} \cdot \boldsymbol{F}^{\mathrm{T}}) = (\det \boldsymbol{F})^2 = 1$.

Durch Einsetzen von $(6.73)_2$ in die Restungleichung (6.65) folgt ferner die Beziehung

$$\kappa\, \boldsymbol{g}_T \cdot \boldsymbol{g}_T - c_1\, \boldsymbol{g}_T \cdot \boldsymbol{B} \cdot \boldsymbol{g}_T - c_2\, \boldsymbol{g}_T \cdot \boldsymbol{B}^2 \cdot \boldsymbol{g}_T \geq 0. \tag{6.75}$$

Dabei sind aufgrund der Symmetrie und positiven Definitheit von $\boldsymbol{B}$ alle drei auftretenden skalaren Invarianten nicht-negativ. Die Ungleichung ist daher für alle denkbaren Kombinationen von $\boldsymbol{g}_T$ und $\boldsymbol{B}$ nur dann stets erfüllt, wenn

$$\kappa \geq 0, \qquad c_1 \leq 0, \qquad c_2 \leq 0. \tag{6.76}$$

gewährleistet ist.

■

6.2 Entropieprinzip von Müller-Liu

6.2.1 Grundlagen

Trotz weitverbreiteter Verwendung hat die Clausius-Duhem-Ungleichung und das damit verbundene Vorgehen ihrer Auswertung nach Coleman-Noll einige Unzulänglichkeiten oder zumindest zweifelhafte Punkte, nämlich

- die speziellen Wahlen (6.3) und (6.4) für den Entropiefluss und die Entropiezufuhr,
- die Notwendigkeit, die Existenz der absoluten Temperatur zu postulieren,
- der Umgang mit den Nebenbedingungen (Massen-, Impuls- und Energiebilanz; vgl. Diskussion im Anschluss an die Clausius-Duhem-Ungleichung (6.5)).

Aus diesem Grund werden wir nun mit dem Entropieprinzip von Müller-Liu ein moderneres Entropieprinzip kennenlernen, welches diese Dinge allgemeiner handhabt, dafür allerdings auch aufwändiger in der Auswertung ist. Auch dieses Entropieprinzip geht aus von der Entropiebilanz in der Form (6.1) mit der Nebenbedingung (6.2) nicht-negativer Entropieproduktion (Zweiter Hauptsatz), der Satz zusätzlicher Annahmen lauten jedoch wie folgt:

- s, p^s und z^s sind objektive Skalare, $\boldsymbol{\phi}^s$ ist ein objektiver Vektor.
- s und $\boldsymbol{\phi}^s$ sind Materialgrößen, deren Materialgleichungen dem Prinzip der materiellen Objektivität unterliegen, und die gemäß der Äquipräsenzregel von denselben Variablen abhängen wie die Materialgleichungen für $\boldsymbol{t}$, $\boldsymbol{q}$ und u.

- In einem zufuhrfreien Körper, d. h., äußere Kraft (Impulszufuhr) $\boldsymbol{f}_s = \boldsymbol{0}$ und Strahlungsleistung (Energiezufuhr) $r = 0$, verschwindet auch die Entropiezufuhr z^s (ursprüngliche Forderung von Müller). Ansonsten hängt z^s linear von $\boldsymbol{f}_s$ und r ab:

$$z^s = \boldsymbol{\lambda} \cdot \boldsymbol{f}_s + \lambda r \tag{6.77}$$

  (Erweiterung von Liu).
- Es gibt *undurchlässige dünne Wände*, an denen die empirische Temperatur und die Normalkomponente des Entropieflusses stetig sind:

$$[\![\theta]\!] = 0, \qquad [\![\boldsymbol{\phi}^s \cdot \boldsymbol{n}]\!] = 0. \tag{6.78}$$

  Eine absolute Temperatur wird nicht postuliert.

Die daraus resultierende Entropieungleichung lautet also mit der Entropiebilanz (6.1) und dem Zweiten Hauptsatz (6.2)

$$\rho \dot{s} + \operatorname{div} \boldsymbol{\phi}^s - \boldsymbol{\lambda} \cdot \rho \boldsymbol{f}_s - \lambda \rho r \geq 0. \tag{6.79}$$

Des weiteren wird beim Müller-Liuschen Entropieprinzip in der Frage des Einbaus der Massen-, Impuls- und Energiebilanz der Standpunkt vertreten, dass über die Zufuhrterme $\boldsymbol{f}_s$ und r nicht verfügt werden kann, da sie für eine gegebene Situation fest vorgegeben sind (vgl. Abschn. 6.1.1). Somit müssen diese drei Bilanzgleichungen alle als Nebenbedingungen berücksichtigt werden. Das lässt sich sehr elegant mit der Methode der Lagrange-Multiplikatoren (vgl. Problem 6.2) bewerkstelligen: Ungleichung (6.79), welche nur für die thermodynamischen Prozesse des betreffenden Materials erfüllt sein muss, wird ersetzt durch die nun für *alle* analytischen Felder der Dichte, Bewegung und Temperatur zu erfüllende erweiterte Ungleichung

$$\begin{aligned} &\rho \dot{s} + \operatorname{div} \boldsymbol{\phi}^s - \boldsymbol{\lambda} \cdot \rho \boldsymbol{f}_s - \lambda \rho r \\ &-\Lambda^\rho \left\{\dot{\rho} + \rho \operatorname{div} \boldsymbol{v}\right\} - \boldsymbol{\Lambda}^v \cdot \left\{\rho \dot{\boldsymbol{v}} - \operatorname{div} \boldsymbol{t} - \rho \boldsymbol{f}_s\right\} \\ &-\Lambda^u \left\{\rho \dot{u} + \operatorname{div} \boldsymbol{q} - \operatorname{tr}(\boldsymbol{t} \cdot \boldsymbol{D}) - \rho r\right\} \geq 0. \end{aligned} \tag{6.80}$$

Die Bilanzgleichungen erscheinen hier mit den Lagrange-Multiplikatoren Λ^ρ, $\boldsymbol{\Lambda}^v$ und Λ^u multipliziert; letztere müssen bei der Auswertung der Entropieungleichung mit bestimmt werden (vgl. Problem 6.2). Dieses Vorgehen ist bekannt bei der Bestimmung von Extremwerten für Funktionen mehrerer Veränderlicher mit Nebenbedingungen, und wird hier auf die Auswertung einer Ungleichung mit Nebenbedingungen übertragen.

6.2.2 Auswertung für ein klassisches wärmeleitendes Fluid

Wir werten nun das Entropieprinzip von Müller-Liu für ein klassisches wärmeleitendes Fluid aus. Dieses ist gemäß Abschn. 5.5.7 ein Material mit den Konstitutivvariablen (Variablen in den Materialgleichungen) ρ, θ und $\boldsymbol{g}_\theta$. Die Forderungen des Entropieprinzips von Müller-Liu verlangen unter anderem, dass zusätzlich zu $\boldsymbol{t}$, $\boldsymbol{q}$ und u auch Materialgleichungen für s und $\boldsymbol{\phi}^s$ aufgestellt werden, sodass der vollständige Satz lautet:

$$\begin{aligned} &\boldsymbol{t} = \check{\boldsymbol{t}}(\rho,\, \theta,\, \boldsymbol{g}_\theta), \quad \boldsymbol{q} = \check{\boldsymbol{q}}(\rho,\, \theta,\, \boldsymbol{g}_\theta), \quad u = \check{u}(\rho,\, \theta,\, \boldsymbol{g}_\theta), \\ &s = \check{s}(\rho,\, \theta,\, \boldsymbol{g}_\theta), \quad \boldsymbol{\phi}^s = \check{\boldsymbol{\phi}}^s(\rho,\, \theta,\, \boldsymbol{g}_\theta). \end{aligned} \tag{6.81}$$

Man beachte, dass im Gegensatz zum Vorgehen bei der Auswertung der Clausius-Duhem-Ungleichung die empirische Temperatur θ nicht von vornherein durch die absolute Temperatur T ersetzt wurde, da deren Existenz bei Müller-Liu nicht postuliert wird. Die reduzierte Form der Materialgleichungen (6.81) ist (vgl. (5.152))

$$\begin{aligned} &\boldsymbol{t} = \sigma\,\mathbf{1} + \tau\,\boldsymbol{g}_\theta\,\boldsymbol{g}_\theta, && s = \check{s}(\rho,\, \theta,\, g), \\ &\boldsymbol{q} = -\kappa\,\boldsymbol{g}_\theta, && \boldsymbol{\phi}^s = -\gamma\,\boldsymbol{g}_\theta, \\ &u = \check{u}(\rho,\, \theta,\, g), && \sigma,\, \tau,\, \kappa,\, \gamma = \sigma,\, \tau,\, \kappa,\, \gamma(\rho,\, \theta,\, g), \end{aligned} \tag{6.82}$$

wobei die Abkürzung $g = \boldsymbol{g}_\theta \cdot \boldsymbol{g}_\theta$ eingeführt wurde. Die reduzierten Darstellungen für s bzw. $\boldsymbol{\phi}^s$, welche in (5.152) noch nicht angegeben waren, entsprechen denen für u bzw. $\boldsymbol{q}$, weil s wie u ein objektiver Skalar und $\boldsymbol{\phi}^s$ wie $\boldsymbol{q}$ ein objektiver Vektor ist.

Wir setzen nun die Materialgleichungen (6.81) in die Entropieungleichung (6.80) ein und führen die zeitlichen Ableitungen mit Hilfe der Kettenregel aus, wobei aufgrund der zum Teil recht komplizierten Ausdrücke die Indexnotation verwendet wird:

$$\begin{aligned} &\rho\left(\frac{\partial s}{\partial \rho}\,\dot{\rho} + \frac{\partial s}{\partial \theta}\,\dot{\theta} + \frac{\partial s}{\partial \theta_{,i}}\,\dot{\theta}_{,i}\right) + \frac{\partial \phi^s_i}{\partial \rho}\,\rho_{,i} + \frac{\partial \phi^s_i}{\partial \theta}\,\theta_{,i} + \frac{\partial \phi^s_i}{\partial \theta_{,j}}\,\theta_{,ji} \\ &-\lambda_i \rho (f_s)_i - \lambda \rho r - \Lambda^\rho \dot{\rho} - \Lambda^\rho \rho v_{i,i} \\ &-\Lambda^v_i \rho \dot{v}_i + \Lambda^v_i\left(\frac{\partial t_{ij}}{\partial \rho}\,\rho_{,j} + \frac{\partial t_{ij}}{\partial \theta}\,\theta_{,j} + \frac{\partial t_{ij}}{\partial \theta_{,k}}\,\theta_{,kj}\right) + \Lambda^v_i \rho (f_s)_i \\ &-\Lambda^u \rho\left(\frac{\partial u}{\partial \rho}\,\dot{\rho} + \frac{\partial u}{\partial \theta}\,\dot{\theta} + \frac{\partial u}{\partial \theta_{,i}}\,\dot{\theta}_{,i}\right) - \Lambda^u\left(\frac{\partial q_i}{\partial \rho}\,\rho_{,i} + \frac{\partial q_i}{\partial \theta}\,\theta_{,i} + \frac{\partial q_i}{\partial \theta_{,j}}\,\theta_{,ji}\right) \\ &+\Lambda^u t_{ij} v_{j,i} + \Lambda^u \rho r \geq 0. \end{aligned} \tag{6.83}$$

Das lässt sich umordnen zu

$$
\begin{aligned}
&\left\{\rho\frac{\partial s}{\partial\rho} - \Lambda^{\rho} - \rho\Lambda^{u}\frac{\partial u}{\partial\rho}\right\}\dot{\rho} + \left\{\rho\frac{\partial s}{\partial\theta} - \rho\Lambda^{u}\frac{\partial u}{\partial\theta}\right\}\dot{\theta} \\
&+\left\{\rho\frac{\partial s}{\partial\theta_{,i}} - \rho\Lambda^{u}\frac{\partial u}{\partial\theta_{,i}}\right\}\dot{\theta}_{,i} - \{\rho\Lambda_i^{v}\}\dot{v}_i + \left\{\frac{\partial\phi_j^s}{\partial\rho} + \Lambda_i^{v}\frac{\partial t_{ij}}{\partial\rho} - \Lambda^{u}\frac{\partial q_j}{\partial\rho}\right\}\rho_{,j} \\
&+\left\{\frac{\partial\phi_j^s}{\partial\theta_{,k}} + \Lambda_i^{v}\frac{\partial t_{ij}}{\partial\theta_{,k}} - \Lambda^{u}\frac{\partial q_j}{\partial\theta_{,k}}\right\}\theta_{,kj} + \{-\rho\Lambda^{\rho}\delta_{ij} + \Lambda^{u}t_{ij}\}v_{j,i} \\
&+\{\Lambda_i^{v} - \lambda_i\}\rho(f_s)_i + \{\Lambda^{u} - \lambda\}\rho r + \left(\frac{\partial\phi_j^s}{\partial\theta} + \Lambda_i^{v}\frac{\partial t_{ij}}{\partial\theta} - \Lambda^{u}\frac{\partial q_j}{\partial\theta}\right)\theta_{,j} \geq 0.
\end{aligned}
\tag{6.84}
$$

Diese Beziehung ist linear in $\dot{\rho}$, $\dot{\theta}$, $\dot{\theta}_{,i}$, $\dot{v}_i$, $\rho_{,j}$, $\theta_{,kj}$, $v_{j,i}$, $(f_s)_i$ und r. Sie ist es jedoch nicht in $\theta_{,j}$, denn letzteres ist, wie man in den Materialgleichungen (6.81) sieht, eine Konstitutivvariable, ist also implizit in den diversen Materialgrößen in (6.84) enthalten. Da alle diese neun Größen, in denen (6.84) linear ist, beliebig gewählt werden dürfen, folgt wie gehabt das Verschwinden sämtlicher Vorfaktoren, also aller Terme in geschweiften Klammern. Das ergibt

$$
\begin{aligned}
\Lambda_i^{v} &= 0, \\
\Lambda^{\rho} &= \rho\left(\frac{\partial s}{\partial\rho} - \Lambda^{u}\frac{\partial u}{\partial\rho}\right), \\
\frac{\partial s}{\partial\theta} &= \Lambda^{u}\frac{\partial u}{\partial\theta}, \\
\frac{\partial s}{\partial\theta_{,i}} &= \Lambda^{u}\frac{\partial u}{\partial\theta_{,i}}, \\
\frac{\partial\phi_j^s}{\partial\rho} - \Lambda^{u}\frac{\partial q_j}{\partial\rho} &= 0, \\
\frac{\partial\phi_{(j}^s}{\partial\theta_{,k)}} - \Lambda^{u}\frac{\partial q_{(j}}{\partial\theta_{,k)}} &= 0, \\
\Lambda^{u}t_{ij} &= \rho\Lambda^{\rho}\delta_{ij} = \rho^2\left(\frac{\partial s}{\partial\rho} - \Lambda^{u}\frac{\partial u}{\partial\rho}\right)\delta_{ij}, \\
\lambda &= \Lambda^{u}, \\
\lambda_i &= \Lambda_i^{v} = 0,
\end{aligned}
\tag{6.85}
$$

sowie die Restungleichung

$$
\left(\frac{\partial\phi_j^s}{\partial\theta} - \Lambda^{u}\frac{\partial q_j}{\partial\theta}\right)\theta_{,j} \geq 0. \tag{6.86}
$$

Dabei sei daran erinnert, dass runde Klammern um Paare von Indices die Symmetrisierung, d. h., $(\cdot)_{(ij)} = \frac{1}{2}[(\cdot)_{ij} + (\cdot)_{ji}]$, bedeuten. Aus $(6.85)_{8,9}$ folgt, dass die Entropiezufuhr im klassischen wärmeleitenden Fluid die Form

$$
z^s = \Lambda^{u} r \tag{6.87}
$$

hat, d. h., der im Liuschen Ansatz (6.77) zugelassene Beitrag der Impulszufuhr fällt heraus.

Beziehung $(6.85)_6$ ergibt mit den Darstellungen $(6.82)_{2,5}$, welche in Indexschreibweise $\phi_j^s = -\gamma\theta_{,j}$ und $q_j = -\kappa\theta_{,j}$ lauten:

$$
\begin{aligned}
&(\Lambda^u\kappa - \gamma)\,\delta_{jk} + \theta_{,(j}\left(\Lambda^u \frac{\partial\kappa}{\partial\theta_{,k)}} - \frac{\partial\gamma}{\partial\theta_{,k)}}\right) = 0 \\
\Rightarrow\quad &(\Lambda^u\kappa - \gamma)\,\delta_{jk} + 2\left(\Lambda^u\frac{\partial\kappa}{\partial g} - \frac{\partial\gamma}{\partial g}\right)\theta_{,j}\theta_{,k} = 0.
\end{aligned} \tag{6.88}
$$

Das ist für beliebige Temperaturgradienten nur erfüllt, wenn beide Klammern separat gleich Null sind ($j \neq k \Rightarrow$ 2. Klammer $= 0 \overset{j=k}{\Rightarrow}$ 1. Klammer $= 0$). Somit resultiert

$$
\gamma = \Lambda^u\kappa, \qquad \frac{\partial\gamma}{\partial g} = \Lambda^u\frac{\partial\kappa}{\partial g}. \tag{6.89}
$$

Durch Differentiation von $(6.89)_1$ nach g erhält man

$$
\frac{\partial\gamma}{\partial g} = \Lambda^u\frac{\partial\kappa}{\partial g} + \frac{\partial\Lambda^u}{\partial g}\kappa. \tag{6.90}
$$

Wir setzen $\kappa \neq 0$ voraus (sonst wäre unser Fluid nicht wärmeleitend), vergleichen das mit $(6.89)_2$, und erhalten so

$$
\frac{\partial\Lambda^u}{\partial g} = 0. \tag{6.91}
$$

Einsetzen von $(6.89)_1$ in die Darstellungen $(6.82)_{2,5}$ für $\boldsymbol{q}$ und $\boldsymbol{\phi}^s$ ergibt weiterhin

$$
\begin{aligned}
&\boldsymbol{\phi}^s = -\gamma\,\boldsymbol{g}_\theta = -\Lambda^u\kappa\,\boldsymbol{g}_\theta \\
\Rightarrow\quad &\boldsymbol{\phi}^s = \Lambda^u\boldsymbol{q}.
\end{aligned} \tag{6.92}
$$

Unter Verwendung dieses Ergebnisses in $(6.85)_5$ rechnet man

$$
\begin{aligned}
&\Lambda^u\frac{\partial\boldsymbol{q}}{\partial\rho} + \frac{\partial\Lambda^u}{\partial\rho}\boldsymbol{q} - \Lambda^u\frac{\partial\boldsymbol{q}}{\partial\rho} = \boldsymbol{0} \\
\Rightarrow\quad &\frac{\partial\Lambda^u}{\partial\rho} = 0.
\end{aligned} \tag{6.93}
$$

Gleichungen $(6.85)_{2,3}$ können formal als Bestimmungsgleichungen für Λ^ρ und Λ^u aufgefasst werden (zwei Gleichungen für zwei Unbekannte), wobei die vorhandenen Vorfaktoren lediglich von den Konstitutivvariablen ρ, θ und g abhängen. Daraus folgt, dass Λ^ρ und Λ^u ebenfalls nur von diesen drei Variablen abhängen können. Wegen (6.91) und (6.93) verbleibt davon nur die θ-Abhängigkeit,

$$\Lambda^u = \Lambda^u(\theta) = \frac{1}{T(\theta)}, \tag{6.94}$$

und wir bezeichnen die derart als Kehrwert von $\Lambda^u(\theta)$ definierte Funktion $T(\theta)$ als *absolute Temperatur*, wobei die Rechtfertigung dafür noch zu erbringen ist.

Aus $(6.85)_7$ folgt für den Spannungstensor die Darstellung

$$\boldsymbol{t} = \rho^2 \left(T(\theta) \frac{\partial s}{\partial \rho} - \frac{\partial u}{\partial \rho} \right) \mathbf{1} = -p(\rho,\, \theta,\, g)\, \mathbf{1}. \tag{6.95}$$

Der *thermodynamische Druck* p ist also

$$p(\rho,\, \theta,\, g) = -\rho^2 \left(T(\theta) \frac{\partial s}{\partial \rho} - \frac{\partial u}{\partial \rho} \right), \tag{6.96}$$

was sich zu

$$\frac{\partial s}{\partial \rho} = \frac{1}{T(\theta)} \left(\frac{\partial u}{\partial \rho} - \frac{p}{\rho^2} \right) \tag{6.97}$$

umstellen lässt. Mit $(6.85)_{3,4}$ und (6.97) können wir nun das totale Differential der Entropie $s = \check{s}(\rho,\, \theta,\, \boldsymbol{g}_\theta)$ angeben:

$$\mathrm{d}s = \frac{1}{T(\theta)} \left(\frac{\partial u}{\partial \theta} \mathrm{d}\theta + \left(\frac{\partial u}{\partial \rho} - \frac{p}{\rho^2} \right) \mathrm{d}\rho + \frac{\partial u}{\partial \boldsymbol{g}_\theta} \cdot \mathrm{d}\boldsymbol{g}_\theta \right). \tag{6.98}$$

Durch Kreuzdifferentiation des ersten Summanden nach $\boldsymbol{g}_\theta$ bzw. des dritten Summanden nach θ und Gleichsetzen ergibt sich

$$\frac{1}{T(\theta)} \frac{\partial^2 u}{\partial \boldsymbol{g}_\theta\, \partial \theta} = \frac{1}{T(\theta)} \frac{\partial^2 u}{\partial \theta\, \partial \boldsymbol{g}_\theta} - \frac{T'(\theta)}{T^2(\theta)} \frac{\partial u}{\partial \boldsymbol{g}_\theta}$$

$$\Rightarrow \quad \frac{\partial u}{\partial \boldsymbol{g}_\theta} = 0, \tag{6.99}$$

und wegen $(6.85)_4$ auch

$$\frac{\partial s}{\partial \boldsymbol{g}_\theta} = 0. \tag{6.100}$$

Daher sind innere Energie und Entropie nur Funktionen der Dichte und der empirischen Temperatur,

$$u = \check{u}(\rho,\, \theta), \qquad s = \check{s}(\rho,\, \theta), \tag{6.101}$$

und (6.98) vereinfacht sich zur *Gibbs-Gleichung*

$$\mathrm{d}s = \frac{1}{T(\theta)} \left(\frac{\partial u}{\partial \theta} \mathrm{d}\theta + \left(\frac{\partial u}{\partial \rho} - \frac{p}{\rho^2} \right) \mathrm{d}\rho \right). \tag{6.102}$$

Wegen der Darstellung (6.96) für den thermodynamischen Druck ist somit auch dieser nur eine Funktion von ρ und θ,

$$p(\rho,\,\theta) = -\rho^2\biggl(T(\theta)\frac{\partial \check{s}(\rho,\,\theta)}{\partial \rho} - \frac{\partial \check{u}(\rho,\,\theta)}{\partial \rho}\biggr); \tag{6.103}$$

der Spannungstensor lautet daher gemäß (6.95)

$$\boldsymbol{t} = -p(\rho,\,\theta)\,\mathbf{1}. \tag{6.104}$$

Durch Vergleich mit der ursprünglichen reduzierten Materialgleichung $(6.82)_1$ erhält man

$$\sigma(\rho,\,\theta,\,g) = -p(\rho,\,\theta), \qquad \tau(\rho,\,\theta,\,g) \equiv 0; \tag{6.105}$$

es liegt also stets ein hydrostatischer Spannungszustand vor.

Die Integrabilitätsbedingung für die Gibbs-Gleichung (6.102) ist

$$\begin{aligned}
&\frac{1}{T(\theta)}\frac{\partial^2 u}{\partial \rho\,\partial \theta} = \frac{1}{T(\theta)}\left(\frac{\partial^2 u}{\partial \theta\,\partial \rho} - \frac{1}{\rho^2}\frac{\partial p}{\partial \theta}\right) - \frac{T'(\theta)}{T^2(\theta)}\left(\frac{\partial u}{\partial \rho} - \frac{p}{\rho^2}\right)\\
&\Rightarrow \frac{\mathrm{d}\ln T(\theta)}{\mathrm{d}\theta} = \frac{-\dfrac{\partial p}{\partial \theta}}{\rho^2\dfrac{\partial u}{\partial \rho} - p}\\
&\Rightarrow \ln T(\theta) - \ln T(\theta_0) = \int\limits_{\theta_0}^{\theta} \frac{-\dfrac{\partial p}{\partial \theta}}{\rho^2\dfrac{\partial u}{\partial \rho} - p}\,\mathrm{d}\theta\\
&\Rightarrow T(\theta) = T(\theta_0)\,\exp\left\{\int\limits_{\theta_0}^{\theta} \frac{-\dfrac{\partial p}{\partial \theta}}{\rho^2\dfrac{\partial u}{\partial \rho} - p}\,\mathrm{d}\theta\right\}.
\end{aligned} \tag{6.106}$$

Wählt man in dieser Darstellung die Integrationskonstante $T(\theta_0)$ positiv, so ist $T(\theta)$ offenbar eine *positiv-wertige* Funktion von θ, wie wir es von einer absoluten Temperatur verlangen. Um zu zeigen, dass $T(\theta)$ tatsächlich eine sinnvolle absolute Temperatur darstellt, müssen wir nun noch beweisen, dass $T(\theta)$ bei gegebenem empirischen Temperaturmaß θ eine *universelle* Funktion von θ ist (also nicht für zwei verschiedene Materialien verschieden sein kann), und weiter, dass es eine streng *monotone* Funktion in θ ist (um sicherzustellen, dass $T_A > T_B$ stets „A wärmer als B“ bedeutet).

Was die *Universalität* betrifft, benötigt man das bisher noch nicht verwendete Postulat der Existenz von undurchlässigen dünnen Wänden mit der Eigenschaft (6.78). Wir betrachten also zwei verschiedene klassische wärmeleitende Fluide I und II, die durch eine undurchlässige dünne Wand getrennt seien, wobei sich Fluid I auf der positiven, Fluid II auf der negativen Seite dieser Wand befinde (Abb. 6.1) und kein Schlupf vorhanden sei, d. h., $[\![\boldsymbol{v}_{\|}]\!] = \mathbf{0}$ gelte.

Aus der Stetigkeit des normalen Entropieflusses $(6.78)_2$ folgt unter Verwendung von (6.92)

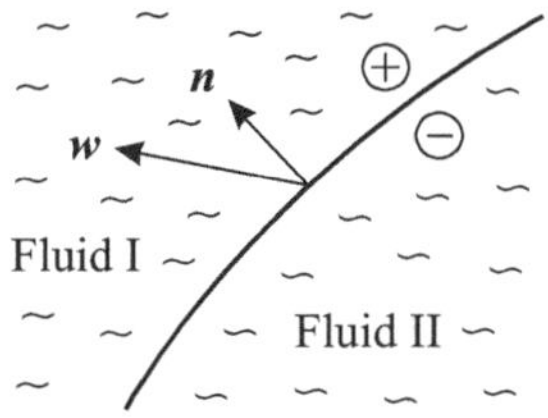

Abb. 6.1. Durch eine undurchlässige dünne Wand getrennte klassische wärmeleitende Fluide I und II.

$$\left[\!\left[\frac{1}{T(\theta)}\,\boldsymbol{q}\cdot\boldsymbol{n}\right]\!\right] = 0. \tag{6.107}$$

Undurchlässigkeit bedeutet $(\boldsymbol{v}^{\pm} - \boldsymbol{w}) \cdot \boldsymbol{n} = 0$, d. h., undurchlässige dünne Wände sind im Sinne von Kap. 2 materielle singuläre Flächen. Da zusätzlich Schlupffreiheit angenommen wurde, ist der normale Wärmefluss stetig (vgl. Energiesprungbedingung (2.138)), kann also aus der Sprungklammer herausgezogen werden:

$$\left[\!\left[\frac{1}{T(\theta)}\right]\!\right]\,\boldsymbol{q}\cdot\boldsymbol{n} = 0, \tag{6.108}$$

und da im allgemeinen $\boldsymbol{q}\cdot\boldsymbol{n} \neq 0$ gilt, ergibt sich weiter

$$\left[\!\left[\frac{1}{T(\theta)}\right]\!\right] = 0 \qquad \Rightarrow\; T^{\mathrm{I}}(\theta) = T^{\mathrm{II}}(\theta). \tag{6.109}$$

Die Funktion $T(\theta)$ ist somit für alle klassischen wärmeleitenden Fluide dieselbe. Man kann darüberhinaus zeigen, dass dieselbe Funktion auch in vielen anderen Materialien auftritt, und das berechtigt uns, $T(\theta)$ als universelle Funktion zu bezeichnen.

Um die *Monotonie* von $T(\theta)$ zu zeigen, treffen wir zunächst folgende Definition:

> Unter einem *idealen Gas* versteht man ein klassisches wärmeleitendes Fluid, dessen thermische und kalorische Zustandsgleichungen die Form
>
> $$p(\rho,\,\theta) = \frac{\rho}{M}f(\theta), \qquad u(\theta) = \frac{\beta_1}{M}f(\theta) + \beta_2 \tag{6.110}$$
>
> haben, wobei $f(\theta)$ eine für alle idealen Gase gleiche, nur von der speziellen Wahl des empirischen Temperaturmaßes abhängige, positivwertige und streng monotone Funktion von θ ist. Die Konstanten M (Molmasse), β_1 und β_2 können für verschiedene ideale Gase verschiedene Werte annehmen.

Wählt man z. B. die Celsius-Skala als Temperaturmaß, dann ist

$$f(\theta) = R(\theta + \theta_m), \tag{6.111}$$

mit der *universellen Gaskonstante* $R = 8.314$ J/(mol °C), und der Temperaturkonstante $\theta_m = 273.15$°C. In diesem Fall lauten die Zustandsgleichungen

$$p = \rho \frac{R}{M}(\theta + \theta_m), \qquad u = \beta_1 \frac{R}{M}(\theta + \theta_m) + \beta_2. \tag{6.112}$$

Wie aus experimentellen Befunden bekannt ist, existieren solche idealen Gase in der Tat.

Wir berechnen nun mit Hilfe von (6.106) die Funktion $T(\theta)$ für ein durch (6.110) beschriebenes ideales Gas:

$$T(\theta) = T(\theta_0) \exp\left\{ \int_{\theta_0}^{\theta} \frac{-\frac{\rho}{M} f'(\theta)}{-\frac{\rho}{M} f(\theta)} \mathrm{d}\theta \right\} = T(\theta_0) \exp\left\{ \int_{\theta_0}^{\theta} \Big(\ln f(\theta)\Big)' \mathrm{d}\theta \right\}$$

$$= T(\theta_0) \exp\Big(\ln f(\theta) - \ln f(\theta_0)\Big)$$

$$\Rightarrow \; T(\theta) = \frac{T(\theta_0)}{f(\theta_0)} f(\theta). \tag{6.113}$$

Wählt man die Integrationskonstante $T(\theta_0)$ positiv, so ist mit $f(\theta)$ auch $T(\theta)$ eine positiv-wertige, streng monoton wachsende Funktion von θ. Aus der bereits gezeigten Universalität folgt, dass dieses Ergebnis nicht nur für ideale Gase, sondern ganz allgemein gilt. Somit erfüllt $T(\theta)$ alle Forderungen, die wir an eine sinnvolle absolute Temperatur gestellt haben.

Wir betrachten exemplarisch wiederum die Celsius-Skala als empirisches Temperaturmaß. Setzt man $\theta_0 = 0$°C und definiert die Integrationskonstante als

$$T(\theta_0) = T(0°\mathrm{C}) = 273.15\,\mathrm{K}, \tag{6.114}$$

so folgt mit (6.111)

$$T(\theta) = \frac{T(\theta_0)}{R\theta_m} R(\theta + \theta_m) = \frac{273.15\,\mathrm{K}}{273.15°\mathrm{C}} (\theta + 273.15°\mathrm{C})$$

$$\Rightarrow \; T(\theta) = 273.15\,\mathrm{K} + 1\frac{\mathrm{K}}{°\mathrm{C}} \cdot \theta. \tag{6.115}$$

Das so konstruierte Maß für die absolute Temperatur T heißt *Kelvin-Skala.*

Zur Vervollständigung der Auswertung des Müller-Liuschen Entropieprinzips für ein klassisches wärmeleitendes Fluid müssen wir noch die Restungleichung (6.86) betrachten. Mit $\boldsymbol{\phi}^s = \Lambda^u \boldsymbol{q} = \boldsymbol{q}/T(\theta)$ (6.92) und der Darstellung $(6.82)_2$ für den Wärmefluss $\boldsymbol{q}$ lässt sie sich umformen zu

$$\left(\frac{1}{T(\theta)} \frac{\partial \boldsymbol{q}}{\partial \theta} - \frac{T'(\theta)}{T^2(\theta)} \boldsymbol{q} - \frac{1}{T(\theta)} \frac{\partial \boldsymbol{q}}{\partial \theta} \right) \cdot \boldsymbol{g}_\theta \geq 0$$

$$\Rightarrow \; -\boldsymbol{q} \cdot \boldsymbol{g}_\theta \geq 0 \quad \Rightarrow \; \kappa\,(\boldsymbol{g}_\theta \cdot \boldsymbol{g}_\theta) \geq 0 \quad \Rightarrow \; \kappa \geq 0. \tag{6.116}$$

Die Wärmeleitfähigkeit κ darf also als Konsequenz der Restungleichung nicht negativ werden.

Zusammenfassend ergibt die Auswertung der Müller-Liuschen Entropieprinzips für ein klassisches wärmeleitendes Fluid:

- Bei gegebenem empirischen Temperaturmaß θ lässt sich eine positivwertige, streng monotone und universelle Funktion $T(\theta)$ gemäß

$$T(\theta) = \frac{T(\theta_0)}{f(\theta_0)} f(\theta) \tag{6.117}$$

  konstruieren. Diese kann als Maß einer absoluten Temperatur verwendet werden.
- Die Materialgleichungen (6.82) vereinfachen sich zu

$$\begin{aligned} &\boldsymbol{t} = -p\,\mathbf{1}, && s = \check{s}(\rho,\,\theta), \\ &\boldsymbol{q} = -\kappa\,\boldsymbol{g}_\theta, && \boldsymbol{\phi}^s = \frac{1}{T(\theta)}\,\boldsymbol{q} = -\frac{\kappa}{T(\theta)}\,\boldsymbol{g}_\theta, \\ &u = \check{u}(\rho,\,\theta), && p = p(\rho,\,\theta), \quad \kappa = \kappa(\rho,\,\theta,\,g) \geq 0. \end{aligned} \tag{6.118}$$

- Zusätzlich bestehen zwischen den Funktionen für p, u, s und T die Zusammenhänge

$$\begin{aligned} \frac{\partial s}{\partial \theta} &= \frac{1}{T(\theta)}\frac{\partial u}{\partial \theta}, \\ \frac{\partial s}{\partial \rho} &= \frac{1}{T(\theta)}\left(\frac{\partial u}{\partial \rho} - \frac{p}{\rho^2}\right), \\ \frac{\mathrm{d}\ln T(\theta)}{\mathrm{d}\theta} &= \frac{-\dfrac{\partial p}{\partial \theta}}{\rho^2\dfrac{\partial u}{\partial \rho} - p}. \end{aligned} \tag{6.119}$$

- Für die spezifischen Entropiezufuhr z^s gilt

$$z^s = \frac{r}{T(\theta)}. \tag{6.120}$$

Nachdem nun bekannt ist, dass sich zu einer gegebenen empirischen Temperatur θ gemäß (6.117) eine universelle absolute Temperatur T konstruieren lässt (z. B. die Kelvin-Skala), kann man natürlich auch die absolute Temperatur als Temperaturmaß verwenden, also

$$\theta = T \tag{6.121}$$

setzen. Für diese Wahl werden die Aussagen des Müller-Liuschen Entropieprinzips bezüglich eines klassischen wärmeleitenden Fluides mit denen der Clausius-Duhem-Ungleichung identisch (wovon man sich überzeugen kann, indem man die Auswertung in Abschn. 6.1.2 unter Nicht-Berücksichtigung von $\boldsymbol{D}$ nachvollzieht). Insbesondere erhält man die bei Clausius-Duhem postulierten Beziehungen $\boldsymbol{\phi}^s = \boldsymbol{q}/T$ (6.3) und $z^s = r/T$ (6.4) bei Müller-Liu als abgeleitete Beziehungen $(6.118)_5$ und (6.120). Das ist jedoch nicht immer so: Beispielsweise folgt bei Betrachtung eines nicht-klassischen wärmeleitenden Fluides (also mit zusätzlicher $\dot{\theta}$-Abhängigkeit) aus der Clausius-Duhem-Ungleichung analog zum klassischen Fall $\tau(\rho,\, \theta,\, \dot{\theta},\, g) \equiv 0$ in der Materialgleichung für den Spannungstensor, während das Entropieprinzip von Müller-Liu in diesem Fall ein nichtverschwindendes τ zulässt (welches bestimmten Integrabilitätsbedingungen unterworfen ist). Somit sind diese beiden Entropieprinzipien im allgemeinen nicht gleichwertig.

Problem 6.3 *Evolution der Temperatur in einem nicht-klassischen wärmeleitenden Fluid.*

Wir betrachten die raumzeitliche Entwicklung der Temperatur in einem nicht-klassischen wärmeleitenden Fluid mit den speziellen Materialgleichungen

$$\begin{aligned} &\boldsymbol{q} = -\kappa \operatorname{grad} T, \quad \kappa = \text{const} > 0, \\ &u = u(T, \dot{T}) = u_0 + aT + b\dot{T}, \quad u_0,\ a,\ b = \text{const},\ a > 0 \end{aligned} \tag{6.122}$$

für Prozesse ohne Bewegung ($\boldsymbol{v} = \boldsymbol{0}$) und ohne Strahlungsleistung ($r = 0$).

(a) Wie lautet die zugehörige Evolutionsgleichung der Temperatur?

(b) Wie lautet die entsprechende Gleichung im klassischen Fall $b = 0$? Zu welchem Typ gehört diese Gleichung? Man zeige, dass für ein räumlich eindimensionales Problem (nur x-Richtung) die Lösung zum Anfangszustand

$$T(x, t{=}0) = T_0\, \delta(x) \tag{6.123}$$

(mit $T_0 > 0$ und der Diracschen Delta-Funktion $\delta(x)$) durch die Glockenkurve

$$T(x,t) = T_0 \times \frac{1}{\sqrt{2\pi}\,\sigma(t)} \exp\left(-\frac{1}{2}\Big(\frac{x}{\sigma(t)}\Big)^2 \right) \tag{6.124}$$

("kausale Greensche Funktion") dargestellt wird. Was ergibt sich für die zeitabhängige Breite $\sigma(t)$? Was folgt aus der Lösung (6.124) für die Ausbreitungsgeschwindigkeit von Störungen?

(c) Für den nicht-klassischen Fall sei der Beitrag $\propto a$ vernachlässigbar. Zu welchem Typ gehört die dann folgende Gleichung? Welches Vorzeichen muss b haben, damit das Problem physikalisch sinnvoll gestellt ist? Wie groß ist die Ausbreitungsgeschwindigkeit von Störungen? Wie lautet jetzt die Lösung für den räumlich eindimensionalen Fall mit dem Delta-Peak von (b) als Anfangszustand, wenn zusätzlich $\partial T/\partial t(x, t{=}0) = 0$ gilt?

Lösung. (a) Unter den gegebenen Annahmen folgt aus der Energiebilanz:

$$\begin{aligned}
&\rho\dot{u} = -\operatorname{div}\boldsymbol{q}\\
&\Rightarrow\ \rho b\ddot{T} + \rho a\dot{T} = \kappa\nabla^2 T\\
&\Rightarrow\ \rho b\frac{\partial^2 T}{\partial t^2} + \rho a\frac{\partial T}{\partial t} = \kappa\nabla^2 T.
\end{aligned} \tag{6.125}$$

(b) Klassischer Fall $b = 0$:

$$\begin{aligned}
&\rho a\frac{\partial T}{\partial t} = \kappa\nabla^2 T\\
&\Rightarrow\ \frac{\partial T}{\partial t} = D\nabla^2 T \quad \text{mit } D = \frac{\kappa}{\rho a}.
\end{aligned} \tag{6.126}$$

Das ist die übliche Wärmeleitungsgleichung vom parabolischen Typ, D ist die thermische Diffusivität.

Zur kausalen Greenschen Funktion für das 1-d-Problem

$$\frac{\partial T}{\partial t} = D\frac{\partial^2 T}{\partial x^2} : \tag{6.127}$$

Die normierte Glockenkurve

$$N(x,t) = \frac{1}{\sqrt{2\pi}\,\sigma(t)}\exp\Big(-\frac{1}{2}\Big(\frac{x}{\sigma(t)}\Big)^2\Big) \tag{6.128}$$

erfüllt für jede Standardabweichung (Maß für die Breite) $\sigma > 0$ die Bedingung

$$\int\limits_{-\infty}^{\infty} N(x,t)\,dx = 1 \tag{6.129}$$

(siehe Bronstein *et al.* [4]). Es folgt daher

$$\lim_{\sigma\to 0} N(x,t) = \delta(x), \tag{6.130}$$

sodass das gegebene $T(x,t) = T_0 N(x,t)$ die Anfangsbedingung erfüllt, falls $\sigma(0) = 0$. Einsetzen dieses Ansatzes in die Differentialgleichung ergibt mit

$$\begin{aligned}
\frac{\partial N}{\partial t} &= -\frac{\dot{\sigma}}{\sigma}N(x,t) + \frac{x}{\sigma}\frac{x\dot{\sigma}}{\sigma^2}N(x,t),\\
\frac{\partial N}{\partial x} &= -\frac{x}{\sigma^2}N(x,t),\\
\frac{\partial^2 N}{\partial x^2} &= -\frac{1}{\sigma^2}N(x,t) + \Big(\frac{x}{\sigma^2}\Big)^2 N(x,t)
\end{aligned} \tag{6.131}$$

die Bedingung

$$\begin{aligned}
&-\frac{\dot{\sigma}}{\sigma} + x^2\frac{\dot{\sigma}}{\sigma^3} = -\frac{D}{\sigma^2} + x^2\frac{D}{\sigma^4}\\
&\Rightarrow\ \Big(\frac{\dot{\sigma}}{\sigma} - \frac{D}{\sigma^2}\Big) - x^2\Big(\frac{\dot{\sigma}}{\sigma^3} - \frac{D}{\sigma^4}\Big) = 0.
\end{aligned} \tag{6.132}$$

Beide Klammern müssen separat verschwinden, was in beiden Fällen auf

$$\dot{\sigma} = \frac{D}{\sigma} \tag{6.133}$$

führt. Durch Trennung der Variablen findet man

$$\begin{aligned} &\frac{\mathrm{d}\sigma}{\mathrm{d}t} = \frac{D}{\sigma} \quad \Rightarrow \sigma\, d\sigma = D\, dt \quad \Rightarrow \frac{\sigma^2}{2} = Dt \\ &\Rightarrow \sigma(t) = \sqrt{2Dt}. \end{aligned} \tag{6.134}$$

Wegen der geforderten Anfangsbedingung $\sigma(0) = 0$ tritt keine Integrationskonstante auf. Mit diesem speziellen $\sigma(t)$ ist die kausale Greensche Funktion (6.124) also in der Tat die gesuchte Lösung des 1-d-Problems mit Delta-Peak als Anfangsbedingung.

Die kausale Greensche Funktion hat die Eigenschaft, dass der zur Zeit $t = 0$ bei $x = 0$ lokalisierte Peak zu jeder noch so kleinen Zeit $t > 0$ die gesamte x-Achse von $-\infty$ bis $+\infty$ erfasst. Die Ausbreitungsgeschwindigkeit von Störungen ist daher unendlich groß.

(c) Nicht-klassischer Fall mit $a = 0$:

$$\begin{aligned} &\rho b \frac{\partial^2 T}{\partial t^2} = \kappa \nabla^2 T \\ &\Rightarrow \frac{\partial^2 T}{\partial t^2} = c_\mathrm{T}^2 \nabla^2 T \quad \text{mit } c_\mathrm{T} = \sqrt{\frac{\kappa}{\rho b}}. \end{aligned} \tag{6.135}$$

Falls $b > 0$, ist auch $c_\mathrm{T}^2 > 0$, sodass eine Wellengleichung vorliegt (hyperbolischer Typ). Störungen breiten sich mit der Phasengeschwindigkeit c_T aus. Ist statt dessen $b < 0$, dann gilt auch $c_\mathrm{T}^2 < 0$, und wir habe eine Laplace-Gleichung (elliptischer Typ). Diese benötigt zur Lösung Randbedingungen für den gesamten betrachteten Raum-Zeit-Bereich (also auch in der Zukunft), was physikalisch nicht sinnvoll ist. Es muss also $b > 0$ gelten.

Nach Gl. (3.124) entwickelt sich ein initialer Delta-Peak gemäß

$$T(x,t) = \frac{T_0}{2} \big(\delta(x - c_\mathrm{T} t) + \delta(x + c_\mathrm{T} t) \big), \tag{6.136}$$

d. h., er zerfällt in zwei Peaks halber Höhe, die sich mit der Geschwindigkeit c_T nach rechts bzw. links ausbreiten.

■

Problem 6.4 *Schallwellen der linearen Akustik.*

In Abschn. 6.2.2 haben wir bei der Auswertung des Müller-Liuschen Entropieprinzips das klassische wärmeleitende Fluid studiert. Eine Unterklasse dieses Materialtyps sind die *klassischen wärmeleitenden Gase* (im folgenden kurz als *Gase* bezeichnet), welche sich dadurch auszeichnen, dass sie eine nennenswerte Kompressibilität besitzen, also auf Druckänderungen mit Dichteänderungen reagieren (im Gegensatz zu den näherungsweise dichtebeständigen

Flüssigkeiten). Mit den idealen Gasen (vgl. (6.110)) haben wir bereits eine Unterart derartiger Materialien kennengelernt.

Man nehme an, dass sich der Zustand eines Gases nahe an einem *Grundzustand* befindet, welcher charakterisiert ist durch ein verschwindendes Geschwindigkeitsfeld ($\boldsymbol{v}_0(\boldsymbol{x},t) = \boldsymbol{0}$) und räumlich und zeitlich konstante Felder der Dichte, des Druckes und der Temperatur ($\rho_0(\boldsymbol{x},t) = \rho_0 = \text{const}$, $p_0(\boldsymbol{x},t) = p_0 = \text{const}$, $T_0(\boldsymbol{x},t) = T_0 = \text{const}$), was einen Spezialfall des thermodynamischen Gleichgewichts darstellt. Desweiteren sollen die äußere Kraft $\boldsymbol{f}_s$ und die Strahlungsleistung r vernachlässigbar sein, und die dem Grundzustand überlagerten *Störungen* seien so klein und schnell veränderlich, dass die daraus resultierenden Wärmeflüsse $\boldsymbol{q}$ ebenfalls vernachlässigt werden können („adiabatische Prozesse"). Unter diesen Annahmen stelle man die Feldgleichungen der Thermodynamik auf, linearisiere sie in den Störgrößen (Abweichung vom Grundzustand) und zeige, dass daraus Wellengleichungen für die Druck- und Dichtestörung resultieren. Man betrachte ebene Wellen als speziellen Lösungstyp. Was ergibt sich für die Phasengeschwindigkeit bei einem idealen Gas?

Lösung. Gemäß (6.118) lauten die allgemeinen Materialgleichungen eines Gases

$$\begin{aligned} &\boldsymbol{t} = -p(\rho,\, T)\,\mathbf{1}, && s = s(\rho,\, T), \\ &\boldsymbol{q} = -\kappa(\rho,\, T,\, g)\,\boldsymbol{g}_T, && \boldsymbol{\phi}^s = \frac{\boldsymbol{q}}{T}, \\ &u = u(\rho,\, T), \end{aligned} \tag{6.137}$$

wobei die absolute Temperatur T als Temperaturmaß verwendet wird. Die Feldgleichungen der Thermodynamik (Massenbilanz, Impulsbilanz und Energiebilanz mit eingesetzten Materialgleichungen) nehmen dann wegen

$$\begin{aligned} &\operatorname{div} \boldsymbol{t} = -\operatorname{div}(p\,\mathbf{1}) = -\operatorname{grad} p, \\ &\operatorname{tr}(\boldsymbol{t}\cdot\boldsymbol{D}) = -p\operatorname{tr}(\mathbf{1}\cdot\boldsymbol{D}) = -p\operatorname{div}\boldsymbol{v} \end{aligned} \tag{6.138}$$

die Form

$$\dot{\rho} + \rho\operatorname{div}\boldsymbol{v} = 0, \qquad \rho\dot{\boldsymbol{v}} = -\operatorname{grad} p, \qquad \rho\dot{u} = -p\operatorname{div}\boldsymbol{v} \tag{6.139}$$

an. Aufgrund der Gibbs-Gleichung (6.102), welche sich auch als

$$\mathrm{d}s = \frac{1}{T}\left(\mathrm{d}u - \frac{p}{\rho^2}\,\mathrm{d}\rho\right) \quad \Rightarrow\ \mathrm{d}u = T\,\mathrm{d}s + \frac{p}{\rho^2}\,\mathrm{d}\rho \tag{6.140}$$

darstellen lässt, folgt aus der Energiebilanz $(6.139)_3$

$$\begin{aligned} &\rho\left(T\dot{s} + \frac{p}{\rho^2}\dot{\rho}\right) + p\operatorname{div}\boldsymbol{v} = 0 \\ &\Rightarrow\ \rho T\dot{s} + \frac{p}{\rho}(\dot{\rho} + \rho\operatorname{div}\boldsymbol{v}) = 0 \\ &\Rightarrow\ \dot{s} = 0. \end{aligned} \tag{6.141}$$

Die betrachteten thermodynamischen Prozesse sind also *isentrop*, d. h., die Entropie jedes Gaspartikels ist für alle Zeiten konstant. Da die Entropie des Grundzustandes wegen $s_0 = s(\rho_0, T_0)$ räumlich und zeitlich konstant ist, und sich wegen der Isentropie die Entropie eines Partikels nicht ändern kann, gilt folglich auch für die gestörten Zustände

$$s(\boldsymbol{x}, t) = s_0 = \text{const.} \tag{6.142}$$

Somit sind die unter den oben definierten Bedingungen ablaufenden thermodynamischen Prozesse in Gasen sogar *homentrop*.

Wir zerlegen nun die auftretenden Feldgrößen in einen Anteil des Grundzustandes und einen Anteil der Störung,

$$\rho = \rho_0 + \rho', \quad p = p_0 + p', \quad \boldsymbol{v} = \boldsymbol{v}_0 + \boldsymbol{v}' = \boldsymbol{v}', \quad s = s_0 + s' = s_0, \tag{6.143}$$

wobei die mit Strichen gekennzeichneten Störgrößen klein sein sollen. Die Bilanzgleichungen $(6.139)_{1,2}$ lauten dann

$$\begin{aligned} &\frac{\partial \rho'}{\partial t} + \operatorname{div}(\rho_0 \boldsymbol{v}') + \operatorname{div}(\rho' \boldsymbol{v}') = 0, \\ &\frac{\partial \boldsymbol{v}'}{\partial t} + (\operatorname{grad} \boldsymbol{v}') \cdot \boldsymbol{v}' = -\frac{1}{\rho_0 + \rho'} \operatorname{grad} p'. \end{aligned} \tag{6.144}$$

Aus der thermischen Zustandsgleichung $p(\rho, T)$ und der Materialfunktion für die Entropie $s(\rho, T)$ kann die Temperatur T formal eliminiert werden, sodass sich der Druck p auch als Funktion von s und ρ auffassen lässt:

$$p = p(s, \rho) \quad \Rightarrow p' = p - p_0 = p(s_0, \rho_0 + \rho') - p(s_0, \rho_0). \tag{6.145}$$

Die Bilanzgleichung $(6.139)_3$ ist hier durch die Aussage $s' = 0$ eingebaut.

Aufgrund der Annahme kleiner Störungen werden (6.144) und (6.145) linearisiert, also alle Terme, die nichtlinear in den Störgrößen sind, vernachlässigt:

$$\begin{aligned} &\frac{\partial \rho'}{\partial t} + \rho_0 \operatorname{div} \boldsymbol{v}' = 0, \\ &\frac{\partial \boldsymbol{v}'}{\partial t} + \frac{1}{\rho_0} \operatorname{grad} p' = 0, \\ &p' = \frac{\partial p}{\partial \rho}(s_0, \rho_0)\, \rho' = c_0^2\, \rho'. \end{aligned} \tag{6.146}$$

Die in der dritten Gleichung durch $c_0 = \sqrt{\partial p / \partial \rho(s_0, \rho_0)}$ definierte Größe heißt *Schallgeschwindigkeit*.

Durch Bildung von $\frac{\partial}{\partial t}(6.146)_1 - \rho_0 \operatorname{div}(6.146)_2$ kann die Geschwindigkeit eliminiert werden,

$$\frac{\partial^2 \rho'}{\partial t^2} - \nabla^2 p' = 0, \tag{6.147}$$

woraus mit $(6.146)_3$ die *Wellengleichungen der linearen Akustik*

$$\begin{aligned} &\frac{\partial^2 p'}{\partial t^2} - c_0^2\, \nabla^2 p' = 0, \\ &\frac{\partial^2 \rho'}{\partial t^2} - c_0^2\, \nabla^2 \rho' = 0 \end{aligned} \tag{6.148}$$

resultieren. Die Schallgeschwindigkeit c_0 entspricht also der Phasengeschwindigkeit einer sich ausbreitenden Störung, die als *Schallwelle* bezeichnet wird (vgl. die Diskussion der Wellenausbreitung in linear-elastischen Festkörpern in Abschn. 3.3).

Wir betrachten nun einen speziellen Lösungstyp der Wellengleichungen (6.148), nämlich sich in positive x-Richtung ausbreitende *ebene Wellen*:

$$\begin{aligned} p' = \hat{p}\,\mathrm{e}^{\mathrm{i}(kx-\omega t)}, \qquad \rho' = \hat{\rho}\,\mathrm{e}^{\mathrm{i}(kx-\omega t)}, \qquad v_x' &= \hat{v}_x\,\mathrm{e}^{\mathrm{i}(kx-\omega t)}, \\ v_y' &= \hat{v}_y\,\mathrm{e}^{\mathrm{i}(kx-\omega t)}, \\ v_z' &= \hat{v}_z\,\mathrm{e}^{\mathrm{i}(kx-\omega t)}. \end{aligned} \tag{6.149}$$

Wie in Abschn. 3.3 ist dabei $k = 2\pi/\Lambda$ die Wellenzahl (Λ: Wellenlänge), $\omega = 2\pi/T$ die Kreisfrequenz (T: Periodendauer), und es gilt der Zusammenhang $c_0 = \omega/k$. Einsetzen dieser Ansätze in die y- und z-Komponente der linearisierten Impulsbilanz $(6.146)_2$ ergibt zunächst

$$\begin{aligned} &\frac{\partial v_y'}{\partial t} = -\mathrm{i}\omega\hat{v}_y\,\mathrm{e}^{\mathrm{i}(kx-\omega t)} = 0, \qquad \frac{\partial v_z'}{\partial t} = -\mathrm{i}\omega\hat{v}_z\,\mathrm{e}^{\mathrm{i}(kx-\omega t)} = 0 \\ &\Rightarrow\ \hat{v}_y = 0, \qquad \hat{v}_z = 0. \end{aligned} \tag{6.150}$$

Ebene Wellen in Gasen können also keine Transversalkomponenten enthalten; es liegen reine Longitudinalwellen vor.

Zwischen den verbleibenden Amplituden $\hat{p}$, $\hat{\rho}$ und $\hat{v}_x$ bestehen Zusammenhänge. Aus der linearisierten Zustandsgleichung $(6.146)_3$ folgt sofort

$$\hat{\rho} = \frac{1}{c_0^2}\,\hat{p}. \tag{6.151}$$

Aus der Massenbilanz $(6.146)_1$ ergibt sich

$$\begin{aligned} &\frac{\partial \rho'}{\partial t} + \rho_0\,\frac{\partial v_x'}{\partial x} = 0 \quad\Rightarrow\ -\mathrm{i}\omega\hat{\rho} + \mathrm{i}k\rho_0\hat{v}_x = 0 \\ &\Rightarrow\ \hat{v}_x = \frac{c_0}{\rho_0}\,\hat{\rho} \quad\Rightarrow\ \hat{v}_x = \frac{1}{\rho_0\, c_0}\,\hat{p}. \end{aligned} \tag{6.152}$$

Da in keiner dieser Relationen ein komplexer Phasenfaktor auftritt, sind Druck-, Dichte- und Geschwindigkeitsanteile der Schallwelle in Phase.

Für den *Energiefluss* gilt allgemein $\boldsymbol{\phi} = \boldsymbol{q} - \boldsymbol{t}^{\mathrm{T}} \cdot \boldsymbol{v}$. Da hier Wärmeflüsse vernachlässigbar sind und der Spannungstensor nur einen isotropen Druckanteil enthält, vereinfacht sich das zu $\boldsymbol{\phi} = p\boldsymbol{v}$. Unter der *Schallintensität* I versteht man das Zeitmittel des Energieflusses $\phi_{\|}$ in Ausbreitungsrichtung der Welle,

$$I = \langle \phi_{\|} \rangle = \langle p v_{\|} \rangle. \tag{6.153}$$

Mit den Aufteilungen (6.143) und der bereits festgestellten Eigenschaft, dass Schallwellen in Gasen rein longitudinal sind ($v_{\|} = v$), folgt hieraus

$$I = \langle p_0 v' \rangle + \langle p' v' \rangle = p_0 \langle v' \rangle + \langle p' v' \rangle \quad \Rightarrow \; I = \langle p' v' \rangle. \tag{6.154}$$

Im letzten Schritt wurde das Verschwinden des Zeitmittels von v' (üblicherweise als *Schallschnelle* bezeichnet), also $\langle v' \rangle = 0$, vorausgesetzt. Für die unendlich ausgedehnte ebene Welle (6.149) ist das gewährleistet, aber auch in der Realität vorkommende lokalisierte Schallpulse erfüllen das. Somit ist das Ergebnis (6.154) nicht auf ebene Wellen beschränkt, sondern allgemeingültig.

Wir berechnen nun die Schallintensität für die ebene Welle (6.149) unter Verwendung von (6.150) und (6.152). Da in (6.154) eine nichtlineare Operation (Multiplikation) vorkommt, verwenden wir hierzu die reelle Darstellung:

$$I = \langle p' v'_x \rangle = \hat{p}\hat{v}_x \langle \cos^2(kx - \omega t) \rangle = \tfrac{1}{2}\hat{p}\hat{v}_x \quad \Rightarrow \; I = \frac{1}{2\rho_0\, c_0}\, \hat{p}^2. \tag{6.155}$$

Die Intensität einer ebenen Schallwelle ist also quadratisch in der Amplitude, ein für Wellen typisches Ergebnis. Es ist auf lokalisierte Schallpulse übertragbar, indem diese per Fourier-Transformation in Spektren ebener Wellen zerlegt werden, für welche dann jeweils (6.155) gilt.

Für *ideale Gase* gilt bei Verwendung der absoluten Temperatur in Kelvin als Temperaturmaß die Zustandsgleichung

$$p = \rho \frac{R}{M} T = \rho R_{\mathrm{m}} T, \tag{6.156}$$

mit der universellen Gaskonstanten $R = 8.314\,\mathrm{J\,mol^{-1}K^{-1}}$, der Molmasse M und der materialspezifischen Gaskonstanten $R_{\mathrm{m}} = R/M$. Desweiteren kann man zeigen (siehe unten), dass bei adiabatischen Prozessen in idealen Gasen die Beziehung

$$\frac{p}{\rho^{\kappa}} = \mathrm{const}(s_0) \quad \left(\kappa = \frac{c_{\mathrm{p}}}{c_{\mathrm{v}}}\right) \quad \Rightarrow \; p = \frac{p_0}{\rho_0^{\kappa}}\, \rho^{\kappa} \tag{6.157}$$

erfüllt ist, wobei c_{p} die spezifische Wärme bei konstantem Druck und c_{v} die spezifische Wärme bei konstantem Volumen bedeuten. Damit rechnet man

$$c_0^2 = \frac{\partial p}{\partial \rho}(s_0,\, \rho_0) = \kappa \rho_0^{\kappa-1} \frac{p_0}{\rho_0^{\kappa}} = \kappa \frac{p_0}{\rho_0} = \kappa R_{\mathrm{m}} T_0$$

$$\Rightarrow \; c_0 = \sqrt{\kappa R_{\mathrm{m}} T_0}. \tag{6.158}$$

Beispielsweise erhält man in Luft bei 20°C mit $\kappa = 1.4$, $M = 0.029\,\mathrm{kg\,mol^{-1}}$ und $T_0 = 293.15\,\mathrm{K}$ den Wert $c_0 = 343\,\mathrm{m/s}$.

Es verbleibt noch der Beweis von Beziehung (6.157) für adiabatische Prozesse in idealen Gasen. Dazu betrachten wir ein kleines, materielles Volumenelement des idealen Gases mit Druck p, spezifischem Volumen $v = 1/\rho$ und Temperatur T. Die innere Energie u des Volumenelementes kann sich bei Abwesenheit dissipativer Prozesse nur dadurch ändern, dass ein Wärmeinkrement $\mathrm{d}q$ von außen zugeführt wird, und dass eine Ausdehnung um $\mathrm{d}v$ erfolgt, welche die Arbeit $-p\,\mathrm{d}v$ gegen den äußeren Druck leistet (Abb. 6.2):

$$\mathrm{d}u = \mathrm{d}q - p\,\mathrm{d}v \quad \Rightarrow \mathrm{d}q = \mathrm{d}u + p\,\mathrm{d}v. \tag{6.159}$$

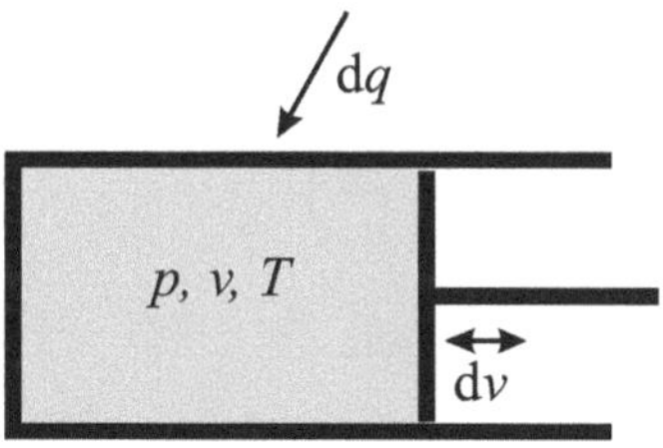

Abb. 6.2. Modellsystem für ein materielles Volumenelement eines idealen Gases mit Wärmezufuhr und Ausdehnung.

Bei Verwendung der Kelvin-Skala hängt die innere Energie u linear von der Temperatur T ab,

$$\mathrm{d}u = c_\mathrm{v}\,\mathrm{d}T. \tag{6.160}$$

Betrachtet man einen Prozess mit konstantem Volumen ($\mathrm{d}v = 0$), so folgt

$$\mathrm{d}q = \mathrm{d}u = c_\mathrm{v}\,\mathrm{d}T, \tag{6.161}$$

der Koeffizient c_v entspricht also der spezifischen Wärme bei konstantem Volumen. Bei einem Prozess mit konstantem Druck ($dp = 0$) gilt statt dessen wegen der Zustandsgleichung (6.156)

$$v = \frac{R_\mathrm{m}}{p} T \quad \Rightarrow \mathrm{d}v = \frac{R_\mathrm{m}}{p}\,\mathrm{d}T$$

$$\Rightarrow \mathrm{d}q = c_\mathrm{v}\,\mathrm{d}T + p\frac{R_\mathrm{m}}{p}\,\mathrm{d}T = (c_\mathrm{v} + R_\mathrm{m})\,\mathrm{d}T = c_\mathrm{p}\,\mathrm{d}T, \tag{6.162}$$

wobei für die spezifische Wärme bei konstantem Druck offensichtlich

$$c_\mathrm{p} = c_\mathrm{v} + R_\mathrm{m} \tag{6.163}$$

gilt.

Adiabatische Prozesse zeichnen sich durch einen verschwindenden Wärmefluss aus, sodass dem betrachteten Volumeninkrement keine Wärme zugeführt wird ($\mathrm{d}q = 0$). In diesem Fall folgt aus (6.159) mit (6.156), (6.160) und (6.163)

$$
\begin{aligned}
&\mathrm{d}u + p\,\mathrm{d}v = c_\mathrm{v}\,\mathrm{d}T + \frac{R_\mathrm{m}T}{v}\,\mathrm{d}v = 0 \\
&\Rightarrow\ c_\mathrm{v}\frac{\mathrm{d}T}{T} + R_\mathrm{m}\frac{\mathrm{d}v}{v} = 0 \\
&\Rightarrow\ c_\mathrm{v}\ln\frac{T}{T_0} + R_\mathrm{m}\ln\frac{v}{v_0} = 0 \\
&\Rightarrow\ c_\mathrm{v}\ln\frac{vp}{v_0p_0} + R_\mathrm{m}\ln\frac{v}{v_0} = c_\mathrm{v}\ln\frac{p}{p_0} + (c_\mathrm{v} + R_\mathrm{m})\ln\frac{v}{v_0} = 0 \\
&\Rightarrow\ \left(\frac{p}{p_0}\right)^{c_\mathrm{v}} \times \left(\frac{v}{v_0}\right)^{c_\mathrm{p}} = 1 \\
&\Rightarrow\ \frac{p}{p_0} = \left(\frac{\rho}{\rho_0}\right)^{\kappa} \quad \left(\kappa = \frac{c_\mathrm{p}}{c_\mathrm{v}}\right);
\end{aligned}
\tag{6.164}
$$

somit ist Beziehung (6.157) bewiesen.

■

7. Mischungstheorie

Zuweilen steht man vor der Situation, dass ein kontinuumsmechanisch zu beschreibender Körper aus verschiedenen Materialien zusammengesetzt ist. Wenn dabei das eingenommene Volumen großskalig in klar abgegrenzten Bereichen von den Komponenten ausgefüllt wird (Abb. 7.1, links), kann der Körper mit den bisher kennengelernten Methoden sinnvoll beschrieben werden: Man erhält dann in den verschiedenen Bereichen verschiedene Sätze von Feldgleichungen, die über Sprungbedingungen an den Grenzflächen gekoppelt sind. Häufig sind jedoch die Komponenten mehr oder weniger gleichmäßig über das gesamte Volumen verteilt, sodass einerseits die Aufteilung des Volumens sehr komplex und kleinskalig ist, und man andererseits gar nicht an der genauen räumlichen Verteilung der Komponenten interessiert ist (Abb. 7.1, rechts). In letzterem Fall spricht man von einer *Mischung*.

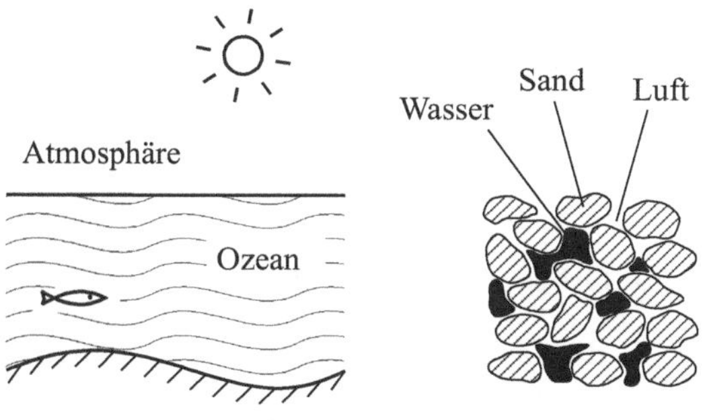

Abb. 7.1. Links: Mehrkomponentenkörper Atmosphäre/Ozean; großskalige Bereiche, keine Mischung. Rechts: Mehrkomponentenkörper Boden; kleinskalige Bereiche, Mischung.

Ein für die Praxis wichtiges Beispiel einer Mischung ist die Berechnung von Bodenbewegungen, die aus der Belastung durch ein Gebäude oder eine Straße resultieren. Dabei muss der Boden als Mischung aus Sand, Wasser und Luft beschrieben werden; es ist jedoch uninteressant, ob sich an einem bestimmten Raumpunkt im Boden nun gerade Sand, Wasser oder Luft befindet.

Im folgenden werden wir uns mit solchen Mischungen beschäftigen, wobei wir uns im Wesentlichen auf die kinematischen Konzepte und die Bilanzgleichungen beschränken wollen. Darüber hinaus wird kurz besprochen, wie geeignete Feldgleichungen der Thermodynamik konstruiert werden können, wobei jedoch nicht detailliert auf die Materialtheorie und die Auswertung von Entropieprinzipien für Mischungen eingegangen werden kann. Diese Aspekte überschreiten den Rahmen einer Einführung in die Kontinuumsmechanik und sind zum Teil auch noch unvollständig verstanden.

7.1 Kinematik

7.1.1 Grundlegendes

Die Grundidee bei der kontinuumsmechanischen Beschreibung von Mischungen besteht darin, die kleinskalige Aufteilung des eingenommenen Volumens auf die ν Komponenten $\alpha = 1 \dots \nu$ der Mischung in den kontinuumsmechanischen Verschmierungsprozess mit hineinzunehmen. Es wird also darauf verzichtet, genau anzugeben, welche Komponente sich gerade wo befindet, und statt dessen davon ausgegangen, dass

> jeder räumliche Punkt im Körper gleichzeitig durch alle Komponenten der Mischung besetzt ist.

Das ermöglicht die Definition von Feldern der *Partialdichten* ρ^α gemäß

$$\rho^\alpha = \frac{\mathrm{d}\,(\text{Masse der Komponente } \alpha)}{\mathrm{d}\,(\text{Volumen der Mischung})} = \frac{\mathrm{d}m^\alpha}{\mathrm{d}V}, \tag{7.1}$$

Partialgeschwindigkeiten $\boldsymbol{v}^\alpha$ und *Partialtemperaturen* θ^α für die Komponenten $\alpha = 1 \dots \nu$.

Weitere relevante Größen sind die *wahren Dichten* $\hat{\rho}^\alpha$,

$$\hat{\rho}^\alpha = \frac{\mathrm{d}\,(\text{Masse der Komponente } \alpha)}{\mathrm{d}\,(\text{Volumen der Komponente } \alpha)} = \frac{\mathrm{d}m^\alpha}{\mathrm{d}V^\alpha}, \tag{7.2}$$

und die *Mischungsdichte* ρ,

$$\rho = \frac{\mathrm{d}\,(\text{Masse der Mischung})}{\mathrm{d}\,(\text{Volumen der Mischung})} = \frac{\mathrm{d}m}{\mathrm{d}V}. \tag{7.3}$$

Da sich die Gesamtmasse im Volumenelement $\mathrm{d}V$ additiv aus den Massen der Komponenten zusammensetzt, gilt der Zusammenhang

$$\rho = \frac{\sum_{\alpha=1}^{\nu} \mathrm{d}m^\alpha}{\mathrm{d}V} = \sum_{\alpha=1}^{\nu} \frac{\mathrm{d}m^\alpha}{\mathrm{d}V} \qquad \Rightarrow \rho = \sum_{\alpha=1}^{\nu} \rho^\alpha. \tag{7.4}$$

Zur Beschreibung der Anteile der Komponenten α an der Mischung werden häufig anstelle der Partialdichten ρ^α zwei andere Größen verwendet. Die *Konzentration* c^α (auch *Massenanteil*) ist definiert als

$$c^\alpha = \frac{\mathrm{d}m^\alpha}{\mathrm{d}m}, \tag{7.5}$$

sodass gilt:

$$c^\alpha = \frac{\mathrm{d}m^\alpha}{\mathrm{d}V}\frac{\mathrm{d}V}{\mathrm{d}m} = \frac{\rho^\alpha}{\rho}. \tag{7.6}$$

Die Definition des *Volumenanteils* ist

$$n^\alpha = \frac{\mathrm{d}V^\alpha}{\mathrm{d}V}; \tag{7.7}$$

diese Größe lässt sich darstellen als

$$n^\alpha = \frac{\mathrm{d}V^\alpha}{\mathrm{d}m^\alpha}\frac{\mathrm{d}m^\alpha}{\mathrm{d}V} = \frac{\rho^\alpha}{\hat{\rho}^\alpha}. \tag{7.8}$$

Aus (7.6) und (7.8) folgt durch Auflösen nach ρ^α und Gleichsetzen eine Relation zwischen Konzentration und Volumenanteil:

$$c^\alpha = \frac{\hat{\rho}^\alpha}{\rho} n^\alpha. \tag{7.9}$$

7.1.2 Bewegung von Mischungen

Aufgrund des eben besprochenen Verschmierungsprozesses existiert für jede Komponente α der Mischung eine ein-eindeutige Bewegungsfunktion, welche den Übergang von der Referenz- in die Momentankonfiguration beschreibt:

$$\boldsymbol{x}^\alpha = \boldsymbol{x}^\alpha(\boldsymbol{X}, t), \qquad \alpha = 1 \ldots \nu. \tag{7.10}$$

Für die Bewegung der Mischung als Ganzes verwenden wir den Ortsvektor des lokalen Massenschwerpunkts,

$$\boldsymbol{x} = \boldsymbol{x}(\boldsymbol{X}, t) = \frac{1}{\rho}\sum_{\alpha=1}^{\nu} \rho^\alpha \boldsymbol{x}^\alpha(\boldsymbol{X}, t) \tag{7.11}$$

(„baryzentrische Bewegung“). Die bereits angesprochenen Partialgeschwindigkeiten $\boldsymbol{v}^\alpha$ folgen aus (7.10) zu

$$\boldsymbol{v}^\alpha = \frac{\partial \boldsymbol{x}^\alpha(\boldsymbol{X}, t)}{\partial t}, \qquad \alpha = 1 \ldots \nu; \tag{7.12}$$

sie können natürlich auch in räumlicher Darstellung als $\boldsymbol{v}^\alpha(\boldsymbol{x}, t)$ geschrieben werden. Analog zu (7.11) führen wir die *baryzentrische Geschwindigkeit* $\boldsymbol{v}$ als

$$\boldsymbol{v} = \frac{1}{\rho}\sum_{\alpha=1}^{\nu} \rho^\alpha \boldsymbol{v}^\alpha \tag{7.13}$$

ein. Des weiteren sind die *Diffusionsgeschwindigkeiten* $\boldsymbol{d}^\alpha$ definiert als Abweichung der Partialgeschwindigkeiten von der baryzentrischen Geschwindigkeit:

$$\boldsymbol{d}^\alpha = \boldsymbol{v}^\alpha - \boldsymbol{v}. \tag{7.14}$$

Diese haben offenbar die Eigenschaft

$$\sum_{\alpha=1}^{\nu} \rho^\alpha \boldsymbol{d}^\alpha = \sum_{\alpha=1}^{\nu} \rho^\alpha \boldsymbol{v}^\alpha - \boldsymbol{v}\sum_{\alpha=1}^{\nu} \rho^\alpha = \rho\boldsymbol{v} - \rho\boldsymbol{v}$$

$$\Rightarrow \sum_{\alpha=1}^{\nu} \rho^\alpha \boldsymbol{d}^\alpha = 0. \tag{7.15}$$

Für eine beliebige, in räumlicher Darstellung gegebene Feldgröße $\psi(\boldsymbol{x}, t)$ lassen sich drei verschiedene Zeitableitungen einführen (vgl. Abschn. 1.1.2), nämlich die *lokale Zeitableitung*,

$$\frac{\partial\psi}{\partial t} = \frac{\partial\psi(\boldsymbol{x}, t)}{\partial t}, \tag{7.16}$$

die *materielle Zeitableitung bezüglich des Baryzentrums*,

$$\dot{\psi} = \frac{\mathrm{d}\psi}{\mathrm{d}t} = \frac{\partial\psi}{\partial t} + (\operatorname{grad}\psi)\cdot\boldsymbol{v}, \tag{7.17}$$

und die *materielle Zeitableitung bezüglich der Komponente* α,

$$\overset{\backslash\alpha}{\psi} = \frac{\mathrm{d}^\alpha\psi}{\mathrm{d}t} = \frac{\partial\psi}{\partial t} + (\operatorname{grad}\psi)\cdot\boldsymbol{v}^\alpha. \tag{7.18}$$

7.2 Bilanzgleichungen

Generell lassen sich die in Kap. 2 hergeleiteten Bilanzgleichungen der Masse, des Impulses, des Drehimpulses, der Energie und der Entropie in Mischungen für jede Komponente $\alpha = 1 \ldots \nu$ aufstellen („Partialbilanzen"). Ein wichtiger Unterschied besteht allerdings darin, dass auch bei den Partialbilanzen für Erhaltungsgrößen Produktionsterme auftreten, denn die Komponenten können miteinander wechselwirken. Durch Summation über die Partialbilanzen erhält man weiter Bilanzgleichungen für die Mischung als Ganzes („Mischungsbilanzen"), die die gleiche Form wie die gewöhnlichen Bilanzgleichungen haben.

7.2.1 Massenbilanz

Die *Partialmassenbilanzen* lauten gemäß (2.38)

$$\frac{\partial \rho^\alpha}{\partial t} + \operatorname{div}(\rho^\alpha \boldsymbol{v}^\alpha) = \pi^\alpha, \tag{7.19}$$

wobei π^α die Massenproduktionsdichte der Komponente α ist. Die π^α spielen dann eine Rolle, wenn aufgrund von chemischen Reaktionen oder Phasenumwandlungen Massenaustausch zwischen den Komponenten auftritt. Da die Gesamtmasse nach wie vor erhalten sein muss, gilt

$$\sum_{\alpha=1}^{\nu} \pi^\alpha = 0. \tag{7.20}$$

Eine alternative Darstellung von (7.19) folgt aus

$$\begin{aligned} &\frac{\partial \rho^\alpha}{\partial t} + (\operatorname{grad} \rho^\alpha) \cdot \boldsymbol{v}^\alpha + \rho^\alpha \operatorname{div} \boldsymbol{v}^\alpha = \pi^\alpha \\ \Rightarrow\ &\frac{\mathrm{d}^\alpha \rho^\alpha}{\mathrm{d}t} + \rho^\alpha \operatorname{div} \boldsymbol{v}^\alpha = \pi^\alpha. \end{aligned} \tag{7.21}$$

Durch Aufsummieren der Partialmassenbilanzen (7.19) über alle Komponenten erhält man mit (7.4), (7.13) und (7.20) die *Massenbilanz der Mischung*

$$\begin{aligned} &\frac{\partial \sum_{\alpha=1}^{\nu} \rho^\alpha}{\partial t} + \operatorname{div}\Big(\sum_{\alpha=1}^{\nu} \rho^\alpha \boldsymbol{v}^\alpha\Big) = \sum_{\alpha=1}^{\nu} \pi^\alpha, \\ \Rightarrow\ &\frac{\partial \rho}{\partial t} + \operatorname{div}(\rho \boldsymbol{v}) = 0, \end{aligned} \tag{7.22}$$

bzw. äquivalent

$$\frac{\mathrm{d}\rho}{\mathrm{d}t} + \rho \operatorname{div} \boldsymbol{v} = 0. \tag{7.23}$$

In der Tat hat (7.22) bzw. (7.23) dieselbe Form wie die gewöhnliche Massenbilanz, wobei hier ρ die Mischungsdichte und $\boldsymbol{v}$ die baryzentrische Geschwindigkeit sind.

Problem 7.1 *Partialmassenbilanzen für Konzentration und Volumenanteil.*

Man leite aus den Partialmassenbilanzen (7.19) für die Partialdichten ρ^α äquivalente Bilanzen für (a) die Konzentration c^α und (b) den Volumenanteil n^α her. Für (b) seien speziell konstante wahre Dichten $\hat{\rho}^\alpha$, d. h., Dichtebeständigkeit der Komponenten angenommen.

Lösung. (a) Wir rechnen für die Konzentrationen (7.6)

$$\frac{\partial c^\alpha}{\partial t} = \frac{\partial}{\partial t}\left(\frac{\rho^\alpha}{\rho}\right) = \frac{1}{\rho}\frac{\partial \rho^\alpha}{\partial t} - \frac{\rho^\alpha}{\rho^2}\frac{\partial \rho}{\partial t} = \frac{1}{\rho}\frac{\partial \rho^\alpha}{\partial t} - \frac{c^\alpha}{\rho}\frac{\partial \rho}{\partial t}, \tag{7.24}$$

was sich mit den Massenbilanzen (7.19) und (7.22) umschreiben lässt zu

$$\rho\frac{\partial c^\alpha}{\partial t} - c^\alpha \mathrm{div}\,(\rho \boldsymbol{v}) + \mathrm{div}\,(\rho^\alpha \boldsymbol{v}^\alpha) = \pi^\alpha. \tag{7.25}$$

Wegen (7.6), (7.14) und (7.17) folgt weiter

$$\begin{aligned} &\rho\frac{\partial c^\alpha}{\partial t} - c^\alpha \mathrm{div}\,(\rho \boldsymbol{v}) + \mathrm{div}\,(\rho c^\alpha \boldsymbol{v}) + \mathrm{div}\,(\rho^\alpha \boldsymbol{d}^\alpha) = \pi^\alpha \\ \Rightarrow\ &\rho\frac{\partial c^\alpha}{\partial t} - c^\alpha \mathrm{div}\,(\rho \boldsymbol{v}) + c^\alpha \mathrm{div}\,(\rho \boldsymbol{v}) + \rho \boldsymbol{v}\cdot \mathrm{grad}\, c^\alpha \\ &\qquad\qquad = -\mathrm{div}\,(\rho^\alpha \boldsymbol{d}^\alpha) + \pi^\alpha \\ \Rightarrow\ &\rho\frac{\mathrm{d}c^\alpha}{\mathrm{d}t} = -\mathrm{div}\,(\rho^\alpha \boldsymbol{d}^\alpha) + \pi^\alpha. \end{aligned} \tag{7.26}$$

Führt man noch die *Diffusionsflüsse* $\boldsymbol{j}^\alpha$ gemäß

$$\boldsymbol{j}^\alpha = \rho^\alpha \boldsymbol{d}^\alpha = \rho^\alpha(\boldsymbol{v}^\alpha - \boldsymbol{v}) \tag{7.27}$$

ein, ergeben sich die Partialmassenbilanzen für die Konzentrationen c^α als

$$\rho\frac{\mathrm{d}c^\alpha}{\mathrm{d}t} = -\mathrm{div}\, \boldsymbol{j}^\alpha + \pi^\alpha. \tag{7.28}$$

(b) Aus den Massenbilanzen (7.19) folgt mit den Volumenanteilen (7.8) für den zu betrachtenden Spezialfall $\hat\rho^\alpha = \mathrm{const}$

$$\begin{aligned} &\frac{\partial(\hat\rho^\alpha n^\alpha)}{\partial t} + \mathrm{div}\,(\hat\rho^\alpha n^\alpha \boldsymbol{v}^\alpha) = \pi^\alpha \\ \Rightarrow\ &\hat\rho^\alpha\frac{\partial n^\alpha}{\partial t} + \hat\rho^\alpha \mathrm{div}\,(n^\alpha \boldsymbol{v}^\alpha) = \pi^\alpha \\ \Rightarrow\ &\frac{\partial n^\alpha}{\partial t} + \mathrm{div}\,(n^\alpha \boldsymbol{v}^\alpha) = \frac{\pi^\alpha}{\hat\rho^\alpha} \end{aligned} \tag{7.29}$$

als Darstellung der Partialmassenbilanzen für die Volumenanteile n^α. Die dabei auftretenden Quellterme $\pi^\alpha/\hat\rho^\alpha$ können als Volumenproduktionsdichten interpretiert werden.

■

Problem 7.2 *Diffusive Schadstoffausbreitung in einem See.*

In der Mitte eines Sees mit vernachlässigbarer Wasserströmung ($\boldsymbol{v}^{\mathrm{w}}(\boldsymbol{x},t) = \boldsymbol{0}$) werde zur Zeit $t = 0$ aufgrund eines Schiffsunfalls räumlich lokalisiert ein

Schadstoff „s" eingetragen. Dieser breite sich im Wasser nach dem *Fickschen Diffusionsgesetz*

$$\boldsymbol{j}^{\mathrm{s}} = -D \operatorname{grad} \rho^{\mathrm{s}} = -\rho D \operatorname{grad} c^{\mathrm{s}} \tag{7.30}$$

aus, wobei die Mischungsdichte ρ praktisch der konstanten Wasserdichte entspricht, da der Beitrag des Schadstoffs vernachlässigbar ist. Die Konstante D heißt *Diffusivität.* Das Problem sei idealisiert als eindimensional (nur x-Richtung, unendlich ausgedehnt) betrachtet, und die initiale Schadstoffkonzentration sei mit der Diracschen Delta-Funktion als unendlich hoher Peak

$$c^{\mathrm{s}}(x,0) = c_0^{\mathrm{s}}\,\delta(x) \tag{7.31}$$

bei $x = 0$ beschrieben. Die Masse des Schadstoffs bleibe erhalten. Man berechne die raum-zeitliche Entwicklung der Schadstoffkonzentration $c^{\mathrm{s}}(x,t)$. Wie groß ist die Verbreitung des Schadstoffs nach einer Woche für rein molekulare ($D = 10^{-9}$ m^2/s) bzw. aufgrund von kleinskaliger Wasserbewegung turbulente ($D = 1$ m^2/s) Diffusion?

Lösung. Es liegt eine Mischung mit den beiden Komponenten Wasser und Schadstoff vor, also $\alpha \in \{\mathrm{w, s}\}$. Wir verwenden die in Problem 7.1 abgeleitete Partialmassenbilanz (7.28) für die Konzentration c^{s} mit $\pi^{\mathrm{s}} = 0$ (kein Massenaustausch) und setzen das Diffusionsgesetz (7.30) ein. Das ergibt

$$\frac{\mathrm{d}c^{\mathrm{s}}}{\mathrm{d}t} = D \operatorname{div} \operatorname{grad} c^{\mathrm{s}} = D\,\nabla^2 c^{\mathrm{s}}. \tag{7.32}$$

Da die Komponente Wasser bei weitem überwiegt, ist die baryzentrische Geschwindigkeit praktisch gleich der Geschwindigkeit des Wassers, $\boldsymbol{v} = \boldsymbol{v}^{\mathrm{w}} = \boldsymbol{0}$, und somit wegen (7.17) $\mathrm{d}(\cdot)/\mathrm{d}t = \partial(\cdot)/\partial t$. Damit folgt die *Diffusionsgleichung*

$$\frac{\partial c^{\mathrm{s}}}{\partial t} = D\,\nabla^2 c^{\mathrm{s}}, \tag{7.33}$$

bzw. räumlich eindimensional

$$\frac{\partial c^{\mathrm{s}}}{\partial t} = D\,\frac{\partial^2 c^{\mathrm{s}}}{\partial x^2}. \tag{7.34}$$

Diese Gleichung entspricht der in Problem 6.3 behandelten eindimensionalen Wärmeleitungsgleichung (6.127), als deren Lösung für einen initialen Delta-Peak wir dort bereits die kausale Greensche Funktion (6.124) kennengelernt hatten. Mit den Variablen dieses Problems lautet sie

$$c^{\mathrm{s}}(x,t) = c_0^{\mathrm{s}} \times \frac{1}{\sqrt{2\pi}\,\sigma(t)} \exp\left(-\frac{1}{2}\left(\frac{x}{\sigma(t)}\right)^2\right), \tag{7.35}$$

wobei für die Breite

$$\sigma(t) = \sqrt{2Dt} \tag{7.36}$$

gilt.

Wir benutzen σ als Maß für die Verbreitung des Schadstoffs. Nach einer Woche ($t_1 = 6.048 \times 10^5$ s) ergibt sich für rein molekulare Diffusion lediglich $\sigma(t_1) = 34.8$ mm, für turbulente Diffusion dagegen $\sigma(t_1) = 1.10$ km.

■

7.2.2 Impulsbilanz

Entsprechend (2.77) sind die *Partialimpulsbilanzen*

$$\frac{\partial(\rho^\alpha \boldsymbol{v}^\alpha)}{\partial t} + \operatorname{div}(\rho^\alpha \boldsymbol{v}^\alpha\, \boldsymbol{v}^\alpha) = \operatorname{div} \boldsymbol{t}^\alpha + \boldsymbol{f}^\alpha + \boldsymbol{m}^\alpha. \tag{7.37}$$

Die Impulsproduktionsdichten $\boldsymbol{m}^\alpha$ haben die Bedeutung von Wechselwirkungskräften (pro Mischungsvolumen); aufgrund der Erhaltung des Gesamtimpulses muss auch deren Summe verschwinden:

$$\sum_{\alpha=1}^{\nu} \boldsymbol{m}^\alpha = \boldsymbol{0}. \tag{7.38}$$

Gleichung (7.37) lässt sich umformen zu

$$\begin{aligned} &\rho^\alpha \left(\frac{\partial \boldsymbol{v}^\alpha}{\partial t} + (\operatorname{grad} \boldsymbol{v}^\alpha) \cdot \boldsymbol{v}^\alpha \right) + \boldsymbol{v}^\alpha \left(\frac{\partial \rho^\alpha}{\partial t} + \operatorname{div}(\rho^\alpha \boldsymbol{v}^\alpha) \right) \\ &= \operatorname{div} \boldsymbol{t}^\alpha + \boldsymbol{f}^\alpha + \boldsymbol{m}^\alpha \\ &\Rightarrow\ \rho^\alpha \frac{\mathrm{d}^\alpha \boldsymbol{v}^\alpha}{\mathrm{d}t} = \operatorname{div} \boldsymbol{t}^\alpha + \rho^\alpha \boldsymbol{f}_s^\alpha + \tilde{\boldsymbol{m}}^\alpha, \end{aligned} \tag{7.39}$$

wobei die modifizierten Impulsproduktionsdichten $\tilde{\boldsymbol{m}}^\alpha$ als

$$\tilde{\boldsymbol{m}}^\alpha = \boldsymbol{m}^\alpha - \pi^\alpha \boldsymbol{v}^\alpha \tag{7.40}$$

eingeführt und zusätzlich die Volumenkräfte $\boldsymbol{f}^\alpha$ (Kraft auf Komponente α pro Mischungsvolumen) durch die spezifischen Kräfte $\boldsymbol{f}_s^\alpha = \boldsymbol{f}^\alpha / \rho^\alpha$ (Kraft auf Komponente α pro Masse von α) ersetzt wurden.

Mit der gesamten Volumenkraft

$$\boldsymbol{f} = \sum_{\alpha=1}^{\nu} \boldsymbol{f}^\alpha \tag{7.41}$$

ergibt Summation der Partialimpulsbilanzen (7.37) über alle Komponenten

$$\begin{aligned} &\frac{\partial}{\partial t}\Big(\sum_{\alpha=1}^{\nu} \rho^\alpha \boldsymbol{v}^\alpha\Big) + \operatorname{div}\Big(\sum_{\alpha=1}^{\nu} \rho^\alpha \boldsymbol{v}^\alpha\, \boldsymbol{v}^\alpha\Big) = \operatorname{div}\Big(\sum_{\alpha=1}^{\nu} \boldsymbol{t}^\alpha\Big) + \sum_{\alpha=1}^{\nu} \boldsymbol{f}^\alpha + \sum_{\alpha=1}^{\nu} \boldsymbol{m}^\alpha \\ &\Rightarrow\ \frac{\partial(\rho \boldsymbol{v})}{\partial t} + \operatorname{div}\Big(\sum_{\alpha=1}^{\nu} \rho^\alpha \boldsymbol{v}^\alpha\, (\boldsymbol{v} + \boldsymbol{d}^\alpha)\Big) = \operatorname{div}\Big(\sum_{\alpha=1}^{\nu} \boldsymbol{t}^\alpha\Big) + \boldsymbol{f} \\ &\Rightarrow\ \frac{\partial(\rho \boldsymbol{v})}{\partial t} + \operatorname{div}\Big(\sum_{\alpha=1}^{\nu} \rho^\alpha \boldsymbol{v}^\alpha\, \boldsymbol{v}\Big) + \operatorname{div}\Big(\sum_{\alpha=1}^{\nu} \rho^\alpha (\boldsymbol{v} + \boldsymbol{d}^\alpha)\, \boldsymbol{d}^\alpha\Big) \\ &\quad = \operatorname{div}\Big(\sum_{\alpha=1}^{\nu} \boldsymbol{t}^\alpha\Big) + \boldsymbol{f} \end{aligned}$$

$$
\begin{aligned}
\Rightarrow\ & \frac{\partial(\rho\boldsymbol{v})}{\partial t} + \operatorname{div}(\rho\boldsymbol{v}\,\boldsymbol{v}) + \operatorname{div}\Big(\boldsymbol{v}\sum_{\alpha=1}^{\nu}\rho^\alpha\boldsymbol{d}^\alpha\Big) + \operatorname{div}\Big(\sum_{\alpha=1}^{\nu}\rho^\alpha\boldsymbol{d}^\alpha\,\boldsymbol{d}^\alpha\Big) \\
& = \operatorname{div}\Big(\sum_{\alpha=1}^{\nu}\boldsymbol{t}^\alpha\Big) + \boldsymbol{f} \\
\Rightarrow\ & \frac{\partial(\rho\boldsymbol{v})}{\partial t} + \operatorname{div}(\rho\boldsymbol{v}\,\boldsymbol{v}) = \operatorname{div}\Big(\sum_{\alpha=1}^{\nu}(\boldsymbol{t}^\alpha - \rho^\alpha\boldsymbol{d}^\alpha\,\boldsymbol{d}^\alpha)\Big) + \boldsymbol{f} \\
\Rightarrow\ & \frac{\partial(\rho\boldsymbol{v})}{\partial t} + \operatorname{div}(\rho\boldsymbol{v}\,\boldsymbol{v}) = \operatorname{div}\boldsymbol{t} + \boldsymbol{f}.
\end{aligned} \tag{7.42}
$$

Das ist die *Impulsbilanz der Mischung.* Sie entspricht der gewöhnlichen Impulsbilanz, wobei für den Spannungstensor der Mischung $\boldsymbol{t}$ offenbar

$$
\boldsymbol{t} = \sum_{\alpha=1}^{\nu}(\boldsymbol{t}^\alpha - \rho^\alpha\boldsymbol{d}^\alpha\,\boldsymbol{d}^\alpha) \tag{7.43}
$$

gilt. Er besteht also aus zwei Anteilen, nämlich einerseits der Summe der Partialspannungen $\sum\boldsymbol{t}^\alpha$, und andererseits dem *Impulsfluss der Diffusionsbewegung* $\sum\rho^\alpha\boldsymbol{d}^\alpha\,\boldsymbol{d}^\alpha$.

Unter Verwendung der Massenbilanz (7.23) und mit der gesamten spezifischen Kraft $\boldsymbol{f}_s = \boldsymbol{f}/\rho$ kann die Impulsbilanz der Mischung (7.42) in bekannter Weise umgeschrieben werden zu

$$
\rho\frac{\mathrm{d}\boldsymbol{v}}{\mathrm{d}t} = \operatorname{div}\boldsymbol{t} + \rho\boldsymbol{f}_s. \tag{7.44}
$$

7.2.3 Drehimpulsbilanz

Wir betrachten nur nichtpolare Kontinua. Analog zu (2.97) erhalten wir dann die *Partialdrehimpulsbilanzen*

$$
\begin{aligned}
& \frac{\partial}{\partial t}(\rho^\alpha\varepsilon_{ijk}x_j v_k^\alpha) + \frac{\partial}{\partial x_l}(\rho^\alpha\varepsilon_{ijk}x_j v_k^\alpha v_l^\alpha) \\
& = \frac{\partial}{\partial x_l}(\varepsilon_{ijk}x_j t_{kl}^\alpha) + \varepsilon_{ijk}x_j f_k^\alpha + \varepsilon_{ijk}x_j m_k^\alpha,
\end{aligned} \tag{7.45}
$$

wobei aufgrund der Nichtpolarität die Drehimpuls-Produktionsdichten gleich den Momenten der Impulsproduktionsdichten $\boldsymbol{x}\times\boldsymbol{m}^\alpha$ gesetzt wurden.

Wir gehen nun vor wie in Abschn. 2.5.1. Vektorielle Multiplikation von $\boldsymbol{x}$ mit den Partialimpulsbilanzen (7.37) ergibt unter Anwendung der Produktregel der Differentialrechnung

$$
\begin{aligned}
& \frac{\partial}{\partial t}(\rho^\alpha\varepsilon_{ijk}x_j v_k^\alpha) + \frac{\partial}{\partial x_l}(\rho^\alpha\varepsilon_{ijk}x_j v_k^\alpha v_l^\alpha) - \rho^\alpha\varepsilon_{ijk}v_k^\alpha v_j^\alpha \\
& = \frac{\partial}{\partial x_l}(\varepsilon_{ijk}x_j t_{kl}^\alpha) - \varepsilon_{ijk}t_{kj}^\alpha + \varepsilon_{ijk}x_j f_k^\alpha + \varepsilon_{ijk}x_j m_k^\alpha.
\end{aligned} \tag{7.46}
$$

Durch Subtraktion dieser Beziehungen von den Partialdrehimpulsbilanzen (7.45) folgt

$$\rho^\alpha \varepsilon_{ijk} v_k^\alpha v_j^\alpha = \varepsilon_{ijk} t_{kj}^\alpha, \tag{7.47}$$

woraus man wie in Abschn. 2.5.1 die Symmetrie der Partialspannungstensoren,

$$\boldsymbol{t}^\alpha = (\boldsymbol{t}^\alpha)^{\mathrm{T}}, \tag{7.48}$$

als von den Partialimpulsbilanzen unabhängige Aussage der Partialdrehimpulsbilanzen ableitet.

Als Konsequenz ist natürlich auch die Summe der Partialspannungen $\sum \boldsymbol{t}^\alpha$ symmetrisch. Da das trivialerweise auch für $\sum \rho^\alpha \boldsymbol{d}^\alpha\, \boldsymbol{d}^\alpha$, den Impulsfluss der Diffusionsbewegung, gilt, ist nach (7.43) der Mischungsspannungstensor $\boldsymbol{t}$ ebenfalls symmetrisch,

$$\boldsymbol{t} = \boldsymbol{t}^{\mathrm{T}}. \tag{7.49}$$

Das ist die Aussage der *Drehimpulsbilanz der Mischung.*

7.2.4 Energiebilanz

Die *Partialenergiebilanzen* ergeben sich in Analogie zu (2.125) als

$$\begin{aligned}
&\frac{\partial}{\partial t}\left[\rho^\alpha\Big(u^\alpha + \tfrac{1}{2}(\boldsymbol{v}^\alpha)^2\Big)\right] + \operatorname{div}\left[\rho^\alpha\Big(u^\alpha + \tfrac{1}{2}(\boldsymbol{v}^\alpha)^2\Big)\boldsymbol{v}^\alpha\right] \\
&= -\operatorname{div}\boldsymbol{q}^\alpha + \operatorname{div}\Big((\boldsymbol{t}^\alpha)^{\mathrm{T}}\cdot\boldsymbol{v}^\alpha\Big) + \rho^\alpha(r^\alpha + \boldsymbol{f}_s^\alpha\cdot\boldsymbol{v}^\alpha) + e^\alpha,
\end{aligned} \tag{7.50}$$

wobei Energieproduktionsdichten e^α eingeführt wurden, deren Summe wiederum wegen der Erhaltung der Gesamtenergie verschwinden muss:

$$\sum_{\alpha=1}^{\nu} e^\alpha = 0. \tag{7.51}$$

Mit Hilfe der Massenbilanzen (7.19) und der Impulsbilanzen (7.39) kann man (7.50) wie folgt umrechnen:

$$\begin{aligned}
&\rho^\alpha\left\{\frac{\partial\Big(u^\alpha + \frac{1}{2}(\boldsymbol{v}^\alpha)^2\Big)}{\partial t} + \left[\operatorname{grad}\Big(u^\alpha + \tfrac{1}{2}(\boldsymbol{v}^\alpha)^2\Big)\right]\cdot\boldsymbol{v}^\alpha\right\} \\
&+\Big(u^\alpha + \tfrac{1}{2}(\boldsymbol{v}^\alpha)^2\Big)\left\{\frac{\partial\rho^\alpha}{\partial t} + \operatorname{div}(\rho^\alpha\boldsymbol{v}^\alpha)\right\} \\
&= -\operatorname{div}\boldsymbol{q}^\alpha + \operatorname{div}\Big((\boldsymbol{t}^\alpha)^{\mathrm{T}}\cdot\boldsymbol{v}^\alpha\Big) + \rho^\alpha(r^\alpha + \boldsymbol{f}_s^\alpha\cdot\boldsymbol{v}^\alpha) + e^\alpha. \\
\Rightarrow\ &\rho^\alpha\frac{\mathrm{d}^\alpha\Big(u^\alpha + \frac{1}{2}(\boldsymbol{v}^\alpha)^2\Big)}{\mathrm{d}t} = -\operatorname{div}\boldsymbol{q}^\alpha + \operatorname{div}\Big((\boldsymbol{t}^\alpha)^{\mathrm{T}}\cdot\boldsymbol{v}^\alpha\Big) + \rho^\alpha(r^\alpha + \boldsymbol{f}_s^\alpha\cdot\boldsymbol{v}^\alpha) \\
&\qquad + e^\alpha - \pi^\alpha\Big(u^\alpha + \tfrac{1}{2}(\boldsymbol{v}^\alpha)^2\Big)
\end{aligned}$$

$$\Rightarrow \rho^\alpha \frac{\mathrm{d}^\alpha u^\alpha}{\mathrm{d}t} + \boldsymbol{v}^\alpha \cdot \left\{ \rho^\alpha \frac{\mathrm{d}^\alpha \boldsymbol{v}^\alpha}{\mathrm{d}t} - \operatorname{div} \boldsymbol{t}^\alpha - \rho^\alpha \boldsymbol{f}_s^\alpha \right\}$$
$$= -\operatorname{div} \boldsymbol{q}^\alpha + \operatorname{tr}\left((\boldsymbol{t}^\alpha)^{\mathrm{T}} \cdot \boldsymbol{L}^\alpha \right) + \rho^\alpha r^\alpha + e^\alpha - \pi^\alpha \left(u^\alpha + \tfrac{1}{2} (\boldsymbol{v}^\alpha)^2 \right)$$

$$\Rightarrow \rho^\alpha \frac{\mathrm{d}^\alpha u^\alpha}{\mathrm{d}t} = -\operatorname{div} \boldsymbol{q}^\alpha + \operatorname{tr}\left((\boldsymbol{t}^\alpha)^{\mathrm{T}} \cdot \boldsymbol{L}^\alpha \right) + \rho^\alpha r^\alpha + \tilde{e}^\alpha, \tag{7.52}$$

mit den modifizierten Energieproduktionsdichten

$$\tilde{e}^\alpha = e^\alpha - \pi^\alpha \left(u^\alpha + \tfrac{1}{2} (\boldsymbol{v}^\alpha)^2 \right) - (\boldsymbol{m}^\alpha - \pi^\alpha \boldsymbol{v}^\alpha) \cdot \boldsymbol{v}^\alpha. \tag{7.53}$$

Die Gleichungen (7.52) stellen die *Partialbilanzen der inneren Energie* dar.

Wir summieren nun die Partialenergiebilanzen (7.50) über die Komponenten α auf. Dazu ersetzen wir alle Geschwindigkeiten $\boldsymbol{v}^\alpha$ durch $\boldsymbol{v} + \boldsymbol{d}^\alpha$, und somit $(\boldsymbol{v}^\alpha)^2 = \boldsymbol{v}^2 + 2\boldsymbol{v} \cdot \boldsymbol{d}^\alpha + (\boldsymbol{d}^\alpha)^2$. Unter Verwendung von (7.51) ergibt sich

$$\frac{\partial}{\partial t} \left[\sum_{\alpha=1}^{\nu} \left(\rho^\alpha u^\alpha + \tfrac{1}{2} \rho^\alpha \boldsymbol{v}^2 + \rho^\alpha \boldsymbol{v} \cdot \boldsymbol{d}^\alpha + \tfrac{1}{2} \rho^\alpha (\boldsymbol{d}^\alpha)^2 \right) \right]$$
$$+ \operatorname{div} \left[\sum_{\alpha=1}^{\nu} \left(\rho^\alpha u^\alpha + \tfrac{1}{2} \rho^\alpha \boldsymbol{v}^2 + \rho^\alpha \boldsymbol{v} \cdot \boldsymbol{d}^\alpha + \tfrac{1}{2} \rho^\alpha (\boldsymbol{d}^\alpha)^2 \right) (\boldsymbol{v} + \boldsymbol{d}^\alpha) \right]$$
$$= -\operatorname{div} \left[\sum_{\alpha=1}^{\nu} \boldsymbol{q}^\alpha \right] + \operatorname{div} \left[\sum_{\alpha=1}^{\nu} (\boldsymbol{t}^\alpha)^{\mathrm{T}} \cdot (\boldsymbol{v} + \boldsymbol{d}^\alpha) \right]$$
$$+ \sum_{\alpha=1}^{\nu} \rho^\alpha r^\alpha + \sum_{\alpha=1}^{\nu} \rho^\alpha \boldsymbol{f}_s^\alpha \cdot (\boldsymbol{v} + \boldsymbol{d}^\alpha). \tag{7.54}$$

Mit (7.15) folgt weiter

$$\frac{\partial}{\partial t} \left[\sum_{\alpha=1}^{\nu} \rho^\alpha \left(u^\alpha + \tfrac{1}{2} (\boldsymbol{d}^\alpha)^2 \right) \right] + \frac{\partial}{\partial t} \left[\sum_{\alpha=1}^{\nu} \tfrac{1}{2} \rho^\alpha \boldsymbol{v}^2 \right]$$
$$+ \operatorname{div} \left[\sum_{\alpha=1}^{\nu} \rho^\alpha \left(u^\alpha + \tfrac{1}{2} (\boldsymbol{d}^\alpha)^2 \right) \boldsymbol{v} \right] + \operatorname{div} \left[\sum_{\alpha=1}^{\nu} \rho^\alpha \left(u^\alpha + \tfrac{1}{2} (\boldsymbol{d}^\alpha)^2 \right) \boldsymbol{d}^\alpha \right]$$
$$+ \operatorname{div} \left[\sum_{\alpha=1}^{\nu} \left(\tfrac{1}{2} \rho^\alpha \boldsymbol{v}^2 \right) \boldsymbol{v} \right] + \operatorname{div} \left[\sum_{\alpha=1}^{\nu} (\rho^\alpha \boldsymbol{d}^\alpha \, \boldsymbol{d}^\alpha) \cdot \boldsymbol{v} \right]$$
$$= -\operatorname{div} \left[\sum_{\alpha=1}^{\nu} \boldsymbol{q}^\alpha \right] + \operatorname{div} \left[\sum_{\alpha=1}^{\nu} (\boldsymbol{t}^\alpha)^{\mathrm{T}} \cdot \boldsymbol{v} \right] + \operatorname{div} \left[\sum_{\alpha=1}^{\nu} (\boldsymbol{t}^\alpha)^{\mathrm{T}} \cdot \boldsymbol{d}^\alpha \right]$$
$$+ \sum_{\alpha=1}^{\nu} \rho^\alpha r^\alpha + \sum_{\alpha=1}^{\nu} \rho^\alpha \boldsymbol{f}_s^\alpha \cdot \boldsymbol{v} + \sum_{\alpha=1}^{\nu} \rho^\alpha \boldsymbol{f}_s^\alpha \cdot \boldsymbol{d}^\alpha. \tag{7.55}$$

Mit (7.41) erhalten wir

$$\boldsymbol{f} = \sum_{\alpha=1}^{\nu} \boldsymbol{f}^\alpha \quad \Rightarrow \rho \boldsymbol{f}_s = \sum_{\alpha=1}^{\nu} \rho^\alpha \boldsymbol{f}_s^\alpha. \tag{7.56}$$

Identifizieren wir weiterhin

$$\begin{aligned}
\rho u &= \sum_{\alpha=1}^{\nu}\Big(\rho^\alpha u^\alpha + \tfrac{1}{2}\rho^\alpha(\boldsymbol{d}^\alpha)^2\Big) \\
&\qquad \text{(Dichte der inneren Energie der Mischung)}, \\
\boldsymbol{q} &= \sum_{\alpha=1}^{\nu}\Big(\boldsymbol{q}^\alpha + \rho^\alpha(u^\alpha + \tfrac{1}{2}(\boldsymbol{d}^\alpha)^2)\,\boldsymbol{d}^\alpha - (\boldsymbol{t}^\alpha)^{\mathrm{T}}\cdot\boldsymbol{d}^\alpha\Big) \\
&\qquad \text{(Wärmefluss der Mischung)}, \\
\rho r &= \sum_{\alpha=1}^{\nu}\Big(\rho^\alpha r^\alpha + \rho^\alpha \boldsymbol{f}_s^\alpha\cdot\boldsymbol{d}^\alpha\Big) \\
&\qquad \text{(Zufuhrdichte der inneren Energie der Mischung)},
\end{aligned} \tag{7.57}$$

und verwenden die Beziehung (7.43) für den Mischungsspannungstensor, so resultiert die *Energiebilanz der Mischung*

$$\begin{aligned}
&\frac{\partial}{\partial t}\Big[\rho\Big(u + \tfrac{1}{2}\boldsymbol{v}^2\Big)\Big] + \operatorname{div}\Big[\rho\Big(u + \tfrac{1}{2}\boldsymbol{v}^2\Big)\,\boldsymbol{v}\Big] \\
&= -\operatorname{div}\boldsymbol{q} + \operatorname{div}(\boldsymbol{t}^{\mathrm{T}}\cdot\boldsymbol{v}) + \rho r + \rho\boldsymbol{f}_s\cdot\boldsymbol{v}.
\end{aligned} \tag{7.58}$$

Mit der Massenbilanz (7.23) kann man das vereinfachen zu

$$\rho\frac{\mathrm{d}}{\mathrm{d}t}\Big(u + \tfrac{1}{2}\boldsymbol{v}^2\Big) = -\operatorname{div}\boldsymbol{q} + \operatorname{div}(\boldsymbol{t}^{\mathrm{T}}\cdot\boldsymbol{v}) + \rho r + \rho\boldsymbol{f}_s\cdot\boldsymbol{v}; \tag{7.59}$$

dies entspricht der in Abschn. 2.6 aufgestellten gewöhnlichen Energiebilanzgleichung. Analog zum dortigen Vorgehen lässt sie sich schließlich mit der Impulsbilanz (7.44) in eine *Bilanz der inneren Energie der Mischung* umformulieren:

$$\rho\frac{\mathrm{d}u}{\mathrm{d}t} = -\operatorname{div}\boldsymbol{q} + \operatorname{tr}(\boldsymbol{t}\cdot\boldsymbol{D}) + \rho r. \tag{7.60}$$

Die Mischungsgrößen u, $\boldsymbol{q}$ und r hängen dabei gemäß (7.57) mit den entsprechenden Größen für die Komponenten zusammen. Die dort auftretenden Terme haben die folgende Bedeutung:

Dichte der inneren Energie der Mischung ρu:

- $\sum \rho^\alpha u^\alpha$: innere Energiedichte der Komponenten,
- $\sum \frac{1}{2}\rho^\alpha(\boldsymbol{d}^\alpha)^2$: kinetische Energie der Diffusionsbewegung.

Wärmefluss der Mischung $\boldsymbol{q}$:

- $\sum \boldsymbol{q}^\alpha$: Wärmefluss der Komponenten,
- $\sum \rho^\alpha(u^\alpha + \frac{1}{2}(\boldsymbol{d}^\alpha)^2)\,\boldsymbol{d}^\alpha$: konvektiver Energiefluss der Diffusionsbewegung,
- $-\sum(\boldsymbol{t}^\alpha)^{\mathrm{T}}\cdot\boldsymbol{d}^\alpha$: Leistung der Partialspannungen an der Diffusionsbewegung.

Zufuhrdichte der inneren Energie der Mischung ρr:

- $\sum \rho^\alpha r^\alpha$: Zufuhrdichte der inneren Energie der Komponenten,
- $\sum \rho^\alpha \boldsymbol{f}_s^\alpha \cdot \boldsymbol{d}^\alpha$: Leistung der äußeren Kräfte an der Diffusionsbewegung.

Es tritt also stets eine Überlagerung aus den Komponentengrößen und Anteilen der Diffusionsbewegung auf.

7.2.5 Entropiebilanz

Aus der Erweiterung von (2.151) ergeben sich die *Partialentropiebilanzen*

$$\frac{\partial(\rho^\alpha s^\alpha)}{\partial t} + \operatorname{div}(\rho^\alpha s^\alpha \boldsymbol{v}^\alpha) = -\operatorname{div}(\boldsymbol{\phi}^s)^\alpha + \rho^\alpha\Big((p^s)^\alpha + (z^s)^\alpha\Big). \tag{7.61}$$

Da die Entropie keine Erhaltungsgröße ist, gilt hier nicht das Verschwinden der Summe der Entropieproduktionen für die Komponenten. Statt dessen gilt der *Zweite Hauptsatz der Thermodynamik für Mischungen*,

$$p^s = \frac{1}{\rho}\sum_{\alpha=1}^{\nu} \rho^\alpha (p^s)^\alpha \geq 0, \tag{7.62}$$

welcher zum Ausdruck bringt, dass die spezifische Entropieproduktion der Mischung p^s nicht-negativ sein muss. Die Geister scheiden sich allerdings an der Frage, ob man diese Ungleichung auch für die einzelnen $(p^s)^\alpha$ fordern muss ($(p^s)^\alpha \geq 0$; starke Formulierung des Zweiten Hauptsatzes für Mischungen).

Entsprechend zur Impuls- und Energiebilanz lässt sich (7.61) mit Hilfe der Partialmassenbilanzen (7.19) umrechnen:

$$\begin{aligned}
&\rho^\alpha\left(\frac{\partial s^\alpha}{\partial t} + (\operatorname{grad} s^\alpha)\cdot \boldsymbol{v}^\alpha\right) + s^\alpha\left(\frac{\partial \rho^\alpha}{\partial t} + \operatorname{div}(\rho^\alpha \boldsymbol{v}^\alpha)\right)\\
&= -\operatorname{div}(\boldsymbol{\phi}^s)^\alpha + \rho^\alpha\Big((p^s)^\alpha + (z^s)^\alpha\Big)\\
&\Rightarrow\ \rho^\alpha \frac{\mathrm{d}^\alpha s^\alpha}{\mathrm{d}t} = -\operatorname{div}(\boldsymbol{\phi}^s)^\alpha + \rho^\alpha (z^s)^\alpha + \tilde{p}^\alpha,
\end{aligned} \tag{7.63}$$

wobei

$$\tilde{p}^\alpha = \rho^\alpha (p^s)^\alpha - \pi^\alpha s^\alpha \tag{7.64}$$

die modifizierten Entropieproduktionsdichten sind.

Summation der Partialentropiebilanzen (7.61) ergibt mit $\boldsymbol{v}^\alpha = \boldsymbol{v} + \boldsymbol{d}^\alpha$

$$\begin{aligned}
&\frac{\partial}{\partial t}\left[\sum_{\alpha=1}^{\nu} \rho^\alpha s^\alpha\right] + \operatorname{div}\left[\sum_{\alpha=1}^{\nu} \rho^\alpha s^\alpha \boldsymbol{v}\right]\\
&= -\operatorname{div}\left[\sum_{\alpha=1}^{\nu}\Big((\boldsymbol{\phi}^s)^\alpha + \rho^\alpha s^\alpha \boldsymbol{d}^\alpha\Big)\right] + \sum_{\alpha=1}^{\nu} \rho^\alpha (p^s)^\alpha + \sum_{\alpha=1}^{\nu} \rho^\alpha (z^s)^\alpha.
\end{aligned} \tag{7.65}$$

Identifiziert man

$$\rho s = \sum_{\alpha=1}^{\nu} \rho^\alpha s^\alpha \qquad \text{(Entropiedichte der Mischung)},$$
$$\boldsymbol{\phi}^s = \sum_{\alpha=1}^{\nu} \Big((\boldsymbol{\phi}^s)^\alpha + \rho^\alpha s^\alpha \boldsymbol{d}^\alpha \Big) \qquad \text{(Entropiefluss der Mischung)}, \tag{7.66}$$
$$\rho z^s = \sum_{\alpha=1}^{\nu} \rho^\alpha (z^s)^\alpha \qquad \text{(Entropiezufuhrdichte der Mischung)},$$

und verwendet weiterhin (7.62), so erhält man die *Entropiebilanz der Mischung*

$$\frac{\partial(\rho s)}{\partial t} + \operatorname{div}(\rho s \boldsymbol{v}) = -\operatorname{div} \boldsymbol{\phi}^s + \rho(p^s + z^s), \tag{7.67}$$

welche sich in gewohnter Manier mit der Massenbilanz (7.23) zu

$$\rho \frac{\mathrm{d}s}{\mathrm{d}t} = -\operatorname{div} \boldsymbol{\phi}^s + \rho(p^s + z^s) \tag{7.68}$$

umformen lässt. Dabei ist die Entropieproduktion p^s als Konsequenz des Zweiten Hauptsatzes stets nicht-negativ, wie in (7.62) bereits notiert. Analog zur Impuls- und Energiebilanz enthält auch der Entropiefluss der Mischung zusätzlich zur Summe der komponentenweisen Entropieflüsse einen Beitrag des konvektiven Flusses der Diffusionsbewegung $\sum \rho^\alpha s^\alpha \boldsymbol{d}^\alpha$.

7.3 Feldgleichungen

Analog zum Einkomponentenmaterial ist es natürlich auch in der Mischungstheorie erforderlich, die Bilanzgleichungen für Masse, Impuls und Energie mit Hilfe von geeigneten Materialgleichungen zu schließen, um die Feldgleichungen der Thermodynamik für Mischungen zu erhalten. In voller Komplexität haben wir es mit 5ν unbekannten Feldgrößen zu tun, nämlich den Partialdichten ρ^α (ν Unbekannte), den Partialbewegungen $\boldsymbol{x}^\alpha$ (3ν Unbekannte) und den Partialtemperaturen θ^α (ν Unbekannte), für welche mit den Partialmassenbilanzen, Partialimpulsbilanzen und Partialenergiebilanzen insgesamt 5ν Bilanzgleichungen zur Verfügung stehen. Es ist jedoch zumeist nicht erforderlich, Mischungen derart detailliert zu modellieren. Wir werden daher im folgenden drei verschiedene Möglichkeiten unterschiedlicher Komplexität zur Erlangung geeigneter Feldgleichungen betrachten.

7.3.1 Diffusionsmodelle

Im einfachsten Fall gehen wir davon aus, dass die Mischung aus einer Hauptkomponente $\alpha = 1$ mit einer Konzentration $c^1 \approx 1$ und $\nu - 1$ Beimengungen $\alpha = 2 \ldots \nu$ („Spurenstoffe“, „Tracer“) mit Konzentrationen $c^\alpha \ll 1$ besteht.

Für diese Situation ist es üblicherweise ausreichend, zur Beschreibung ν einzelne Massenbilanzen, jedoch nur eine Impulsbilanz und eine Energiebilanz für die Mischung als Ganzes zu verwenden. Bezüglich der Massenbilanzen ist es sinnvoll, für die $\nu-1$ Tracer die konzentrationsabhängigen Partialmassenbilanzen (7.28) anzusetzen und diese durch die Massenbilanz für die Mischung (7.22) bzw. (7.23) zu ergänzen. Wir haben dann mit der Mischungsdichte ρ, den Tracerkonzentrationen c^α $(\alpha = 2 \ldots \nu)$, der Bewegung der Mischung $\boldsymbol{x}$ und der Mischungstemperatur θ insgesamt $\nu + 4$ Feldgrößen, für welche die $\nu + 4$ Feldgleichungen

$$
\begin{aligned}
\frac{\mathrm{d}\rho}{\mathrm{d}t} &= -\rho \operatorname{div} \boldsymbol{v}, \\
\rho \frac{\mathrm{d}c^\alpha}{\mathrm{d}t} &= -\operatorname{div} \boldsymbol{j}^\alpha + \pi^\alpha \qquad (\alpha = 2 \ldots \nu), \\
\rho \frac{\mathrm{d}\boldsymbol{v}}{\mathrm{d}t} &= \operatorname{div} \boldsymbol{t} + \rho \boldsymbol{f}_s, \\
\rho \frac{\mathrm{d}u}{\mathrm{d}t} &= -\operatorname{div} \boldsymbol{q} + \operatorname{tr}(\boldsymbol{t} \cdot \boldsymbol{D}) + \rho r
\end{aligned}
\tag{7.69}
$$

zur Verfügung stehen. Diese enthalten $4\nu + 6$ Materialgrößen, nämlich die sechs Komponenten des Mischungsspannungstensors $\boldsymbol{t}$, die drei Komponenten des Mischungswärmeflusses $\boldsymbol{q}$, die innere Energie der Mischung u, die $\nu - 1$ Massenproduktionsdichten π^α und die $3(\nu - 1)$ Komponenten der Diffusionsflüsse $\boldsymbol{j}^\alpha$, für welche Materialgleichungen formuliert werden müssen. In Problem 7.2 hatten wir ein einfaches Beispiel für ein solches *Diffusionsmodell* betrachtet.

7.3.2 Modelle vom Darcy-Typ

Falls die Konzentrationen aller Komponenten von gleicher Größenordnung sind, ist ein Diffusionsmodell gemäß (7.69) häufig nicht mehr ausreichend. Jedoch geschieht in den meisten praktischen Anwendungen zumindest der Wärmeaustausch zwischen den Komponenten schnell genug, dass die Annahme einer gemeinsamen Mischungstemperatur θ gerechtfertigt ist und somit nur eine Mischungsenergiebilanz zu deren Bestimmung erforderlich ist. Es liegen dann mit den Partialdichten ρ^α (ν Unbekannte), den Partialbewegungen $\boldsymbol{x}^\alpha$ (3ν Unbekannte) und der Mischungstemperatur θ (eine Unbekannte) $4\nu + 1$ Feldgrößen vor. Für diese haben wir mit den Partialmassenbilanzen (7.21), den Partialimpulsbilanzen (7.39) und und der Mischungsenergiebilanz (7.60) einen Satz von $4\nu + 1$ Feldgleichungen,

$$
\begin{aligned}
\frac{\mathrm{d}^\alpha \rho^\alpha}{\mathrm{d}t} &= -\rho^\alpha \operatorname{div} \boldsymbol{v}^\alpha + \pi^\alpha \qquad (\alpha = 1 \ldots \nu), \\
\rho^\alpha \frac{\mathrm{d}^\alpha \boldsymbol{v}^\alpha}{\mathrm{d}t} &= \operatorname{div} \boldsymbol{t}^\alpha + \rho^\alpha \boldsymbol{f}_s^\alpha + \tilde{\boldsymbol{m}}^\alpha \qquad (\alpha = 1 \ldots \nu), \\
\rho \frac{\mathrm{d}u}{\mathrm{d}t} &= -\operatorname{div} \boldsymbol{q} + \operatorname{tr}(\boldsymbol{t} \cdot \boldsymbol{D}) + \rho r.
\end{aligned}
\tag{7.70}
$$

Dabei gibt es mit den Partialspannungen $\boldsymbol{t}^\alpha$, dem Mischungswärmefluss $\boldsymbol{q}$, der inneren Energie der Mischung u, den Massenproduktionsdichten π^α und den modifizierten Impulsproduktionsdichten $\tilde{\boldsymbol{m}}^\alpha$ insgesamt $10\nu + 4$ Materialgrößen, für welche die Formulierung von Materialgleichungen erforderlich ist. In Anlehnung an eine typische Klasse von Anwendungen (siehe unten, Problem 7.4) spricht man von einem *Modell vom Darcy-Typ*.

Problem 7.3 *Objektivität der Massen- und Impulsproduktionsdichten.*

Man zeige, dass die Massenproduktionsdichten π^α objektive Skalare und die modifizierten Impulsproduktionsdichten $\tilde{\boldsymbol{m}}^\alpha$ objektive Vektoren sind. Wie verhalten sich demnach die Impulsproduktionsdichten $\boldsymbol{m}^\alpha$ unter Euklidischen Transformationen? Was folgt daraus für die Aufstellung von Materialgleichungen für diese Größen?

Dazu nutze man aus, dass sich die diversen Partialgrößen ρ^α, $\boldsymbol{v}^\alpha$ usw. hinsichtlich ihrer Transformationseigenschaften wie die entsprechenden Größen für Einkomponentenmaterialien (siehe Abschn. 1.4.3, 2.3.1, 2.4.1 und 2.6.2) verhalten.

Lösung. Für die Massenproduktionsdichten gilt nach (7.21)

$$\pi^\alpha = \frac{\mathrm{d}^\alpha \rho^\alpha}{\mathrm{d}t} + \rho^\alpha \operatorname{div} \boldsymbol{v}^\alpha. \tag{7.71}$$

Für die Terme auf der rechten Seite ist gemäß (2.45) und (2.46)

$$(\rho^\alpha)^* = \rho^\alpha, \quad \left(\frac{\mathrm{d}^\alpha \rho^\alpha}{\mathrm{d}t}\right)^* = \frac{\mathrm{d}^\alpha \rho^\alpha}{\mathrm{d}t}, \quad (\operatorname{div} \boldsymbol{v}^\alpha)^* = \operatorname{div} \boldsymbol{v}^\alpha, \tag{7.72}$$

und daher

$$(\pi^\alpha)^* = \left(\frac{\mathrm{d}^\alpha \rho^\alpha}{\mathrm{d}t}\right)^* + (\rho^\alpha)^* (\operatorname{div} \boldsymbol{v}^\alpha)^* = \frac{\mathrm{d}^\alpha \rho^\alpha}{\mathrm{d}t} + \rho^\alpha \operatorname{div} \boldsymbol{v}^\alpha = \pi^\alpha. \tag{7.73}$$

Die Massenproduktionsdichten sind also objektive Skalare. Die modifizierten Impulsproduktionsdichten folgen aus (7.39),

$$\tilde{\boldsymbol{m}}^\alpha = \rho^\alpha \boldsymbol{a}^\alpha - \operatorname{div} \boldsymbol{t}^\alpha - \rho^\alpha \boldsymbol{f}_s^\alpha \quad \left(\text{mit } \boldsymbol{a}^\alpha = \frac{\mathrm{d}^\alpha \boldsymbol{v}^\alpha}{\mathrm{d}t}\right), \tag{7.74}$$

wobei die Terme auf der rechten Seite nach (2.83), (2.85) und (2.88) die Transformationseigenschaften

$$\begin{aligned} (\boldsymbol{a}^\alpha)^* &= \boldsymbol{O}^* \cdot \boldsymbol{a}^\alpha + (\boldsymbol{i}_s^\alpha)^*, \\ (\operatorname{div} \boldsymbol{t}^\alpha)^* &= \boldsymbol{O}^* \cdot (\operatorname{div} \boldsymbol{t}^\alpha), \\ (\boldsymbol{f}_s^\alpha)^* &= \boldsymbol{O}^* \cdot \boldsymbol{f}_s^\alpha + (\boldsymbol{i}_s^\alpha)^* \end{aligned} \tag{7.75}$$

haben. Damit rechnen wir

$$\begin{aligned}
(\tilde{\boldsymbol{m}}^\alpha)^* &= (\rho^\alpha)^*(\boldsymbol{a}^\alpha)^* - (\operatorname{div} \boldsymbol{t}^\alpha)^* - (\rho^\alpha)^*(\boldsymbol{f}_s^\alpha)^* \\
&= \rho^\alpha(\boldsymbol{O}^* \cdot \boldsymbol{a}^\alpha + (\boldsymbol{i}_s^\alpha)^*) - \boldsymbol{O}^* \cdot (\operatorname{div} \boldsymbol{t}^\alpha) - \rho^\alpha(\boldsymbol{O}^* \cdot \boldsymbol{f}_s^\alpha + (\boldsymbol{i}_s^\alpha)^*) \\
&= \boldsymbol{O}^* \cdot (\rho^\alpha \boldsymbol{a}^\alpha - \operatorname{div} \boldsymbol{t}^\alpha - \rho^\alpha \boldsymbol{f}_s^\alpha) \\
&= \boldsymbol{O}^* \cdot \tilde{\boldsymbol{m}}^\alpha, \qquad (7.76)
\end{aligned}$$

sodass sich die modifizierten Impulsproduktionsdichten als objektive Vektoren erweisen. Für die Impulsproduktionsdichten $\boldsymbol{m}^\alpha$ folgt mit der Transformationsregel (1.175) für die Geschwindigkeit,

$$(\boldsymbol{v}^\alpha)^* = \boldsymbol{O}^* \boldsymbol{v}^\alpha + \boldsymbol{\Omega}^*((\boldsymbol{x}^\alpha)^* - \boldsymbol{b}^*) + \dot{\boldsymbol{b}}^*, \qquad (7.77)$$

die Transformationseigenschaft

$$\begin{aligned}
(\boldsymbol{m}^\alpha)^* &= (\tilde{\boldsymbol{m}}^\alpha)^* + (\pi^\alpha \boldsymbol{v}^\alpha)^* \\
&= \boldsymbol{O}^* \tilde{\boldsymbol{m}}^\alpha + \pi^\alpha[\boldsymbol{O}^* \boldsymbol{v}^\alpha + \boldsymbol{\Omega}^*((\boldsymbol{x}^\alpha)^* - \boldsymbol{b}^*) + \dot{\boldsymbol{b}}^*] \\
&= \boldsymbol{O}^*(\boldsymbol{m}^\alpha - \pi^\alpha \boldsymbol{v}^\alpha) + \pi^\alpha \boldsymbol{O}^* \boldsymbol{v}^\alpha + \pi^\alpha[\boldsymbol{\Omega}^*((\boldsymbol{x}^\alpha)^* - \boldsymbol{b}^*) + \dot{\boldsymbol{b}}^*] \\
&= \boldsymbol{O}^* \boldsymbol{m}^\alpha + \pi^\alpha[\boldsymbol{\Omega}^*((\boldsymbol{x}^\alpha)^* - \boldsymbol{b}^*) + \dot{\boldsymbol{b}}^*]; \qquad (7.78)
\end{aligned}$$

die $\boldsymbol{m}^\alpha$ sind daher keine objektiven Größen.

Notwendige Bedingung dafür, dass Materialgleichungen dem Prinzip der materiellen Objektivität genügen, ist deren Formulierung mit objektiven Größen (vgl. Abschn. 5.5.5). Somit sind die Massenproduktionsdichten π^α und die modifizierten Impulsproduktionsdichten $\tilde{\boldsymbol{m}}^\alpha$ als Materialgrößen geeignet, die Impulsproduktionsdichten $\boldsymbol{m}^\alpha$ dagegen nicht.

■

Problem 7.4 *Grundwasserströmung.*

Eine typische Anwendung des Modells (7.70) ist die Strömung von Grundwasser im porösen Erdboden. Wir betrachten einen West-Ost-Querschnitt vom Rhein durch das hessische Ried und den Odenwald bis zur Gersprenz (Abb. 7.2). Der Grundwasserspiegel $z = h(x)$ falle von der Gersprenz ($z =$ 180 m üNN) bis zum Rhein ($z = 90$ m üNN) über die Distanz $\Delta x = 30$ km linear ab. Der Boden („s" für „soil") sei ein starrer Körper mit einer räumlich und zeitlich konstanten Porosität von 30%, sodass die Volumenanteile des Bodens und des Wassers („w") unterhalb des Grundwasserspiegels

$$n^{\mathrm{w}} = \mathrm{const} = 0.3, \qquad n^{\mathrm{s}} = 1 - n^{\mathrm{w}} = \mathrm{const} = 0.7 \qquad (7.79)$$

sind. Beide Komponenten seien dichtebeständig:

$$\hat{\rho}^{\mathrm{w}} = \mathrm{const} = 1000 \ \mathrm{kg\,m^{-3}}, \qquad \hat{\rho}^{\mathrm{s}} = \mathrm{const} = 3000 \ \mathrm{kg\,m^{-3}}. \qquad (7.80)$$

Der atmosphärische Druck, der auch auf dem Grundwasserspiegel lastet, habe den konstanten Wert $p_0 = 1013$ hPa. Die Schwerebeschleunigung sei $\boldsymbol{g} = -g\boldsymbol{e}_z$ mit $g = 9.81 \ \mathrm{m\,s^{-2}}$.

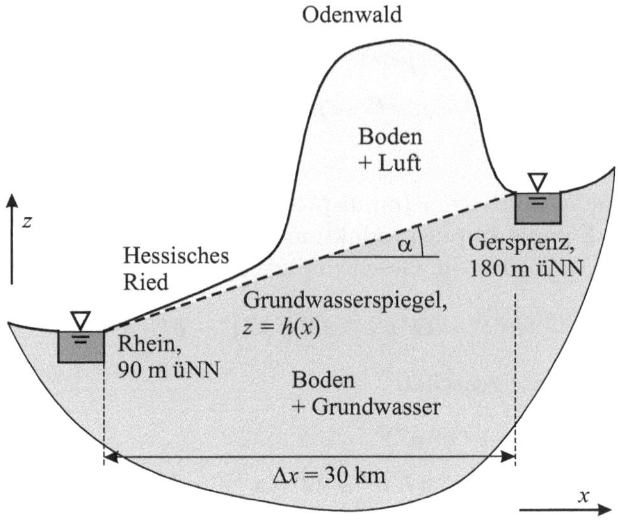

Abb. 7.2. West-Ost-Querschnitt durch hessisches Ried und Odenwald zwischen Rhein und Gersprenz.

Für die Partialspannungen treffen wir die plausible Annahme, dass sich der Druck p, welcher aufgrund der Dichtebeständigkeit ein freies Feld ist, entsprechend der Volumenanteile auf das Wasser und den Boden aufteilt:

$$\boldsymbol{t}^{\mathrm{w}} = -n^{\mathrm{w}} p\, \mathbf{1} + (\boldsymbol{t}^{\mathrm{w}})^{\mathrm{D}}, \qquad \boldsymbol{t}^{\mathrm{s}} = -(1 - n^{\mathrm{w}}) p\, \mathbf{1} + (\boldsymbol{t}^{\mathrm{s}})^{\mathrm{D}}. \tag{7.81}$$

Dabei sei die Viskosität η des Wassers hinreichend klein, sodass es als ideales Fluid mit verschwindendem Partialspannungsdeviator,

$$(\boldsymbol{t}^{\mathrm{w}})^{\mathrm{D}} = \mathbf{0}, \tag{7.82}$$

angesehen werden kann. Eine Materialgleichung für $(\boldsymbol{t}^{\mathrm{s}})^{\mathrm{D}}$ ist wegen der vorausgesetzten Starrheit nicht erforderlich.

Für die Dichte der Wechselwirkungskraft (Impulsproduktionsdichte) verwenden wir ein verallgemeinertes Darcysches Gesetz mit Proportionalität zur Differenzgeschwindigkeit $\boldsymbol{v}^{\mathrm{w}} - \boldsymbol{v}^{\mathrm{s}}$:

$$\boldsymbol{m}^{\mathrm{w}} = -\frac{\eta}{k} n^{\mathrm{w}} (1 - n^{\mathrm{w}}) (\boldsymbol{v}^{\mathrm{w}} - \boldsymbol{v}^{\mathrm{s}}), \tag{7.83}$$

mit der Permeabilität k und der Viskosität η, wobei $k/\eta = 10^{-7}\,\mathrm{m}^2\,\mathrm{Pa}^{-1}\,\mathrm{s}^{-1}$ (Wert für groben Sand). Dieser Beitrag sei in den Vertikalkomponenten der Partialimpulsbilanzen vernachlässigbar. Desweiteren seien die Beschleunigungsterme in den Partialimpulsbilanzen zu vernachlässigen, und es seien keine thermischen Effekte vorhanden.

Man stelle die für dieses Problem erforderlichen Feldgleichungen auf. Welcher Druck p und welche Horizontalgeschwindigkeit des Wassers v_x^{w} stellen sich ein? Wie lange benötigt ein Wasserpartikel, um durch das Grundwasser von der Gersprenz in den Rhein zu gelangen?

Lösung. Da sich die Komponenten Wasser und Boden nicht ineinander umwandeln können, verschwinden die Massenaustauschterme π^{w} und π^{s}. Weiterhin ist wegen der Starrheit des Bodens $\boldsymbol{v}^{\mathrm{s}} = \mathbf{0}$. Damit lauten die beiden Partialmassenbilanzen in Volumenanteilen geschrieben [vgl. (7.29)]

$$\frac{\partial n^{\mathrm{w}}}{\partial t} + \operatorname{div}(n^{\mathrm{w}}\boldsymbol{v}^{\mathrm{w}}) = 0 \quad \Rightarrow \quad \operatorname{div}\boldsymbol{v}^{\mathrm{w}} = 0, \tag{7.84}$$

$$\frac{\partial n^{\mathrm{s}}}{\partial t} + \operatorname{div}(n^{\mathrm{s}}\boldsymbol{v}^{\mathrm{s}}) = 0 \quad \Rightarrow \quad 0 = 0. \tag{7.85}$$

Wir erhalten also die Divergenzfreiheit des Wassergeschwindigkeitsfeldes; die Massenbilanz für den Boden ist identisch erfüllt. Mit vernachlässigtem Beschleunigungsterm und $\boldsymbol{f}_s^{\mathrm{w}} = \boldsymbol{g}$ wird die Partialimpulsbilanz für das Wasser

$$\begin{aligned}
&\operatorname{div}\boldsymbol{t}^{\mathrm{w}} + \rho^{\mathrm{w}}\boldsymbol{g} - \frac{\eta}{k}n^{\mathrm{w}}(1-n^{\mathrm{w}})(\boldsymbol{v}^{\mathrm{w}} - \boldsymbol{v}^{\mathrm{s}}) = \mathbf{0}\\
&\Rightarrow \; n^{\mathrm{w}}\operatorname{grad}p + \frac{\eta}{k}n^{\mathrm{w}}(1-n^{\mathrm{w}})\boldsymbol{v}^{\mathrm{w}} = -n^{\mathrm{w}}\hat{\rho}^{\mathrm{w}}g\boldsymbol{e}_z\\
&\Rightarrow \; [x]: \quad n^{\mathrm{w}}\frac{\partial p}{\partial x} + \frac{\eta}{k}n^{\mathrm{w}}(1-n^{\mathrm{w}})v_x^{\mathrm{w}} = 0,\\
& [z]: \quad \frac{\partial p}{\partial z} = -\hat{\rho}^{\mathrm{w}}g,
\end{aligned} \tag{7.86}$$

wobei in der z-Komponente $(7.86)_2$ der Beitrag der Wechselwirkungskraft vernachlässigt wurde. Gleichung $(7.86)_2$ kann mit der Randbedingung

$$p(z = h(x)) = p_0 \tag{7.87}$$

sofort integriert werden zu

$$p(x,z) = p_0 + \hat{\rho}^{\mathrm{w}}g(h(x) - z). \tag{7.88}$$

Dies in die x-Komponente $(7.86)_1$ eingesetzt ergibt

$$\begin{aligned}
&n^{\mathrm{w}}\hat{\rho}^{\mathrm{w}}g\frac{\partial h}{\partial x} + \frac{\eta}{k}n^{\mathrm{w}}(1-n^{\mathrm{w}})v_x^{\mathrm{w}} = 0\\
&\Rightarrow \; \hat{\rho}^{\mathrm{w}}g\tan\alpha + \frac{\eta}{k}(1-n^{\mathrm{w}})v_x^{\mathrm{w}} = 0\\
&\Rightarrow \; v_x^{\mathrm{w}} = -\frac{(k/\eta)\,\hat{\rho}^{\mathrm{w}}g\tan\alpha}{1-n^{\mathrm{w}}}.
\end{aligned} \tag{7.89}$$

Mit obigen Werten und $\tan\alpha = 90\ \mathrm{m}/30\ \mathrm{km} = 3\cdot 10^{-3}$ folgt

$$\begin{aligned}
v_x^{\mathrm{w}} &= -\frac{10^{-7}\ \mathrm{m^2\,Pa^{-1}\,s^{-1}} \times 10^3\ \mathrm{kg\,m^{-3}} \times 9.81\ \mathrm{m\,s^{-2}} \times 3\cdot 10^{-3}}{0.7}\\
&= -4.20\cdot 10^{-6}\ \mathrm{m\,s^{-1}} = -132.7\ \mathrm{m\,a^{-1}}.
\end{aligned} \tag{7.90}$$

Das Minuszeichen besagt, dass die Fließrichtung nach links (Westen), also in Richtung des Rheins ist. Ein Wasserpartikel benötigt die Zeit

$$t = \frac{30\ \mathrm{km}}{132.7\ \mathrm{m\,a^{-1}}} = 226.1\ \mathrm{a}, \tag{7.91}$$

um durch das Grundwasser von der Gersprenz in den Rhein zu gelangen.

Aus der noch nicht verwendeten Massenbilanz (7.84) folgt mit dem Ergebnis (7.89) für v_x^{w}

$$\frac{\partial v_z^{\mathrm{w}}}{\partial z} = 0 \quad \Rightarrow \quad v_z^{\mathrm{w}} = v_z^{\mathrm{w}}(x); \tag{7.92}$$

die Vertikalgeschwindigkeit v_z^{w} ist also unabhängig von der Vertikalkoordinate z. Eine weiter gehende Bestimmung von v_z^{w} ist mit den vorliegenden Angaben nicht möglich und würde Randbedingungen über den Niederschlagseintrag von oben und/oder die Versickerungsrate in tiefer liegende Schichten erfordern.

Die Partialimpulsbilanz für den Boden wird nicht benötigt, da ja aufgrund der Starrheit a priori $\boldsymbol{v}^{\mathrm{s}} = \boldsymbol{0}$ bekannt ist. Man könnte sie allerdings dazu verwenden, den zugehörigen Spannungsdeviator $(\boldsymbol{t}^{\mathrm{s}})^{\mathrm{D}}$ zu berechnen. Auch die Aufstellung einer Energiebilanz ist nicht erforderlich, da die Problemstellung keinerlei thermische Effekte enthält.

■

7.3.3 Volle Beschreibung

Falls für eine bestimmte Anwendung keines der vereinfachten Modelle (7.69) oder (7.70) in Frage kommt und statt dessen eine Mischung in voller Komplexität beschrieben werden soll, liegen wie bereits oben erwähnt mit den Partialdichten ρ^α, Partialbewegungen $\boldsymbol{x}^\alpha$ und Partialtemperaturen θ^α insgesamt 5ν Feldgrößen vor, für welche entsprechend aus den Partialmassenbilanzen (7.21), Partialimpulsbilanzen (7.39) und Partialenergiebilanzen (7.52) 5ν Feldgleichungen resultieren:

$$\left.\begin{aligned} \frac{\mathrm{d}^\alpha \rho^\alpha}{\mathrm{d}t} &= -\rho^\alpha \operatorname{div} \boldsymbol{v}^\alpha + \pi^\alpha, \\ \rho^\alpha \frac{\mathrm{d}^\alpha \boldsymbol{v}^\alpha}{\mathrm{d}t} &= \operatorname{div} \boldsymbol{t}^\alpha + \rho^\alpha \boldsymbol{f}_s^\alpha + \tilde{\boldsymbol{m}}^\alpha, \\ \rho^\alpha \frac{\mathrm{d}^\alpha u^\alpha}{\mathrm{d}t} &= -\operatorname{div} \boldsymbol{q}^\alpha \\ &\quad + \operatorname{tr}\Big((\boldsymbol{t}^\alpha)^{\mathrm{T}} \cdot \boldsymbol{L}^\alpha \Big) + \rho^\alpha r^\alpha + \tilde{e}^\alpha, \end{aligned}\right\} \quad \alpha = 1 \ldots \nu. \tag{7.93}$$

Materialgrößen sind hier die Partialspannungen $\boldsymbol{t}^\alpha$, die Partialwärmeflüsse $\boldsymbol{q}^\alpha$, die spezifischen inneren Partialenergien u^α, die Massenproduktionsdichten π^α, die modifizierten Impulsproduktionsdichten $\tilde{\boldsymbol{m}}^\alpha$ und die modifizierten Energieproduktionsdichten $\tilde{e}^\alpha$. Zur Schließung des Systems (7.93) sind für diese insgesamt 15ν Größen entsprechende Materialgleichungen erforderlich.

Abschließend sei noch angemerkt, dass sich mit einer Vorgehensweise analog zur Lösung von Problem 7.3 zeigen lässt, dass die modifizierten Energieproduktionsdichten $\tilde{e}^\alpha$ objektive Skalare sind, die Energieproduktionsdichten e^α dagegen nicht. Somit müssen zur Aufstellung der zugehörigen Materialgleichungen die modifizierten Energieproduktionsdichten verwendet werden.

Notation

Skalare Größen

c_{gr}	Gruppengeschwindigkeit
c_{ph}	Phasengeschwindigkeit
c_l	Phasengeschwindigkeit elastischer Longitudinalwellen
c_t	Phasengeschwindigkeit elastischer Transversalwellen
$\mathrm{d}V$	Volumenelement in der Referenzkonfiguration
$\mathrm{d}v$	Volumenelement in der Momentankonfiguration
E	Elastizitätsmodul
f	komplexes Geschwindigkeitspotential
$I_{(\cdot)}$, $II_{(\cdot)}$, $III_{(\cdot)}$	1., 2. und 3. Invariante eines Tensors $(\cdot)$
J	Jacobi-Determinante (Determinante des Deformationsgradienten)
k	Wellenzahl
k	turbulente kinetische Energiedichte
$N_{(\cdot)}$	Grad eines Materials mit begrenztem Gedächtnis bezüglich einer Größe $(\cdot)$
p	Druck
p^s	spezifische Entropieproduktion
Q	Volumenstrom einer Quelle oder Senke
Re	Reynolds-Zahl
r	spezifische Strahlungsleistung
r	radialer Abstand
s	spezifische Entropie
s	Zeitdifferenz zwischen Gegenwart und Vergangenheit
T	absolute Temperatur
T	Periodendauer
t	Zeit
u	spezifische innere Energie
V	skalares Potential einer konservativen äußeren Volumenkraft
w	komplexe Geschwindigkeit
x, y, z	kartesische Ortskoordinaten
z^s	spezifische Entropiezufuhr
z	komplexe Ortskordinate
γ, γ_{ij}	Scherwinkel, zwischen i- und j-Richtung

ε_V	relative Volumendehnung
ζ	Verwölbungsfunktion
η	(Scher-) Viskosität
η_{turb}	Eddy-Viskosität
θ	empirische Temperatur
θ	Polarwinkel
κ	Kompressionsmodul
κ	Verdrillung
κ	Wärmeleitfähigkeit
Λ	Wellenlänge
λ	1. Lamésche Konstante
μ	2. Lamésche Konstante, Schubmodul
ν	spezifisches Volumen
ν	Querkontraktionszahl, Poissonsche Zahl
ν	kinematische Viskosität
Φ	skalares Potential elastischer Longitudinalwellen
Φ	Airysche Spannungsfunktion
Φ	Geschwindigkeitspotential
ϕ	Azimutalwinkel
ρ	Massendichte in der Momentankonfiguration
ρ_0	Massendichte in der Referenzkonfiguration
σ_i	Hauptspannungen
σ_m	mittlere Normalspannung
Ψ	Stromfunktion
ψ	Prandtlsche Torsionsfunktion
ω	Kreisfrequenz

Vektorielle Größen

$\boldsymbol{A}$, A_i	Vektorpotential elastischer Transversalwellen
$\boldsymbol{a}$, a_i	Beschleunigung
$\boldsymbol{b}$, b_i	Translationsvektor einer Euklidischen Transformation
$\mathrm{d}\boldsymbol{A}$, $\mathrm{d}A_A$	Flächenelement in der Referenzkonfiguration
$\mathrm{d}\boldsymbol{a}$, $\mathrm{d}a_i$	Flächenelement in der Momentankonfiguration
$\mathrm{d}\boldsymbol{X}$, $\mathrm{d}X_A$	Linienelement in der Referenzkonfiguration
$\mathrm{d}\boldsymbol{x}$, $\mathrm{d}x_i$	Linienelement in der Momentankonfiguration
$\boldsymbol{E}_A$	orthonormale Basisvektoren in der Referenzkonfiguration
$\boldsymbol{e}_i$	orthonormale Basisvektoren in der Momentankonfiguration
$\boldsymbol{e}_r$, $\boldsymbol{e}_\theta$, $\boldsymbol{e}_\phi$	Basisvektoren der Kugelkoordinaten r, θ, ϕ
$\boldsymbol{f}$, f_i	äußere Volumenkraft
$\boldsymbol{f}_s$, $(f_s)_i$	spezifische äußere Kraft
$\boldsymbol{G}_\theta$, $\boldsymbol{G}_T$	materieller Temperaturgradient
$\boldsymbol{g}_\theta$, $\boldsymbol{g}_T$	räumlicher Temperaturgradient
$\boldsymbol{g}$, g_i	Schwerebeschleunigung

$\boldsymbol{m}$	Dipolmoment
$\boldsymbol{N}$	Normaleneinheitsvektor in der Referenzkonfiguration
$\boldsymbol{n}$	Normaleneinheitsvektor in der Momentankonfiguration
$\boldsymbol{Q}$, Q_A	materieller Wärmefluss
$\boldsymbol{q}$, q_i	räumlicher Wärmefluss
$\boldsymbol{u}$, u_i	Verschiebung
$\boldsymbol{v}$, v_i	beliebiger objektiver Vektor
$\boldsymbol{v}$, v_i	Geschwindigkeit
$\boldsymbol{W}$, W_A	Geschwindigkeit einer singulären Fläche in der Referenzkonfiguration
$\boldsymbol{w}$, w_i	Geschwindigkeit einer singulären Fläche in der Momentankonfiguration
$\boldsymbol{w}$, w_i	zum Spintensor duale Winkelgeschwindigkeit
$\boldsymbol{X}$, X_A	Ortsvektor in der Referenzkonfiguration
$\boldsymbol{x}$, x_i	Ortsvektor in der Momentankonfiguration
$\boldsymbol{\Phi}^s$	materielle Entropieflussdichte
$\boldsymbol{\phi}^s$	räumliche Entropieflussdichte
$\boldsymbol{\xi}$, ξ_i	Ortsvektor in der relativen Referenzkonfiguration
$\boldsymbol{\omega}$, ω_i	Winkelgeschwindigkeitsvektor einer Euklidischen Transformation
$\mathbf{0}$	Nullvektor

Tensorielle Größen

$\boldsymbol{A}$, A_{ij}	Almansischer Verzerrungstensor
$\boldsymbol{A}_n$, $(A_n)_{ij}$	Rivlin-Ericksen-Tensoren
$\boldsymbol{B}$, B_{ij}	Links-Cauchy-Green-Tensor
$\boldsymbol{C}$, C_{AB}	Rechts-Cauchy-Green-Tensor
$\boldsymbol{D}$, D_{ij}	Verzerrungsgeschwindigkeitstensor
$\boldsymbol{E}$, E_{ijkl}	Elastizitätstensor
$\boldsymbol{F}$, F_{iA}	Deformationsgradient
$\boldsymbol{G}$, G_{AB}	Greenscher Verzerrungstensor
$\boldsymbol{H}$, H_{iA}	Verschiebungsgradient
$\boldsymbol{L}$, L_{ij}	räumlicher Geschwindigkeitsgradient
$\boldsymbol{O}$, O_{ij}	orthogonale Transformation einer Euklidischen Transformation
$\boldsymbol{Q}$	orthogonale Transformation
$\boldsymbol{R}$, R_{iA}	Drehtensor
$\boldsymbol{S}$, S_{AB}	zweiter Piola-Kirchhoffscher Spannungstensor
$\boldsymbol{T}$, T_{ij}	beliebiger objektiver Tensor 2. Stufe
$\boldsymbol{T}$, T_{iA}	erster Piola-Kirchhoffscher Spannungstensor
$\boldsymbol{t}$, t_{ij}	Cauchyscher Spannungstensor
$\boldsymbol{t}^{\mathrm{R}}$	Reynoldsspannungstensor
$\boldsymbol{U}$, U_{AB}	Rechts-Streck-Tensor

$\boldsymbol{V}$, V_{ij}	Links-Streck-Tensor
$\boldsymbol{W}$, W_{ij}	Spintensor
$\boldsymbol{\varepsilon}$, ε_{ij}	infinitesimaler Verzerrungstensor
$\boldsymbol{\varepsilon}$, ε_{ABC}, ε_{ijk}	Epsilon-Tensor
$\boldsymbol{\Omega}$, Ω_{ij}	Winkelgeschwindigkeitsmatrix einer Euklidischen Transformation
$\boldsymbol{0}$	Nulltensor
$\boldsymbol{1}$, δ_{AB}, δ_{ij}	Einheitsmatrix, Kronecker-Symbol

Skalare, vektorielle oder tensorielle Größen

f	räumliche Flussdichte
G	materielle Dichte
g	räumliche Dichte
g_s	spezifische Größe (pro Masseneinheit)
j	beliebige physikalische Größe
P	materielle Produktionsdichte
P_Σ	materielle flächenmäßige Produktionsdichte
p	räumliche Produktionsdichte
p_s	spezifische Produktion
p_σ	räumliche flächenmäßige Produktionsdichte
Z	materielle Zufuhrdichte
Z_Σ	materielle flächenmäßige Zufuhrdichte
z	räumliche Zufuhrdichte
z_s	spezifische Zufuhr
z_σ	räumliche flächenmäßige Zufuhrdichte
$\boldsymbol{\Phi}$	materielle Flussdichte
$\boldsymbol{\phi}$	räumliche Flussdichte
ψ	beliebige Feldgröße

Indices

$(\cdot)_A$, $(\cdot)_B$, ...	Komponenten eines Vektors/Tensors bezüglich der Referenzkonfiguration
$(\cdot)_i$, $(\cdot)_j$, ...	Komponenten eines Vektors/Tensors bezüglich der Momentankonfiguration
$(\cdot)_\tau$	relative Bewegungsgröße, bezüglich der relativen Referenzkonfiguration
$(\cdot)_{\mathrm{E}}$	Größe im thermodynamischen Gleichgewicht
$(\cdot)^\alpha$	Komponenten einer Mischung
$(\cdot)^\star$	Größe in einem transformierten System $\boldsymbol{e}_i^\star$
$(\cdot)^+$	Größe auf der positiven Seite einer singulären Fläche

$(\cdot)^-$	Größe auf der negativen Seite einer singulären Fläche
$\check{(\cdot)}$	Materialfunktion, Materialfunktional

Operatoren

det	Determinante eines Tensors
Div	Divergenz bezüglich materieller Koordinaten
div	Divergenz bezüglich räumlicher Koordinaten
dual	dualer Vektor eines antisymmetrischen Tensors
Grad	Gradient bezüglich materieller Koordinaten
grad	Gradient bezüglich räumlicher Koordinaten
Im	Imaginärteil einer komplexen Zahl
Re	Realteil einer komplexen Zahl
Rot	Rotation bezüglich materieller Koordinaten
rot	Rotation bezüglich räumlicher Koordinaten
skw	Antisymmetrisierung eines Tensors
sym	Symmetrisierung eines Tensors
tr	Spur eines Tensors
$(\cdot)^{\mathrm{D}}$	Deviator eines Tensors
$(\cdot)^{\mathrm{T}}$	Transponierte eines Tensors
$\boldsymbol{\nabla}$	Nabla-Operator
∇^2	Laplace-Operator
∇^4	Bipotentialoperator
$\mathrm{d}/\mathrm{d}t$, $(\cdot)^{\cdot}$	materielle Zeitableitung
$\mathrm{d}^\alpha/\mathrm{d}t$, $(\cdot)^{\backslash\alpha}$	materielle Zeitableitung bezüglich der Komponente α
$\partial/\partial t$	lokale bzw. räumliche Zeitableitung
$(\cdot)_{,A}$, $(\cdot)_{,B}$, ...	partielle Ableitungen $\partial(\cdot)/\partial X_A$, $\partial(\cdot)/\partial X_B$, ...
$(\cdot)_{,i}$, $(\cdot)_{,j}$, ...	partielle Ableitungen $\partial(\cdot)/\partial x_i$, $\partial(\cdot)/\partial x_j$, ...
$(\cdot)_{(ij)}$	Symmetrisierung bezüglich i, j
$(\cdot)_{<ij>}$	Antisymmetrisierung bezüglich i, j
$\langle(\cdot)\rangle$	Reynolds-Mittelung
$(\cdot)'$	turbulente Fluktuation

Sonstiges

$\mathcal{B}$	Körper
C	Menge der komplexen Zahlen
g_{κ_r}	Symmetriegruppe bezüglich der Referenzkonfiguration κ_r
P	Raumpunkt
R	Menge der reellen Zahlen
R^3	Ortsraum
SO(3)	Gruppe der eigentlich orthogonalen Transformationen

	(spezielle orthogonale Gruppe)
SU(3)	Gruppe der speziellen unimodularen Transformationen (spezielle unimodulare Gruppe)
$\mathcal{X}$	Teilchen, Partikel
κ_r	Referenzkonfiguration
κ_τ	relative Referenzkonfiguration
κ_t	Momentankonfiguration
ν, $\partial\nu$	nichtmaterielles Volumen in der Momentankonfiguration, dessen Rand
Σ	singuläre Fläche in der Referenzkonfiguration
σ	singuläre Fläche in der Momentankonfiguration
Ω, $\partial\Omega$	materielles Volumen in der Referenzkonfiguration, dessen Rand
ω, $\partial\omega$	materielles Volumen in der Momentankonfiguration, dessen Rand

Literaturverzeichnis

1. Altenbach, J. & H. Altenbach (1994) *Einführung in die Kontinuumsmechanik.* Teubner Studienbücher Mechanik, Stuttgart.
2. Artmann, B. (1991) *Lineare Algebra.* 3. Auflage. Birkhäuser Verlag, Basel.
3. Becker, E. & W. Bürger (1975) *Kontinuumsmechanik.* Teubner Studienbücher Mechanik, Stuttgart.
4. Bronstein, I. N., K. A. Semendjajew, G. Musiol & H. Mühlig (2000) *Taschenbuch der Mathematik.* 5. Auflage. Verlag Harri Deutsch, Frankfurt am Main.
5. Chadwick, P. (1976) *Continuum Mechanics.* George Allen & Unwin Ltd., London.
6. Chen, P. J. (1976) *Selected topics in wave propagation.* Noordhoff International Publishing, Leyden.
7. Ehlers, W. (1989) *Poröse Medien – ein kontinuumsmechanisches Modell auf der Basis der Mischungstheorie.* Forschungsberichte aus dem Fachbereich Bauwesen der Universität-GH Essen, Heft 47. Zugleich Habilitationsschrift, Fachbereich Bauwesen, Universität-GH Essen.
8. Endl, K. & W. Luh (1989). *Analysis I.* 9. Auflage. AULA-Verlag, Wiesbaden.
9. Endl, K. & W. Luh (1994a). *Analysis II.* 8. Auflage. AULA-Verlag, Wiesbaden.
10. Endl, K. & W. Luh (1994b). *Analysis III.* 7. Auflage. AULA-Verlag, Wiesbaden.
11. Gerthsen, C. (2002) *Gerthsen Physik.* 21. Auflage. Meschede, D. (Hrsg.), zuvor bearbeitet von H. Vogel. Springer-Verlag, Berlin etc.
12. Giesekus, H.

21. Hutter, K. (1993) Waves and oscillations in the ocean and in lakes. In: *Continuum Mechanics in Environmental Sciences and Geophysics* (Editor: K. Hutter), CISM Courses and Lectures No. 337, International Centre for Mechanical Sciences. Springer-Verlag Wien – New York, pp. 79–240.
22. Hutter, K. (1995) *Fluid- und Thermodynamik.* Springer-Verlag, Berlin etc.
23. Jackson, J. D. (1998) *Classical Electrodynamics.* 3rd edition. John Wiley & Sons, New York etc.
24. Jänich, K. (2002) *Lineare Algebra.* 9. Auflage. Springer-Verlag, Berlin etc.
25. Klingbeil, E. (1989) *Tensorrechnung für Ingenieure.* 2. Auflage. BI-Wissenschaftsverlag, Mannheim etc.
26. Liu, I-S. (2002) *Continuum Mechanics.* Springer-Verlag, Berlin etc.
27. Müller, I. (1973) *Thermodynamik. Die Grundlagen der Materialtheorie.* Bertelsmann Universitätsverlag, Düsseldorf.
28. Müller, I. (1985) *Thermodynamics.* Pitman Advanced Publishing Program, Boston etc.
29. Müller, I. (2001) *Grundzüge der Thermodynamik, mit historischen Anmerkungen.* 3. Auflage. Springer-Verlag, Berlin etc.
30. Schnell, W., D. Gross & W. Hauger (2002) *Technische Mechanik 2: Elastostatik.* 7. Auflage. Springer-Verlag, Berlin etc.
31. Spurk, J. H. (1996) *Strömungslehre.* 4. Auflage. Springer-Verlag, Berlin etc.
32. Truesdell, C. (1984) *Rational Thermodynamics.* Springer-Verlag, New York.
33. Truesdell, C. & W. Noll (1965) *The Non-Linear Field Theories of Mechanics.* Handbuch der Physik, Band III/3 (Editor: S. Flügge), Springer-Verlag, Berlin.
34. Umlauf, L. (2001). *Turbulence parameterisation in hydrobiological models for natural waters.* Dissertation, Fachbereich Mechanik, Technische Universität Darmstadt.
35. Wilmański, K. (1998) *Thermomechanics of Continua.* Springer-Verlag, Berlin etc.
36. Wu, T. (1996) *Schwerkraftgetriebene Scherströmungen in gesättigten Binärmischungen nicht-Newtonscher Fluide mit Anwendungen auf das Fließen von sedimentverschmutztem Eis.* Shaker Verlag, Aachen. Zugleich Dissertation, Fachbereich Mechanik, Technische Universität Darmstadt.

Englische Fachausdrücke

Englisch	**Deutsch**
absolute temperature	absolute Temperatur
acceleration	Beschleunigung
acoustics	Akustik
active torque	eingeprägtes Drehmoment
additivity	Additivität
adiabatic	adiabatisch
advective	advektiv
amplitude	Amplitude
angular momentum	Drehimpuls
angular velocity	Winkelgeschwindigkeit
anisotropic	anisotrop
anisotropy	Anisotropie
average	Mittelwert
averaged hydrodynamics	Mittelwertshydrodynamik
balance equation	Bilanzgleichung
barotropic	barotrop
barycentric	baryzentrisch
body	Körper
boundary condition	Randbedingung
bulk modulus	Kompressionsmodul
Cartesian	kartesisch
causal Green's function	kausale Greensche Funktion
center of mass	Massenschwerpunkt
characteristic polynomial	charakteristisches Polynom
circular frequency	Kreisfrequenz
compatibility condition	Kompatibilitätsbedingung
component	Komponente
compression	Stauchung, Druck
compressive stress	Druckspannung
concentration	Konzentration
condition	Bedingung
conservation	Erhaltung
conservative force	konservative Kraft
constitutive equation	Konstitutivgleichung
constitutive variable	Konstitutivvariable
continuity equation	Kontinuitätsgleichung
continuum	Kontinuum

continuum mechanics	Kontinuumsmechanik
convective	konvektiv
coordinate	Koordinate
coordinate system	Koordinatensystem
correspondence principle	Korrespondenzprinzip
couple stress	Momentenspannung
criterion	Kriterium
cross product	Kreuzprodukt
crystal	Kristall
current	Strömung
curvilinear	krummlinig
dashpot	Dämpfer
deformation	Deformation
deformation gradient	Deformationsgradient
density	Dichte
density-preserving	dichtebeständig
derivative	Ableitung
determinant	Determinante
determinism	Determinismus
deviator	Deviator
diffusion	Diffusion
diffusivity	Diffusivität
dilation	Dehnung
dipole flow	Dipolströmung
dipole moment	Dipolmoment
Dirac's delta function	Diracsche Delta-Funktion
direction tensor	Richtungstensor
dispersion	Dispersion
displacement	Verschiebung
displacement gradient	Verschiebungsgradient
dissipation	Dissipation
divergence	Divergenz
dot product	Skalarprodukt
dual vector	
dualer Vektor	
dyadic product	dyadisches Produkt
dynamics	Dynamik
eigenvalue	Eigenwert
eigenvector	Eigenvektor
Einstein's summation convention	Einsteinsche Summenkonvention
elastic	elastisch
empiric temperature	empirische Temperatur
energy	Energie
ensemble average	Ensemble-Mittel
entropy	Entropie
entropy inequality	Entropieungleichung
entropy principle	Entropieprinzip
epsilon tensor	Epsilon-Tensor
equation of state	Zustandsgleichung
equilibrium	Gleichgewicht
equipresence rule	Äquipräsenzregel

ergodic assumption	Ergodenannahme
equation of motion	Bewegungsgleichung
Euklidian transformation	Euklidische Transformation
Eulerian description	Eulersche Darstellung
external force	äußere Kraft
fading memory	begrenztes Gedächtnis
field equation	Feldgleichung
first law of thermodynamics	Erster Hauptsatz der Thermodynamik
flow	Strömung
flowline	Bahnlinie
fluid	Fluid
flux	Fluss
force	Kraft
frame indifference	Objektivität
frame indifferent	objektiv
friction	Reibung
function	Funktion
functional	Funktional
gas	Gas
gas constant	Gaskonstante
gradient	Gradient
gravity	Schwerkraft
group	Gruppe
heat	Wärme
heat-conducting	wärmeleitend
heat conduction	Wärmeleitung
heat conductivity	Wärmeleitfähigkeit
heterogeneous	heterogen
homentropic	homentrop
homogeneity	Homogenität
homogeneous	homogen
homogeneous configuration	homogene Konfiguration
hydrostatic	hydrostatisch
ideal gas	ideales Gas
impermeable	undurchlässig
inclined plane	schiefe Ebene
incompressible	inkompressibel
index notation	Indexschreibweise
inertia force	Trägheitskraft
inertial system	Inertialsystem
infinitesimal	infinitesimal
initial condition	Anfangsbedingung
intensity	Intensität
internal energy	innere Energie
invariant	Invariante
isentropic	isentrop
isotropic	isotrop
isotropic tensor	Kugeltensor
isotropy	Isotropie

jump	Sprung
jump bracket	Sprungklammer
jump condition	Sprungbedingung
kinematics	Kinematik
kinetic energy	kinetische Energie
Kronecker symbol	Kronecker-Symbol
Lagrange multiplier	Lagrange-Multiplikator
Lagrangian description	Lagrangesche Darstellung
Lamé's constant	Lamésche Konstante
laminar	laminar
line element	Linienelement
liquid	Flüssigkeit
local	lokal
locality	Lokalität
longitudinal wave	Longitudinalwelle
mapping	Abbildung
mass	Masse
mass fraction	Massenanteil
material	Material
material	materiell
material aging	Materialalterung
material equation	Materialgleichung
material frame indifference	materielle Objektivität
material function	Materialfunktion
material functional	Materialfunktional
material objectivity	materielle Objektivität
material description	materielle Darstellung
material symmetry	materielle Symmetrie
matrix	Matrix
mean	Mittelwert
mixture	Mischung
Mohr's circle	Mohrscher Kreis
momentum	Impuls
monochromatic	monochromatisch
motion	Bewegung
nabla operator	Nabla-Operator
nematic	nematisch
Newton's second law	Zweites Newtonsches Gesetz
non-polar continuum	nicht-polares Kontinuum
normal stress	Normalspannung
normal vector	Normalenvektor
objective	objektiv
objectivity	Objektivität
orthogonal	orthogonal
oscillation	Schwingung
partial	Partial-
particle	Partikel, Teilchen

period	Periodendauer
permeability	Permeabilität
phase	Phase
pipe flow	Rohrströmung
plane	eben
plane strain	ebener Verzerrungszustand
plane stress	ebener Spannungszustand
Poisson's ratio	Querkontraktionszahl
polar continuum	polares Kontinuum
polar decomposition	polare Zerlegung
polarized	polarisiert
position vector	Ortsvektor
potential	Potential
potential energy	potentielle Energie
power	Leistung
present configuration	Momentankonfiguration
pressure	Druck
principal axis	Hauptachse
principal stress	Hauptspannung
principle	Prinzip
process	Prozess
production	Produktion
propagation	Fortpflanzung
quantity	Größe
radiation	Strahlung
reference configuration	Referenzkonfiguration
reference system	Bezugssystem
relative description	relative Darstellung
residual inequality	Restungleichung
Reynolds number	Reynolds-Zahl
Reynolds' transport theorem	Reynoldssches Transporttheorem
rheologic model	rheologisches Modell
rigid body	starrer Körper
rotation	Drehung, Rotation
rotation tensor	Drehtensor
scalar	Skalar
scalar product	Skalarprodukt
second law of thermodynamics	Zweiter Hauptsatz der Thermodynamik
shear	Scherung
shear modulus	Schubmodul
shear relaxation function	Scherrelaxationsfunktion
shear stress	Schubspannung
shock wave	Schockwelle, Stoßwelle
simple (material) body	einfacher Körper
singular surface	singuläre Fläche
sink flow	Senkenströmung
skew-symmetric	antisymmetrisch
solid (body)	Festkörper
sound	Schall
source flow	Quellenströmung

spatial	räumlich
spatial description	räumliche Darstellung
specific	spezifisch
spectrum	Spektrum
speed	Schnelle, Schnelligkeit
spherical coordinates	Kugelkoordinaten
spherical harmonic	Kugelflächenfunktion
spin	Eigendrehimpuls, Spin
spin tensor	Spintensor
spring	Feder
steady (-state)	stationär
strain	Verzerrung
strain energy	Formänderungsenergie
strain rate	Verzerrungsgeschwindigkeit
strain-rate tensor	Verzerrungsgeschwindigkeitstensor
strain tensor	Verzerrungstensor
streakline	Streichlinie
stream function	Stromfunktion
streamline	Stromlinie
stress	Spannung
stress deviator	Spannungsdeviator
stress tensor	Spannungstensor
stress vector	Spannungsvektor
stretch tensor	Strecktensor
stretching	Streckung
superposition	Superposition
supply	Zufuhr
surface element	Flächenelement
symbolic notation	symbolische Schreibweise
symmetric	symmetrisch
symmetry	Symmetrie
temperature	Temperatur
tensile stress	Zugspannung
tension	Zug
tensor	Tensor
thermo-elastic	thermoelastisch
thermodynamics	Thermodynamik
torque	Drehmoment
torsion	Torsion
trace	Spur
tracer	Spurenstoff
transformation	Transformation
transversal wave	Transversalwelle
true density	wahre Dichte
tube flow	Rohrströmung
turbulence	Turbulenz
turbulent	turbulent
twist	Verdrillung
undistorted configuration	ungestörte Konfiguration
unimodular	unimodular
unit vector	Einheitsvektor

vector	Vektor
vector product	Vektorprodukt
velocity	Geschwindigkeit
velocity gradient	Geschwindigkeitsgradient
vibration	Schwingung
visco-elastic	viskoelastisch
viscosity	Viskosität, Zähigkeit
viscous	viskos
volume	Volumen
volume element	Volumenelement
volume force	Volumenkraft
volume fraction	Volumenanteil
wall	Wand
warping	Verwölbung
wave	Welle
wavepacket	Wellengruppe
wavelength	Wellenlänge
wavenumber	Wellenzahl
weight	Gewicht
work	Arbeit
Young's modulus	Elastizitätsmodul

Deutsch	**Englisch**
Abbildung	mapping
Ableitung	derivative
absolute Temperatur	absolute temperature
Additivität	additivity
adiabatisch	adiabatic
advektiv	advective
Äquipräsenzregel	equipresence rule
äußere Kraft	external force
Anfangsbedingung	initial condition
anisotrop	anisotropic
Anisotropie	anisotropy
antisymmetrisch	skew-symmetric
Akustik	acoustics
Amplitude	amplitude
Arbeit	work
Bahnlinie	flowline
barotrop	barotropic
baryzentrisch	barycentric
Bedingung	condition
begrenztes Gedächtnis	fading memory
Beschleunigung	acceleration
Bewegung	motion
Bewegungsgleichung	equation of motion
Bezugssystem	reference system
Bilanzgleichung	balance equation
charakteristisches Polynom	characteristic polynomial

Dämpfer	dashpot
Deformation	deformation
Deformationsgradient	deformation gradient
Dehnung	dilation
Determinante	determinant
Determinismus	determinism
Deviator	deviator
Dichte	density
dichtebeständig	density-preserving
Diffusion	diffusion
Diffusivität	diffusivity
Dipolmoment	dipole moment
Dipolströmung	dipole flow
Diracsche Delta-Funktion	Dirac's delta function
Dispersion	dispersion
Dissipation	dissipation
Divergenz	divergence
Drehimpuls	angular momentum
Drehmoment	torque
Drehtensor	rotation tensor
Drehung	rotation
Druck	pressure, compression
Druckspannung	compressive stress
dualer Vektor	dual vector
dyadisches Produkt	dyadic product
Dynamik	dynamics
eben	plane
ebener Spannungszustand	plane stress
ebener Verzerrungszustand	plane strain
Eigendrehimpuls	spin
Eigenvektor	eigenvector
Eigenwert	eigenvalue
einfacher Körper	simple (material) body
eingeprägtes Drehmoment	active torque
Einheitsvektor	unit vector
Einsteinsche Summenkonvention	Einstein's summation convention
elastisch	elastic
Elastizitätsmodul	Young's modulus
empirische Temperatur	empiric temperature
Energie	energy
Ensemble-Mittel	ensemble average
Entropie	entropy
Entropieprinzip	entropy principle
Entropieungleichung	entropy inequality
Epsilon-Tensor	epsilon tensor
Ergodenannahme	ergodic assumption
Erhaltung	conservation
Erster Hauptsatz der Thermodynamik	first law of thermodynamics
Euklidische Transformation	Euklidian transformation
Eulersche Darstellung	Eulerian description
Feder	spring
Feldgleichung	field equation

Festkörper	solid (body)
Flächenelement	surface element
Flüssigkeit	liquid
Fluid	fluid
Fluss	flux
Formänderungsenergie	strain energy
Fortpflanzung	propagation
Funktion	function
Funktional	functional
Gas	gas
Gaskonstante	gas constant
Geschwindigkeit	velocity
Geschwindigkeitsgradient	velocity gradient
Gewicht	weight
Gleichgewicht	equilibrium
Gradient	gradient
Größe	quantity
Gruppe	group
Hauptachse	principal axis
Hauptspannung	principal stress
heterogen	heterogeneous
homentrop	homentropic
homogen	homogeneous
homogene Konfiguration	homogeneous configuration
Homogenität	homogeneity
hydrostatisch	hydrostatic
ideales Gas	ideal gas
Impuls	momentum
Indexschreibweise	index notation
Inertialsystem	inertial system
infinitesimal	infinitesimal
inkompressibel	incompressible
innere Energie	internal energy
Intensität	intensity
Invariante	invariant
isentrop	isentropic
isotrop	isotropic
Isotropie	isotropy
kartesisch	Cartesian
kausale Greensche Funktion	causal Green's function
Kinematik	kinematics
kinetische Energie	kinetic energy
Körper	body
Kompatibilitätsbedingung	compatibility condition
Komponente	component
Kompressionsmodul	bulk modulus
konservative Kraft	conservative force
Konstitutivgleichung	constitutive equation
Konstitutivvariable	constitutive variable

Kontinuitätsgleichung	continuity equation
Kontinuum	continuum
Kontinuumsmechanik	continuum mechanics
konvektiv	convective
Konzentration	concentration
Koordinate	coordinate
Koordinatensystem	coordinate system
Korrespondenzprinzip	correspondence principle
Kraft	force
Kreisfrequenz	circular frequency
Kreuzprodukt	cross product
Kristall	crystal
Kriterium	criterion
Kronecker-Symbol	Kronecker symbol
krummlinig	curvilinear
Kugelflächenfunktion	spherical harmonic
Kugelkoordinaten	spherical coordinates
Kugeltensor	isotropic tensor
Lagrange-Multiplikator	Lagrange multiplier
Lagrangesche Darstellung	Lagrangian description
Lamésche Konstante	Lamé's constant
laminar	laminar
Leistung	power
Linienelement	line element
lokal	local
Lokalität	locality
Longitudinalwelle	longitudinal wave
Masse	mass
Massenanteil	mass fraction
Massenschwerpunkt	center of mass
Material	material
Materialalterung	material aging
Materialfunktion	material function
Materialfunktional	material functional
Materialgleichung	material equation
materiell	material
materielle Darstellung	material description
materielle Objektivität	material objectivity, material frame indifference
materielle Symmetrie	material symmetry
Matrix	matrix
Mischung	mixture
Mittelwert	average, mean
Mittelwertshydrodynamik	averaged hydrodynamics
Mohrscher Kreis	Mohr's circle
Momentankonfiguration	present configuration
Momentenspannung	couple stress
monochromatisch	monochromatic
Nabla-Operator	nabla operator
nematisch	nematic

nicht-polares Kontinuum	non-polar continuum
Normalspannung	normal stress
Normalenvektor	normal vector
objektiv	objective, frame indifferent
Objektivität	objectivity, frame indifference
orthogonal	orthogonal
Ortsvektor	position vector
Partial-	partial
Partikel	particle
Periodendauer	period
Permeabilität	permeability
Phase	phase
polare Zerlegung	polar decomposition
polarisiert	polarized
polares Kontinuum	polar continuum
Potential	potential
potentielle Energie	potential energy
Prinzip	principle
Produktion	production
Prozess	process
Quellenströmung	source flow
Querkontraktionszahl	Poisson's ratio
räumlich	spatial
räumliche Darstellung	spatial description
Randbedingung	boundary condition
Referenzkonfiguration	reference configuration
Reibung	friction
relative Darstellung	relative description
Restungleichung	residual inequality
Reynolds-Zahl	Reynolds number
Reynoldssches Transporttheorem	Reynolds' transport theorem
rheologisches Modell	rheologic model
Richtungstensor	direction tensor
Rohrströmung	pipe flow, tube flow
Rotation	rotation
Schall	sound
Scherrelaxationsfunktion	shear relaxation function
Scherung	shear
schiefe Ebene	inclined plane
Schnelle, Schnelligkeit	speed
Schnittufer	
Schockwelle	shock wave
Schubmodul	shear modulus
Schubspannung	shear stress
Schwerkraft	gravity
Schwingung	vibration, oscillation
Senkenströmung	sink flow
singuläre Fläche	singular surface

Skalar	scalar
Skalarprodukt	scalar product, dot product
Spannung	stress
Spannungsdeviator	stress deviator
Spannungstensor	stress tensor
Spannungsvektor	stress vector
Spektrum	spectrum
spezifisch	specific
Spin	spin
Spintensor	spin tensor
Sprung	jump
Sprungbedingung	jump condition
Sprungklammer	jump bracket
Spur	trace
Spurenstoff	tracer
starrer Körper	rigid body
stationär	steady (-state)
Stauchung	compression
Stoßwelle	shock wave
Strecktensor	stretch tensor
Strahlung	radiation
Streckung	stretching
Streichlinie	streakline
Strömung	flow, current
Stromfunktion	stream function
Stromlinie	streamline
Superposition	superposition
symbolische Schreibweise	symbolic notation
symmetrisch	symmetric
Symmetrie	symmetry
Teilchen	particle
Temperatur	temperature
Tensor	tensor
Thermodynamik	thermodynamics
thermoelastisch	thermo-elastic
Torsion	torsion
Trägheitskraft	inertia force
Transformation	transformation
Transversalwelle	transversal wave
turbulent	turbulent
Turbulenz	turbulence
undurchlässig	impermeable
ungestörte Konfiguration	undistorted configuration
unimodular	unimodular
Vektor	vector
Vektorprodukt	vector product
Verdrillung	twist
Verschiebung	displacement
Verschiebungsgradient	displacement gradient
Verwölbung	warping

Verzerrung	strain
Verzerrungsgeschwindigkeit	strain rate
Verzerrungsgeschwindigkeitstensor	strain-rate tensor
Verzerrungstensor	strain tensor
viskoelastisch	visco-elastic
viskos	viscous
Viskosität	viscosity
Volumen	volume
Volumenanteil	volume fraction
Volumenelement	volume element
Volumenkraft	volume force
Wärme	heat
wärmeleitend	heat-conducting
Wärmeleitfähigkeit	heat conductivity
Wärmeleitung	heat conduction
wahre Dichte	true density
Wand	wall
Welle	wave
Wellengruppe	wavepacket
Wellenlänge	wavelength
Wellenzahl	wavenumber
Winkelgeschwindigkeit	angular velocity
Zähigkeit	viscosity
Zufuhr	supply
Zug	tension
Zugspannung	tensile stress
Zustandsgleichung	equation of state
Zweiter Hauptsatz der Thermodynamik	second law of thermodynamics
Zweites Newtonsches Gesetz	Newton's second law

Sachverzeichnis

MIX
Papier aus verantwortungsvollen Quellen
Paper from responsible sources
FSC® C105338

If you have any concerns about our products,
you can contact us on
ProductSafety@springernature.com

In case Publisher is established outside the EU,
the EU authorized representative is:
Springer Nature Customer Service Center GmbH
Europaplatz 3, 69115 Heidelberg, Germany

Printed by Libri Plureos GmbH
in Hamburg, Germany